重庆市生物工程与现代农业特色学科专业群资助

食用菌栽培技术

Cultivation Techniques
of Edible Fungi

杜萍 曹天旭 主编

化学工业出版社

·北京·

内 容 简 介

《食用菌栽培技术》共分为二十二章，涉及木腐菌、草腐菌和珍稀食用菌的最新栽培技术、病虫害防治及部分产品的加工技术，书中含有大量的图片，有利于学习者理解和操作。第一章绪论讲述了食用菌的定义、经济价值、产业现状、存在问题及发展趋势。第二章系统讲述了食用菌栽培基础知识，包括食用菌的形态结构、分类、毒蘑菇和食用菌的生理生态。第三章讲述食用菌制种与保藏技术，涉及菌种概述，菌种生产主要设备，消毒灭菌，菌种生产和应用，菌种质量的评价，菌种分离纯化，菌种退化、复壮与保藏技术。第四章至第十一章为木腐菌栽培技术，第十二章至第十四章为草腐菌栽培技术，第十五章至第十七章为珍稀食用菌栽培技术，第十八章至第二十一章为国内外主栽食用菌的工厂化生产技术，第二十二章包含八个食用菌栽培学基础实验，可供不同专业参考和使用。

本教材条理清晰，语言逻辑性强，图文并茂，通俗易懂，知识体系的连贯性、可操作性和实用性较强。可作为应用型本科院校生物工程、微生物学、园艺、林学及生物科学等相关专业的教材，也可作高职高专院校、食用菌栽培技术培训教材及相关科研和从业人员参考用书。

图书在版编目（CIP）数据

食用菌栽培技术/杜萍，曹天旭主编. —北京：化学工业出版社，2021.6（2022.8重印）
ISBN 978-7-122-39014-1

Ⅰ.①食… Ⅱ.①杜… ②曹… Ⅲ.①食用菌类-蔬菜园艺 Ⅳ.①S646

中国版本图书馆 CIP 数据核字（2021）第 075141 号

责任编辑：傅四周　　　　　　　文字编辑：朱雪蕊　陈小滔
责任校对：宋　夏　　　　　　　装帧设计：韩　飞

出版发行：化学工业出版社（北京市东城区青年湖南街13号　邮政编码100011）
印　　装：天津盛通数码科技有限公司
787mm×1092mm　1/16　印张19　彩插3　字数487千字　2022年8月北京第1版第2次印刷

购书咨询：010-64518888　　　　　售后服务：010-64518899
网　　址：http://www.cip.com.cn
凡购买本书，如有缺损质量问题，本社销售中心负责调换。

定　　价：79.00元　　　　　　　　　　　　　　　　　　　　　版权所有　违者必究

本书编写人员

主　编　杜　萍　曹天旭
副主编　刘　迪　陈今朝　孙淑静　由士江
编　委（按姓氏拼音排序）

　　　　　曹天旭（长江师范学院）
　　　　　陈　炳（重庆市涪峰食用菌科技开发有限公司）
　　　　　陈红霞（重庆市农业科学院）
　　　　　陈今朝（长江师范学院）
　　　　　杜　萍（长江师范学院）
　　　　　柯斌榕（福建农科院食用菌研究所）
　　　　　李　玉（上海市农业科学院）
　　　　　李海蛟（中国疾病预防控制中心职业卫生与中毒控制所）
　　　　　刘　迪（延边大学）
　　　　　卢政辉（福建农科院食用菌研究所）
　　　　　司　静（北京林业大学）
　　　　　孙淑静（福建农林大学）
　　　　　韦静宜（重庆市农业科学院）
　　　　　吴　芳（北京林业大学）
　　　　　徐文东（黑龙江农业经济职业学院）
　　　　　由士江（北华大学）
　　　　　员　瑗（北京林业大学）
　　　　　张琪辉（福建省宁德市古田县食用菌研发中心）

序

发展食用菌产业能充分利用农林业的废弃物，使之"变废为宝"食用菌产业在循环经济、精准扶贫和农业结构调整方面发挥着越来越重要的作用，已成为"资源再循环""绿色环保"农业可持续发展的朝阳产业。该产业发展解决了部分农村劳动力、下岗职工、退伍军人、林业职工的就地就业问题，具有良好的经济、生态和社会效益。目前，食用菌总产值在农作物中仅次于粮食、蔬菜、水果和油料，位居第5位，由食用菌产业创收的辐射效应带动了农业供给侧结构调整，食用菌产业日渐成为一项实实在在的富民产业。

食用菌具有丰富的营养价值，是一种健康的绿色食品。随着人民生活水平和保健意识的提高，未来食用菌的需求将会越来越大。据中国食用菌协会统计，2019年我国食用菌总产量达到3961.91万吨，其中，工厂化生产量达到343.68万吨，较上年同期增加15.77万吨。食用菌行业已步入现代化和国际化发展的新轨道，成为我国现代农业产业中的新生力量。但从我国食用菌工厂化生产效率来看，整体仍处于较低水平，因此，我国食用菌工厂化生产还具有较大的发展空间。

随着城镇化进程的加快、农业现代化的推进，食用菌栽培品种将向多样化方向延伸。菌种研发和设备创新需要高科技人才的参与，未来会更加注重培养既有食用菌理论知识又有食用菌工厂化生产实践经验的专业技术人员，人才培养体系将更加完善。然而，目前的课程改革和教材建设相对滞后，从而导致人才培养与市场需求之间存在偏差。为适应应用型本科教学的发展，特组织编写了以培养适应行业需要的高素质应用型人才为目标，突出应用型本科教育特色的《食用菌栽培技术》一书。

本教材由教师与行业企业同仁密切联系实际共同编写，既有较高理论水平，又汇集了编者多年来的生产实践心得和最新的研究成果，体现了实用性、适用性和前沿性，通俗易懂、可操作性强。承担本教材的编写人员明显年轻化，彰显了中国食用菌栽培领域新人辈出的良好态势！希望每一位与应用型本科院校食用菌栽培技术教学相关的教师和行业技术人员，都能关注、参与该类教材的建设，并多提宝贵的意见和建议，为食用菌行业高素质应用型人才的培养添砖加瓦。

北京林业大学教授、博士生导师
中国菌物学会副理事长、《菌物学报》主编
2020年10月6日

前言

《食用菌栽培技术》涉及食用菌基础生物学、营养生理学和环境生态学等诸多交叉学科知识。只有在完全掌握某种食用菌的生物学特性的前提下，提供适宜的栽培基质，创造合适的环境条件，才能满足其生长发育的需求，从而达到优质、高产、高效栽培的目的。

食用菌栽培生产是环环相扣的，任何一个环节出了问题，都会导致生产失败。因此，编者根据多年来的食用菌教学、科研和生产的经验，按从基础到应用、从简单到复杂、从传统到现代的顺序介绍了食用菌栽培基础知识、菌种制备、菌包生产、发菌管理、出菇管理、病虫害防治、产品加工等。编写过程中既注重理论水平的提高，又突出实践技能的可操作性，并与时俱进。全书条理清晰，语言逻辑性强，图文并茂，通俗易懂，可作为应用型本科院校中生物工程、微生物学、园艺、林学及生物科学等相关专业的教材，也可作为高职高专院校、食用菌栽培技术培训教材及相关科研和从业人员参考用书。

具体编写分工如下：陈今朝（第一章、第二章第一、二、四节）、李海蛟和司静（第二章第三节）、杜萍（第三章、第四章、第五章的第三至第五节和第九章）、吴芳（第五章第一、二节）、曹天旭（第六章、第七章、第十一章和第十二章）、员瑗（第八章的第一、二节）、曹天旭和陈炳（第八章的第三节）、孙淑静和张琪辉（第十章）、徐文东（第十三章、第十四章第一至第三节、第二十章和第二十一章）、由士江（第十五章）、韦静宜（第十六章）、陈红霞（第十七章）、柯斌榕和卢政辉（第十八章）、李玉（第十九章）、刘迪（第十四章第四节、第二十二章和附录）。特别感谢上海市农科院周峰对第二十一章进行了校稿，全书由杜萍对初稿部分进行了适当的补充和改写，并最后统稿。

在教材编写过程中，非常感谢北京林业大学生态与自然保护学院戴玉成教授提供了很多食药用菌栽培的精美照片（如第十一至十四章、第十七章等），感谢学生周洁绘制了第二章和第六章的图，并向本书编写的所有供图者一并表示感谢，衷心地感谢化学工业出版社的大力支持，感谢本书中参考引用其著述的中外作者们。

由于编者水平有限，教材难免存在错漏之处，还请各位学术界同仁和广大读者给予批评指正，以便后续修正完善。

杜 萍
2021 年 4 月

目 录

第一章　绪论　001

第一节　食用菌的定义和价值 …… 001
　一、食用菌的定义 …………… 001
　二、食用菌的营养价值 ……… 001
　三、食用菌的药用价值 ……… 002
　四、食用菌的经济价值 ……… 002
第二节　食用菌产业现状、存在
　　　　问题及发展趋势 ………… 003
　一、食用菌产业现状 ………… 003
　二、我国食用菌产业存在
　　　的主要问题 ……………… 005
　三、我国食用菌产业发展
　　　趋势 ……………………… 006
思考题 …………………………… 007

第二章　食用菌栽培基础知识　008

第一节　食用菌的形态结构 ……… 008
　一、菌丝与菌丝体 …………… 008
　二、菌丝的组织体 …………… 010
　三、子实体 …………………… 012
第二节　食用菌的分类 …………… 015
　一、食用菌在生物中的分类
　　　地位 ……………………… 016
　二、食用菌标本采集与保藏 … 016
　三、食用菌种类 ……………… 017
第三节　毒蘑菇 …………………… 020
　一、毒蘑菇及中毒类型 ……… 020
　二、毒蘑菇中毒后的急救
　　　措施 ……………………… 027
第四节　食用菌的生理生态 ……… 027
　一、食用菌的营养 …………… 027
　二、食用菌的理化环境 ……… 029
　三、食用菌的生物环境 ……… 032
思考题 …………………………… 033

第三章　食用菌制种与保藏技术　034

第一节　食用菌菌种概述 ………… 034
　一、菌种的概念 ……………… 034
　二、菌种的重要性 …………… 034
　三、菌种的类型 ……………… 034
　四、菌种制种程序 …………… 034
第二节　食用菌菌种生产主要
　　　　设备 ………………………… 035
　一、配料设备 ………………… 035
　二、灭菌设备 ………………… 036
　三、接种设备 ………………… 036
　四、培养设备 ………………… 037
　五、机械工具及其他用品 …… 038
　六、温湿调控设备 …………… 038
　七、菌种保藏设备 …………… 038

八、液体菌种生产设备 …… 038
第三节　食用菌消毒灭菌 ………… 039
　　一、物理消毒灭菌 ………… 039
　　二、化学消毒灭菌 ………… 040
第四节　母种生产技术 …………… 041
　　一、培养基 ………………… 041
　　二、母种培养基的配制方法 … 041
　　三、母种的转管与培养 …… 043
　　四、母种培养中常见的异
　　　　常情况及原因 ………… 043
第五节　原种和栽培种生产技术 … 044
　　一、原种、栽培种培养基的
　　　　配制与灭菌 …………… 044
　　二、原种和栽培种的接种与
　　　　培养 …………………… 046
第六节　液体菌种的生产与应用 … 048
　　一、液体菌种的优点 ……… 048
　　二、液体菌种的生产 ……… 048

　　三、液体菌种的应用 ……… 050
第七节　食用菌菌种质量的鉴定 … 050
　　一、母种质量鉴定 ………… 050
　　二、原种和栽培种的质量
　　　　鉴定 …………………… 051
第八节　食用菌菌种分离方法 …… 052
　　一、分离用种菇的选择 …… 052
　　二、种菇的消毒处理 ……… 052
　　三、菌种分离方法 ………… 052
　　四、选育提纯 ……………… 054
　　五、转管扩接 ……………… 054
　　六、出菇试验 ……………… 054
第九节　食用菌菌种退化、复壮
　　　　与保藏 ………………… 054
　　一、菌种退化 ……………… 054
　　二、菌种复壮 ……………… 055
　　三、菌种保藏 ……………… 055
思考题 ………………………………… 056

第四章　平菇栽培技术　　　　　　　　　　　　　　　　　　　057

第一节　平菇概述 ………………… 057
第二节　生物学特性 ……………… 057
　　一、形态特征 ……………… 057
　　二、生长发育的条件 ……… 058
　　三、生活史 ………………… 059
第三节　栽培技术 ………………… 059

　　一、栽培季节 ……………… 059
　　二、栽培品种 ……………… 059
　　三、发酵料袋栽技术 ……… 060
　　四、生料栽培 ……………… 065
　　五、病虫害防治 …………… 065
思考题 ………………………………… 069

第五章　小孔黑木耳栽培技术　　　　　　　　　　　　　　　　070

第一节　黑木耳概述 ……………… 070
第二节　生物学特性 ……………… 071
　　一、形态特征 ……………… 071
　　二、生长发育的条件 ……… 071
　　三、生活史 ………………… 072
第三节　小孔黑木耳露地栽培
　　　　技术 …………………… 072

　　一、栽培季节 ……………… 072
　　二、栽培前准备 …………… 073
　　三、菌包生产 ……………… 074
　　四、栽培管理 ……………… 076
第四节　小孔黑木耳春季吊袋
　　　　栽培技术 ……………… 079
　　一、大棚建造 ……………… 079

二、扣棚及准备工作 …………… 079
　　三、棚室的清洁与消毒 …………… 079
　　四、刺孔和复壮菌丝 …………… 080
　　五、催芽方法 …………… 080
　　六、吊袋 …………… 080
　　七、出耳管理 …………… 081
　　八、秋耳管理 …………… 082
　第五节　黑木耳病虫害识别与
　　　　　防治 …………… 082
　　一、生理性病害 …………… 082
　　二、真菌性病害 …………… 083
　　三、细菌性病害 …………… 086
　　四、转茬耳杂菌污染原因及
　　　　防治措施 …………… 087
　　五、主要害虫 …………… 087
　　六、病虫害的综合防治 …………… 088
　思考题 …………… 088

第六章　滑子菇栽培技术　089

　第一节　滑子菇概述 …………… 089
　第二节　生物学特性 …………… 090
　　一、形态特征 …………… 090
　　二、生长发育的条件 …………… 090
　　三、生活史 …………… 091
　第三节　栽培技术 …………… 091
　　一、栽培季节 …………… 092
　　二、栽培品种 …………… 092
　　三、半熟料盘式栽培技术 …… 092
　　四、熟料袋栽技术 …………… 097
　　五、滑子菇常见病虫害防治 … 099
　思考题 …………… 099

第七章　猴头菇栽培技术　100

　第一节　猴头菇概述 …………… 100
　第二节　生物学特性 …………… 101
　　一、形态特征 …………… 101
　　二、生长发育的条件 …………… 101
　　三、生活史 …………… 102
　第三节　栽培技术 …………… 102
　　一、栽培季节 …………… 102
　　二、品种选择 …………… 103
　　三、栽培方式 …………… 103
　　四、栽培技术 …………… 103
　　五、猴头菇生理性病害发生
　　　　的原因与防治 …………… 106
　思考题 …………… 108

第八章　香菇栽培技术　109

　第一节　香菇概述 …………… 109
　第二节　生物学特性 …………… 110
　　一、形态特征 …………… 110
　　二、生长发育的条件 …………… 110
　　三、生活史 …………… 111
　第三节　栽培技术 …………… 111
　　一、栽培季节 …………… 111
　　二、品种选择 …………… 111
　　三、栽培前准备工作 …………… 112
　　四、料袋制作 …………… 112
　　五、接种 …………… 113
　　六、发菌管理 …………… 113

七、脱袋转色 …………… 113
　　八、出菇管理 …………… 114
　　九、采收及加工 ………… 115
　　十、采后管理 …………… 115
　　十一、花菇的栽培 ……… 115
　　十二、香菇病虫害防治 … 116
　　思考题 …………………… 118

第九章　灵芝栽培技术　　　　119

第一节　灵芝概述 …………… 119
　　一、灵芝的有效成分 …… 119
　　二、灵芝的药用价值 …… 120
　　三、灵芝孢子粉的主要成分
　　　　及功效 ……………… 120
　　四、灵芝保健品 ………… 120
第二节　生物学特性 ………… 121
　　一、形态特征 …………… 121
　　二、生长发育的条件 …… 122
　　三、生活史 ……………… 122
第三节　栽培技术 …………… 122
　　一、栽培季节 …………… 123
　　二、栽培品种 …………… 123
　　三、灵芝代料栽培技术 … 123
　　四、灵芝短段木栽培技术 … 126
　　五、病虫害防治 ………… 129
　　思考题 …………………… 132

第十章　银耳栽培技术　　　　133

第一节　银耳概述 …………… 133
第二节　生物学特性 ………… 134
　　一、形态特征 …………… 134
　　二、生长发育的条件 …… 136
　　三、生活史 ……………… 137
第三节　栽培技术 …………… 138
　　一、栽培季节 …………… 138
　　二、栽培前准备 ………… 138
　　三、栽培袋制备 ………… 141
　　四、栽培管理 …………… 142
第四节　银耳生产中常见问题 …… 144
　　一、菌丝满袋后不出耳原因
　　　　及防治 ……………… 144
　　二、出耳"断穴"和"疯癫
　　　　菇"原因及防治 …… 146
　　三、烂耳发生原因及防治 … 146
　　四、银耳真菌性病害的发生
　　　　原因及防治 ………… 147
　　思考题 …………………… 147

第十一章　榆耳栽培技术　　　　149

第一节　榆耳概述 …………… 149
　　一、营养价值 …………… 149
　　二、药用价值 …………… 150
　　三、驯化栽培 …………… 150
第二节　生物学特性 ………… 150
　　一、形态特征 …………… 150
　　二、生长发育的条件 …… 151
第三节　栽培技术 …………… 151
　　一、栽培季节 …………… 152
　　二、品种选择 …………… 152

三、栽培前准备 …… 152
　　四、段木栽培 …… 153
　　五、代料栽培 …… 153
　　六、病虫害防治 …… 156
　　思考题 …… 158

第十二章　大球盖菇栽培技术　　159

　第一节　大球盖菇概述 …… 159
　第二节　生物学特性 …… 160
　　一、形态特征 …… 160
　　二、生长发育的条件 …… 161
　　三、生活史 …… 161
　第三节　栽培技术 …… 162
　　一、栽培季节 …… 162
　　二、栽培前准备 …… 162
　　三、栽培方法 …… 163
　　四、大球盖菇病虫害防治 …… 169
　　思考题 …… 169

第十三章　双孢蘑菇栽培技术　　170

　第一节　双孢蘑菇概述 …… 170
　第二节　生物学特性 …… 170
　　一、形态特征 …… 170
　　二、生长发育的条件 …… 171
　　三、生活史 …… 172
　第三节　栽培技术 …… 173
　　一、栽培季节 …… 173
　　二、栽培品种 …… 173
　　三、栽培前准备 …… 173
　　四、培养料的堆制发酵 …… 174
　　五、播种 …… 175
　　六、栽培管理 …… 175
　第四节　双孢蘑菇生产中常见问题 …… 177
　　一、发菌期常见问题的原因及防治 …… 177
　　二、出菇期应注意的十种生理性病害 …… 178
　　三、蘑菇主要细菌性病害及防治 …… 180
　　思考题 …… 180

第十四章　草菇栽培技术　　181

　第一节　草菇概述 …… 181
　第二节　生物学特性 …… 182
　　一、形态特征 …… 182
　　二、生长发育的条件 …… 182
　　三、生活史 …… 183
　第三节　栽培技术 …… 183
　　一、栽培季节 …… 183
　　二、栽培品种 …… 183
　　三、栽培前准备 …… 184
　　四、栽培方法 …… 185
　　五、栽培管理 …… 186
　　六、采收 …… 187
　第四节　草菇生产中常见问题 …… 187
　　一、草菇栽培中菌丝萎缩的发生原因及防治 …… 187
　　二、草菇栽培中死菇的发生

原因及防治 …………… 188
　三、草菇菌核病的发生原因
　　　与防治 …………………… 189
　四、杂菌与害虫的综合防治 … 190
思考题 ……………………………… 190

第十五章　蛹虫草栽培技术　　191

第一节　虫草概述 …………… 191
第二节　生物学特性 ………… 192
　一、形态特征 ………………… 192
　二、生长发育的条件 ………… 192
　三、生活史 …………………… 193
第三节　栽培技术 …………… 193
　一、蚕蛹培养基栽培 ………… 193
　二、米饭培养基栽培 ………… 195
　三、栽培中常见问题及病虫
　　　害防治 …………………… 196
思考题 ……………………………… 197

第十六章　羊肚菌栽培技术　　198

第一节　羊肚菌概述 ………… 198
　一、分类地位 ………………… 198
　二、经济价值 ………………… 198
　三、栽培现状 ………………… 199
第二节　生物学特性 ………… 199
　一、形态特征 ………………… 199
　二、生长发育的条件 ………… 201
　三、生活史 …………………… 203
第三节　栽培技术 …………… 203
　一、栽培季节 ………………… 203
　二、栽培品种 ………………… 203
　三、菌种及外源营养袋的生产 … 204
　四、栽培技术 ………………… 205
　五、保鲜与加工 ……………… 208
　六、羊肚菌病虫害防治 ……… 209
思考题 ……………………………… 211

第十七章　灰树花栽培技术　　212

第一节　灰树花概述 ………… 212
第二节　生物学特性 ………… 213
　一、形态特征 ………………… 213
　二、生长发育的条件 ………… 213
　三、生活史 …………………… 214
第三节　栽培技术 …………… 214
　一、栽培季节 ………………… 214
　二、栽培技术 ………………… 214
　三、病虫害发生及防治 ……… 218
思考题 ……………………………… 219

第十八章　双孢蘑菇工厂化生产技术　　220

第一节　生产概述 …………… 220
第二节　工厂化设施及栽培技术 … 220
　一、厂区分区及功能 ………… 221
　二、工艺流程 ………………… 222
　三、培养料制备工艺 ………… 224
　四、播种发菌与覆土 ………… 228

五、出菇管理及采收 …………… 231
　　六、常见病虫害防控 …………… 233
思考题 …………………………………… 236

第十九章　真姬菇工厂化生产技术　　237

第一节　真姬菇概述 ………………… 237
第二节　生物学特性 ………………… 238
　　一、形态特征 …………………… 238
　　二、生长发育的条件 …………… 238
　　三、生活史 ……………………… 240
第三节　品种 ………………………… 240
第四节　白玉菇栽培技术 …………… 241
　　一、菌瓶生产 …………………… 241
　　二、培养管理 …………………… 244
　　三、出菇管理 …………………… 244
　　四、采后管理 …………………… 246
　　五、包装储存运输 ……………… 246
第五节　蟹味菇栽培技术 …………… 247
　　一、培养管理 …………………… 247
　　二、出菇管理 …………………… 247
第六节　海鲜菇栽培技术 …………… 248
　　一、菌袋生产 …………………… 248
　　二、培养管理 …………………… 249
　　三、出菇管理 …………………… 250
思考题 …………………………………… 251

第二十章　杏鲍菇工厂化生产技术　　252

第一节　杏鲍菇概述 ………………… 252
第二节　生物学特性 ………………… 252
　　一、形态特征 …………………… 252
　　二、生长发育的条件 …………… 253
　　三、生活史 ……………………… 253
第三节　工厂化栽培技术 …………… 254
　　一、生产概述 …………………… 254
　　二、菌种生产 …………………… 254
　　三、菌瓶生产 …………………… 255
　　四、搔菌 ………………………… 256
　　五、出菇管理 …………………… 256
　　六、采收包装 …………………… 258
　　七、废料处理 …………………… 258
　　八、病虫害防治 ………………… 258
思考题 …………………………………… 259

第二十一章　金针菇工厂化生产技术　　260

第一节　金针菇概述 ………………… 260
第二节　生物学特性 ………………… 261
　　一、形态特征 …………………… 261
　　二、生长发育的条件 …………… 262
　　三、生活史 ……………………… 262
第三节　工厂化栽培技术 …………… 263
　　一、生产概述 …………………… 263
　　二、菌种生产 …………………… 263
　　三、菌瓶生产 …………………… 264
　　四、搔菌 ………………………… 267
　　五、催蕾及出菇管理 …………… 268
　　六、采收包装 …………………… 269
　　七、废料处理 …………………… 269
　　八、病虫害防治 ………………… 269
思考题 …………………………………… 271

第二十二章　食用菌栽培学基础实验　272

实验一　食用菌形态结构的观察 … 272
实验二　野生食用菌种质资源的
　　　　采集与鉴定 …………… 273
实验三　母种培养基制作 ………… 275
实验四　母种扩繁技术 …………… 276
实验五　食用菌菌种分离技术 …… 277
实验六　食用菌原种和栽培种的
　　　　制作与培养 …………… 278
实验七　平菇生料栽培技术 ……… 280
实验八　食用菌主要病害症状及
　　　　病原菌观察 …………… 281

附录　283

附录1　常用培养料的C含量、
　　　　N含量及碳氮比 ………… 283
附录2　常用药剂防治对象及
　　　　用法 ……………………… 283

参考文献　285

第一章
绪 论

第一节 食用菌的定义和价值

一、食用菌的定义

食用菌（edible mushroom）是指一类可供人类食用的大型真菌（macrofungi），具有肉质或胶质的大型子实体（fruit body），常称为蘑菇（mushroom）或食用蕈菌。所谓大型真菌是指其可以产生肉眼可见的子实体，如香菇、木耳、平菇、双孢蘑菇和金针菇等一大类食用真菌，也包括灵芝、冬虫夏草、茯苓、猪苓、蛹虫草和桑黄等药用真菌。其中一部分食用菌兼有营养价值、保健功能和药用功能。约 95% 的食用菌隶属于担子菌亚门（Basidiomycota）层菌纲（Hymenomycetes）及腹菌纲（Gasteromycetes），少数属于子囊菌门（Ascomycota）盘菌纲（Pezizomycetes）。在自然界中，食用菌一般生长于树木或土地上。生长于树木上的称为"菌"，生长于土地上的称为"蕈"，因此，通常将蘑菇称为"蕈菌"。蘑菇是人们对食用菌的俗称，有时特指双孢蘑菇（Agaricus bisporus）。此外，还有一类有毒的大型真菌统称毒蘑菇（toadstool, poisonous mushroom）。

在长期的生产、生活实践中，人们对各种食用菌的形态结构、生理生化性质、遗传学性质和生物学性质等逐渐有了深刻的认识，总结出各种食用菌的栽培方法并逐渐完善栽培技术。食用菌的栽培方法已从最初的砍花栽培，发展到人工栽培，并向机械化、设施化、工厂化和智能化方向发展。食用菌产业将农业、林业副产物转化为具有重要经济价值的菌类产品，经济效益、社会效益和生态效益十分显著。

我国是世界上食用菌栽培种类最多、产量最大的国家，发明了多种食用菌的人工栽培方法及仿生栽培法。欧美地区主要栽培双孢蘑菇，亚洲的日本、韩国主要栽培金针菇、真姬菇和香菇等少数食用菌品种。

二、食用菌的营养价值

食用菌蛋白质含量高、脂肪含量低，各种维生素、无机盐、多糖以及多种生理活性物质含量丰富，味道鲜美，营养丰富，是深受欢迎的蔬菜食品和保健食品。食用菌的可食部分是具有产孢结构的子实体。食用菌的含水量一般为 72%~92%，干物质含量为 8%~28%。在干物质中，90% 以上的是有机物。据袁明生、孙佩琼（2007）报道，在食用菌子实体所含的主要干物质中，平均蛋白质约占 23.1%，脂肪约占 3.1%，糖类约占 60.3%，灰分约占 7%。此外，食用菌还含有较丰富的核酸、维生素，如硫胺素（维生素 B_1）、核黄素（维生素 B_2）、烟酸（维生素 B_3）、抗坏血酸（维生素 C）和麦角固醇等。每克鲜菇含有硫胺素 0.1~0.7mg，核黄素 0.4~0.6mg，烟酸 0.5~10.8mg，抗坏血酸 2.4~5.8mg。维生素是人体正常生理活动所必需的。因此，经常食用食用菌可以减少维生素缺乏症。

食用菌的蛋白质含量一般高于水果和蔬菜，营养成分介于肉类和果蔬之间；食用菌的蛋白质约为鲜菇的4%（质量分数），干物质的30%，是叶菜类、茄果类和根菜类等常见蔬菜的3～6倍。食用菌蛋白质被人类利用的吸收率为75%，而大豆蛋白质的利用率只有43%。糖类是食用菌的重要组成成分，它不仅含有一般的单糖、双糖和多糖，还含有一些氨基糖、糖醇类和多糖蛋白类植物少有的多糖物质。各种真菌多糖是食用菌重要的生物活性物质，具有调节人体免疫活性的功能。食用菌氨基酸种类齐全，一般含有18～19种人体必需氨基酸，易被吸收利用。特别是粮食和豆类缺乏的赖氨酸、甲硫氨酸和色氨酸，食用菌中都很丰富。

食用菌细胞壁由果胶类物质组成，主要成分是几丁质，是一种很好的膳食纤维，有助于肠胃蠕动，预防便秘，食物性纤维还能吸附血液中过多的胆固醇并排出体外，可预防糖尿病发生。食用菌的灰分中含有人体必需的多种矿物质元素如钾、钙、钠、镁、铁、钴、钼、磷、硫等，其中钾、磷含量最多。在灰分中钾占50%～60%，补充钾有助于排钠，对高血压患者十分有益。食用菌所含的钙、铁、锌等元素易被人体吸收。

食用菌核酸含量高于粮食作物，与动物肉中核酸的含量相似。其中多聚肌苷酸、多聚胞苷酸等具有抗病毒及抗肿瘤的作用；部分核酸水解物具有增鲜作用，可增加食物的鲜味。一般食用菌都具有独特的鲜味和香味，主要包括十多种游离氨基酸，如谷氨酸、天冬氨酸、5'-鸟苷酸等。甘氨酸、脯氨酸、丙氨酸使食用菌呈甜鲜味。大多数食用菌含有风味物质，能促进食欲，如香菇的香菇精。风味物质成分、含量不仅与食用菌种类有关，而且与栽培时间、采收期及其加工方法有关。

三、食用菌的药用价值

我国将高等真菌用作药物已有悠久的历史，食药用菌不但是我国天然药物的组成部分，而且成为当前探索、发掘抗癌药物的重要资源。

食用菌在生长过程中能合成多种天然产物及次生代谢产物，从这些产物中寻找具有活性的化合物已成为国内外医药领域的研究热点。食用菌的生物活性物质主要包括多糖、萜类、甾醇、色素类、酚类、酶类、生物碱，还有多糖蛋白、非蛋白氨基酸、糖多肽、多元醇、有机酸和呋喃衍生物等。这些生物活性物质具有多种生理活性，是食用菌预防和治疗疾病的物质基础，其主要生理活性功能包括抗肿瘤、抗病毒、免疫调节、预防和治疗心血管疾病、降血脂、抗菌和保肝等作用。食用菌含有多种酶，具有利尿、健脾胃、助消化的作用。不同食用菌含有不同的活性成分。如松茸和猴头菇多糖、多糖蛋白的抑癌率为91.3%，香菇β-1,3-糖苷键结合的直链多聚葡萄糖、金针菇朴菇素（flammulin）也具有较强的抗肿瘤作用。

在食用菌菌种培养过程中，在菌管、菌瓶和菌袋上出现抑菌线，这是食用菌产生抗生素的结果。这些食用菌产生的抗生素对革兰氏阴性细菌、革兰氏阳性细菌、分枝杆菌、噬菌体和丝状真菌有不同程度的抑制作用。香菇种植者、经营者和常食香菇的人不易患感冒，这可能是香菇含有的双链核糖核酸能诱导干扰素，增强人体免疫力的缘故。双孢蘑菇多糖具有抗病毒的活性。香菇素（lentinacin）能加速胆固醇的代谢，降低血液中胆固醇的含量，能够治疗高血压和动脉粥样硬化症。黑木耳的缓冲盐水提取物（黑木耳腺苷）能显著抑制二磷酸腺苷（ADP）引起的血小板聚集。研究表明，鸡腿菇可降血糖，平菇止痛，竹荪治痢疾，猴头菇消炎，金针菇促长高、增智，金顶侧耳可辅助治疗肾虚、阳萎，阿魏侧耳可消积、杀虫等。

四、食用菌的经济价值

食用菌栽培是以农业副产物、林果树枝、农产品加工废弃物和畜禽粪便等为原料，经过设计栽培料配方，创造或模仿适宜食用菌生长发育的环境条件，生产营养价值很高的食用菌产品。除传统种植业、养殖业外，食用菌栽培已成为一个新兴的种植业，食用菌亦称为菌类作物（fungus crop）。目前食用菌总产值仅次于粮食、蔬菜、水果和油料，位居第5位，超过棉花、茶叶、糖类和烟草（李玉，2018）。因此，食用菌生产、植物生产及动物生产在农业生产中呈三足鼎力之势，且食用菌生产起着纽带作用。食用菌可以促进废弃物循环利用，变废为宝，保护环境，因此，食用菌产业是现代生态农业的组成部分。据中国食用菌协会报道，2018年全国食用菌总产量为3842.04万吨，总产值为2937.37亿元，分别比上年增长3.5%和7.92%。其中，总产值超过100亿元的有河南省、河北省、福建省、山东省、黑龙江省、吉林省、江苏省、云南省、四川省、湖北省和江西省共11个省。

食用菌生产不依赖耕地，不需要光合作用，可在自然条件下进行，投资少，效益高，也可在人工控制条件下进行工厂化生产。当前，食用菌工厂化企业数量在逐渐上升，至2016年底全国食用菌工厂化企业已有590家，食用菌工厂化产量世界第一，占全球食用菌工厂化总产量的43%，日产量超7000t。其中，产量最多的分别是金针菇、杏鲍菇、香菇和蟹味菇等。2016年食用菌出口超过30亿美元，价值1亿美元以上的品种有香菇、木耳和小白蘑菇等。

近几年，全国食用菌上市企业数量突飞猛进，有十余家食用菌企业、近十家药用菌企业分别在主板、新三板和中小企业板上市。据统计，2017年全国已有近1000万户（人口逾2000万）农民掌握了食用菌生产技术，利用大棚、温室和阳畦等栽培食用菌，规模大小不一。食用菌栽培可以充分利用我国丰富的秸秆资源和富余劳动力，既可解决部分就业问题，亦可生产出优质食用菌丰富人们的菜篮子，提高人们的健康水平。

第二节　食用菌产业现状、存在问题及发展趋势

一、食用菌产业现状

（一）国内食用菌产业发展概况

有关资料表明，中国古代先人们在7000多年前就已经开始以菌为食。数千年来，人们对食用菌进行了大量的观察、采食和记录活动，在历代的农业专著、药学专著以及文学作品中都记录了大量的大型真菌。通过长期的观察和生活实践，人们逐渐认识了大型真菌特殊的生长环境和营养需求，并生动地描述了食用菌的形态特征、生态环境。之后开始模仿食用菌生长的生态环境进行仿生栽培，并总结出较完整的栽培工艺。如唐代韩鄂所著的《四时纂要》中就有关于金针菇的栽培方法，元代《王祯农书》中记载了香菇栽培方法，19世纪初《广东通志》中记载了草菇的栽培方法。

我国食用菌栽培种类多，方式多样。1966年，我国食用菌栽培品种有25种，至2009年人工或半人工栽培品种达90多种。目前规模化栽培的食用菌有38种以上，包括香菇、平菇、双孢蘑菇、金针菇、黑木耳、毛木耳和银耳等常见菇类，以及巴氏蘑菇、真姬菇和荷叶离褶伞等30多种珍稀食用菌类。自20世纪80年代以来，我国食用菌产量迅速增加。据统计，1978年全国食用菌总产量不足6万吨；1986年全国食用菌总产量为58.5万吨，占世界总产量的26.8%；至1993年我国食用菌总产量居世界第一；1994年食用菌总产量为264万吨，占世界总产量的53.8%。2005年全国食用菌总产量为1200万吨。近十年来，我国食用菌产量、产值发生了巨大变化，2010年全国食用菌总产量为2000万吨，2011年以后食用菌总产量占世界总产量的70%以上。2015年全国食用菌总产量为3400万吨，产值2500亿元。

2017年全国食用菌总产量为3712万吨，产值2721.9亿元，总产量占世界总产量的70%以上。目前，我国食用菌产量居前6位的依次是香菇、黑木耳、平菇、双孢蘑菇、毛木耳、金针菇，年产量均过百万吨，占总产量的八成以上。

食用菌产业优势基地、区域布局不断优化，实现了南菇北移和东菇西移的大格局。目前，全国食用菌年产值千万元以上的县500多个，亿元以上的县100多个，形成了黑龙江省东宁市、辽宁省岫岩县、河北省平泉市、河南省西峡县、浙江省庆元县、湖北省随州市和福建省古田县等一大批全国知名的食用菌生产基地。有的县食用菌产值近百亿元，这些生产基地通过发展食用菌产业，带动农民增收，实现农业增效，改变了农村面貌。全国已建立多个集食用菌栽培、加工、物流、文化及美食为一体的特色小镇，成为"三农"发展的新亮点。

生产机械化程度不断提高，实现了全自动打包、自动套菌袋等。国内生产食用菌配套机械、配套设施的企业超过70家，既可生产双孢蘑菇、金针菇，又可生产香菇和黑木耳等。食用菌生产的原辅材料、菇架等各种设施设备分工精细化，形成不断完善的食用菌产业链。

品牌质量不断提高。庆元香菇、古田银耳、通江银耳、五营黑木耳、泌阳花菇和姚庄蘑菇等多种食用菌获得地理标志产品称号。东宁黑木耳和房县黑木耳已在欧洲得到了认证，表明我国食用菌品牌质量正不断提升。

种质资源不断创新。近年来我国食用菌种质资源收集创新稳步推进，通过收集、纯化野生种质资源，基本弄清了我国食用菌分布状况。并在中朝、中俄边境，四川雅江、甘肃祁连山、安徽金寨等地建立了珍稀菌物资源保育区，从源头上保障了野生食药用菌资源的物种多样性。

食用菌休闲观光业快速发展。我国是食用菌栽培最早的国家之一，积累了丰富的文化底蕴。随着我国的经济发展及休闲观光需求增加，以食用菌为主题的休闲旅游业发展较快。很多地方设立食用菌博物馆、生态园，出版发行菌文化图书，举办节会活动等特色休闲观光旅游，使具有千年底蕴的菌菇文化焕发出勃勃生机。以食用菌生物科技休闲为主的康养产业可将食用菌产业发展推向新境界。

（二）国外食用菌产业发展概况

欧洲人对食用菌的认识可追溯到3500年前。传说中，古罗马人认为是神用闪电猛击地球导致蘑菇的出现。法国的双孢蘑菇栽培起源于16世纪中叶，De Bonnefons在1651年比较详细地介绍了双孢蘑菇的栽培方法。但也有人认为是在17世纪初才成功进行了双孢蘑菇的栽培。至17世纪中叶，Linnaeus（1707～1778）等在植物分类专著中才开始系统地记录和描述菌类。19世纪末法国的巴斯德成功分离得到孢子纯种，1918年美国人Lambert将菌种生产技术对外公开，极大地促进了双孢蘑菇在欧洲、美洲乃至全世界的推广（边银丙，2017）。

日本食用菌栽培深受中国食用菌栽培技术的影响，借鉴我国传统的"砍花法"栽培香菇。1911年日本人从美国学习香菇栽培技术，采用纯种栽培极大地推动了香菇段木栽培法在日本、韩国和中国的发展。近半个世纪以来，日本在金针菇、真姬菇和白灵菇等食用菌的工厂化栽培技术方面取得重大进展，特别是在生产机械、菌种选育、液体菌种生产以及菇房建设等方面取得不少成就，推动了食用菌产业的发展。

从香菇、黑木耳、草菇、金针菇、双孢蘑菇和平菇的人工驯化栽培历史可见，除法国、意大利首先驯化成功栽培双孢蘑菇、平菇外，其余几种食用菌皆为我国首次驯化栽培。在世界范围内，食用菌栽培具有明显的地域特征，无论是栽培品种还是栽培方式均受到当地饮食习惯、地域气候特征、栽培原料资源状况以及经济发展水平的影响。中国、日本和韩国是世界食用菌栽培的中心，栽培种类多样，技术先进，产量最大。日本是世界食用菌生产大国，主要生产香菇、金针菇、真姬菇和灰树花等，产量仅次于中国，其香菇最高年产量为9.1万吨，目前维持在6.5万吨左右。韩国主要栽培香菇、金针菇和真姬菇等少数品种，香菇年产量为2万吨左右，金针菇、真姬菇多采用工厂化生产，单产高、质量好。

欧美是双孢蘑菇的传统产区，产量基本稳定，栽培国家有法国、荷兰、美国、俄罗斯、匈牙利和波兰等。资料表明，2003年欧盟国家食用菌产量为98.6万吨。日本、韩国在食用菌机械化生产方面技术领先，中国从其引进先进的栽培技术，促进了我国食用菌产业的现代化发展。印度、泰国和俄罗斯及东欧国家食用菌发展较快，食用菌栽培由双孢蘑菇向平菇、姬菇和杏鲍菇等其他品种发展。随着一带一路国家经济的融合发展，我国的食用菌栽培技术也逐步向国外输出，一带一路沿线国家将逐步引进我国的香菇、木耳、平菇和金针菇等多种食用菌栽培技术、专业人才和生产设施设备，预计这些国家的食用菌产业将会迎来一个快速发展的阶段。

1950年，全球食用菌总产量6万余吨，主要是双孢蘑菇，1975年总产量为100余万吨，1984年为148.8万吨，1994年为490.9万吨，2000年为1000万吨，2004年为1348万吨，2010年为3200余万吨，2017年为5000余万吨。综上，全球食用菌产业呈现飞跃式发展。

二、我国食用菌产业存在的主要问题

尽管近年来我国食用菌产业取得了辉煌的成绩，但是在食用菌生产设施、设备和菌种等方面制约食用菌产业发展的核心技术尚待突破。目前，我国食用菌产业已由高速增长向中低速增长转变，在发展过程中还存在一些问题亟待解决。

（一）菌种问题

食用菌生产菌种问题较多，如菌种混乱、品种混杂、质量标准不统一等。据调查，现在我国食用菌工厂化生产使用的菌种一直是国外菌种占主导地位，日韩垄断了木腐菌，欧美垄断了草腐菌，自主品种严重缺乏。菌种是食用菌产业发展的起点，这个问题应尽快解决。

（二）同名异物和同物异名问题

我国食用菌产业中同名异物和同物异名现象较严重。如虫草，有很多品种都称为虫草，实际上只有冬虫夏草才能被严格地称虫草，其他品种虽也叫虫草，但其疗效、作用部位都完全不同。同一个品种，在不同地方甚至同一地方不同企业的名称也不同，此种现象甚为普遍。

（三）没有食用菌生产过程管理标准

食用菌行业的持续健康发展需要食用菌生产过程严格的管理标准，食用菌产品的质量安全，生产全过程的控制是关键。国际上有许多成功经验可供借鉴，但目前国内要实现从田间到餐桌的全过程产品质量控制，要求每个环节都有技术标准，还有很长的路要走。因此，把食用菌产品质量安全纳入公共安全体系，建立健全严格的食用菌生产过程监管制度，建立食用菌产品产地可追溯的质量标识制度，是我国食用菌产业发展的方向。

（四）生物质原材料资源利用率低

生物质原材料资源特别是工农业废弃物，如能将其用于发展食用菌生产，将会产生巨大的社会、经济效益。仅以我国每年产生的30亿吨农副产品为例，如能将5%用于生产食用菌，即可产1000万吨食用菌干品，相当于380万至700万吨鲜肉或2280万至4200万吨牛奶。

（五）食用菌精深加工少

绝大多数食用菌以鲜销或烘干销售为主，食用菌精深加工水平低、能力不足，精深加工产品种类少,产品附加值低。目前,我国食用菌加工品种500多种,加工率只有6%,而国外加工率为75%。因此,我国食用菌产业急需加大研发投入,提高加工技术水平,从目前的初级加工阶段向精深加工阶段迈进。

当前,很多地方政府将投资少、见效快,利用简单设施就可以改变当地贫困面貌的食用菌产业列为首选项目。可见,食用菌产业的优势明显,国家可将食用菌产业列为战略性新兴产业。加大力度发展食用菌产业,既可解决食用菌产业存在的问题,又能更好地满足人民生活的需要。

三、我国食用菌产业发展趋势

食用菌生产经历了自然发生、半人工栽培和人工栽培三个阶段。随着微生物学、生物化学、遗传学、生理学和生态学的发展,食用菌栽培逐渐走向机械化、工厂化及智能化栽培的阶段。欧美、日韩等地的食用菌栽培已实现了现代化。通过加强基础研究和技术引进,我国食用菌生产技术也得到快速发展,多种珍稀食用菌栽培技术全球领先。随着机械设备生产技术、生物技术、电子技术和智能技术的发展,我国食用菌产业将在以下方面得到进一步发展。

(一)建立绿色生产模式,生产过程生态化

建立"食用菌生产+植物生产+动物生产"的三维生产模式,将种植业、养殖业废弃物,通过食用菌产业实现废弃物循环利用,实现废弃物资源化,实现农业生产生态化,有助于保护生态环境,提高国家食品生产安全水平。

(二)栽培种类多元化

我国食用菌的商业化栽培品种已有约40种,规模化栽培品种有香菇、平菇和黑木耳等6种,其产量占总产量的80%以上。但其他珍稀食用菌的栽培技术仍然具有较大的发展空间,需要深入研究开发。

(三)栽培技术精细化

随着代料栽培技术的发展,过去一直依赖木材资源的段木栽培技术已逐渐淘汰,但作物秸秆替代木屑栽培食用菌的关键技术尚待突破。为了解决食用菌发展与森林保护的突出矛盾,发展食用菌栽培专用林的研究日益迫切,开发用于食用菌生产的秸秆采收、包装、储运和预处理的专业设备亟待解决,栽培原料的质量与精准配方技术日益重要。

(四)菌种资源、质量现代化

在食用菌生产方式发展过程中,工厂化栽培技术强势崛起,对食用菌生产菌种的质量要求日益提高,特别是对生产周期短、耐高温、抗逆性强的高产优质品种需求尤为迫切。为此,建立包括菌物资源保育区、标本馆、菌种库、菌体库、基因库、有效成分库和信息库在内的菌物资源保育技术体系,开展食药用菌优质种质资源培育,建设现代化的食药用菌生态栽培繁育示范基地,加强食药用菌种质资源库建设十分紧迫。

(五)菌类药物产业化

许多木腐菌具有很高的药用功效,利用这类菌物原料生产治疗疑难杂症的新型药物,具有广阔的前途。如日本生产的"天地欣"主要成分为香菇多糖,每毫克售价1600多元,而我国却没有高纯度注射类香菇多糖药物的生产企业。天然绿色、具有调节人体多种生理功能和药用功效的菌类药物日益受到人们的青睐。因此,把菌类药物纳入中药范畴,需要培养菌类药物人才,才能促进功能性食品、保健食品及菌类药物产业的发展。

（六）栽培工艺轻简化、机械化

根据我国食用菌生产以家庭作坊、中小微企业和半机械化、半自动化企业为主的国情，引进国外先进设施设备，大幅降低食用菌生产的劳动强度，减少劳动力成本，实现轻简化、机械化生产是产业发展的必然需求。从拌料、装袋（瓶）、灭菌、接种、培菌、搔菌和采收等生产环节逐步实现机械化、自动化，实现食用菌的高效、安全生产。

（七）栽培管理信息化、智能化

将现代信息技术、智能化生产技术应用于食用菌的生产管理过程，提高对生产过程的温度、湿度、光照和通风等技术参数的控制水平，提高食用菌产量和质量，实现食用菌生产过程的现代化。

（八）培育食用菌文化

我国食用菌文化尚未形成。美国人认为食用菌是上帝食品，尤其在感恩节等重大节日不可或缺，甚至在超市的菌床上可以自由采摘食用菌。我国的食用菌文化目前仅仅建立在食物、繁衍的理念上，视其为老祖宗留下的天然产物。亟须把传统的中医药理论、生态理论应用于食用菌产业中，形成具有中国特色的食用菌文化。

思考题

1. 什么是食用菌，食用菌有哪些营养和药用价值？
2. 我国食用菌产业发展存在的主要问题是什么？
3. 我国食用菌产业发展的趋势是什么？

第二章
食用菌栽培基础知识

第一节 食用菌的形态结构

一、菌丝与菌丝体

(一) 菌丝体

食用菌孢子萌发时先吸水膨大，长出芽管（germ tube），芽管不断向各个方向分枝伸长，形成丝状体，称为菌丝（hypha，复数 hyphae），如图 2-1。菌丝前端不断生长，分枝并交织成菌丝团，称为菌丝体（mycelium，复数 mycelia）。

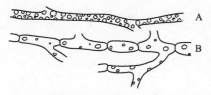

图 2-1 食用菌的营养菌丝（杜萍供图）
A—无隔菌丝；B—有隔菌丝

菌丝由薄而透明的管状壁构成，其中充满密度不同的原生质。菌丝可以无限伸长，直径则因种而异，一般为 $1\sim30\mu m$。在光学显微镜下，多数种类的菌丝有间隔规则的横壁所隔断，这些横壁称为隔膜（septum，复数 septa）。在子囊菌和担子菌中，隔膜将菌丝分隔成间隔和细胞，其中含有一个、两个或多个细胞核的菌丝称为有隔菌丝（septahyphae）（图 2-1）。而壶菌、接合菌只有在产生繁殖器官、菌丝受伤部位以及老化菌丝中产生无孔洞、完全封闭的隔膜。生长活跃的菌丝体没有隔膜，这类菌丝体称为多核菌丝体（coenocytic mycelium）。隔膜对菌丝起着支撑作用，利于增加菌丝机械强度和菌丝内含物的流通。隔膜还可抵御损伤，当菌丝受损伤时，菌丝隔膜孔附近的沃鲁宁体（Woronin body）和一些蛋白质结晶体迅速凝结并堵塞隔膜孔，阻止细胞质流失。

菌丝生长位于菌丝顶端，其细胞壁增厚，但不伸长。菌丝顶端生长时，顶端聚集许多泡囊（vesicle）；菌丝停止生长时，顶端泡囊消失并沿着顶端细胞四周分散。当菌丝重新生长时，泡囊又聚集在顶端。真菌菌丝生长温度一般为 $0\sim35℃$，最适温度为 $20\sim30℃$，最高温度为 50℃或更高。菌丝对低温有很强的耐受力，根据此特点一般将真菌菌种保藏在 4℃冰箱或 -196℃液氮中。通常，菌丝片段都具有潜在的生长能力，一个微小碎片都能长成一个新的个体。菌丝体在固体培养基上呈辐射状生长，形成圆形菌落。菌落形状、大小、颜色和表面纹饰特征与真菌种类及培养基成分、温度、光照和时间等培养条件密切相关，是真菌分类鉴定的重要依据之一。菌丝的生长方式多样，有侧生的（lateral）、对生的（opposite）、二叉分枝的（dichotomy）、单轴的（monopodial）、合轴的（sympodial）、聚伞状的（umbrella）和轮生的（verticillate）等。除少数种类外，一般真菌的营养体都很相似，但由营养体分化出来的繁殖器官则具有多种形态，其特征是构成传统真菌分类学的重要基础。

(二）菌丝的细胞结构

真菌菌丝一般由细胞壁、细胞质和细胞核等几部分构成。

（1）细胞壁　真菌细胞的细胞壁（cell wall）可使细胞保持一定的形状，其主要成分是己糖或氨基己糖构成的多糖链，如几丁质、脱乙酰几丁质、纤维素、葡聚糖和甘露聚糖等，其他还包括蛋白质、类脂和无机盐等。不同种类真菌的细胞壁化学成分不同，大多数真菌细胞壁的化学成分是几丁质，而酵母菌的细胞壁主要成分为甘露聚糖，卵菌细胞壁的成分为纤维素和β-葡聚糖。因此，根据细胞壁化学成分和 rDNA 序列分析的结果，卵菌已被移除真菌界而独立成界——假菌界（Kingdom Chromisia）。此外，即使同种真菌，在不同的发育阶段细胞壁成分也不相同。

（2）细胞膜　真菌细胞的细胞膜又称质膜（plasmalemma），主要成分为磷脂双分子层结构。蛋白质是无定形分子，非对称地镶嵌在磷脂两边，颗粒大、分布不均匀。固醇位于双层磷脂之间，固醇与磷脂的比例为 1:(5~10)。细胞膜在物质运输、能量转换、激素合成和核酸复制等方面有重要作用。

（3）细胞器　在真菌细胞膜内有很多具有一定结构和功能的细胞器，如线粒体（mitochondrion）、核糖体（ribosome）、内质网（endoplasmic reticulum）、高尔基体（Golgi body）、泡囊（vesicle）、膜边体（lomasome，又称须边体）和液泡（vacuole）等。

① 线粒体　广泛分布于菌丝细胞中，在光学显微镜下基本可见，呈细线状或棒状，常与菌丝长轴平行。真菌的线粒体具有双层膜，内膜较厚，向内延伸形成不同数量和形状的嵴。真菌线粒体嵴为扁平的片状结构，而卵菌门的线粒体嵴为管状嵴。线粒体是一种含有多种酶的载体，内膜上含有细胞色素、ATP 磷酸化酶、NADH 脱氢酶、琥珀酸脱氢酶，另外还有参与三羧酸（TCA）循环的酶类、蛋白质合成酶、核糖体和 DNA 以及脂肪酸氧化酶等；外膜主要含有脂质代谢的酶类。线粒体有独立的 DNA、核糖体和蛋白质合成系统，对呼吸、能量供应起主导作用。真菌线粒体 DNA 为闭环，周长 $19\sim26\mu m$，小于植物线粒体的 DNA，大于动物线粒体的 DNA。线粒体的形状、种类和分布与真菌种类、发育阶段及外界环境条件密切相关。通常，菌丝顶端的线粒体多为圆形，成熟菌丝中为椭圆形。

② 核糖体　是核糖核蛋白体的简称，是真菌细胞质、线粒体中的微小颗粒，含有 RNA 和蛋白质，为蛋白质合成的场所。根据核糖体在细胞中所在部位不同，分为细胞质核糖体和线粒体核糖体。细胞质核糖体为 80S，游离分布于细胞质中，有的与内质网或核膜结合；线粒体核糖体为 70S，集中分布于线粒体内膜的嵴间。单个核糖体可结合形成多聚核糖体。

③ 内质网　典型的内质网为管状、中空、两端封闭，通常成对地平行排列，大多与核膜相连，很少与质膜相通，在幼嫩菌丝细胞中较多。主要成分为脂蛋白，有时游离于蛋白质或其他物质，也合并到内质网上。当内质网核糖体附着时形成糙面内质网，常见于菌丝顶端细胞中，而未被核糖体附着时则为光面内质网。

④ 高尔基体　是球形的泡囊状结构，位于细胞核或核膜孔周围，少数呈鳞片状或颗粒状。目前已知的仅在前毛壶菌、卵菌中发现，在接合菌、子囊菌和担子菌中未见到。

⑤ 须边体　由单层膜折叠成一层或多层并包被颗粒状物质的细胞器，呈球形、卵圆形、管状或囊状等形态，含有一种以上的水解酶，可水解多糖、蛋白质和核酸，其功能可能与细胞壁的合成及膜的增生有关。须边体的膜来源于细胞膜，是细胞膜与细胞壁分离时形成的，它仅存在于真菌细胞中。

⑥ 泡囊　在菌丝细胞顶端由膜包围而成，由内质网或高尔基体内膜分化过程中产生的一种细胞器，由蛋白质、多糖和磷酸酶等组成。泡囊与菌丝的顶端生长、菌体对各种染料和杀菌剂的吸收、胞外酶的释放以及对高等植物的寄生性具有某些相关性。

⑦ 液泡　液泡是一种囊泡状的细胞器结构，其体积和数目随细胞年龄或老化程度而增加，为球形或近球形，少数为星形或不规则形。小液泡可融合成大液泡，反之，大液泡也可分成不同数目的小液泡。液泡内主要含有碱性氨基酸，如精氨酸、鸟氨酸和瓜氨酸等氨基酸，可游离到液泡外。液泡内还有多种酶，如蛋白酶、碱性磷酸酶、酸性磷酸酶、纤维素酶和核酸酶等。

（4）细胞核　真菌细胞核由核被膜、染色质、核仁和核基质等构成，是细胞内遗传信息（DNA）的储存、复制和转录的主要场所，外形为球状或椭圆体状。真核生物都有形态完整、有核膜包裹的细胞核，它对细胞的生长、发育、繁殖、遗传、变异等起决定性作用。真菌的菌丝几乎都有许多细胞核。在无隔菌丝中，细胞核通常随机分布在生长活跃的菌丝原生质内。在有隔菌丝中，每个菌丝的分隔里通常含有1～2个至多个核，依种类和发育阶段不同而异。含有2个核的菌丝称为双核菌丝。双核菌丝是大多数食用菌的基本菌丝形态。真菌细胞核由双层单位膜的核膜包围，核膜外膜被核糖体附着。核膜内充满均匀无明显结构的核质，中心常有一个明显的稠密区称为核仁。核仁在分裂中可能持久存在，也可能在分裂中消失而不再出现，也可能以一个完整的个体从分裂的细胞核里释放到细胞质中去。

真菌细胞核中的染色体小，常规细胞生物学技术很难对其研究，因此，对许多真菌的细胞分裂行为及染色体数目尚不完全了解。最近新发展的脉冲电场电凝胶电泳（pulsed-field gel electrophoresis）技术已用于真菌的核型分析。这种电泳技术通过方向不断变换的脉冲电场将包埋在琼脂糖凝胶中的完整染色体DNA分子分离成不同分子量的染色体带，经过溴化乙锭染色，根据在紫外线下显示的色谱带估测染色体数，并通过与分子量标样比较计算染色体DNA的大小。

二、菌丝的组织体

许多高等真菌在生活史的某些阶段，由于适应外界不良环境条件，菌丝一般形成疏松或紧密交织的菌组织化结构称为密丝组织（plectenchyma）。密丝组织有两种类型：结构疏松，菌丝体为长形、平行排列的细胞，称为疏丝组织（prosenchyma）；菌丝体紧密排列成等角形或卵圆形菌丝细胞组织，称为拟薄壁组织（pseudoparenchyma）。在自然界中，大部分真菌的菌丝因生长在地下及一些基质或寄主的内部而不易被发现，但也有许多真菌的菌丝会定期地形成肉眼可见的较大结构。常见的菌丝组织体有菌丝束和菌索、菌核和子座，它们在繁殖、传播和对环境的适应性方面有很大的作用。

（一）菌丝束和菌索

在大多数真菌中，菌丝营养物质运输借助于细胞质流动的方式进行。但某些真菌的菌丝体在生长过程中可能形成一些特殊的运输结构，如菌丝束（hyphal strand）和菌索（rhizomorph）。菌丝束是丝状菌丝细胞向同一方向平行扩展聚集而成的绳索状结构，由数条至数百万条结构简单，粗细不均，约数厘米长，具特殊分化、营养输导作用的营养菌丝组成。常见于多种木材腐朽菌，在营养不良时形成，当营养充足时能迅速生长。另外一些种类如担子菌类的营养菌丝形成绳索状或根状菌组织称为菌索（图2-2）。菌索具有与菌丝束相同的功能，可伸长至数米外吸取养分。菌索结构比菌丝束复杂，四

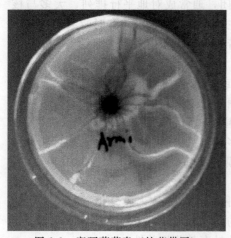

图2-2　蜜环菌菌索（杜萍供图）

周被拟薄壁组织组成的皮层（外皮）包围，顶端具有发达的分生组织，尖端是生长点，其后是生长区，最后是养分吸收区，中心为管状，有利于氧气流通。菌索在环境条件不适宜时可以休眠，条件适宜后从生长点恢复生长。常见于木材腐朽菌如蜜环菌（*Armillaria mellea*）、伏果干腐菌（*Serpula lacrymans*）。

（二）菌核

菌核（sclerotium，复数 sclerotia）是由营养菌丝聚集而成的颗粒状休眠组织，具有不同硬度，贮存较多养分，可抵抗不良环境，能长时间休眠，是当条件适宜时可重新萌发的组织（图2-3）。如在-30℃的内蒙古草原口蘑（*Tricholoma gambosum*）就是通过形成菌核越冬并延续世代交替。菌核形状、大小、颜色、质地和结构因种而异。小菌核仅有几毫米，大菌核有几十厘米甚至更大。如茯苓（*Wolfiporia extensa*）菌核直径可达20～50cm，质量为数十千克；猪苓（*Polyporus umbellatus*）菌核形状多样，长5～25cm，直径3～8cm；雷丸（*Polyporus mylittae*）菌核质量为15kg。菌核结构有的疏松，有的坚硬。

图2-3　茯苓菌核（戴玉成供图）
A.完整菌核；B.菌核内部形态

典型的菌核结构分为皮层和菌髓两层。皮层由紧密交错的菌丝细胞组成拟薄壁组织，表层细胞颜色较深，为深褐色至黑色，质地坚硬；内层为菌髓，由无色菌丝交错而成的疏丝组织组成。菌核萌发形成菌丝或其他产孢组织（如子座等），但一般不直接形成孢子。菌核有三种不同的发育类型，即由菌丝组成的真菌核、由菌丝与寄主组织组成的假菌核（pseudosclerotium）和由几层菌丝细胞组成的小菌核或微菌核（microsclerotium），但一次形成的数量较多。

（三）子座

子座（stroma，复数 stromata）由拟薄壁组织、疏丝组织组成有一定形状的休眠和产孢结构，一般呈垫状、栓状、棍棒状或头状，如冬虫夏草的"草"实际上就是它的子座（图2-4）。由单纯菌丝组成的称真子座（eustroma），由营养菌丝和寄主组织组成的称假子座（pseudoeustroma）。子座成熟时在其表面或内部发育出各种无性繁殖和有性繁殖的结构，产生孢子和子实体。有的子座在其包被（peridium）内

图2-4　冬虫夏草
（戴玉成供图，见彩图）
A—子座；B—菌核

产生分生孢子和子囊壳（perithecium），自基物破裂而出，称为外子座（ectostroma）；位于外子座下部的结构称为内子座（endostroma）。

三、子实体

（一）菌丝的双核化与子实体的形成

根据发育顺序，菌丝体可分为初生菌丝体、次生菌丝体和三次菌丝体。初生菌丝体（primary mycelium）是指刚从孢子萌发形成的菌丝体。这种菌丝较纤细，菌丝每个细胞都含有一个细胞核，故称为单核菌丝（uninucleate hyphae）。但双孢蘑菇除外，多数担孢子萌发时就有2个核。初生菌丝生存时间很短，在初生菌丝体上可形成厚垣孢子、芽孢子和分生孢子等无性孢子。初生菌丝体在担子菌生活史中生存时间很短，不能直接形成子实体，只有两条初生菌丝体经原生质融合，发育形成次生菌丝体（secondary mycelium），才能形成子实体。次生菌丝又称为双核菌丝（dicaryotic hyphae）。双核菌丝的细胞在遗传上可以是单核的，也可以是异核的。由同核双核菌丝形成的双核菌丝体叫同核体（homokaryon），约占25%，反之，称为异核体（heterokaryon），约占75%。

食用菌的发育过程分为营养菌丝生长、生殖菌丝生长两个阶段。单个孢子在培养基上形成单核菌丝后，可以与另一单核菌丝的细胞质配对，发生质配，形成双核菌丝体。双核菌丝体在培养基内继续生长，这种菌丝称为营养菌丝。当营养菌丝在生理上成熟后，就会形成菌丝束，局部菌丝束扭结形成盘状、颗粒状等，称为子实体原基。大量的原基出现，预示着营养菌丝转入生殖阶段，这些原基只有少部分可发育成菇蕾。菇蕾在合适的条件下进一步分化形成子实体。

（二）子实体的发育类型

子实体发育方式可分为4种类型（图2-5）。即裸果型（gymnocarpous），子实层在担子果外表面形成，表面无组织覆盖，在发育周期一直呈裸露状。如口蘑科、牛肝菌科和红菇科许多种类的子实体。被果型（angiocarpous），子实体有内外两层包被，产孢组织自始至终被封闭在担子果内部，担孢子只有在孢子果破裂或腐败后才释放，如马勃属（*Lycoperdon*）、鬼笔属（*Phallus*）等。假被果型（pseudoangiocarpous），子实层在担子果外表面形成，刚开始时表面无组织覆盖，随后子实层被内卷的菌盖边缘或菌柄向外生长的结构所包被，呈密封状态，形似被果型。当担子果成熟后菌盖张开时，内菌幕伸展并随之碎裂，子实层再次暴露。如红菇科（Russulaceae）、牛肝菌科（Boletaceae）某些种的发育方式。半被果型（hemiangiocarpous），从担子果发育的早期开始，子实层由担子果的组织所

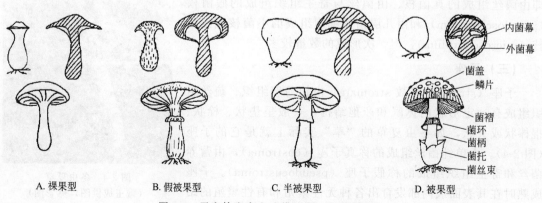

A. 裸果型　　B. 假被果型　　C. 半被果型　　D. 被果型

图2-5　子实体发育方式模式图（杜萍供图）

包被，菌盖边缘通过内菌幕与菌柄相连，当孢子成熟并即将释放时，菌盖张开并撕裂内菌幕，使子实层裸露。这是大多数伞菌子实体的发育方式。如蘑菇科、鹅膏菌属等菌类的发育方式。

（三）子实体的形态结构

担子菌的子实体称为担子果，是产生担孢子的结构。子囊菌的子实体称为子囊果，是产子囊孢子的结构。子实体形态多种多样，有伞状、喇叭状、头状、笔状、耳状、树枝状和花朵状等，以伞菌为最多。伞菌子实体由菌盖、菌柄、菌环和菌托组成（图2-6）。

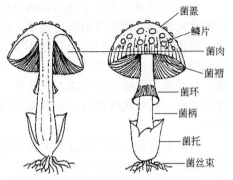

图 2-6 蘑菇的形态构造示意图（杜萍供图）

（1）菌盖（pileus） 伞菌子实体位于菌柄上的帽状部分，是主要的繁殖结构。菌盖由表皮（epidermis）、菌肉（cortex）和产孢组织（gleba）——菌褶（gill）或菌管（tube）组成。

伞菌形状多样，大部分菌盖呈伞状，常见的有圆锥形或钟形、半圆形、草帽形、漏斗形、喇叭形、中凸形和马鞍形等（图2-7）。菌盖有的边缘全缘开裂，有的边缘内折或外翻，有的边缘平滑有条纹、沟纹或波折。如菌盖表面呈乳白色的双孢蘑菇、淡黄色的鸡油菌（*Cantharellus cibarius* Fr.）、红色的大红菇 [*Russula alutacea* (Pers.) Fr.]、紫色的灵芝 [*Ganoderma lucidum* (Leyss. ex Fr.) Karst.]、褐色的松塔牛肝菌 [*Strobilomyces strobilaceus* (Scop.) Berk.]、灰色的草菇 [*Volvariella volvacea* (Bull.) Singer.] 等。各种色泽有深浅之分，幼小菌盖与成熟菌盖的颜色可能不同，中央与边缘的颜色有时也不相同。菌盖颜色还与环境、发育时期、菌株特性等有关，如金针菇（*Flammulina filiformis*）

A. 半球形　　B. 斗笠形　　C. 扇形　　D. 漏斗形

E. 平展具刺凸　　F. 边缘开裂且外翻　　G. 边缘具网纹　　H. 具纤毛

图 2-7 担子果菌盖部分特征（杜萍供图）

有白色、黄色两种。菌盖表面干燥、湿润或黏稠，光滑或粗糙。有些种类菌盖表面具纤毛、鳞片和环纹等附属物。菌盖大小因种而异，小的仅有几毫米，大的则达几十厘米。一般将直径小于6cm的称为小型菇，大于10cm的称为大型菇，介于二者之间的为中型菇。

菌盖皮层或角质层下面是菌柄内部组织称为菌肉，一般由长形的菌丝细胞组成，是子实体的食用部分。大部分菌肉为肉质，少数为胶质、蜡质、革质或软骨质。不同种类菌的肉厚薄、颜色、气味和菌丝形态一般不同，如乳菇属（Lactarius）种类的菌肉受伤后会分泌出不同颜色的乳汁。多数菌肉呈白色，少数为淡黄色或黄色、粉红色和褐色等。菌肉有不同风味，如香味、辣味、鲍鱼味及臭味等。一般菌类的采收期宜控制在菌盖边缘内卷，六七成张开时为宜，此时风味最好。而蘑菇等则应在菇盖尚未展开之前采收，以便保持最佳风味和菇形。

菌盖下面的子实层由菌褶或菌管组成。菌褶一般呈辐射状生长的薄片，一般像柳叶刀片状，幼时白色，成熟后呈不同的颜色。少数为菌管，如牛肝菌、多孔菌菌盖下生长着垂直向下的管状结构。菌褶或菌管排列疏密、长短不一，形状有网状或叉状，褶间有横脉，或管状呈放射状排列等。菌褶边缘完整光滑，但有的呈波浪状、锯齿状或颗粒状等。菌管有粗细、方圆的差异，颜色有多种。菌褶与菌柄的着生关系主要有4种类型：直生（adnexed）指菌褶内端呈直角状着生在菌柄上，如红菇（Russula vinosa Lindblad）；弯生（sinuate）又叫凹生，指菌褶内端与菌柄处成一弯曲，如香菇、金针菇；离生（free）指菌褶不直接着生在菌柄上，有段距离，如双孢蘑菇、草菇；延生（decurrent）又叫垂生，指菌褶沿着菌柄向下着生，如平菇。

菌褶两侧或菌管内着生子实层（hymenium），由担子（basidium）、担孢子（basidiospore）、囊状体（cystidium）和侧丝（paraphyses）等组成。囊状体又称隔胞，生于菌褶两侧或菌管上，位于担子间，与担子具有同源性，是子实层中的不孕细胞，数目较少，但比担子大，常突出在子实层之外。菌褶通常由三部分组成，即菌髓、子实下层（亚子实层或子实层基）和子实层。子实层沿着菌管整齐排列，多数菌管管口为单孔，部分为复孔。子实层是菌褶最外面的一层，是着生有性孢子的栅栏组织，由平行排列的子囊（ascus）或担子及不孕细胞（如囊状体）组成，是真菌产生担孢子或子囊孢子（ascospore）的部位。子囊菌产生的子囊孢子和担子菌产生的担孢子都是有性孢子。子囊孢子是子囊内产生的内生孢子（8个）；担孢子则是担子上产生的外生孢子（4个），在子囊中子实层是由子囊和侧丝组成。

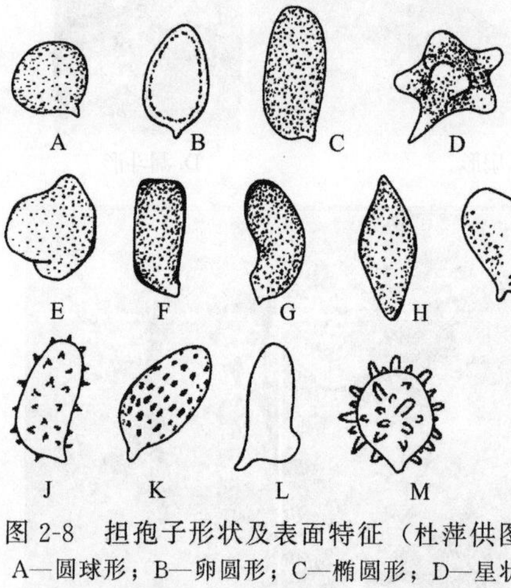

子实层基是子实层下面一层很薄的菌丝组织，居于子实层和菌髓之间。菌髓是两侧子实层基之间菌褶组织的中间部分，它与菌盖直接相连。菌管在菌盖腹面呈放射状排列。菌管直径小的仅有0.1mm，大的有几毫米。

不同种类孢子的形状、大小、颜色和表面特征不同，如图2-8。

（2）菌柄　菌柄在菌盖下面，起到支持菌盖、输送营养和水分的作用，有中生、偏生和侧生三种类型，如图2-9。与菌盖易或不易分离，多数为肉质、蜡质、革质或纤维质。一般为圆柱状、棒状、纺锤状、杆状、粗筒形、圆头形和假根形等；颜色有白色、乳白色、黄色、青色、蓝色和红色等多

图2-8　担孢子形状及表面特征（杜萍供图）
A—圆球形；B—卵圆形；C—椭圆形；D—星状；
E—柠檬形；F—长椭圆形；G—肾形；
H—棱形；I—表面近光滑；J—小疣；
K—麻点；L—光滑不正形；M—具刺

种。菌柄表面平滑或有条纹、陷窝，或有鳞片、绒毛、颗粒、纤毛和碎片等附属物。菌柄中空或实心，基部呈齐头、圆头、尖头或膨大呈球形等。菌柄有单生、丛生和簇生几种方式。

图 2-9　菌柄部分特征

（3）菌环　幼龄子实体菌盖边缘与菌柄间有一层菌膜称为内菌幕（inner veil），子实体长大后，内菌幕破裂，留在菌柄上的环状物称菌环（annulus）。菌环有大小、厚薄之分，着生于菌柄上部、中部或下部，有单层、双层或齿轮形。

（4）菌托　部分食用菌子实体在发育初期外面有一层膜称为外菌幕（universal vail），随着子实体长大，外菌幕破裂，留在菌柄基部托着菌柄的称为菌托（volva，图 2-10）。菌托有苞状、环带状、鳞茎状、杯环状和瓣状等。菌托的大小、薄厚、光泽及存在时间长短不一。

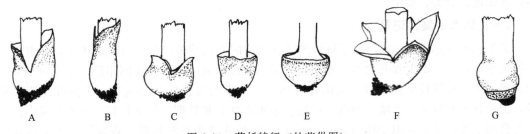

图 2-10　菌托特征（杜萍供图）
A—苞状；B—鞘状；C—鳞茎状；D—杯环状；E—杵状；F—瓣状；G—菌托退化状

第二节　食用菌的分类

食用菌分类是认识、利用食用菌的基础，野生食用菌的采集、驯化、鉴定和育种等都需要了解分类知识。食用菌分类与其他动植物分类一样，也是按门、纲、目、科、属和种的等级进行，各等级下可以设亚级。种是分类的基本单位，种名由属名和种加词组成，之后常加上命名人名字缩写。其中属名、种加词为拉丁词或拉丁化词并用斜体表示，如香菇[*Lentinula edodes*（Berk.）Pegler]。属以上的各级有标准化的词尾：门-mycota、纲-mycetes、目-ales、科-aceae。

一、食用菌在生物中的分类地位

在自然界中，真菌（fungus，复数 fungi）是一类种类繁多、分布广泛的真核生物。18世纪的林奈（Linnaeus Carolus）将生物分为植物界（plantae kingdom）和动物界（animalia kingdom），真菌归属植物界内。Whittaker（1969）在生物五界系统中，将以吸收方式获得营养的真菌从植物界中分离出来，独立成为真菌界（fungi kingdom）。Whittaker的五界系统得到广泛的认可。细胞是构成真菌菌丝体、子实体的基本单位。与动植物细胞相似，真菌细胞由细胞壁和细胞壁内的原生质组成。原生质由原生质膜、细胞核和其他细胞器组成。大多数真菌菌丝细胞之间由隔膜分开，多数隔膜中央有隔膜孔，便于细胞质、细胞核和其他细胞器通过。

真菌细胞的细胞壁具有刚性，不仅可使细胞保持一定的形状，而且还具有保护细胞免受外界因子损伤等功能。不同真菌细胞壁的化学成分不同，根据细胞壁化学成分和 rDNA 序列分析结果，卵菌（oomyctes）和黏菌（slime moulds）与其他真菌的亲缘关系较远，已被列为假菌界。真菌界仅包括壶菌（chytrid）、接合菌（Zygomycetes）、子囊菌（Ascomycetes）和担子菌（Basidiomycetes），与真菌具有相同的起源。目前一般将真菌、卵菌和黏菌在内的广义真菌称为菌物（fungi）。

食用菌分类的依据是其形态结构、细胞结构、生理生化、生态学、遗传学、子实体形态和孢子的显微结构特征。食用菌属于真菌的子囊菌门和担子菌门，绝大多数是担子菌。在食用菌栽培中，常用品种（breed）和菌株（strain）称谓。品种是指同一祖先，遗传性状比较一致的人工栽培的食用菌的群体；菌株是指单一菌体的后代分离出来的纯培养物。

二、食用菌标本采集与保藏

为了认识、研究一个地区食用菌资源，就必须采集生长在该地的食用菌标本。采集到标本，才能进行分类、鉴定。

（一）标本采集、记录

采集标本（specimen）前要了解该地区食用菌的生长季节，标本的生态环境，标本与环境的关系如腐生、寄生和共生等。有些食用菌季节性很强，需要在不同年份、在不同季节多次采集，才能获得较全面、较系统的各种标本。采集的每份标本都应有一个标牌注明采集号，记录其主要特征、生境、习性、产地、采集人姓名和日期。用纸包好，放入容器中。伞菌类食用菌还需采集其孢子印（spore print），它是分类的重要依据。观察同一子实体在不同生长阶段和不同环境条件下形态、颜色等的变化，并进行摄影或摄像。

（二）标本保藏

（1）干制标本　用太阳曝晒、风干或微火烘烤，或用红外线照射、恒温干燥箱烘干。温度不能过高，一般控制在 50~70℃。贴标签，注明其菌名、编号、采集地、日期和采集人。

（2）浸制标本　其特点是能保持子实体的原形。将标本置于大小适宜的标本瓶中，将配制的浸泡液倒入，用石蜡密封瓶口，在瓶外贴上标签。不同食用菌子实体的颜色不同，要保持其自然色泽，需要用不同的浸泡液。白色或淡色标本的浸泡液为 5% 的甲醛溶液或 70% 的酒精，或者用二者等份混合液。有色素而不溶于水的标本，用醋酸汞 10g，冰醋酸 10mL，加水至 1L 浸泡。色素溶于水的标本，用醋酸汞 10g，中性醋酸铅 10g，90% 的乙醇 990mL 溶解混合均匀即可浸渍。

三、食用菌种类

目前世界食用菌总数超过 2000 种。据戴玉成、周丽伟等（2010）统计，我国已知食用菌约有 966 个分类单元，包括 936 种、23 变种、3 亚种和 4 变型。包括子囊菌门 7 科，即块菌科、羊肚菌科、肉杯菌科、地菇科、马鞍菌科、盘菌科和麦角菌科；担子菌门有 11 目 43 科，即蘑菇目有蘑菇科、粪伞科和鬼伞科等 15 科，牛肝菌目有牛肝菌科、圆孔牛肝菌科和桩菇科等 7 科，多孔菌目有灵芝科、多孔菌科和绣球菌科等 6 科，鸡油菌目有鸡油菌科、齿菌科和锁瑚科 3 科，鬼笔目有鬼笔科、钉菇科和枝瑚科 3 科，红菇目有红菇科、猴头菌科和棘孢多孔菌科 3 科，革菌目有革菌科、烟白齿菌科 2 科，花耳目有花耳科，木耳目有木耳科，银耳目有银耳科，刺革目有刺革菌科。自然界中还有很多食用菌的种类尚未被发现，有待进一步调查研究。

（一）子囊菌中的食用菌

子囊菌门是真菌界中种类最多、物种多样性最丰富的一个门，分类十分复杂，目前还没有一个权威的分类系统。在最新的《菌物字典》第 10 版中，子囊菌门分盘菌亚门、酵母菌亚门和外囊菌亚门，有 15 个纲，68 目，327 科，6355 个属和一些不确定的分类单元。其中与食用菌有关的种类有 8 科，分别是块菌科、羊肚菌科、马鞍菌科、肉杯菌科、盘菌科、肉盘菌科、虫草科和麦角菌科，其中著名的食用菌有块菌、羊肚菌、马鞍菌和虫草等，其子实体为盘状、杯状、鞍状、钟状或脑状等（贺新生，2009）。

1. 盘菌目

马鞍菌科（Helvellaceae）马鞍菌属（*Helvella*）中的皱柄白马鞍菌（*H. crispa*）及裂盖马鞍菌（*H. leucopus*）等可食用。而鹿花菌属（*Gyromitra*）常被称为假羊肚菌，外观与马鞍菌属相似。

羊肚菌科（Morchellaceae）羊肚菌属（*Morchella*）中常见的有黑脉羊肚菌（*M. angusticeps*）、粗腿羊肚菌（*M. crassipes*）、尖顶羊肚菌（*M. conica*）和普通羊肚菌（*M. esculenta*）等是著名的羊肚菌。

盘菌科（Pezizaceae）盘菌属（*Peziza*）常见的有森林盘菌（*P. sylvestris*）可食，聚集丛生于堆肥、花园或室温的土地上。

肉杯菌科（Sarcoscyphaceae）丛耳属（*Wynnea*）中的美洲丛耳（*W. americana*）是常见种，分布于我国辽宁、陕西和四川等地，秋季生阔叶林中地上，可食用和药用。

地菇科（Terfeziaceae）包括一些统称为块菌的食用性菌类，如地菇属（*Terfezia*）真菌。在我国河北、陕西分布的有瘤孢地菇（*T. leonis*），可食，味甜。

块菌科（Tuberaceae）块菌属（*Tuber*）中有一些是名贵的食用菌，特别是在欧洲，如著名的商品有黑孢块菌（*T. melonosporum*）主要在法国和意大利销售。我国已知的仅有中国块菌（*T. sinense*）一种，产于四川。

2. 麦角菌目

麦角菌科（Clavicipitaceae）虫草属（*Cordyceps*）的所有种类相当专一性地寄生于昆虫、线虫、麦角菌的菌核或大团囊菌属（*Elaphomyces*）几个种的地下子囊果上，其中很多种类如冬虫夏草〔*Ophiocordyceps sinensis*（Berk.）G. H. Sung, J. M. Sung, Hywel-

Jones & Spatafora]是名贵的中药,是食药两用菌。

(二)担子菌中的食用菌

大多数食用菌是担子菌门中具有桶孔隔膜、桶孔覆垫的一类担子菌,根据是否产生隔膜分为无隔担子菌类和有隔担子菌类。

1. 有隔担子菌类

木耳目(Auriculariales)子实体胶质、蜡质或革质,干燥时革质。担子具隔膜,本目仅有木耳科(Auriculariaceae)木耳属(*Auricularia*)的一些种类是重要的食用菌类,可栽培。

银耳目(Tremellales)子实体胶质、蜡质,干燥时软骨质或革质,白色或黄色。担子产生十字形纵向分隔。担孢子萌发时不直接形成芽管,先形成大量次生担孢子,环境适宜时萌发,主要有银耳科(Tremellaceae)银耳属(*Tremella*),主要包括金耳(*T. aurantialba*)、茶银耳(*T. foliacea*)、银耳(*T. fuciformis*)和亚橙耳(*T. lutescens*)等。

2. 无隔担子菌类

(1)伞菌目(Agaricales) 子实体伞状、肉质,很少膜质或革质。子实体由菌盖、菌褶和菌柄构成,有的种类还有菌环、菌托。子实层由菌褶或菌管组成。子实层在生长初期往往被易脱落的内菌幕覆盖,成熟时完全外露。

蘑菇科(Agaricaceae)根据Singer(1986)分类,此科有25属,最著名的蘑菇属(*Agaricus*)有近200种,可食用的有双孢蘑菇(*A. bisporus*)、蘑菇(*A. campestris*)和大肥菇(*A. bitorquis*)等。大环柄菇属(*Macrolepiota*)的长柄大环柄菇(*M. dolichaula*)、高大环柄菇(*M. procera*)和乳头环柄菇(*M. mastoidea*)等是味道较好的可食菌类。鬼伞属(*Coprinus*)中有些可食,但食用前后不宜饮酒,否则可能中毒,如毛头鬼伞(*C. comatus*)、墨汁鬼伞(*C. atramentaria*)和晶粒鬼伞(*C. micaceus*)等。马勃属(*Lycoperdon*)中网纹马勃(*L. perlatum*)、梨形马勃(*L. pyriforme*)等可食。

鹅膏菌科(Amanitaceae)鹅膏菌属(*Amanita*),菌褶离生,有菌托,常有菌环,约有600种。有10余种可食用,如橙盖鹅膏(*A. caesarea*)是美味食用菌,其他则有致命的毒性。离褶伞科(Lyophyllaceae)离褶伞属(*Lyophyllum*)、丽蘑属(*Calocybe*)、玉蕈属(*Hypsizygus*)和蚁巢菌属(*Termitomyces*)等的一些种类可食用。如小白蚁伞(*T. microcarpus*)、烟色离褶伞(*L. fumosum*)和荷叶离褶伞(*L. decastes*)等。

光茸菌科(Omphalotaceae)微香菌属(*Lentinula*)中的香菇(*L. edodes*)是我国最早栽培、产量很大的著名食用菌。

膨瑚菌科(Physalacriaceae)蜜环菌属(*Armillaria*)中的蜜环菌(*A. mellea*)可食用。夏秋季在多种针叶或阔叶树树干基部、根部或倒木上丛生。略带苦味,食前须经处理,在针叶林中产量大。

侧耳科(Pleurotaceae)侧耳属(*Pleurotus*)可食种类较多。菌柄偏生至侧生,主要栽培种有糙皮侧耳(*P. ostreatus*)、阿魏侧耳(*P. eryngii*)、刺芹侧耳(*P. eryngii*)和白灵侧耳(*P. tuoliensis*)等。

光柄菇科(Pluteaceae)小包脚菇属(*Volvariella*)中的银丝草菇(*V. bombycina*)、美味草菇(*V. esculenta*)和草菇(*V. volcacea*)是中国传统的栽培食用菌,在印度、印度尼西亚和菲律宾等地也有栽培。

裂褶菌科(Schizophyllaceae)的裂褶菌(*Schizophyllum commune*)分布广泛,可食用,有抗癌等作用。

球盖菇科（Strophariaceae）鳞伞属（*Pholiota*）中的光帽鳞伞（*P. nameko*）俗称滑菇，味美，已栽培；球盖菇属（*Stropharia*）中的铜绿球盖菇（*S. rugosoannulata*）等可食用。

口蘑科（Tricholomataceae）包括多种美味蘑菇，如杯伞属（*Clitocybe*）中的白杯伞（*C. phyllophila*）、芳香杯伞（*C. fragrans*）为可食菌，而毒杯伞（*C. cerussata*）有毒。香蘑属（*Lepista*）中白香蘑（*L. caespitusa*）、花脸香蘑（*L. sordida*）和紫丁香蘑（*L. nuda*）等可食。口蘑属（*Tricholoma*）中的蒙古口蘑（*T. mongolicum*）、松口蘑（*T. matsutake*）为著名食用菌，而毒蝇口蘑（*T. muscarium*）和豹斑口蘑（*T. pardinum*）为毒菌。大口蘑属（*Macrocybe*）中的巨大口蘑（*M. giganteum*）和洛巴伊大口蘑（*M. lobayensis*）为美味食用菌。

（2）牛肝菌目（Boletales） 子实体肉质，子实层管状或假管状菌褶。

牛肝菌科（Boletaceae）子实体多为肉质，菌盖伞状。可食菌类包括牛肝菌属（*Boletus*）中的美味牛肝菌（*B. edulis*）、铜色牛肝菌（*B. aereus*），条孢牛肝菌属（*Boletellus*）中的金色条孢牛肝菌（*B. chrysenteroides*）和木生条孢牛肝菌（*B. emodensis*），小疣柄牛肝菌属（*Leccinellum*）、疣柄牛肝菌属（*Leccinum*）、褶孔牛肝菌属（*Phylloporus*）、网柄牛肝菌属（*Retiboletus*）、松塔牛肝菌属（*Strobilomyces*）、粉孢牛肝菌属（*Tylopilus*）、绒盖牛肝菌属（*Xerocomus*）等属中的一些牛肝菌，也有一些种类有毒或不宜食用。

圆孔牛肝菌科（Gyroporaceae）圆孔牛肝菌属（*Gyropous*）中的褐孔牛肝菌（*G. castaneus*）等可食用、可抗癌，但也有导致人中毒记载。

桩菇科（Paxillaceae）短孢牛肝菌属（*Gyrodon*）中的铅色短孢牛肝菌（*G. lividus*）可食。

根须腹菌科（Rhizopogonaceae）根须腹菌属（*Rhizopogon*）中的褐黄根须腹菌（*R. superiorensis*）、漆黑根须腹菌（*R. piceus*）等可食用、药用。

硬皮马勃科（Sclerodermataceae）硬皮马勃属（*Scleroderma*）中的大孢硬皮马勃（*S. bovista*）、光硬皮马勃（*S. cepa*）和薄皮马勃（*S. tenerum*）幼时可食，老熟后药用。

乳牛肝菌科（Suillaceae）乳牛肝菌属（*Suillus*）中的黏盖乳牛肝（*S. bovinus*）、点柄乳牛肝（*S. granulatus*）和松林乳牛肝菌（*S. pinetorum*）等味美，可抗癌。

（3）鸡油菌目（Cantharellales） 担子果漏斗状，有柄，肉质至膜质，表面皱褶或折叠成厚褶状。

鸡油菌科（Cantharellaceae）鸡油菌属（*Cantharellus*）中的鸡油菌（*C. cibarius*）、云南鸡油菌（*C. yunnanensis*）为美味食药用菌，小鸡油菌（*C. minor*）可食用、药用。

齿菌科（Hydnaceae）齿菌属（*Hydnum*）中的美味齿菌（*H. repandum*）、变红齿菌（*H. rufescens*）为美味食用菌。

（4）花耳目（Dacrymycetales）子实体胶状或蜡质，担子不分隔，叉状。

花耳科（Dacrymycetaceae）花耳属（*Dacrymyces*）中的掌状花耳（*D. palmatus*）可食用。

（5）钉菇目（Gomphales）有16属336种，以前属于鬼笔目。

钉菇科（Gomphaceae）钉菇属（*Gomphus*）中的陀螺菌（*G. clavatus*）、东方陀螺菌（*G. orientalis*）可食。枝珊瑚菌属（*Ramaria*）中的亚枝珊瑚菌（*R. asiatica*）、葡萄枝珊瑚菌（*R. botrytis*）等有30余种可食用。

（6）鬼笔目（Phallales）担子果被果型，初期卵形或卵球形，成熟时子实体露出地面，子实层表面产生有臭气的胶状物。

鬼笔科（Phallaceae）竹荪属（Dictyophora）中的短裙竹荪（D. duplicata）、长裙竹荪（D. indusiata）和红托竹荪（D. rubrovalvata）等是广泛栽培的食用菌。鬼笔属（Phallus）中的重脉鬼笔（P. costatus）、香鬼笔（P. fragrans）和白鬼笔（P. impudicus），去掉菌托、菌盖可食用。

（7）多孔菌目（Polyporales） 形态各异，很多种类为药用菌。

拟层孔菌科（Fomitopsidaceae）拟层孔菌属（Fomitopsis）中的红拟层孔菌（F. rosea）是药用菌。硫磺菌（Laetiporus sulphureus）是食药用菌。

灵芝科（Ganodermataceae）灵芝属（Ganoderma）中的灵芝（G. lucidum）是著名的药用菌，树舌灵芝（G. applanatum）和紫灵芝（G. sinensis）是药用菌。

多孔菌科（Polyporaceae）多孔菌属（Polyporus）中的猪苓多孔菌（P. umbellatus）可栽培，栓菌属（Tramete）中的彩绒革盖菌（云芝）（T. versicolor）是著名的药用菌。

绣球菌科（Sparassidaceae）绣球菌属（Sparassis）的绣球菌（S. crispa）可食用，已规模化栽培。

（8）红菇目（Russulales） 担子果肉质、韧质或膜质，菌肉组织有许多泡囊。

猴头菌科（Hericiaceae）猴头菇属（Hericium）中的猴头菇（Hericium erinaceus）是著名食用菌，高山猴头菌（H. alpestre）、珊瑚状猴头菌（H. coralloides）也可食用。

红菇科（Russulaceae）乳菇属（Lactarius）、红菇属（Russula）常为菌根菌，多种可食。如松乳菇（L. deliciosus）、红汁乳菇（L. hatsudake）和多汁乳菇（L. volemus）等均为美味食用菌。

（9）刺革菌目（Hymenochaetales） 担子果平展或反转成帽檐状。木层孔菌属（Phellinus）的淡黄层孔菌（P. gilvus）、火木层孔菌（P. igniarius）是药用菌。

第三节　毒蘑菇

一、毒蘑菇及中毒类型

毒蘑菇（poisonous mushrooms）又称毒蕈、毒菌等，是指大型真菌的子实体经食用后对人或畜禽产生中毒反应的物种，其中大部分属于担子菌，少数为子囊菌。世界范围内已报道的毒蘑菇物种约有1000种，我国目前已报道约500种（卯晓岚，2006；图力古尔等，2014；陈作红等，2016；Wu et al.，2019；Li et al.，2020）。

在我国很多地区百姓有采食野生蘑菇的习惯，而可以食用的野生菌往往和毒蘑菇生长在同一环境中，加之很多蘑菇形态上极为相似，普通百姓对毒蘑菇缺乏科学的辨识能力，因此造成我国食用毒菌中毒事件频发。一些毒蘑菇可以造成严重的脏器损伤甚至死亡，因此关于毒蘑菇中毒死亡的事件时常见于各种报道中。通过对我国毒蘑菇中毒事件的监测结果和研究发现，我国毒蘑菇中毒具有以下几个明显的特征：

（1）病死率较高　根据Li等（2020）对2019年中国疾病预防控制中心参与处理的毒蘑菇中毒事件分析表明，在276起中毒事件中共有769人中毒并导致22例死亡，病死率为2.86%。而欧美等地区的病死率在0.5%～1%（Diaz，2005）。

（2）地域性强　主要集中在我国南方地区，其中以我国西南地区的云南、贵州和四川省等地最为严重，近年来我国华中、华东、华南地区的湖南、湖北、江西、广东、广西、海南、江苏、浙江等地也呈明显的上升趋势，华北、东北和西北地区较少，但是也有中毒事件发生，甚至是严重的中毒事件（陈作红，2014；陈作红等，2016；周静等，2016；sun et al.，2019；Li et al.，2020）。

（3）发生时间集中　我国蘑菇中毒事件一年四季均有发生，主要发生在夏秋季6～10月份，其中以夏季6～8月份最为集中（陈作红等，2016；周静等，2016；Li et al.，2020）。

（4）毒物谱相对集中　通过对我国蘑菇中毒事件进行分析，发现毒蘑菇中毒的蘑菇种类相对集中，主要类群包含鹅膏属（*Amanita*）、青褶伞属（*Chlorophyllum*）、红菇属、粉褶菌属（*Entoloma*）、异色牛肝菌属（*Sutorius*）、裸伞属（*Gymnopilus*）、盔孢伞属（*Galerina*）、环柄菇属（*Lepiota*）、粉孢牛肝菌属（*Tylopilus*）、粉末牛肝菌属（*Pulveroboletus*）、类脐菇属（*Omphalotus*）、桩菇属（*Paxillus*）、丝盖伞属（*Inocybe*）、裸盖菇属（*Psilocybe*）和杯伞属（*Clitocybe*）等（卯晓岚，2006；Chen et al.，2014；陈作红等，2016；Li et al.，2020），致命的毒蘑菇主要集中在造成急性肝损害型的鹅膏属、盔孢伞属、环柄菇属及造成横纹肌溶解型的亚稀褶红菇（*R. subnigricans*）。其中鹅膏属的毒蘑菇和亚稀褶红菇造成的中毒死亡人数占我国毒蘑菇中毒死亡总数的95%以上（Chen et al.，2014；陈作红等，2016；Li et al.，2020；余成敏等，2020）。

（5）家庭聚集性　绝大多数（高于80%）毒蘑菇中毒事件发生场所为家庭，因此一旦误食剧毒蘑菇，将会引发严重后果（陈作红等，2016；周静等，2016）。

（一）中毒类型及临床表现

根据中毒临床表现，目前我国毒蘑菇中毒临床分型主要包括以下七型（陈作红，2014；陈作红等，2016；White et al.，2019）：①急性肝损害型（acute liver failure）、②横纹肌溶解型（rhabdomyolysis）、③急性肾衰竭型（acute renal failure）、④胃肠炎型（gastroenteritis）、⑤神经精神型（psychoneurological disorder）、⑥溶血型（hemolysis）和⑦光敏性皮炎型（photosensitive dermatitis）。在实际中毒案例中，还有一些种类目前不能进行准确的中毒临床分型。在很多中毒案例中，病患食用了多种毒蘑菇，导致各种复杂的中毒症状，因此要求医生时刻注意病人的病情变化，重点关注主要脏器功能损伤情况，防止出现严重的中毒后果。

（1）急性肝损害型　该型中毒是造成我国毒蘑菇中毒死亡的最主要类型。最主要的特点为潜伏期长，常存在假愈期，病死率高，危害严重。主要的蘑菇种类为鹅膏属、盔孢伞属和环柄菇属的一些含有鹅膏肽类毒素的蘑菇（陈作红，2014；陈作红等，2016；Li et al.，2020；余成敏，2020）。该型中毒症状可分为四个阶段（潜伏期、胃肠炎期、假愈期和脏器损害期）。

① 潜伏期（6～36h）。潜伏期一般大于6h，多数在9～15h之间，少数病例潜伏期长达36h，极少数病例小于6h。且潜伏期越短，表明毒蘑菇食用量越大，病患越危险。

② 胃肠炎期（6～48h）。潜伏期过后出现严重的胃肠道症状，如恶心、呕吐、腹痛、腹泻等。轻度中毒患者脏器损害不严重，可直接进入恢复期；重度中毒患者还可引起酸碱失衡、电解质紊乱、低血糖、脱水和低血压等症。但肝功能指标在该阶段一般处于正常范围内。

③ 假愈期（48～72h）。胃肠炎期过后，会出现一个胃肠道症状缓解或消失而看似康复阶段，因此称为假愈期。但在这个阶段肝脏已经开始损害，肾功能也开始恶化，如不及时救治极有可能发展为肝衰竭。

④ 脏器损害期（72～96h）。假愈期过后，患者出现进行性肝功能不全，体格检查可发现皮肤巩膜黄染，上腹部轻压痛，肝肿大，肝区压痛叩击痛。严重中毒的患者会发生肝功能衰竭，且常并发急性肾衰竭。随后数日可发展为多器官衰竭，最终导致患者死亡。

(2) 横纹肌溶解型　在我国，引起该型中毒的毒蘑菇主要是亚稀褶红菇。虽然油黄口蘑（*Tricholoma equestre*）在欧洲有过中毒案例报道，但在我国很少出现该种蘑菇的中毒报道（陈作红，2014；陈作红等，2016；Li et al.，2020）。由于亚稀褶红菇危害严重，本节着重介绍它的中毒症状：潜伏期短，10min～2h，有些稍长，初期主要表现为严重的胃肠道症状，一些少量进食的病患在积极对症治疗后不发展为横纹肌溶解，但重度中毒病患在胃肠炎期后会发展为横纹肌溶解，最明显的表现为肌酸激酶（CK）急剧上升（通常高达数万），出现肌痛、乏力、胸闷、心悸、呼吸急促困难，有些病患出现酱油色尿（肌红蛋白尿），后期导致肾衰竭而出现少尿、无尿等表现，严重者最后可因多器官衰竭而死亡（陈作红，2014；陈作红等，2016）。

(3) 急性肾衰竭型　引起急性肾衰竭型中毒的毒蘑菇主要有两类：丝膜菌属（*Cortinarius*）的一些种类，含奥来毒素（orellanine）；鹅膏属的一些种类，含有AHDA（2-氨基-4,5-已二烯酸）（陈作红等，2016）。我国近年来发生的该类型中毒主要由鹅膏属物种引起，因此，我们着重介绍该类型的中毒特征。潜伏期一般大于6h，常见为8～12h，随后出现恶心、呕吐、腹痛、腹泻等胃肠炎型症状，后出现少尿或无尿等症状。肾功能损害严重的病例，生化指标血液中肌酐和尿素氮升高，同时伴有肝功能轻度或中度受损，肝转氨酶升高约为正常上限的15倍，也有案例是正常上限的20倍左右（陈作红等，2016）。

(4) 胃肠炎型　引起该型中毒的毒蘑菇种类繁多，目前中国有160余种（卯晓岚，2006；图力古尔等，2014；陈作红等，2016；Wu et al.，2019；Li et al.，2020）。该型中毒只产生胃肠炎型症状，不造成脏器损伤，应注意与产生脏器损伤的胃肠炎症状/阶段进行区分。主要中毒表现为潜伏期短，一般10min～2h，少数患者的潜伏期达5～6h。该类型中毒表现多样，可能存在潜在的亚类。主要表现为恶心、呕吐、腹痛/腹部绞痛、腹泻等，可能伴有焦虑、发汗、畏寒和心跳加速等症状。

(5) 神经精神型　在我国可以引起神经精神型中毒的毒蘑菇种类多达200多种，可细分为4种类型：①含异噁唑衍生物（isoxazole derivatives）的种类产生谷氨酰胺能神经毒性；②含毒蕈碱（muscarine）的种类产生外周胆碱能神经毒性；③含鹿花菌素（gyromitrin）的种类产生癫痫性神经毒性；④含裸盖菇素（psilocybin）的种类产生致幻觉性神经毒性（陈作红等，2016；White et al.，2019；Li et al.，2020）。主要表现为潜伏期短，通常为15min～2h，也有些大于6h，伴有或不伴有胃肠道症状，并根据含有不同类型的毒素而表现出各种神经精神症状。含异噁唑衍生物的毒蘑菇其中毒临床症状表现为类似幻觉的视觉错乱、举止怪异、焦躁不安、兴奋、方向感丧失、人格解体和精神错乱等，有些患者还会出现胃肠道症状、皮疹、出汗、共济失调、运动性抑郁、头晕、瞳孔放大、肌阵挛、肌颤、反射减退、昏迷、抽搐（尤其是儿童）等。有些病患会很快进入昏迷状态并伴有抽搐，严重中毒可导致死亡。含毒蕈碱的毒蘑菇中毒临床症状表现为典型的副交感神经的刺激症状，出现出汗、流涎、流泪、瞳孔缩小等症状。含鹿花菌素的毒蘑菇其中毒临床症状表现为潜伏期长，6～12h，胃肠炎期后严重者会出现神经系统和肝肾症状时期（36～48h），表现为中枢神经系统障碍，严重者出现昏迷和抽搐。少数中毒严重的患者随后出现肝损害、溶血和高铁血红蛋白尿，甚至肾功能损害。含裸盖菇素的毒蘑菇其中毒临床症状表现为潜伏期短，一般10～30min，随后出现各种幻觉。

(6) 溶血型　主要由卷边桩菇引起，中毒的症状：潜伏期短，30min～3h，开始表现为胃肠道症状，表现为恶心、呕吐、上腹痛和腹泻等，随后发展为血管内溶血、贫血，甚至出现肾衰竭，溶血导致的急性肾衰竭、休克、急性呼吸衰竭、弥散性血管内凝血等并发症，最终因多脏器衰竭而死亡（陈作红等，2016）。

(7) 光敏性皮炎型 该型中毒为中国特有，主要由污胶鼓菌（*Bulgaria inquinans*）和叶状耳盘菌（*Cordierites frondosa*）引起。所含毒素可能属于光敏物质卟啉毒素类（陈作红，2014；陈作红等，2016），其中污胶鼓菌的毒素为邻苯二甲酸二异丁酯（diisobutyl phthalate，DiBP）（包海鹰等，2019）。该型中毒的主要表现为：潜伏期较长，一般1~2d，经日光照射的部位出现日晒伤样红、肿、热、刺痒、灼痛等，在日光下会加重（陈作红，2014；陈作红等，2016）。

（二）毒蘑菇

我国毒蘑菇种类丰富，每个类群又具有各自的特征，很难用简单的方法区分哪种蘑菇有毒，哪种无毒，因此本部分针对我国中毒危害严重的类群进行重点介绍。

（1）造成急性肝损害型中毒的毒蘑菇 在我国造成急性肝损害型中毒的毒蘑菇主要涉及鹅膏属、环柄菇属和盔孢伞属的种类，大约有20种。其中很多种类引发过严重的中毒事件，是我国毒蘑菇中毒死亡的最主要的类群，因此也是最需要关注的一个类群（陈作红，2014；陈作红等，2016；余成敏，2020）。

① 鹅膏属 造成急性肝损害型的毒蘑菇集中在鹅膏属的檐托鹅膏组（sect. *Phalloideae*），目前我国共报道该类毒蘑菇12种，子实体主要有三种颜色，即白色、灰色和黄色（杨祝良，2005，2015；Zhang et al.，2010；Cai et al.，2014，2016；Li et al.，2015；Cui et al.，2018）。该类群有一些共同点的特征，主要为菌盖颜色常较深，灰色、深灰色、灰褐色至近黑色，有时黄色或白色；菌盖边缘无絮状物；菌幕一般不易破碎，多宿存于菌柄基部，呈浅杯状，并有游离托檐，托檐主要由菌丝组成；担孢子淀粉质；菌丝无锁状联合（杨祝良，2005，2015）。我国主要的种类有致命鹅膏（*A. exitialis*）、灰花纹鹅膏（*A. fuliginea*）、裂皮鹅膏（*A. rimosa*）、淡红鹅膏（*A. pallidorosea*）、假淡红鹅膏（*A. subpallidorosea*）、拟灰花纹鹅膏（*A. fuligineoides*）、黄盖鹅膏（*A. subjunquillea*）和鳞柄鹅膏（*A. virosa*）等（杨祝良，2005，2015；Zhang et al.，2010；Cai et al.，2014，2016；陈作红，2014；陈作红等，2016；Li et al.，2015，2020；Cui et al.，2018）。

② 环柄菇属 目前，我国环柄菇属约有70种。研究发现仅在环柄菇属卵孢组（sect. *Ovisporae*）的部分种类含有鹅膏毒素，可以造成急性肝损害。该属我国常见的剧毒蘑菇包含肉褐鳞环柄菇（*Lepiota brunneoincarnata*）、毒环柄菇（*L. venenata*）、亚毒环柄菇（*L. subvenenata*）、褐鳞环柄菇（*L. helveola*）和近肉红环柄菇（*L. subincarnata*）等（卯晓岚，2006；梁俊峰，2007，2011；图力古尔等，2014；陈作红等，2016；Cai et al.，2018；Liang et al.，2018；Zhang et al.，2019；杨祝良，2019；Li et al.，2020）（图2-11）。其中，肉褐鳞环柄菇是我国危害最为严重的物种（梁俊峰，2007，2011；杨祝良等，2019；Li et al.，2020），广泛分布在东北、华北、西北、华中和华东等地，主要生于针叶树下。该属的主要共同特征是菌盖表面具鳞片，多数菌柄具菌环，菌褶离生，担孢子无色、光滑、无芽孔，在Melzer试剂中有淀粉质反应，侧生囊状体缺失，褶缘囊状体普遍存在，锁状联合存在，偶有缺失（梁俊峰，2007，2011；杨祝良，2019）。

③ 盔孢伞属 在我国引起中毒的主要为条盖盔孢菌（*Galerina sulciceps*），偶有纹缘盔孢菌（*G. marginata*）的中毒报道（陈作红等，2016；Li et al.，2020）（图2-11）。该属的主要特征为：子实体常较小，菌盖褐色、栗褐色、黄褐色或赭色，边缘有时水浸状。菌褶延生至直生，褐色、肉桂褐色或绣褐色。菌柄中生，柄上常具有丝膜状菌幕残迹。孢子印绣褐色至赭色。孢子卵圆形至椭圆形，或近橄榄形至近梭形，在显微镜下蜜黄色至锈黄褐色，有脐上光滑区，在此区以外常具有小瘤，少有光滑，大多非淀粉质，有或无芽孔。担子具2或4个孢子。菌丝有或无锁状联合。大部分种具有侧生囊状体和褶缘囊状体，常有柄生囊状

体。通常生长于腐木上或苔藓丛中（张惠等，2012；图力古尔，2014；图力古尔和张惠，2014）。

图 2-11 我国造成急性肝损害型的主要毒蘑菇种类（余成敏等，2020，见彩图）
A.致命鹅膏；B.灰花纹鹅膏；C.黄盖鹅膏；D.裂皮鹅膏；E.淡红鹅膏（陈作红供图）；
F.假淡红鹅膏（陈作红供图）；G.鳞柄鹅膏（陈作红供图）；H.纹缘盔孢菌；
I.条盖盔孢菌（杨祝良供图）；J.肉褐鳞环柄菇；K.亚毒环柄菇；L.毒环柄菇

(2) 造成横纹肌溶解型中毒的毒蘑菇　目前，我国造成横纹肌溶解型中毒的毒蘑菇主要是亚稀褶红菇。该种是红菇属致密亚属（subg. *Compactae*）黑色组（sect. *Nigricantinae*）的成员，广泛分布于我国华中、华东、华南和西南等地，是除了急性肝损害型毒蘑菇外可以造成死亡的最主要物种（陈作红，2014；陈作红等，2016；李海蛟等，2016a；Li et al.，2020）（图 2-12）。

图 2-12　亚稀褶红菇子实体（陈作红等，2016）

(3) 造成急性肾衰竭型中毒的毒蘑菇　目前，我国急性肾衰竭型中毒的毒蘑菇主要来自鹅膏属，其中中毒事件中最常见为欧氏鹅膏（*A. oberwinklerana*）、拟卵盖鹅膏（*A. neoovoidea*）和假褐云斑鹅膏（*A. pseudoporphyria*）（Fu et al.，2017；Li et al.，2020；Wang et al.，2020）（图 2-13）。

图 2-13　我国造成急性肾衰竭型的主要毒蘑菇种类（见彩图）
A. 欧氏鹅膏；B. 拟卵盖鹅膏；C. 假褐云斑鹅膏

(4) 造成胃肠炎型中毒的毒蘑菇　目前，在我国可以造成胃肠炎型中毒的毒蘑菇种类繁多，实际中毒事件中排名前三位的物种为青褶伞（*Chlorophyllum molybdites*）、日本红菇（*Russula japonica*）和近江粉褶菌（*Entoloma omiense*）（陈作红等，2016；李海蛟等，2016b；Li et al.，2020）（图 2-14）。

图 2-14　我国造成胃肠炎型中毒的代表性种类
A. 青褶伞；B. 日本红菇；C. 近江粉褶菌（洪江市疾控中心黄辉奇供图）

(5) 造成神经精神型中毒的毒蘑菇　目前，我国可以造成神经精神型中毒的毒蘑菇的种类繁多，超过 200 个种，如鹅膏属的球基鹅膏（*Amanita subglobosa*）、小毒蝇鹅膏（*Amanita melleiceps*）、残托鹅膏有环变型（*Amanita sychnopyramis* f. *subannulata*），裸伞属的热带紫褐裸伞（*Gymnopilus dilepis*），裸盖菇属的古巴裸盖菇（*Psilocybe cubensis*）、苏梅岛裸盖菇（*Psilocybe samuiensis*），丝盖伞属的裂丝盖伞（*Inocybe rimosa*）等（Chen et al.，2014；陈作红等，2016；Li et al.，2020）（图2-15）。

（6）造成溶血型中毒的毒蘑菇　在我国引起溶血型中毒的毒蘑菇主要是桩菇属的部分种类，包括卷边桩菇（*Paxillus involutus*，图2-16）和东方桩菇（*Paxillus orientalis*）（Chen et al.，2014；陈作红等，2016）。在我国引起中毒的案例很少，仅2002年四川发生一起由卷边桩菇引发的中毒事件。

图2-15　我国造成神经精神型中毒的代表性种类
A. 球基鹅膏；B. 热带紫褐裸伞（四川省雅安市疾控中心供图）；
C. 古巴裸盖菇（贵州省疾控中心周亚娟供图）；D. 裂丝盖伞

图2-16　卷边桩菇
（*Paxillus involutus*）
子实体

（7）造成光敏性皮炎型中毒的毒蘑菇　在我国引起光敏性皮炎型中毒的毒蘑菇主要有两种，即污胶鼓菌（*Bulgaria inquinans*）和叶状耳盘菌（*Cordierites frondosa*）（图2-17）（Chen et al.，2014；陈作红等，2016；Li et al.，2020）。

图2-17　污胶鼓菌（图力古尔供图）和叶状耳盘菌子实体

二、毒蘑菇中毒后的急救措施

目前，世界范围内尚无针对蘑菇中毒治疗的标准方法，绝大多数蘑菇中毒没有特效药或特效解毒剂，因此主要根据毒蘑菇造成的伤害类型进行对症支持治疗。最好的预防措施就是不要随意采食野生蘑菇。根据中毒特征，一般的治疗原则主要有以下几方面：

（1）减少毒素吸收　怀疑误食毒蘑菇后，应尽早进行催吐、洗胃、导泻和毒素吸附等措施以减少毒素吸收。

（2）促进毒素排出　通过促进机体新陈代谢等方法促进毒素尽快排出体外。例如血液灌流、血浆置换、双重血浆吸附（DPMAS）等方法来清除体内的毒素。同时，血液净化技术还可以清除中毒过程中所产生的代谢产物，维持内循环平衡。

（3）药物治疗　目前只有少数类型的蘑菇中毒具有特效解毒药物。

（4）精心观察护理和对症治疗　精心观察护理和对症治疗对于蘑菇中毒患者至关重要，尤其在没有特效药物的情况下更是如此。

第四节　食用菌的生理生态

一、食用菌的营养

食用菌为异养生物（heterotroph），营养物质来自自养生物（autotroph）光合作用的产物，即纤维素、半纤维素、木质素、淀粉和蛋白质等。食用菌通过分解、吸收利用这些物质获得营养和能量。

（一）食用菌的营养物质

食用菌的生长、繁殖过程，需要不断地从外界环境或培养基中摄取营养物质，一部分通过合成代谢合成自身结构物质，另一部分通过分解代谢释放能量、水和二氧化碳。食用菌各种化学成分的含量因其种类或生长基质不同而有差异，Griffin（1981）表明，真菌菌丝体和子实体的化学成分按干重计分别为糖类16%~85%、蛋白质14%~44%、脂类0.2%~87%、灰分1%~29%、DNA 0.15%~0.3%、RNA 0.15%~10%。食用菌的营养物质种类繁多，根据其性质、作用不同可分为碳源、氮源、无机盐、生长因子和水等（边银丙，2017）。

（1）碳源　凡是用来构成细胞物质或代谢产物中碳素来源的营养物质称碳源。其主要作用是构成细胞结构物质和提供生长繁殖所需要的能量。碳源是食用菌最重要的营养物质之一，食用菌吸收的碳源只有20%左右被用于合成细胞物质（常明昌，2005），80%被用于维持生命活动所需要的能量而被氧化分解。

食用菌碳含量占菌体成分的50%~60%。碳源物质分为有机碳和无机碳。有机碳源主要有单糖、双糖、三糖、多糖、果糖、有机酸和醇等。氨基酸除作氮源外，也常作碳源。

培养基常用的单糖原料有葡萄糖、果糖、甘露糖和半乳糖等。多糖主要有淀粉、纤维素、半纤维素和木质素等，是腐生菌的主要营养基质。有机酸如糖酸、乳酸、柠檬酸、延胡索酸、琥珀酸和苹果酸等。醇类有甘露醇、甘油等可作为碳源和能源。

食用菌菌丝在培养基中生长时，菌丝前端分泌的胞外纤维素酶对纤维素进行分解。在木材降解过程中由纤维素酶、半纤维素酶和木质素酶分解生成纤维素、半纤维素和木质素等，并进一步分解成木糖、阿拉伯糖、葡萄糖、乳糖、甘露糖、糖醛酸和原儿茶酚类化合物，被食用菌吸收利用。不同食用菌对木质素的降解能力不同，如香菇、平菇的降解能力较强，主要是利用木质素，其次利用纤维素、半纤维素。

（2）氮源　凡用来构成菌体物质或代谢产物中氮素来源的营养物质统称氮源。氮素是食用菌合成蛋白质、核酸和酶类必不可少的原料，一般不提供能量（常明昌，2005）。分有机氮和无机氮两大类。

食用菌利用有机氮的能力强，菌丝体能直接吸收氨基酸等小分子化合物。生产上常用的有机氮有麦麸、米糠、蛋白胨、酵母膏、豆饼、尿素、黄豆汁和禽畜粪等。需注意的是尿素经高温处理后易分解，释放出 NH_3 和 HCN 不利于菌丝生长。多数食用菌也能利用无机氮如铵盐、硝酸盐等。食用菌利用无机氮则生长缓慢，可能出现不出菇现象。因为，食用菌所需的某些氨基酸几乎不能由无机氮合成，即使合成但合成量太少也不能满足需求。通常氨态氮比硝态氮更易被菌体吸收利用，有些食用菌不能利用 NO_3^-。

提高培养基中的氮源浓度可促进菌丝生长，提高食用菌的产量。但如果氮素营养太多，容易引起菌丝徒长，影响出菇，产量降低，还可能在其他微生物的作用下大量产生 NH_3，NH_3 对菌丝有毒害作用。

营养基质中碳、氮浓度的比值称为碳氮比（C/N）。食用菌在菌丝生长阶段的适宜碳氮比一般为 30∶1；在生殖生长阶段为 20∶1。不同种类食用菌培养基的适宜 C/N 不同。碳源过多，影响产量；氮源过多，会推迟子实体形成。

（3）生长因子　食用菌生长所需要的微量有机物称为生长因子。它包括维生素、氨基酸、嘌呤、嘧啶、卟啉及其衍生物等。主要为食用菌提供蛋白质、核酸、辅酶和辅基等参与代谢。生长因子的需要量虽少，但不可或缺。

（4）矿物质元素　食用菌生长发育需要矿物质元素，分为主要元素和微量元素。主要元素有 P、S、Mg、K 和 Ca 等；微量元素有 Fe、Cu、Zn、Mn、B 和 Mo 等。主要元素需要量较大，它们参与细胞结构物质的组成，维持酶的作用，能量转移，控制原生质胶质状态和调节细胞的渗透压等。微量元素是酶活性的组成成分或激活剂，需要量极少。

磷在食用菌生长初期很快被吸收转化为有机化合物。钾是核苷酸合成酶、核苷酸转甲酰酶等许多酶的激活剂，钾还对细胞渗透、物质运输起着重要作用。钾供应量极低时，糖的利用率降低。镁能促进酶的活化，镁作为必要元素参与 ATP 磷脂、核酸及核蛋白等各种含磷化合物的生物合成。钙既能提高线粒体的蛋白质含量，又能中和细胞体内代谢产物的酸性。酸类过多可与钙结合形成难溶性的盐，不能参与生理作用，调节细胞 pH。硫常以硫酸盐的方式被吸收。

铁是组成食用菌体细胞中过氧化氢酶、过氧化物酶、细胞色素和细胞色素氧化酶的组成成分。铜是各种氧化酶活化基的核心元素，在生物体内催化氧化还原反应中起着重要作用。许多酶的活化是由锌激活的，锌与碳水化合物、蛋白质的代谢有关。锰与镁同样有影响物质的合成、分解和呼吸等生理作用。硼能促进钙及其他阳离子的吸收，促进细胞壁质、细胞间质的形成。

食用菌菌丝与培养基表面接触时，会分泌各种酶将培养基多糖、蛋白质分解为小分子单糖、氨基酸，这些小分子物质经过渗透作用被菌丝细胞吸收。菌丝生长到一定阶段，在生理成熟时扭结形成菌（菇）蕾，菌蕾长大形成子实体，营养成分从菌丝转移至子实体，菌丝继续吸收单糖在菌丝内合成菌糖进行储藏。在子实体生长时，这些糖类可直接作为形成子实体的碳源。存在于营养菌丝中的大量多糖、醇类等也一起转移到子实体中去。出菇时，菌丝体内的一部分蛋白质也分解为氨基酸，转移到子实体中去。

（二）食用菌的生理类型

食用菌摄取营养的方式以及与生物环境的相互关系，可分为腐生（saprophytism）、共生（symbiosis）和寄生（parasitism）三种生理类型。

（1）腐生型　食用菌菌丝通过分泌各种胞外酶，将动植物残体分解、同化获取营养，维持其代谢。人工栽培的食用菌一般为腐生型真菌，如香菇、木耳、平菇、双孢蘑菇、金针菇和草菇等。腐生菌在林地土壤、农作物的耕作层、草原或灌丛中对动植物的残体进行转化，分解纤维素、木质素和果胶等，参与氮化物的转化，分解蛋白质、核酸等。它包括只进行腐生生活的专性腐生（如香菇、蘑菇等）和以寄生为主、兼营腐生的兼性腐生菌（如猴头菇）。

根据腐生对象，食用菌分为木腐菌（wood-decay fungi）和草腐菌（straws-rot fungi）。前者如香菇、木耳、灵芝和猴头菌等食用菌或药用菌，后者如双孢蘑菇、草菇等。根据木腐菌对木材组分的分解能力或营养类型不同，又将其分为褐腐菌（brown rot fungus）和白腐菌（white rot fungus）两种类型。褐腐菌降解木质素的能力弱于降解纤维素的能力，它首先降解纤维素、半纤维素，留下褐色的木质素，使木材呈褐色粉状或蜂窝状。白腐菌降解木质素的能力强于降解纤维素的能力，它首先降解木质素，不产生色素。

（2）共生型　两种生物共同生活在一起，互利互惠，相互依存的现象，称为共生。许多著名的食用菌、药用菌属于共生菌，如松茸（*Tricholoma matsutake*）、美味牛肝菌（*Boletus edulis*）、松乳菇（*Lactarius deliciosus*）和红菇（*Russula vinosa*）等。这些食用菌菌丝与植物根系形成菌根（mycorrhiza），菌根菌丝能提高土壤矿物质的溶解度，促进植物根系对土壤中N、P、K的吸收，保护植物根系免遭病原菌的侵袭，还产生植物生长激素，输送糖类，菌丝则从菌根植物获得营养物质。菌根分为外生菌根（ectomycorrhiza）、内生菌根（endomycorrhiza）两种类型。已知有8%的植物能与大型真菌形成共生菌。

大部分菌根的菌丝体紧密地缠绕在植物幼根表面，编织成鞘状结构，包围在根尖外面并向四周伸出细密的菌丝网，仅有少部分菌丝在根的表皮细胞间蔓延，但不侵入细胞，形成哈氏网。能与植物形成菌根的菌类约有30科99属，常见于块菌目、牛肝菌科及红菇属等，与菌类形成菌根的植物主要是裸子植物、被子植物（边银丙，2017）。

内生菌根不侵入根的皮层或中柱。它在营养根上定居但不改变根的形态，没有菌丝鞘套，在根的表面看不到密集的菌丝。菌丝寄生在细胞内形成膨胀体及分枝，被根细胞所消化，为寄主提供营养。如天麻与蜜环菌的关系是互利共生。蜜环菌形成菌索，侵入天麻的地下块茎后，菌丝只在天麻表层细胞间隙生长，菌丝对木材降解后的营养物质，通过菌索"桥"，供天麻生长。

（3）寄生型　一种生物着生于另一生物的体内或体表，并从后者摄取营养物质供其生长、繁殖的现象称为寄生。昆虫寄生真菌与虫体形成的复合体称为虫草。真菌索引数据库记载了广义虫草属540个名称，我国已报道约120种，其中经济价值最高的是冬虫夏草（边银丙，2017）。寄生又分为专性寄生、兼性寄生和兼性腐生。

一些食用菌的子实体在某些植物茎秆周围的地面出现。如美味牛肝菌经常出现于桦属林地，点柄牛肝菌、褐黄牛肝菌经常出现于松林，松口蘑经常出现于赤松林，棕灰口蘑则出现于松林、山毛榉林，松乳菇出现在松林、云杉林。这类食用菌往往与树共生，被称为寄生性食用菌。在草原上也有草本植物的地下寄生菌，这类真菌能够形成蘑菇环。寄生类食用菌不能独自在枯枝腐木上生长，它们需要的营养必须由活的松树等供给，栽培难度较大。

兼性寄生食用菌兼具腐生性、寄生性两种类型：它们既可在枯枝、禾草上生长，又能寄生于活植物体上。如蜜环菌既能在枯木上生长繁殖，又能侵入天麻等植物的根内营寄生生活。

二、食用菌的理化环境

食用菌生长发育需要适宜的环境条件，包括物理因素、化学因素和生物因素。主要有温度、水分、空气相对湿度、氧、CO_2、pH 和光照等。

(一) 温度

温度是食用菌生长发育的重要条件，包括孢子产生温度、菌丝生长温度。通常孢子产生的适宜温度比孢子萌发的适宜温度低。适当提高温度，可以提高酶的活力，促进代谢，加速菌丝生长与发育；但温度过高，各种酶活力下降，甚至失活。食用菌菌丝生长有其适温范围，这是系统长期发育自然选择的结果。

根据食用菌对温度的适应性，可将其分为低温型、中温型和高温型三种类型。

（1）低温型　菌丝生长的最高温度在 30℃，最适温度在 18～21℃，如金针菇、蘑菇、平菇、猴头菌和羊肚菌等。

（2）中温型　菌丝生长的最高温度在 35～36℃，最适温度在 22～28℃，如香菇、银耳、木耳、大肥菇和牛肝菌等。

（3）高温型　菌丝生长的极限温度在 46℃，最适温度在 28～32℃，如草菇。

食用菌菌丝营养生长至生理成熟后，受外界刺激，才能转入生殖生长。降低温度是诱发子实体原基形成的主要方法。降温再结合昼夜温差刺激、CO_2 浓度控制、湿度及光诱导等，可进一步促使原基形成。不同食用菌原基形成所需温度不同，根据所需温度可分为恒温结实性和变温结实性两种类型。恒温结实性是指菌丝分化所需温度差不大的类型，如草菇、木耳、猴头菇、灵芝、双孢蘑菇和大肥菇等，低温处理对于子实体分化促进作用不大；变温结实性是指食用菌进入生殖生长之前，虽有一个连续降温过程，但还不能诱导菇蕾形成，还必须有较大幅度的昼夜温差刺激，且温差越大越有利于原基形成，如香菇、金针菇和平菇等。

(二) 水分和空气相对湿度

水是生命活动所需的物质，水分不仅是食用菌的重要组分，而且是新陈代谢、吸收营养必不可少的基本物质。

（1）营养生长阶段　水分是菌丝生长的重要条件，不仅菌丝细胞降解基质、吸收营养需要水分，而且水分含量的高低还影响基质的透气性，进而影响菌丝生长。因此，基质含水量的控制十分重要。食用菌菌丝生长所需水分来自培养基，用木屑栽培食用菌时，菌丝生长的适宜含水量一般为 60% 左右。如蘑菇播种时，堆肥最适含水量为 60%～65%，高或低于这个水平产量均会降低。在覆土后菌丝束的形成常与培养料的含水量关系很大。含水量为 40%～50% 的培养料中，菌丝生长慢、数量少，或不形成菌丝束；含水量为 60%～65% 时，菌丝束形成快；随水分含量继续增加，菌丝束形成逐渐减少；超过 75% 时，菌丝几乎不生长。

段木栽培香菇时，由于段木中的水分包括游离态、结合态两部分，当游离态的水完全蒸发，只剩下 25%～35% 的结合态水分时，称为木材的纤维饱和点。在计算段木含水量时，这一部分通常扣除，而以游离水含量来表示段木含水量。段木含水量在 35% 左右时，最适于接种香菇菌种；水分含量为 35%～45% 时，菌丝生长最快；低于 30% 时，生长微弱；低于 15%～20%，菌丝停止生长或死亡。

空气的相对湿度是指在一定温度和气压下，空气含水量与饱和含水量的比值。在同一环境中，温度升高，饱和含水量增大，相对湿度降低，这是培养室加温后相对湿度降低的原因。食用菌生长发育需维持一定的空气相对湿度，因为空气相对湿度不但直接影响培养基水分的蒸发量，较高的湿度还有碍通风换气，导致 CO_2 和其他有害气体的积累，减少 O_2 的供应。食用菌菌丝体生长阶段，相对湿度宜维持在 60%～70%。

（2）子实体发育阶段　子实体含水量一般为 85%～93%，绝大部分水分是从基质中获得的。因此，基质的含水量影响着食用菌的产量、质量。在子实体分化阶段，提高空气的相对湿度有利于原基分化；在子实体发育阶段，提高空气的相对湿度还有利于降低基质表面的蒸腾速率，较好地满足子实体发育过程对水分的需求。当基质表面菇蕾形成后，需要通过喷雾维持环境的相对湿度，一般子实体发育阶段，相对湿度应维持在85%～95%；空气湿度不足，则幼蕾会出现枯萎。出菇期间如果相对湿度超过95%，将对子实体产生严重影响，菇盖上长期留有水滴，极易引起细菌性斑点病的蔓延；若低于70%，则使菇盖外表变硬，甚至发生龟裂；湿度低于50%时，即停止出菇，已分化的小菇蕾也会枯萎死亡。

(三) 氧与二氧化碳

食用菌都是好氧性真菌，需要O_2进行呼吸作用。食用菌在生长发育过程中，消耗O_2，排出CO_2。不同的食用菌，甚至不同品种或菌株对O_2需求量不尽相同。

(1) 氧和二氧化碳对菌丝生长的影响　不同食用菌在菌丝生长阶段的需氧量不同。空气中O_2含量为21%、CO_2含量为0.03%。大多数食用菌在菌丝体生长阶段，O_2含量过低，菌丝生长会受到严重抑制，在CO_2为50%时，蘑菇菌丝生长量比正常情况下降60%，CO_2浓度愈高，蘑菇菌丝生长量愈低。低浓度CO_2对猴头菇、灵芝和金针菇的分化也有抑制作用。但有的食用菌可耐较高的CO_2浓度。如平菇在CO_2浓度为20%～30%时，生长量比一般空气条件下有所增加（唐玉琴，2008），高浓度的CO_2还能防止杂菌，但当CO_2浓度大于30%时，菌丝生长速度迅速下降。

(2) 氧和二氧化碳对子实体生长的影响　在子实体分化阶段，O_2充足、CO_2含量较低时，有利于菌盖生长，抑制菌柄伸长；相反，CO_2含量较高时，则抑制菌盖生长，有利于菌柄生长。子实体生长阶段，CO_2含量低有利于促进子实体的形成，如微量的CO_2浓度（0.034%～0.1%）对蘑菇、草菇子实体的分化是必需的（唐玉琴，2008）。但当子实体形成后，呼吸作用旺盛，对氧的需求急剧增加，当CO_2浓度达到0.1%以上时，猴头菇形成珊瑚状分枝，蘑菇、香菇出现菌柄长、开伞早的畸形菇。

(四) 光照

绝大多数食用菌属于腐生菌，不能进行光合作用，强烈光照会使基质温度升高，抑制菌丝生长，甚至死亡。在菌丝生长阶段，有光照甚至生长更快，如侧耳、灵芝和竹荪等；而银耳、木耳、小刺猴头菇和长根菇等对光线不敏感；猴头菌、灵芝、香菇和白杯蕈等在散射光照射时，菌丝生长速度比黑暗时降低40%～60%。

虽然食用菌菌丝生长不需要光照，但一定的光照是子实体分化必不可少的，如香菇、平菇和银耳等，在完全黑暗条件下，不能产生子实体原基。在黑暗条件下培养的平菇、猴头菇菌丝体，经短时间光照处理后，再放回黑暗处，可以分化形成原基，但分化会延迟，生长不良。光照能提高菌丝细胞的分裂活性，分枝旺盛、膨胀、厚壁化、胶质化等，各种变化的综合结果导致菌丝原基形成。光照诱导菌盖形成并促进菌盖成熟，因此，大多数食用菌生长环境需要一定的光线。只有少数种类，如蘑菇、大肥菇和块菌等可以在完全黑暗条件下完成生活史。

光照强度还会改变子实体色泽、菌柄长度和菌柄宽度。在弱光照下生长的平菇菌柄很长，菌盖不能充分展开；灵芝色泽暗淡，没有光泽。反之，金针菇则需要在弱光下培养。适当延长光照时间还可提高子实体产量。金针菇每天光照6h时的产量是完全黑暗条件下产量的1.7倍；光照时间延长到18～24h，产量增加数倍。

(五) pH

各种食用菌代谢活动中酶的种类不同，因此，不同食用菌菌丝在生长、子实体形成阶段皆有相应的最高、最低和最适pH范围。pH会影响食用菌菌丝细胞内酶的活性、细胞膜的透性以及对金属离子的吸收能力。培养基 pH 影响溶液中金属离子的状况，如镁、钙、锌、铁等金属离子在 pH 过高时，易生成不溶性盐，不能被菌丝吸收利用；反之，在过低的培养基中，会抑制维生素 B_1 合成酶的酶活性影响菌丝生长。

木腐类食用菌适宜于酸性环境生长，草腐类在偏碱性环境中生长良好。通常根据菌丝对基质的腐解能力不同可以大致判断其适宜的 pH 范围。如木腐类猴头菌的适宜 pH 为 3~4，黑木耳 pH 为 5.5~6.5；草腐类双孢蘑菇的适宜 pH 为 7.2~7.5，草菇 pH 为 7.5~9.0；共生、寄生类食用菌的适宜 pH 为酸性环境。在培养食用菌时，pH 必须控制在其适宜范围内，否则菌丝难以定植、生长。而当菌丝在基质中生长时，由于其生长过程中产生有机酸，如柠檬酸、延胡索酸和草酸等，能逐步降低基质的 pH，并最终稳定在一定的范围内。

三、食用菌的生物环境

食用菌与植物、动物和微生物在同一个生态环境中生存，彼此之间具有千丝万缕的联系，经过自然界长期进化过程，形成了稳定、相对稳定的关系，成为复杂生态系统的重要组成部分。

(一) 食用菌与微生物

(1) 对食用菌有益的微生物　许多微生物能为食用菌提供各种营养物质，如双孢蘑菇覆土中的假单胞菌（*Pseudomonas*）、嗜热放线菌（*Thermophilic actinomycetes*）和高温单孢菌属（*Thermomonospora*）种类等，既能帮助分解纤维素、半纤维素等有机物基质，又能将产生的多种氨基酸、维生素等物质提供给双孢蘑菇生长之用。在银耳栽培过程中的香灰菌（*Annulohypoxylon stygium*）和银耳菌丝是共生关系，对银耳的生长发育极其有利。银耳菌丝对纤维素、半纤维素等复杂有机物基质分解能力很弱，而香灰菌菌丝分解纤维素、半纤维素等有机物基质能力较强。香灰菌分解纤维素、半纤维素后产生的单糖容易被银耳菌丝吸收利用。因此，在自然界中，银耳通常与香灰菌伴生。在人工栽培银耳时，将银耳菌丝与香灰菌菌丝混合在一起，制成混合菌种。虽然单独的银耳菌丝也可发育成银耳，但产量很低，有香灰菌存在时，产量大幅度提高。

(2) 对食用菌有害的微生物　在食用菌栽培过程中，通常可能受到有害微生物的影响。有害微生物与食用菌生活在同一基质时，与食用菌争夺营养物质或生活空间，互相排斥，或利用所产生的抗性物质或毒素，妨碍食用菌的正常生长繁殖；还有些微生物直接寄生在食用菌上，引起各种食用菌的病害。不论是自然界的食用菌还是人工栽培的食用菌，都有可能受到有害微生物的影响，这些微生物包括细菌、放线菌、酵母菌、丝状真菌和病毒等。因此，在食用菌栽培过程中一定要注意预防、降低有害微生物对生产造成的影响。

(二) 食用菌与动物

动物的粪便、尸体是许多粪生真菌良好的碳源和氮源。在自然环境中，双孢蘑菇、毛头鬼伞等常生长在草食性动物的粪便上。有些动物常为食用菌孢子的传播媒介，而一些食用菌的孢子经过草食性动物消化道后更容易萌发，有利于食用菌的种群传播。有的食用菌还能与动物共生，如鸡枞菌（*Termitomyces albuminosus*）与白蚁。在栽培食用菌时，要防止各种动物对食用菌的危害。一些昆虫、节肢动物等取食食用菌的菌丝、子实体，如菇蝇、菇蚊、线虫、螨类、跳虫、蜗牛等对食用菌生产可能造成危害。有些昆虫会蛀食各种基质原料，与食用菌争夺营养，也会造成减产或绝收，如白蚁、金龟子和天牛幼虫等。

(三) 食用菌与植物

食用菌与植物的关系非常紧密、复杂。在自然界中，大量的绿色植物为食用菌生长繁殖创造了适宜的生态环境。食用菌以植物残体如倒木、枯枝和落叶腐质层等为基质营腐生生活。落叶层是大型真菌主要的营养基质，落叶层为微生物活动提供了适宜的生活条件，落叶层被微生物分解成残渣与小动物残体混合，累积成腐质层，为真菌繁衍创造了优越的生态环境，为大型真菌生长繁殖提供了物质基础。

有些食用菌能生长在活的植物体上，营寄生生活，如蜜环菌常寄生在松、杉、茶、桑和橘等多种阔叶树以及马铃薯、草莓和番红花等草本植物上，引起这些植物的根腐病；猴头菌能寄生在栎类阔叶树上，使寄主发生白腐病。因此，对于蜜环菌等可能危害经济林木的寄生菌，应注意预防其对林业生产造成的危害。

许多食用菌还能与高等植物形成共生菌根，简称菌根菌。菌根菌能分泌植物激素，活化土壤养分，促进植物对土壤养分的吸收，另一方面，植物通过光合作用形成的养分是菌根菌的主要营养来源。因此，二者是互利共生关系，如美味牛肝菌与桦树林、松乳菇与松林等。

植物不仅为食用菌提供了营养物质，而且为其创造了适宜的生态环境。植物叶面的蒸腾作用调节了林地的温度、湿度，茂盛的枝叶形成一定的密闭度，透进了散射光，光合作用产生的氧气，形成了食用菌生长发育所需的生态环境。此外，食用菌还可以与果树、作物和蔬菜等间作套种，具有重要的经济价值和生态价值。

思考题

1. 菌丝、菌丝体、子实体的定义。
2. 说明伞菌子实体由哪几部分结构组成，各部分的特点是什么。
3. 菌丝的特殊组织体有哪些？
4. 毒蘑菇在一定条件下是否可以食用？
5. 同属的毒蘑菇造成相同的损害吗？
6. 食用菌生长发育需要哪些营养物质？
7. 食用菌生长需要哪些理化环境，具体要求是什么？

第三章
食用菌制种与保藏技术

第一节 食用菌菌种概述

一、菌种的概念

生产实践中的菌种，实际上是指人工培养的能够结实的纯菌丝体。可由孢子萌发，进行科学育种而成，或者由子实体及菌核组织分离而成。

二、菌种的重要性

菌种是食用菌生产中的"种子"，菌种质量的好坏直接影响栽培的成败和产量的高低。只有优良的菌种才能获得高产和优质的产品，因此优良的菌种是食用菌栽培的一个重要环节。

三、菌种的类型

菌种根据生产目的的不同可分为母种、原种和栽培种三类。

（一）母种

母种又叫一级菌种、试管菌种、斜面菌种、保藏菌种、再生菌种。母种用于生产原种、菌种的保藏、扩繁再生菌种。但扩繁（即转管）不能超过5次，以免菌种退化及污染。

（二）原种

原种又叫二级菌种、瓶装菌种。原种由母种扩大培养而成，用于生产栽培种。原种与母种的区别是培养基不同，母种的培养基是固化培养基，而原种是用固体培养基，如由木屑、麦麸、葡萄糖、石膏配制而成。将母种接在固体培养基上，经过一次培养后，使菌丝体生长更为健壮，不仅增加了对培养基和生活环境的适用性，而且还为生产上提供了足够的菌种数量。

（三）栽培种

栽培种又叫生产菌种、三级菌种、袋装菌种。栽培种是由原种扩大培养而成，用于生产栽培袋或直接出菇。一般不能用于再扩大繁殖菌种，否则会导致菌种退化、生活力下降，给生产带来减产或更为严重的损失。

四、菌种制种程序

食用菌的菌种生产就是指在严格的无菌条件下大量繁殖菌种的过程。一般三级菌种的生产程序都需要经过母种、原种和栽培种三个步骤。菌种生产流程为：培养基配制→分装→灭菌→冷却→转管（菌种分离）→培养（纯化）→母种扩大培养→原种培养→栽培种培养。

第二节　食用菌菌种生产主要设备

一、配料设备

不同的生产规模，配料所需要的设备有所不同，但配料应在有水、有电的室内进行。其主要设备有以下几类：

（一）制种容器

（1）母种所需容器　母种也叫一级菌种，母种所用容器一般是试管，以 18mm×180mm 或 20mm×200mm 的试管为宜。

（2）原种所需容器　原种也叫二级菌种，菌种瓶必须符合以下要求：透明度好，瓶口大小适中，以直径 3cm 左右为宜，瓶的容量以 500～700mL 为宜。生产上常用于制种的玻璃瓶有蘑菇瓶、化工瓶（又称广口瓶）、罐头瓶、锥形烧瓶、盐水瓶、酒瓶等。所用容器最好是白色，便于观察菌丝生长及污染情况。当然也可用聚丙烯菌种瓶和栽培袋来做原种培养容器。

（3）栽培种所需容器　栽培种也叫三级菌种，所用容器以标准的聚丙烯专用菌种瓶为佳，也可用较小的聚丙烯（或聚乙烯）袋。聚乙烯不耐高温，半透明，雾沙状，质软，在使用时灭菌温度应为常温；聚丙烯透明，质硬，耐高温，可用高压蒸汽灭菌。

栽培袋通常采用厚度为 5～6 丝的聚乙烯或聚丙烯塑料，做成长 50cm、直径 17cm 的栽培容器，下端用火或电烙铁熔封，翻卷后使用。栽培袋的规格有：13cm×27cm×0.047cm、16.5cm×33cm×0.05cm、17cm×35cm×0.05cm 的聚乙烯或聚丙烯袋，可用于制作菌种、栽培生产；或选用 17cm×40cm×0.047cm、26cm×55cm×0.15cm、28cm×55cm×0.15cm 的聚乙烯袋，有一头开口和两头开口的折角袋，仅用于生产。

（二）多功能粉碎机

多功能粉碎机适用于玉米秸、豆秸、稻草的轧切或木材、玉米棒、玉米芯等的粉碎，一机多用。配套动力 30kW，生产率为 3000～4000kg/h。

（三）自喷式电动筛选机

该机用于原料、辅料的筛选及混合，能将原料自喷成堆。具有体积小、生产效率高和经济实用等特点，适合小型种植户使用。每小时可筛 1500kg 原料，配套电机为单相四级，功率 2.2kW。

（四）拌料机

拌料机主要是将各组分培养料搅拌均匀。一般配套动力为 3kW 电机，产量为每机每小时拌料 800～1000kg。

（五）装袋机

装袋机是将培养料迅速均匀装袋的机械，它较人工装袋快而且质量高。目前普遍采用的是 ZCZ 型装袋机。生产率为每小时装 1000 袋，配套功率为 3.5kW（380V）。

（六）拌料装袋生产线

拌料装袋生产线是生产加工食用菌菌包的专用设备。它集筛选、拌料、加水、装袋、封口为一体，具有生产效率高、降低劳动人员强度、操作简便、使用安全等特点，日产 1 万～1.5 万袋，配备电机功率 20kW。

（七）菌袋窝口机

在菌袋装完后，菌袋窝口机代替人工进行封口，其特点是省事、省工、速度快、劳动强度低，每小时可窝 1000~1500 袋。所窝菌袋质量高，料面更加平整，灭菌之后能确保袋料不分离。

（八）废旧菌袋分离机

废旧菌袋分离机用于废旧菌棒的粉碎，可一次性将菌糠和菌袋进行分离。生产效率每小时可处理 5000 个废菌棒。操作简单，使用安全，分离彻底。配备电机功率 5.5kW。

二、灭菌设备

（一）铁板式常压灭菌锅

一般采用铁板和角铁焊制而成，规格为长 235cm、宽 136cm、高 172cm 的长方形铁箱，顶部呈圆拱形，防止冷凝水打湿棉塞，距离底部 20~25cm 高放置一个用钢筋焊制的帘子。为节省燃料也可在帘子下焊接 4 排直径 10cm 的铁管，管口一头在底部前端燃料燃烧处，作为进烟口，一头从另一头汇聚一起与烟道连接（节能灶）。门在一头，规格为 90cm×70cm，底高 20cm，在门一头下侧安一个排水管，中间安一个放气阀，顶部安一个测温管。一般用周转筐装出锅，可防止菌袋扎破，准备 2 套周转筐即可，一次可灭菌 2000~3000 袋。

（二）砖砌常压灭菌灶

常用水泥、砖砌成长 190cm、宽 120cm、高 190cm 容积的长方体，顶为圆拱形，并用水泥密封。砖壁厚 24cm，灶台高 60~70cm，灶台上平放三个直径 80~120cm 铁锅，前两个置于消毒仓膛之内，后一个置于仓外作为预热加水用锅。灶前设进火口和通风口，灶后设烟囱，仓顶设两个排气孔，消毒仓 1/2 处留一小孔安插温度计，仓壁一侧装有木板门，并用钢筋加固。

（三）塑料布罩铁架式灭菌灶

用细钢筋折成长 250cm、宽 120cm、高 180cm 的铁架，顶呈圆拱形，并有分层装置，放置于高 70cm 的灶台上，装完需要灭菌的材料后，用 2~3 层塑料布围紧即可。该灶具有卸料袋方便、灭菌后散热快等优点。

（四）高压蒸汽灭菌锅

通常分为手提式、立式和卧式三类。其中手提式主体为铝合金铸造的桶和盖，内部为铝制消毒桶，直径 28cm、深 28cm，容积约 18L，全重 12kg 左右，使用压力不得超过 $1.5kgf/cm^2$（$1kgf/cm^2 \approx 10^5 Pa$），是菌种生产必不可少的设备。立式因容积较大（48L），多用于原种培养基灭菌。

三、接种设备

（一）接种室

接种室也称无菌室，用于分离、移接菌种。通常在较大的实验室或干净的房间内，用砖、木板等围隔成一个小房间，面积为 5~6m^2，高 2.5~3m。室内设置操作台，地板光滑。进门处要设缓冲间，两道门之间为更衣室。操作间和更衣室上方，各安装一盏 30~40W 的紫外线杀菌灯，供接种人员在接种前对衣物和空间进行消毒灭菌。

（二）接种箱

接种箱是一种代替接种室的透明小箱，一般用木料做框架，用玻璃或透明塑料布将其密封，便于药物灭菌，防止接种时杂菌侵入。接种箱正面开两个圆形洞口，装上布袖套，供双手伸入箱内进行操作，箱顶安装一盏紫外线灭菌灯，用于箱内消毒灭菌。

（三）超净工作台

通过风机将空气吸入预过滤器，经由静压箱进入高效过滤器过滤，将过滤后的空气以垂直或水平气流的状态送出，可以排出工作区原来的空气，将尘埃颗粒和生物颗粒带走，使操作区域达到百级洁净度，保证生产对环境洁净度的要求。超净工作台根据气流的方向分为垂直流超净工作台和水平流超净工作台，根据操作结构分为单边及双边操作两种形式，按其用途又可分为普通和生物（医药）超净工作台。工作效率高，开机 30min 以上即可操作。

（四）离子接种器

该机器具有两种功能，既能接种时净化空气，又能接种前给空气灭菌。机器通电后机芯对灰尘产生强大的吸附力，把灰尘吸附到电极机芯表面，因杂菌附着在灰尘里，空气里没有灰尘也就没有杂菌了。双机芯设计，空气经二次过滤，净化效果好。同时采用尖端放电，根据空气经电离产生离子风的原理设计，离子风中含有大量的负氧离子和微量臭氧，可降低各种有害菌，并可降温 1~2℃，在此区域内接种安全可靠。

（五）接种工具

接种工具主要有接种匙、接种刀、接种锄、接种镊子、接种铲、袋栽接种器、打孔锥、打孔钻等（图3-1）。有条件的最好采用不锈钢丝、电焊条或镍合金钢丝制作。

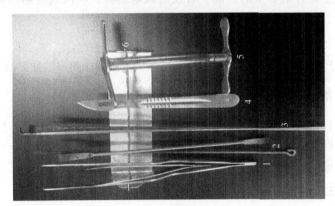

图 3-1　接种工具
1—镊子；2—接种铲；3—接种钩；4—解剖刀；5—打孔器；6—工具架

（六）接种用品

接种用品主要有酒精灯、试管、菌种瓶架、小烧杯、培养皿或小碟、解剖刀、70% 酒精、消毒药品甲醛、棉塞或橡胶塞、打火机、标签及记号笔等。

四、培养设备

（一）培养室

培养室是培养菌种或菌包的场所。必须选择地势高燥、清洁、通风凉爽的地方建造，切忌潮湿，且能防虫、鼠等侵害，管理方便。四周砌砖，室内最好是木地板或水泥地，墙壁及屋顶必须密闭，要有门窗、门帘及摆放合理的培养（床）架，窗户用纸糊好，用黑布蒙住，避免光线透入，影响菌丝生长。要配备 1~2 支干湿球温度计，有条件的可安装一定数量的空调机，以便控制温湿度。

（二）培养架

培养架又称床架，主要用来放置培养菌种或栽培菌包。搭建时一般用竹木结构，有条件的可用钢筋、水泥结构，每层用短木做横枕，铺上细竹竿或者木条即可。床架层数一般根据培养室（或栽培室）内空间高度而定，以 4～5 层较多。层间距一般 40～50cm，最下层离地面 30cm 以上，最上层距屋顶 1m 左右，床架宽度 1.5～1.6m。

（三）恒温培养箱

用于培养菌种。所要求条件与菌种培养室基本相同，只不过是体积小些，要求能调节温度，保持恒温，高低温差不超过 3℃ 为宜。

五、机械工具及其他用品

机械工具及其他用品主要有打孔器（用于装料后在料面上打接种孔）、接种器（用于菌种接入培养料内的工具）、封口材料（胶布、无菌培养容器封口膜、棉塞、海绵塞、无棉盖体、颈圈、牛皮纸或报纸）、温度计和湿度计（用于测量温湿度）等。

六、温湿调控设备

（一）电热器

电热器主要用于菌种培养室的升温。有反射式电热器、吹风式电热器和充油式电热器三种类型。

（二）加湿器

加湿器主要用于空气加湿。有离心加湿器、电极式加湿器、超声波加湿器和水压喷雾装置。

七、菌种保藏设备

食用菌菌种是科研和生产的重要资源，它和其他生物一样，具有遗传性和变异性。人们希望一个具有优良性状的菌种能通过保藏使它的性状保持不变或尽可能地少变，变化速度减慢。菌种保藏方法很多，所需设备不外乎下面几种。

（一）冰箱或生物冷藏柜

保藏菌种一般温度控制在零上 4℃，但草菇、双孢蘑菇、姬松茸菌种一般在 10～15℃ 条件下保藏，不能在低于 5℃ 的温度保藏，否则菌种会被冻死。

（二）菌种库

有条件的单位或企业，如有需要，可建造冷库，用以暂时存放成品菌种。冷库温度一般控制在 4～8℃，这样既可节省能源，又能较长时间保存菌种。

（三）液氮罐

采用液氮罐保藏菌种是利用液态氮的超低温（－196～－150℃），使生物的代谢水平降低到最低限度。在这样的条件下保藏菌种，能保持其性状基本上不发生变异。

八、液体菌种生产设备

液体菌种的生产方式主要有振荡培养和发酵罐培养两类。振荡培养是利用机械振荡，使培养液振动而达到通气的效果。振荡培养方式有旋转式和往复式两种，振荡机械称摇床或摇瓶机。如需要大量液体菌种，应使用发酵罐生产。

第三节　食用菌消毒灭菌

食用菌生产中的消毒灭菌是指消灭培养料和周围环境中存在的微生物、虫、卵。消毒与灭菌的方法可分为物理方法和化学方法两大类。常用以下术语表示物理或化学方法对微生物的杀灭程度（常明昌，2005）。

消毒：用物理化学方法，杀灭培养料、物体表面及环境中的一部分微生物，只能杀死营养体，不能杀死休眠体和芽孢。

灭菌：在一定范围内用物理化学方法，彻底杀灭培养料内外、容器、用具和空气中的所有微生物营养体、休眠体和芽孢。

除菌：用机械方法除去液体或气体中微生物的方法。

防腐：防止或抑制体外细菌生长繁殖的方法。

无菌：没有活菌的意思。防止细菌进入其他物品的操作技术，称为无菌操作。

一、物理消毒灭菌

生产中常用的物理消毒灭菌法是热力灭菌及射线灭菌，两者都属强杀伤力因素。

（一）热力灭菌法

热力灭菌法是利用热能使蛋白质或核酸变性来达到杀死微生物的目的。分干热灭菌和湿热灭菌两大类。

（1）干热灭菌　利用火焰、热空气杀死微生物（适于耐烧、耐烤物品），干热灭菌器灭菌范围较窄。

① 灼烧灭菌　可用75%酒精擦拭刀片、镊子、接种铲、接种耙等工具，然后再蘸取95%酒精，在酒精灯火焰上灼烧。此法可用于耐烧物品的灭菌，操作简单、快速、彻底。

② 烘烤法（热空气）　适于体积较大的玻璃、金属器皿。试管、培养皿、三角瓶、烧杯、吸管等包装放入烘箱，160~170℃条件下保持2h，断电后待温度降至70℃以下取物。注意：升降温勿急，勿超180℃，随用随开包。

干热灭菌简便易行，能保持物品干燥，但使用范围有限，只适于空玻璃、金属器皿的灭菌，凡带有橡胶的物品和培养基，不可干热灭菌。

（2）湿热灭菌　指用饱和水蒸气、沸水或流通蒸汽进行灭菌的方法。蒸汽潜热大，穿透力强，容易使蛋白质变性和凝固，所以该法的灭菌效率比干热灭菌法高，是药物制剂生产过程中最常见的灭菌方法。湿热灭菌法可分为：煮沸灭菌法、巴氏消毒法、高压蒸汽灭菌法、流通蒸汽灭菌法、常压蒸汽灭菌法和间歇蒸汽灭菌法。

影响湿热灭菌的主要因素：微生物的种类与数量、蒸汽的性质、药品性质和灭菌时间等。

① 煮沸灭菌法　将水煮沸至100℃，保持5~10min可杀死细菌繁殖体，保持1~3h可杀死芽孢。常用于金属器械的消毒。

② 巴氏消毒法　一种低温消毒法，因巴斯德首创而得名。有两种具体方法：一是低温维持法，62℃维持30min；二是高温瞬时法，75℃作用15~30s。该法适用于食品的消毒。

③ 流通蒸汽灭菌法　利用常压下100℃的水蒸气进行消毒，15~30min可杀死细菌繁殖体，但不保证杀灭芽孢。

④ 间歇蒸汽灭菌法　将被灭菌物置于灭菌锅内，经100℃的热蒸汽灭菌1~2h，取出被灭菌物放25~30℃条件下培养24h，诱发其中残余的芽孢萌发成营养体，再放入锅内灭菌30min，杀死营养体，如此反复进行3次。

⑤ 高压蒸汽灭菌法　利用高温高压蒸汽在短时间内达到彻底灭菌的方法，可杀灭包括芽孢在内的所有微生物，是灭菌效果最好、应用最广的灭菌方法。适用于普通培养基等物品的灭菌。手提式高压灭菌锅用于一级菌种培养基灭菌，温度达121℃计时20~30min。立式或卧式高压灭菌锅用于二、三级菌种或栽培袋培养基灭菌，需125℃灭菌1.5~2h。

⑥ 常压蒸汽灭菌法　即一般的蒸锅灭菌，见蒸锅周围冒蒸汽（即料温达100℃）开始记时间，维持8~10h。灭菌开始要旺火猛攻，锅内料温达100℃后要稳火，中途不能停火，锅内要经常补充水（热水），以免干锅。

（二）射线法

（1）紫外线灭菌　用30~40W紫外线管灯照射20~30min。灯管距被灭菌物体1.2m范围内效果最好，一般不超过2m，否则灭菌效果不好。

（2）电离辐射　电离辐射有X射线、γ射线和快中子等。X射线和γ射线都是高能电磁波。

（3）滤过除菌法　用物理阻留的方法将液体或空气中的细菌除去，以达到无菌的目的。所用的器具是滤菌器，含有微细小孔，只允许液体或气体通过，而大于孔径的细菌等颗粒不能通过。

（4）超声波杀菌法　不被人耳感受到的高于20000 Hz的声波，称为超声波。超声波可裂解多数细菌，尤其对革兰氏阴性菌更为敏感，但往往有残存者。

（5）低温抑菌法　低温可使细菌的新陈代谢减慢，故常用于保存菌种。当温度回升至适宜范围时，又能恢复生长繁殖。为避免解冻时对菌的损伤，可在低温状态下抽真空除去水分，此法称为冷冻真空干燥法。

二、化学消毒灭菌

许多化学药物能影响细菌的化学组成、物理结构和生理活动，从而发挥防腐、消毒甚至灭菌的作用。消毒防腐药物一般都对人体组织有害，只能外用或用于环境的消毒。

（一）药剂消毒

常用的消毒药品有乙醇、石炭酸、来苏尔、新洁尔灭等。分别配制成一定浓度的溶液，用于菌种的分离材料、接种人员的手、器具、工作台、墙壁等的消毒。通过浸泡、喷雾、洗刷等方法进行表面消毒杀菌，如用70%~75%的酒精、1%~2%的来苏尔溶液洗手消毒，用3%~5%的石炭酸或来苏尔溶液喷雾，可杀死营养体，但对孢子无杀灭作用。

（二）气体灭菌

在容器内加5~7g/m³高锰酸钾，再加甲醛8~10mL/m³，产生烟雾，密闭熏蒸12~24h，然后用25%~38%的氨水喷雾，驱除甲醛味。此方法常用于接种室、培养室和菇房灭菌，效果很好。另外，当前气雾消毒盒、克霉灵气雾灭菌盒常用于接种室和菇房的灭菌。

（三）拌药消毒

此法适于生料栽培食用菌，如平菇拌料时可加入0.1%多菌灵或甲基硫菌灵消毒，加1%~2%生石灰堆置消毒等。

第四节 母种生产技术

一、培养基

(一) 概念

根据食用菌发育对养分、水分和酸碱度的要求，各种营养料按一定比例经人工配制而成，供给食用菌生长繁殖的基质，是食用菌生长发育的培养基（崔颂英，2007）。

(二) 培养基的种类

1. 按营养物质来源划分

(1) 天然培养基　用化学成分未知或不全知的天然有机营养物质配制而成。

(2) 合成培养基　又叫组合培养基，用已知化学成分的有机、无机化合物和生长素为营养物质配制而成。如葡萄糖蛋白胨琼脂（DPA）、麦芽膏酵母膏琼脂（YMA）培养基。

(3) 半合成培养基　又叫半组合培养基。在天然培养基中添加已知成分的化合物，或在合成培养基中添加某些天然的有机物质配制而成的培养基。如马铃薯葡萄糖琼脂培养基（PDA）、玉米粉葡萄糖（CDA）培养基。

2. 按培养基状态划分

(1) 液体培养基　将食用菌所需的营养物质按一定比例加水配制而成的培养基。

(2) 固体培养基　以富含木质素、纤维素、淀粉等各种碳源物质为主，添加有机氮、无机盐，加一定水呈固体的培养基。

(3) 固化培养基　在培养液中加入适量凝固剂，使之固体化的培养基，如 PDA 培养基。

3. 按目的不同划分

(1) 加富培养基　在基本培养基（PDA 培养基）中，添加食用菌特殊需要的营养物质（如磷酸二氢钾、硫酸镁、维生素 B_1 等）配制而成的培养基。

(2) 选择培养基　用于筛选分离某种微生物的特殊培养基。即根据某种微生物的营养特点，在基本培养基中增减、变更某种化学成分，改变 pH 等，使之有利于所需要微生物的生长，抑制或杀死其他微生物，从而达到筛选分离的目的。

(3) 鉴别培养基　用以鉴别食用菌菌种的培养基。根据食用菌能否对培养基中某些化学成分的吸收作用，通过指示剂的显色反应，进行判别食用菌菌种的培养基。

(三) 培养基的配制原则

①按菌种需要和培养目的不同而定；②各营养成分配比要恰当；③pH 范围要适当；④尽量降低成本；⑤要严格灭菌，保持无菌状态。

二、母种培养基的配制方法

母种培养基用于母种的分离和培养，又叫斜面培养基或试管培养基等。

(一) 常用的母种培养基

(1) 马铃薯葡萄糖培养基　又叫 PDA 培养基，为固化培养基。

配方：马铃薯 200g，葡萄糖 20g，琼脂 18～20g，水 1000mL。

(2) 马铃薯葡萄糖综合培养基　又叫 CPDA 培养基，为固化培养基。

配方：马铃薯 200g，葡萄糖 20g，琼脂 18～20g，磷酸二氢钾 3g，硫酸镁 1.5g，维生素 B_1 10mg，水 1000mL。

(二) 母种培养基常用原料的成分及作用

(1) 马铃薯　含淀粉 20% 左右，蛋白质 2%～3%，脂肪 0.2%，含各种无机盐、纤维素，起营养作用。

(2) 葡萄糖　碳源。一是碳素营养作用，二是能诱导胞外酶的活化作用。

(3) 琼脂　凝固剂。温度高于 60℃ 时溶解，低于 40℃ 时凝固，但用量少于 10% 时凝固性能降低。

(4) 磷酸二氢钾　为磷和钾元素营养物质，因是弱酸盐，所以还具有缓冲 pH 的作用。

(5) 硫酸镁　为硫元素和镁元素营养物质。

(6) 维生素 B_1　参与酶的组成和菌体代谢，也具有刺激和调节生长的作用。

(三) 母种培养基的配制

(1) 培养基配制（CPDA 培养基）　选优质的马铃薯 200g，洗净去皮（若已发芽，要挖去芽及周围小块）后，切成薄片，放进不锈钢锅，加水 1000mL，煮沸 20～30min，用 4 层纱布过滤，将汁液滤入锅中。加琼脂粉 20g、葡萄糖 20g、磷酸二氢钾 3g、硫酸镁 1.5g、维生素 B_1 10mg，加清水补足 1000mL，调节 pH 6.0～6.5，稳火加热使琼脂粉溶解。加热过程中用筷子不断搅拌，以防溢出和焦底。

(2) 培养基分装　配制好的培养基要趁热（60℃）利用玻璃漏斗或带有分装装置的白瓷缸分装于试管中，装量一般为试管长度的 1/4。分装时必须用纱布或脱脂棉过滤，防止杂质或沉淀物混入管内。同时应注意，勿使试管口黏附培养基，若不慎黏附时，应随即擦干净，以防杂菌感染。装完后立即用棉塞或橡胶塞封口，并要求松紧适度。

(3) 捆扎　7 支或 10 支试管一捆，试管口部用牛皮纸或聚丙烯塑料薄膜包扎竖于筐中。

(4) 灭菌　在高压锅内加水至水位线，将试管筐装入锅内，盖好锅盖，加热升压至 $0.5 kgf/cm^2$ 时，打开排气阀排出冷空气，待压力表指针降至 0 位后，关闭排气阀，继续加热升压。当压力表指针达 $1.0 kgf/cm^2$ 开始计时 20min，灭菌完毕。

(5) 摆斜面　灭菌后待指针回到零点，先打开锅盖的 1/10 开度，等到无直冲蒸汽时，再打开全部锅盖，取出试管，放在成一定角度的木架或木条斜面上，使培养基冷却凝固后成斜面状，倾斜度以斜面达到管长的 2/3 为宜。

(6) 灭菌效果检查　从灭过菌的斜面培养基试管中随机抽取 2～3 支斜面试管放入 27℃ 恒温箱中，空白培养 1～2d，观察斜面上是否有霉点或其他绒絮状物出现。一旦发现，说明该批培养基灭菌不彻底，应当立即重新灭菌，以确保灭菌效果。

(四) 注意事项

1. 培养基的配制注意事项

① 马铃薯一定要去皮并挖去芽眼。因芽眼有毒，不利于菌丝生长发育。

② 琼脂和葡萄糖等物质一定要过滤后加入。

③ 加热熔化琼脂时要不断搅拌，并要稳火，以防培养基沉淀锅底，甚至烧煳。

④ 分装试管时要用漏斗，以免培养基粘到试管口内壁上。

⑤ 棉塞要用普通棉花，不能用脱脂棉。因脱脂棉易吸潮，影响通气，而且易污染。棉塞松紧要适当，不宜过松或过紧，加培养基后以手拿棉塞提起，而试管不脱落为宜。

⑥ 分装及加棉塞后的试管，只能正立放，不能平放或倒放，以免培养基粘到棉塞上。

2. 培养基的灭菌注意事项

① 灭菌时高压锅内加水要适量，不能过多也不能过少，以水位线为准。
② 压力达 0.5kgf/cm² 时一定要排除冷空气，否则会产生假压而灭菌不彻底。
③ 保压时间要准确，压力要准确稳定。
④ 压力表指针必须回归 0 位后，再开锅盖，以免发生危险。
⑤ 灭菌物品不能装得太多，以免影响锅内气流回旋，使灭菌不均匀、不彻底。

三、母种的转管与培养

（一）母种的转管

将分离培养的母种纯菌丝体，无菌操作移接于另一试管培养基中。一般一支斜面母种可转接 60～100 支试管，这叫转管或转代，在适温下培养。转接后的母种叫再生母种、移接母种。转管次数不可太多，不能超过 5 次，以免菌体污染、生活力降低或退化不可再用。

先将已配制好的斜面培养基放进接种室或接种箱，用紫外灯（气雾消毒剂）杀菌 0.5h 以上，关闭紫外灯 20min 后，再进入接种室接种。无菌操作是接种过程中最基本的操作方法，要求操作熟练，动作迅速，尽量减少杂菌的侵入机会。操作方法如下：

① 左手平托两支试管，拇指按住试管底部，内侧一支是供接种用的菌种试管，外侧一支是要接种的试管斜面。
② 右手拿接种铲（钩），用拇指、食指和中指握住接种铲（钩）的上部，然后将接种工具插入 75% 的酒精消毒瓶中消毒，再将接种工具在酒精灯火焰上灼烧，逐渐将杆部也在火焰上慢慢通过，这样反复两三次即可将接种工具彻底消毒。
③ 将左手的两支试管靠近火焰，用右手的小指和手掌将外侧的菌种管的棉塞夹在手中（不得放在桌子上或箱面上），并将两支试管口迅速移到酒精灯火焰旁边。
④ 右手将消毒后的接种工具插入母种试管中，在斜面上挖取黄豆粒大小的一块菌丝块（可少带培养基）迅速移到待接种的试管斜面上，抽出接种工具，立即塞上棉塞。
⑤ 接种完毕，要立即贴好标签，记录菌种名称、接种人和日期，以免菌种之间混乱。
⑥ 接种后，将工作台清理干净，用紫外灯杀菌 20min。

（二）母种的培养

将移接的再生母种试管放入恒温箱或恒温室中培养，一般 25℃ 恒温培养。多数种类的食用菌母种培养 15d 左右菌丝即可长满试管（图 3-2）。其间要定期检查培养温度以及菌丝生长情况，发现污染或者生长不良情况，及时解决，以免影响制种进度。

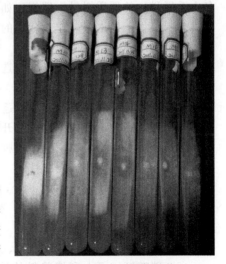

图 3-2 黑木耳试管母种

四、母种培养中常见的异常情况及原因

（一）培养基凝固不良

通常是培养基中琼脂含量太低造成的。琼脂含量一般在 20% 比较合适，夏季气温高应

适当多些，气温低时可少些。

（二）接种物不萌发的原因

①由于培养基的pH过高或过低、营养成分不足；②接种铲过热时取菌，使得菌种被烫死；③菌种退化质量差，不能萌发。

（三）菌种生长过慢或长势不旺的原因

①由于培养基的pH偏高或偏低、营养成分不充足、培养温度不适宜；②菌种退化。

（四）菌种生长不整齐

主要是菌种不纯或菌种退化造成的。

（五）细菌、真菌污染

①培养基灭菌不彻底；②接种时感染杂菌；③菌种本身带有杂菌。

第五节 原种和栽培种生产技术

一、原种、栽培种培养基的配制与灭菌

原种和栽培种的营养条件及制作方法基本相似，故一并加以介绍。食用菌的原种及栽培种培养基，一般草腐菌（如蘑菇、草菇）用粪、草原料配制，木腐菌（香菇、平菇、黑木耳、灵芝、猴头菇等）可用木屑、米糠、种木或玉米芯、棉籽壳配制（常明昌，2005；丁湖广，2006）。

（一）原种、栽培种培养基常用原料

（1）木屑　树木种类很多，以柞木为好，但从经济价值和使用价值来看，以壳斗科（又名山毛榉科）的硬质树最为理想。如麻栎、栓皮栎、蒙古栎、辽东栎、桦木等。通常将其砍下后，粉碎加工成木屑，作为栽培的材料。含有松脂、精油、醇、醚等杀菌物质的松、柏、杉等针叶树木屑不宜使用。

（2）稻草　含有大量粗纤维。选用新鲜、干燥、清洁、无霉烂的稻草，多年的陈稻草不宜用作培养料。

（3）棉籽壳　营养丰富、质地蓬松、通气性能好。要选用无霉烂、无结块、未被雨淋的新鲜棉籽壳，用前最好在阳光下摊开曝晒1~2d。

（4）麦麸　即小麦加工中的下脚料。富含蛋白质、脂肪、粗纤维、钙、磷、B族维生素等，要求新鲜、无霉变、无虫蛀。

（5）米糠　含有较丰富的养分，既是氮源，又是碳源。米糠内还含有大量的生长因子（如硫胺素）和烟酸（维生素B_3）。米糠要用细糠。陈旧米糠中维生素受到破坏，且极易产生螨害，不宜使用。

（6）小麦　取颗粒饱满、完整、未破皮的，除去瘪粒、杂质。用于原种生产。

（7）碳酸钙　可中和培养料的酸度，起到稳定培养料pH的作用。要求细度均匀，不结块。

（8）石膏　即硫酸钙。其钙离子可与培养料有机颗粒发生化学反应，产生絮凝作用，有助于培养料脱脂，增加氧气和水的吸收，使培养料的物理性状得到改善。石膏还可以起到补钙的作用。石膏分为生石膏和熟石膏，后者是前者煅烧而成，两者均可使用。

（9）石灰　分为生石灰（氧化钙）和熟石灰（氢氧化钙）两种，一般多用熟石灰作为碱

性物质，提高培养料的 pH。

(二) 原种、栽培种培养基的配方

培养基配方因食用菌种类不同而异，下列为基础配方。可根据当地原料资源，在此基础上进行调整。

(1) 木屑培养基　木屑 78%、麸皮或米糠 20%、蔗糖 1%、石膏粉 1%。适用于香菇、猴头菇、滑子菇、黑木耳、灵芝、金针菇、平菇等木腐型食用菌的原种和栽培种。

(2) 稻草培养基　干稻草 80%，麸皮 19%，石膏粉 1%。此培养基适用于培养草菇、双孢蘑菇等草腐型食用菌的菌种。

(3) 玉米芯（豆秸、棉籽壳、蔗渣、果渣）培养基　玉米芯（豆秸、棉籽壳、蔗渣、果渣）78%，麸皮 20%，蔗糖 1%，石膏粉 1%。这是一种应用较广泛的培养基，特别适用于平菇、猴头菇、金针菇、草菇等的菌种。若用 50% 左右的木屑替代玉米芯，该配方可用于黑木耳、银耳、灵芝等菌种。

(4) 麦粒（玉米粒）培养基　小麦（玉米粒）1000g，碳酸钙 4g，石膏 13g。此培养基适用于各种食用菌原种的培养。

(5) 枝条培养基　枝条 50kg，蔗糖 0.5kg，锯木屑 9kg，石膏粉 0.25kg，米糠或麸皮 5kg，清水适量。此培养基适用于所有木腐食用菌原种的培养。

(三) 原种、栽培种培养基制作

1. 准确称量

按培养基配方的要求比例，分别称取原料。

2. 原料预处理

不同原料按不同方法进行预处理。

(1) 稻草　将其切成 2~3cm 长的段，在水中浸泡 12h 后捞出。

(2) 小麦（玉米粒）

① 泡小麦（玉米粒）　选择无破损的麦粒（玉米粒），用清水冲洗 2~3 遍，再浸于水中，使其充分吸水。气温低时浸泡 24h，气温高时浸泡 10~12h，泡好的小麦（玉米粒）用清水漂洗干净。

② 煮小麦（玉米粒）　煮至充分吸水、无白心。煮后小麦（玉米粒）不能在电饭锅中久放，以防煮开花。应捞出放于竹筛或铁丝网上，控去多余的水分，放在通风处晾干表面水分，使麦粒（玉米粒）含水量为 60% 左右。

(3) 粪草　将 50% 干牛粪、马粪或猪粪，50% 干稻草（或麦秸），另加 1% 石膏，混合堆置发酵，翻堆 3 次，经 15~20d，然后挑出半腐熟的稻草（或麦秸），抖掉粪块，切成 2~3cm 段，晒干，备用。

(4) 枝条　选直径为 1~1.2cm 粗的枝条，可用一次性筷子或雪糕棍，然后在 3% 的石灰水中浸泡 12h，使其充分吸水后捞出并用清水洗干净。注意未充分浸泡的枝条，容易出现灭菌不彻底、吃料慢及污染等问题。

3. 拌料

① 先将各种不溶于水的干料按比例混匀，再将蔗糖加入水中，溶解后加入已混匀的干料中混拌均匀，加足水量（一般料水比为 1:1.2）。然后用铁锨或铁耙搅拌，结团的要打散，反复搅拌均匀即可。

② 培养料的含水量应控制在 60% 左右，不宜超过 65%。简单的含水量判定方法是：用

手紧握配料，指缝间有水溢出而不下滴为宜。

③ 用 pH 试纸插入料中检测酸碱度，用柠檬酸和石灰调 pH 至 7.0～8.0，堆闷 30min，再搅拌均匀。

④ 对于麦粒培养基，则是将预处理晾干表面水分的麦粒拌入定量碳酸钙和石膏，含水量达 60% 左右为宜。偏湿，易出现菌被，会引起瓶底局部麦粒的胀破，甚至"糊化"，影响菌丝蔓延；如偏干，则菌丝生长稀疏，且生长缓慢。

⑤ 对于枝条培养基，要将除枝条外的其他配料拌匀后加水，含水量达 65%。

4. 装瓶（袋）

① 装瓶前必须把空瓶洗刷干净，并倒尽瓶内剩水。

② 拌料后要迅速装瓶（袋），料堆放置时间过长，易酸败。装料时，先装入瓶（袋）高的 2/3，边装边压实（麦粒培养基不必压实），做到上部压平实，瓶（袋）底、瓶（袋）中部稍松，以利于通气发菌。将瓶底装至瓶肩处即可。过紧，瓶（袋）内空气少，影响菌丝生长；过松，发菌快，但菌丝少，且易干缩。

③ 枝条培养基，装袋时要先在袋子底部装一层培养料，厚度 3cm 左右即可，然后将枝条竖直摆入袋中，中间缝隙用培养料填充，最后枝条上部再覆 1 层 2cm 厚的配料并压平。

5. 打孔

培养料装完后，用直径 2cm 的圆锥形捣木在料中央扎孔直达瓶（袋）底部，以利于菌丝生长繁殖。随后将木棒轻轻拔出后，整理一下料面。麦粒和枝条培养基及采用机械装瓶（袋）的可免去此步骤。

6. 封口

将瓶（袋）子外壁上沾着的培养料擦净，瓶口塞上棉塞，包上防潮纸或牛皮纸。棉塞要求干燥，松紧和长度合适，一般长 4～5cm，2/3 在瓶口内，1/3 在瓶口外，内部不要触料，外不散花。这样透气性好，培养基也不会直接接触棉塞受潮，感染杂菌。用栽培袋装料的，可装至 18～20cm 高时，将袋口塞入套环，然后外翻平整，盖上无棉盖体即可。

7. 灭菌

装好的培养料，要及时灭菌，以控制微生物的繁殖生长，防止料变质。

（1）高压灭菌　将装好的栽培袋，集中堆放于高压灭菌锅内，然后向锅中加水至水位线，拧紧锅盖，关闭排气阀，开始加热加压。当锅内压强升至 $0.5kgf/cm^2$ 时，逐渐开大排气阀，排净锅内冷空气后，再关闭排气阀直至压强达到 $1.5kgf/cm^2$，稳定火力，维持 1.5～2h，再逐渐减小火力、降压。压强自然降到"0"时，打开排气阀排气，随后慢慢打开锅盖。

（2）常压灭菌　培养料装锅后即开始烧火，当产生蒸汽时，打开排气阀排出冷空气，直到放出直冲蒸汽后，再排气 5min，接着关上阀门，待气温上升到 100～102℃ 时，开始计时，保持 8～10h 即可。若灭菌数量较大，需相应延长灭菌时间。灭菌过程中应按猛攻→恒温→徐降的程序掌握火力，升温要快，达到 100℃ 后要保持不变，待降到 60℃ 后，方可开门取物。

二、原种和栽培种的接种与培养

（一）接种环境的消毒

接种要在无菌操作条件下进行，保证母种（原种）的纯正和优良。接种室和接种箱内要提前 2d 用气雾消毒剂灭菌。接种前将接种用品和培养基放入接种室，打开紫外灯灭菌 30min。接种人员进入缓冲间停留 1min，被紫外灯照射灭菌后再进入接种室，用 75% 的酒精棉球擦手、接种工具和台面。

（二）原种的接种

待接种瓶（袋）冷却至 30℃ 以下，按照无菌操作技术及时接种。首先用左手拿试管母种，右手拔下试管口棉塞，并用小手指和手掌夹住，试管口对准酒精灯火焰灼烧灭菌，用右手拿接种钩在酒精灯外焰上灭菌，稍冷却后勾取长度 1～1.5cm 的菌种块，迅速放入培养料中央孔穴上，灼烧封口材料后迅速封口，贴上标签，注明菌种名称和接种日期。注意每接完一支试管母种后，接种工具都必须经过酒精灯火焰消毒，然后继续接种，直至全部接种结束。一般一支试管可转接 5 瓶（袋）左右的原种。

（三）原种的培养

原种接种后，应立即移入培养室，竖放或摆放于培养架上进行暗光培养。通过向地面撒干石灰粉尽可能地降低空气相对湿度。接种后一周内，料内温度需保持在 25～28℃，以使所接菌种，在最适环境中尽快吃料，定植生长，形成优势，减少杂菌污染。当菌丝长到培养料的 1/3 时，可适当增加通风次数，使料温控制在 23～25℃；当菌丝长到培养料的 2/3 时，应降低培养室温度，使料温控制在 20～22℃ 为好。如此管理，麦粒菌种 20d 左右可长满瓶，木屑菌种 30d 左右满袋，而枝条菌种则需 40d 左右发满菌（图 3-3）。培养期间要定期检查杂菌污染情况，一经发现立即剔除。污染较轻的可隔离培养，用于出菇；污染较重的要深埋或焚烧处理，防止相互感染。

图 3-3　麦粒原种、木屑原种和枝条菌种

（四）栽培种的接种与培养

若扩接栽培种正值高温季节，要注意降温，没有空调设备的要选择在气温较低的早晨或傍晚进行，同时一定要在培养料温度降到 30℃ 以下时接种。接种方法，通常以袋接袋或瓶接袋为主。按照无菌操作规程，若一人接种要先在酒精灯火焰上方拔出菌种瓶棉塞，再将菌种瓶置于菌种瓶架上并用酒精灯火焰封口；用灭过菌的接种匙（钩、镊子）刮去瓶内菌种表皮，再将菌种分成花生米大小菌块；然后用左手握住待接种瓶底部，并将瓶口置酒精灯火焰上方，右手拔去封口材料后，迅速让接种工具穿过火焰挑取少许原种接入栽培种培养基内，稍用力压实，封好袋口。如此反复，接 10 瓶（袋）左右要对接种工具进行灼烧灭菌，通常一瓶原种可转接 50～80 袋栽培种。

栽培种接种也可多人合作，在酒精灯（离子风）前一人接种，两人拔盖封口，两人标记（记录接种名称等信息）、装筐上架。多人合作接种速度快，污染概率低。有关栽培种的培养方法同原种。当菌丝长到瓶（袋）底后，再培养一周左右即可。栽培种菌龄一般以 35d 左右为宜。注意接种枝条原种时，一定要确保菌种的后熟时间，否则仅枝条表面长有菌丝，内部菌丝较少甚至没有，接种成活率低；并要加大接种量，避免使枝条菌种与料间形成空隙，不利发菌。

第六节　液体菌种的生产与应用

一、液体菌种的优点

液体菌种是用液体培养基培养而成的菌种。近年来，国内外积极研究液体菌种的培养与应用。目前我国应用液体菌种成功栽培的食用菌有黑木耳、杏鲍菇、秀珍菇、金针菇、蟹味菇、香菇、平菇和蛹虫草等。与固体菌种相比，它具有菌种生产周期短、菌料发酵快、适宜于工厂化生产等优点，因而受到了广大栽培者的欢迎。

二、液体菌种的生产

液体菌种生产方法参照木耳液体菌种制作规程。

（一）初级摇瓶菌种生产

摇床生产液体菌种的流程：培养基配制→分装→灭菌→冷却→接种→摇床培养→一级液体菌种→二级液体菌种→应用。

1. 培养基配方

① 马铃薯 200g，葡萄糖 20g，酵母膏 2g，蛋白胨 3g，磷酸二氢钾 2g，硫酸镁 1g，维生素 B_1 10mg，水 1L，自然 pH。

② 麦芽浸粉 20g，葡萄糖 20g，磷酸二氢钾 3g，水 1L，自然 pH。

2. 培养基制备

制备方法同 PDA 培养基。初级摇瓶采用 500mL 三角瓶，装液量为 150~200mL，放入直径 0.5cm 的玻璃球 5 粒，其余方法同常规制备。

3. 接种

所用接种母种需提前 24h 从冰箱中取出活化。严格按照无菌操作要求，每瓶接入 2~3cm^2 已活化好的斜面菌种一块，每支斜面母种可接 4~6 瓶。接入的母种稍带点培养基为好，并使其浮在液面，迅速封好瓶口。

4. 培养

接种后将三角瓶置于 25℃恒温条件下静置培养 2~3d，待气生菌丝延伸到培养液中 1cm 大且无污染时再进行振荡培养。摇床转速为 120~140r/min，培养 3~4d 即可。发酵好的菌液颜色清亮、多为褐色、菌球密集，占整个培养液的 80% 以上，瓶口处有很浓的菇香味（图 3-4）。经检测无杂菌污染后，可作为二级摇瓶扩大培养的种子使用。

5. 培养液检测

采用光学或电子显微镜，在放大 40~100 倍镜下观察。在超净工作台内挑取少量不同菌龄的菌丝于载玻片上，用胶头滴管滴 1 小滴棉蓝染色剂，用接种针将菌丝完全拉开，盖好盖玻片，静置 2min，待菌丝完全染色后，置于 100 倍显微镜下观察。

以黑木耳菌丝体为例，显微镜下无色透明，由许多具横隔和分枝的管状菌丝组成（陈静和辛树权，2014），生殖菌丝具锁状联合（图 3-5）；根霉、毛霉菌丝中无隔膜，含有假根；青霉、曲霉菌丝中有隔膜，青霉直立菌丝的顶端长有扫帚状的结构，生有成串的孢子，而曲霉成孢子囊，且孢囊梗末端膨大，青霉不膨大；酵母菌细胞的形态通常有球形、卵圆形、腊肠形等，比细菌的单细胞个体大得多。而细菌个体小，但密度高，有规则的杆形和球形，如果液体培养基中出现了球形或杆形的个体,就要进行仔细检查,是否污染了细菌与酵母菌。

图 3-4　初级摇瓶菌种

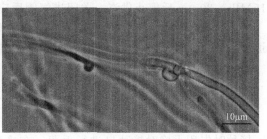

图 3-5　锁状联合

(二) 二级摇瓶菌种生产

二级摇瓶培养基配方同一级菌种。制备方法同一级菌种。摇瓶培养基分装时采用 5000mL 锥形瓶,每瓶装液量 2000～3500mL,放入玻璃球 8～10 粒。灭菌方法同常规制种。接种时是将已发酵好的一级液体菌种按 5%～10% 的比例接入 5000mL 锥形瓶中,迅速封好瓶口。接种后将锥形瓶置于 25℃ 恒温振荡培养箱中培养,转速为 140～180r/min,培养 3～4d 即可。菌液经显微检测合格后可用于发酵罐扩大培养。

(三) 发酵罐菌种生产

1. 培养基配方

① 淀粉 30g,葡萄糖 20g,酵母膏 2g,磷酸二氢钾 2g,硫酸镁 1g,水 1L,pH 6.5。

② 玉米粉 2%,葡萄糖 2%,磷酸二氢钾 0.15%,硫酸镁 0.075%,水 1L,自然 pH。

2. 培养基制备

按发酵罐最高 70% 的容量确定需要制作的菌种量,按配方称取各种原料,用 2 层纱布做袋装入玉米粉,放入煮锅中加足水,煮沸后保持 20～30min,其间注意搅动纱布袋使营养物质充分溶于水中,然后控水取出,最后将剩余几种成分先溶于水中搅匀后再加入煮锅内,定容,开锅搅拌均匀即可入罐灭菌。

3. 发酵罐的准备

(1) 发酵罐的清洗和检查　发酵罐在使用前后都必须进行彻底的清洗、检查发酵罐的气密性,检查控制柜、加热管是否正常,各阀门有无渗漏,合格后方可工作。

(2) 煮罐　当使用新罐、上一次污染的发酵罐、更换生产品种或长时间未使用的发酵罐时需要煮罐以对发酵罐进行预消毒。

(3) 发酵罐空消(内胆、过滤器、管线的消毒)　空消是对发酵罐进行消毒灭菌处理,在投料前,气路、料路、发酵罐罐体必须用蒸汽进行灭菌,以消除所有死角的杂菌,保证系统处于无菌状态。

4. 投料

投料前检查发酵罐接种阀门和进气阀门是否关闭,确认罐内压力为 "0"。将发酵罐口打开,倒入配好的培养基,加入泡敌,然后加水定容,液面以高于视镜下边缘 10cm 为宜。拧紧发酵罐口盖子,以防漏气。

5. 灭菌

发酵罐实消投料结束后,打开夹套排气阀门和发酵罐排气阀门,启动电源,按下 "灭菌" 键,此时进入灭菌状态。当罐内温度升到 100℃ 时,关闭夹套进气阀,打开罐内所有进气阀,通入蒸汽;当罐压升至 0.15MPa 时,控制蒸汽阀门开度,保持罐压在 0.13~0.15MPa,30min 后停止供汽。关闭进气阀后应立即通入无菌空气以维持罐内正压。

注意:计时开始和灭菌即将结束时需对发酵罐进行排料以排出阀门处的生料,并对阀门管道进行灭菌。微开接种阀门,有少量气、料排出即可,每次排料 3~5min。

6. 培养基冷却

冷却是将灭菌后的培养基温度降至 25℃的过程。可利用循环冷却水进行冷却降温。

7. 接种

接种时先用火焰对接种口进行灭菌,在接种口放置酒精圈,点燃后关闭发酵罐进气阀门,打开发酵罐进气尾阀门,微开发酵罐排气阀门,当发酵罐罐压降至 0.01MPa 以下时,关闭发酵罐排气阀门,在火焰的保护下打开发酵罐罐口,罐口盖子移至火焰上方。接种人员将种子瓶移至火焰处,对瓶口消毒后,稳、准、快地把种子培养液倒入发酵罐内,接种量 10%。在火焰的保护下塞紧瓶口,拧紧发酵罐口,迅速打开发酵罐进气阀门,关闭进气尾阀门,使得发酵罐压迅速上升。

8. 培养

培养发酵罐压力保持在 0.02~0.04MPa,若低于 0.02MPa 易染杂菌,高于 0.04MPa 会降低菌种寿命。根据培养的品种不同,设定其所需要的温度、通气量等参数。

9. 取样观察

接种 24h 以后,每隔 12h 可从接种口取样 1 次,观察菌种萌发和生长情况。正常菌液颜色纯正,培养后期菌液会越来越澄清透明,有菌香味。若出现红、黄、绿、黑等杂色,菌液浑浊,有霉味、酒味等,说明液体菌种已感染杂菌。

三、液体菌种的应用

液体菌种可作原种和栽培种使用,也可以直接用来生产多糖、多肽等保健品或菌类蛋白。当发酵结束后,利用空压机将罐压升至 0.05MPa,将接种枪提前用高压蒸汽灭菌,在火焰的保护下接在接种管道的尾端。依次打开发酵罐接种阀门、接种管道尾端阀门、接种枪。枪头要用火焰灭菌,灭菌后放掉残存在接种管线内和接种枪内的冷凝水后方可接种。瓶栽的每瓶接种量为 10~15mL,熟料袋栽的每袋接种量为小袋 10~15mL,大袋 20~30mL,开放式床栽的,每平方米接种量为 500~1000mL,直接均匀洒在培养料面,或进行穴播即可。液体菌种的运用,从根本上克服了食用菌生产周期长,菌龄不整齐,接种过程中萌发慢、易污染等问题,实现了食用菌的工厂化生产。

第七节 食用菌菌种质量的鉴定

菌种质量好坏,是食用菌生产中最重要的关键环节之一,直接关系到栽培的成败和栽培者的经济利益(常明昌,2005;崔颂英,2007)。

一、母种质量鉴定

(一) 鉴定标准

(1) 纯度 纯度高,无杂菌。

(2) 长势 菌丝健壮、浓密、分枝多、富有弹性、生命力强。

(3) 颜色　色泽纯正，洁白有光泽，无老化变色现象。
(4) 菌龄　转管次数不超过 5 次，保藏不超过 6 个月。可通过颜色、长势进行判断。如菌丝不干燥、不收缩、不自溶。
(5) 均匀度　菌丝生长均匀、整齐。

(二) 外观肉眼鉴定

主要凭经验观其色，看其状。主要菌类的菌丝形态及长势如下：
(1) 双孢菇　双孢菇菌丝分气生型和贴生型两种。
① 气生型　菌丝雪白，直立挺拔，呈绒毛状，分枝少，外缘整齐有光泽，生长较快。在 24℃条件下 10～15d 菌丝可长满试管。
② 贴生型　菌丝灰白、纤细、稀疏，呈束状或树根状，紧贴培养基延伸，分枝多，生长较慢。在 24℃条件下 15d 以上菌丝可长满试管。
(2) 香菇　菌丝纯白、平铺、短壮，呈棉絮状，初时较细，色较淡，后逐渐粗壮，有爬壁现象，先端整齐，不分泌色素。在 25℃条件下 10～13d 菌丝可长满试管。
(3) 平菇　菌丝洁白、浓密、粗壮有力，气生菌丝发达，爬壁能力强，生长快，不分泌色素。在 25℃条件下 6～7d 菌丝可长满试管。
(4) 黑木耳　菌丝白至米黄色，呈棉絮状或细羊毛状，平贴培养基生长，菌丝短而整齐，以接种点为中心呈辐射状向四周生长，产生色素，生长较慢。在 25℃条件下 15～20d 菌丝可长满试管。
(5) 猴头菇　菌丝白色，似树根状，分枝性强，初期生长较慢，后期菌丝稀疏不匀，干燥呈簇状，无气生菌丝，不爬壁。在 21～24℃条件下 14～15d 菌丝可长满试管。
(6) 金针菇　菌丝白色，稍带灰色，密集粗壮，长绒毛状，初期蓬松，后期紧贴培养基。在 25℃条件下 10d 可长满试管。
(7) 灵芝　菌丝白色，密集，纤细，以接种点为中心呈辐射状向四周生长，老化易形成菌膜，后期呈淡黄色。在 25℃条件下 10d 可长满试管。

(三) 温度适宜性鉴定

接种后在适温下培养一周，再置于较高温度（30～35℃）条件下培养 4h，然后再适温培养，若菌丝生长正常，不萎缩，为优良菌种。

(四) 干湿性鉴定

分别制作偏干（琼脂 18～20g/1000mL）培养基、偏湿（琼脂 15g/1000mL）培养基、适宜（琼脂 16.5g/1000mL）培养基，接种后菌丝生长良好的培养基为干湿性适宜的培养基。

二、原种和栽培种的质量鉴定

(一) 外观鉴定标准

① 菌丝已长满培养基，无菌膜，无原基分化。
② 菌丝洁白，绒毛菌丝多，生长健壮、整齐、均匀。
③ 瓶（袋）内无杂色和杂菌污染，无黄色汁液渗出。
④ 培养基不干缩，不与瓶（袋）壁分离。
⑤ 菌种具有清香（菇香）味，而且无霉腐、霉酸及臭味。

(二) 原种和栽培种的区别

① 原种瓶的接种孔内有母种琼脂块的残余，瓶内菌种表面中央凹陷。

② 栽培瓶（袋）内无母种琼脂块的残余，且瓶（袋）内菌种表面中央向上突起。实际生产中应谨防菌种销售商将栽培种当作原种出售。

（三）出菇试验

通过出菇试验，观察菌丝生长情况、出菇快慢、产量高低、菇形好坏。选优留用。

第八节　食用菌菌种分离方法

食用菌菌种分离有组织分离、孢子弹射分离和基内菌丝分离 3 种方法。

一、分离用种菇的选择

在优良品种出菇时期选择单菇质量大、菇形正、菌肉厚实、颜色鲜且无病虫害，开伞度在 7～8 分，正处在生长旺盛中的种菇。

二、种菇的消毒处理

选好的种菇带入接种室内，剪去菇根，用消毒镊子夹住菌柄，并用 1% 的升汞水或用 75% 的医用酒精擦拭消毒 2～3 遍，然后将分离用工具按常规法消毒后移入无菌分离区。

三、菌种分离方法

（一）组织分离法

利用子实体内部组织，进行无性繁殖而获得母种的简便方法，即组织分离。该法操作简便，菌丝生长发育快，品种特性易保存下来，特别是杂交育种后，优良菌株用组织分离法能使遗传特性稳定下来。常采用以下分离方法（常明昌，2005；崔颂英，2007；唐玉琴，2008）。

1.子实体组织分离法

（1）分离操作　在超净工作台内，按照无菌操作，用酒精擦手消毒后，将消毒过的种菇，从菇柄处对半掰开，或用刀片切开，使菇体形成对开。在菌盖和菌柄交界处或菌褶处，用接种刀切取一小块菇体，迅速接入平板或试管斜面培养基中间部位，并用镊子稍压一下，以保证组织块与培养基充分接触。

（2）培养　接种后将平板或试管放在 25℃ 的恒温培养箱中，经 2～3d，可见组织块周围有白色放射状的菌丝，再过 1～2d 菌丝开始蔓延到平板培养基或试管斜面上，如图 3-6 为黑木耳菌种分离。12～15d 菌丝可长满整个试管，选择菌丝洁白（或符合菌种特性的颜色）粗壮、整齐一致平铺于斜面上的试管留作母种，其余淘汰。

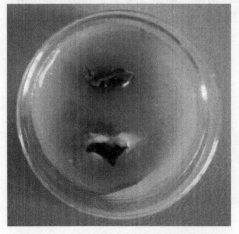

图 3-6　黑木耳子实体组织分离培养

2.菌核分离法

茯苓、猪苓、雷丸等菌的子实体不易采集，而常见的是它贮藏营养的菌核。用菌核分离，同样可以获得菌种。方法是将菌核表面洗净，用酒精或升汞水消毒后，切开菌核，取中间组织约黄豆大小，接种在 PDA 斜面培养基中，保温培养。注意菌核是贮藏营养的器官，大部分是多糖类物质，只含少量菌丝，因此挑取的组织块要大些，若块过小，则不易分出。

3. 菌索分离

有一部分食药用菌子实体不易找到，也没有菌核，可以用菌索进行分离，如蜜环菌、假蜜环菌。其操作方法是先用酒精或升汞水将菌索表面黑色皮层轻轻擦拭2~3次，然后去掉黑色外皮层（菌鞘），抽出白色菌髓部分；用无菌剪刀将菌髓剪一小段，接种在培养基上，保温培养，即得该菌菌种。菌索分离要注意：因菌索比较细小，分离的菌髓更小，极易污染杂菌，所以要严格操作。

（二）孢子弹射分离法

孢子弹射分离法是用食用菌的有性孢子或无性孢子萌发成菌丝，培养成菌种的方法。这种菌种生活力较强，但孢子个体之间有差异，且自然分化现象较严重，变异大，需经出菇试验才能在生产上应用。

(1) 单孢分离法　每次或每支试管只取一个担孢子，让它萌发成菌丝体来获得纯菌种的方法。双孢蘑菇和草菇用单孢分离得到的菌丝，有结实能力，可采用此法分离生产纯菌种。单孢分离在生产上较少采用，而且技术复杂，一般采用多孢分离法。

(2) 多孢分离法　把许多孢子接种在同一培养基上，让它们通过萌发、自由交配来获得食用菌纯菌种的一种方法。具体操作方法，有以下几种。

① 种菇孢子弹射法　在超净工作台或无菌室内，把消过毒的种菇的菌褶朝下用铁丝倒挂在玻璃漏斗下面，漏斗倒盖在培养皿上面，上端小孔用棉花塞住。培养皿放在一个铺有纱布的搪瓷盘上，静置12~20h，菌褶上的孢子就会散落在培养皿内，形成一层粉末状孢子印（平菇孢子印为极淡紫色，蘑菇、草菇孢子印为褐色，香菇、金针菇孢子印白色）。用接种针蘸取少量孢子在试管中的琼脂外面或培养皿上划线接种。待孢子萌发，生成菌落时，选孢子萌发早、长势好的菌落进行试管培养。

② 菌褶涂抹法　按无菌操作规程用接种针直接插入消毒过的种菇菌褶之间，轻轻抹取褶片表面子实体尚未弹射的孢子，再在培养基上划线接种。

③ 钩悬法　取成熟菌盖的几片菌褶或一小块耳片（黑木耳、毛木耳、白木耳），用无菌不锈钢丝（或铁丝、棉线等其他悬挂材料）悬挂于三角瓶内的培养基的上方，勿接触到培养基或四周瓶壁。置适宜温度下培养、转接即可。

④ 贴附法　按无菌操作将成熟的菌褶或耳片取一小块，用熔化的琼脂培养基或阿拉伯胶、糨糊等贴附在试管斜面培养基正上方的试管壁上。经6~12h的培养，待孢子落在斜面上，立即把孢子连同部分琼脂培养基移植到新的试管中培养即可。

孢子分离得到的母种必须进一步提纯复壮，当母种定植一星期左右，菌丝布满斜面时，选择菌丝健壮、生长旺盛、无老化、无感染杂菌的母种试管，进而转管扩大，一般到栽培种，转管不宜超过5次。必须通过出菇试验，鉴定为优质菌种后，才可供生产使用。一般菌类如蘑菇、平菇、凤尾菇、香菇、冬菇和草菇等，都可用多孢分离法获得母种。

（三）基内菌丝分离法

利用食用菌生育的基质作为分离材料，得到纯菌种的一种方法，叫基内菌丝分离法。此法适用于在特定的季节才出现，而且是"朝生暮死"，不易采得的子实体。基内菌丝分离法与组织分离法的不同是，干燥的菇木或耳木中的菌丝常呈休眠状态，接种后有时并不立刻恢复生长。因此，有必要保留较长的时间（约1个月），以断定菌丝是否能成活。具体方法是选择已长菇的木段，削去树皮及表层木质部，用75%的酒精消毒后，锯成1cm厚的薄片，放入0.1%的升汞水中消毒1~2min，再用无菌水洗去残液。然后将小薄片切成0.5~1cm

宽的小条,接入斜面培养基中央,待长出菌丝后即得母种。也可在已长菇的菌袋中分离获得菌种。

四、选育提纯

通过上述方法得到的菌丝,不一定都是优质的,尚需选育提纯。其纯化方法有以下几种。

(一) 连续转管切割提纯

当细菌污染母种,可降低温度在 20～22℃ 之间培养,在此温度范围内细菌生长慢,真菌生长快。当食用菌菌丝越过细菌群落时,及时切割食用菌菌丝前端,连续转管切割提纯。

(二) 覆盖培养提纯

将熔化的琼脂培养基冷却至 45℃ 时,倒入已污染细菌的斜面上,形成覆盖层,当菌丝透过覆盖层在表面再形成菌丝时,及时转管纯化。

(三) 滤纸覆盖污染的菌落

当斜面出现霉菌污染时,用一块比霉菌菌落稍大的滤纸,滴上 10% 的水杨酸钠酒精溶液,及时盖在霉菌上,可抑制霉菌生长。

(四) 限制培养

用 10mm 玻璃环或者不锈钢环,套在斜面培养基的污染菌落外围,可限制细菌蔓延。因此,在菌丝萌发后,要认真观察,挑选色泽纯、健壮、长势正常、无间断的菌丝,在超净工作台内钩取带培养基的菌丝,接入空白的试管培养基上。在 25℃ 的恒温条件下,培养 7～10d,待菌丝长满管后,再进行观察,从中择优取用,即为"母代"母种。

五、转管扩接

母代母种可以转管扩接成"子代"母种。采用同样的斜面培养基,每支可扩接 50～80 支子代母种。生产上供应的多为子代母种。它可以再次转管扩接,但转管次数不得超过 5 次。

六、出菇试验

分离选育的母种,还必须进行出菇试验。方法是:把母种接种于瓶或袋装的木屑培养基上,根据各种菇耳种性对温度的要求,进行适温培养,直至出菇才证实可用于生产。

第九节 食用菌菌种退化、复壮与保藏

菌种是重要的生物质资源,也是教学、科研和生产的最基本材料,因此,预防食用菌菌种退化,对菌种进行定期复壮具有重要的意义。只有科学有效的菌种保藏,才能使优良菌种不衰退、不死亡、不被杂菌污染,长期应用于科研和生产。

一、菌种退化

菌种退化会导致菌丝体生长缓慢,对环境、杂菌等的抵抗力降低,子实体形成期提前或推后,出菇潮次不明显等现象。引起菌种退化的原因很多,其中菌种不纯和基因突变是主要原因。另外,感染病毒、菌龄变大、所处温度过高、不同菌株的混合栽培等都会引起菌种退化。

二、菌种复壮

菌种复壮的方法主要有以下几种：
① 保证菌种的纯培养，不要用被杂菌污染的菌种；
② 严格控制菌种传代次数，减少机械损伤，保证菌种活力，适当低温保存菌种；
③ 避免在单一培养基中多次传代，菌种不宜保藏过长时间，菌种要定期进行复壮。
每年进行孢子分离，以有性繁殖来发现优良菌株，以组织分离巩固优良菌株的遗传特性。

三、菌种保藏

只有妥善保藏，才能使优良菌种不污染、不退化、不死亡，长期用于生产。

（一）菌种保藏的原理

尽可能降低菌丝的生理代谢活动，使生命活动处于休眠状态。

（二）菌种保藏的目的

① 经过长期保藏后，能保持原有的生活力；保持菌种纯正，无污染。
② 能保持原有的形态特征、生理特征和优良的生产性能。

（三）菌种保藏的方法

1. 斜面低温保藏法

（1）选择适当的培养基　马铃薯葡萄糖培养基（PDA）或马铃薯葡萄糖综合培养基（CPDA）。

（2）选择合适的温度　将试管菌种放在2~4℃冰箱内，也可放于水井、冷库、地窖等低温处保藏。

（3）低温保藏的优点　简便易行，可随时观察菌种有无污染、死亡、变异、退化等。

（4）低温保藏的缺点　保藏时间短，一般可保藏3~6个月。

（5）注意事项
① 经常检查菌种和冰箱温度情况，发现问题及时解决。
② 培养基中可增大琼脂用量，如25g/L。
③ 将试管口外的棉塞剪去并用石蜡封口或换用胶塞，可延长保藏时间，一般1~3年。
④ 菌种使用的前一天从冰箱中取出，经适温培养使其恢复活力，转管移植后投入生产。
⑤ 草菇、双孢蘑菇、姬松茸等菌种，保藏温度以10~15℃为宜，低于5℃会被冻死。

2. 液体石蜡保藏法

（1）方法

在斜面菌种试管中注入液体石蜡，浸没斜面1cm，用橡胶塞塞严试管口并用蜡封严，放凉爽、干燥、低温处可保藏5~7年。

（2）注意事项

① 液体石蜡使用前必须先进行灭菌处理。即在三角瓶中装入1/3石蜡，瓶口加棉塞并用牛皮纸包扎，在$1kgf/cm^2$压力下，灭菌1h，之后放在40℃烘箱中除去水分（需数日），在无菌操作条件下，用移液管将液体石蜡注入菌种试管。
② 每1~2年转管一次，要经常检查菌种情况，发现问题及时解决。
③ 转管时要尽量远离火源，以免发生火灾。

3. 滤纸保藏法

将 0.8cm×4cm 的滤纸条放在 9cm 培养皿中，在 1kgf/cm² 压力下灭菌 30min。另取变色硅胶数粒放入试管中，与培养皿一起放入 80℃烘箱中烘烤 1h，将消过毒的种菇插在无菌架上，将无菌培养皿置于架下，罩上无菌钟罩，在 20~25℃条件下培养 1~2d，滤纸条上即可落上孢子。按照无菌操作将滤纸条装入有硅胶的试管，置于干燥器中 1~2d 充分干燥后加盖无菌胶塞，放低温处保藏 2~4 年，时间长可达 30 年（常明昌，2005；崔颂英，2007）。

此外，还有自然基质保藏法（麦粒保藏法、木屑保藏法和粪草保藏法）、盐水保藏法等。

思考题

1. 菌种、消毒、灭菌、培养基、液体菌种的概念。
2. 叙述食用菌母种培养基的制备方法。
3. 母种的转管技术及注意事项。
4. 原种、栽培种培养基的制备方法。
5. 如何鉴定优质的母种、原种和栽培种？
6. 叙述食用菌子实体组织分离方法。
7. 菌种退化的原因及复壮方法。

第四章
平菇栽培技术

第一节 平菇概述

平菇（*Pleurotus ostreatus*）是一种商品名称，通常是商业上侧耳属和亚侧耳属广泛栽培的几个种的俗称。别名北风菇、杨树菇、青蘑、侧耳、冻菌等。日本称口蘑，美国称牦菌。在分类学上属担子菌门（Basidiomycota），担子菌纲（Basidiomycetes），伞菌目（Agaricales），侧耳科（Pleurotaceae），侧耳属（*Pleurotus*）。主要品种有糙皮侧耳、美味侧耳、桃红侧耳、佛罗里达等。

平菇广泛分布于世界各地，从热带到寒带在不同生态条件下都有生长。其种类很多，除1～2种有毒外，绝大多数都可以食用。平菇是一种适应性很强的木腐生菌类，野生平菇广泛分布于世界各地，多在深秋至早春甚至初夏簇生于杨、枫、榆、槭、构、槐、栎等阔叶树的枯木或朽桩上，或簇生于活树的枯死部分。

平菇肉质肥厚、营养丰富、味道鲜美，营养价值很高。据测定，每100g干品中，含蛋白质20～23g，碳水化合物50.2g，粗脂肪3.8g，粗纤维6.2g，灰分5g，还含有钙、磷、铁等丰富的微量元素和维生素。尤其是氨基酸种类齐全，含有人体所需要的各种氨基酸，其中8种人体必需的氨基酸占氨基酸总量的39.3%。此外，还含有抗菌作用的抗生素，有抑制癌细胞、增强机体免疫功能的蛋白多糖。经常食用对减少人体内胆固醇、降低血压有明显效果，对肝炎、胃和十二指肠溃疡、软骨病和胆结石等也有明显疗效，还能抑制肿瘤，预防心血管病、糖尿病、中年肥胖症等（唐玉琴等，2008；边银丙，2017）。

平菇栽培历史较短，德国20世纪初（1917年）试栽，我国20世纪40年代云南省开始栽培，1957年沈阳农业大学推广栽培了平菇。由于具有菌丝生长旺盛、生长发育快、生产周期短、菌丝生活力和抗逆性强、易栽培等特点，成为世界食用菌的主要栽培品种之一，也是我国栽培最广泛、产量高、食用和出口最多的一种食用菌。

2018年中国食用菌协会对25个省（区、市）统计，我国食用菌总产量为3842.04万吨，总产值为2937.37亿元。我国共进口各类食（药）用菌产品不足0.5万吨，出口各类食（药）用菌产品70.31万吨，出口金额达到44.54亿美元。其中平菇年产量达642.82万吨，增长幅度提升明显。平菇是世界食用菌产量最多的品种。目前，世界上生产面积较大的国家，除中国和韩国外，还有德国、意大利、法国和泰国等。

第二节 生物学特性

一、形态特征

（一）菌丝体

人工栽培的各个种菌丝体均为白色，有分枝，多隔膜，生长繁茂，爬壁力强。在琼脂培养基上气生菌丝洁白、浓密、多寡程度不等。糙皮侧耳和美味侧耳气生菌丝浓密，培养后期在气生菌丝上常出现黄色分泌物，从而出现"黄梢"现象，不形成菌皮。

（二）子实体

子实体是由菌盖、菌褶和菌柄三部分组成。子实体覆瓦状丛生（图4-1），或散生，菌盖直径5~21cm，青灰至乳黄色。幼菇期颜色较深，成熟时色渐浅，光照强时色深，光照弱时色浅。初为圆形、扁平形，成熟后发育成耳状、漏斗状、贝壳状、肾状、舌状、喇叭口状。菌肉白色，肥厚，菌褶延生。菌柄侧生，柄短（1~2cm）或无柄。

图4-1　平菇子实体

二、生长发育的条件

（一）营养条件

平菇是一种木腐菌，分解木质素和纤维素的能力很强。生长过程中所需的营养成分主要有碳源、氮源、矿物质和维生素。平菇可利用的营养成分很多，木质类的植物残体和纤维质的植物残体都能利用。人工栽培时，可利用农林生产的下脚料，如棉籽壳、玉米芯、棉秆、大豆秸、木屑、稻草、麦秸、甘蔗渣或果渣、稻糠和米糠等。

（二）环境条件

(1) 温度　平菇为低温型变温结实性食用菌，多数平菇品种菌丝在5~35℃下都能生长，20~30℃是它们共同的生长适宜温度范围。平菇为低温型变温结实性食用菌，根据平菇子实体分化所要求温度不同分为三个温型。低温和中低温类品种的最适生长温度为24~26℃，耐寒，－15℃不会被冻死；中高温和广温类品种的最适生长温度为28℃左右，凤尾菇的最适生长温度25~27℃。在适温范围内，温度偏低时生长慢，但菇体肥厚，品质好。温度偏高时生长快，但菇体薄，品质差。所以，栽培时必须根据不同温型的菌种，适当控制温度。

(2) 水分和湿度　平菇为喜湿性食用菌，鲜菇含水量85%~90%。菌丝生长要求培养基含水量以60%~65%为最适，基质含水量不足时，发菌缓慢，发菌完成后出菇推迟。在生料栽培中，常采取偏干发菌、出菇期补水的方法，以保证发菌期不受霉菌的侵染，并保证出菇期足够的水分以供出菇。基质含水量过高时，透气性差，菌丝生长缓慢，同时易滋生厌氧细菌或霉菌。发菌期尽可能降低空气相对湿度，相对湿度高于50%菌包易污染。

子实体分化期空气相对湿度80%~85%为宜，从原基分化到子实体生长期应逐渐加大空气相对湿度至85%~95%。湿度适宜，子实体生长迅速、苗壮，低于80%时菌盖易干边或开裂，较长时间超过95%则易出现烂菇，子实体易得黄斑病、褐斑病、腐烂病及水肿病。

(3) 空气　菌丝和子实体生长都需要氧气，不同生长阶段需氧量不同。菌丝对CO_2有较强的忍耐力，菌丝体在塑料薄膜覆盖下可正常生长，在用塑料薄膜封口的菌种瓶中也能正常生长。就是说，一定浓度的CO_2可刺激平菇菌丝体的生长。但是，子实体形成、分化和发育需要充足的氧气。CO_2浓度不能超过0.1%，否则菌盖小而薄，菌柄丛生并分叉，形成畸形菇，甚至原基难以形成。

(4) 光照　平菇菌丝体生长不需要光，有光反而抑制菌丝的生长。因此，发菌期间应给予黑暗或弱光环境。但是，子实体的发生或生长需要光，特别是子实体原基的形成。此外，光强度还影响子实体的色泽和菌柄的长度。相比之下，较强的光照条件下，子实体色泽较深，柄短，肉厚，品质好；光照不足时，子实体色泽较浅，柄长，肉薄，品质较差。

（5）酸碱度（pH） 平菇菌丝适宜在偏酸性环境下生长，pH 3.5～9.0 范围内都能生长，适宜 pH 为 5.4～7.5。但生产实践中培养料的 pH 一般调至 7.5～8.0。因培养料灭菌发酵和菌丝体生长代谢作用产生有机酸，使 pH 下降，所以培养料一般调至偏碱性为佳，并能降低杂菌污染，提高产量。

三、生活史

平菇属于四极性异宗配合的食用菌。平菇的生活史与许多高等担子菌相似。由子实体成熟产生担孢子，担孢子从成熟的子实体菌褶里弹射出来，在适宜的环境下长出芽管，初期多核，很快形成隔膜，每个细胞一个，平菇芽管不断分枝伸长，形成单核菌丝。性别不同的单核菌丝结合（质配）后，形成双核菌丝。双核菌丝在隔膜上有锁状联合。双核菌丝借助于锁状联合，不断进行细胞分裂，产生分枝，在环境适宜的条件下，无限地进行生长繁殖。在子实层中，双核菌丝顶端产生担子，其遗传物质进行重组和分离，形成四个担孢子。孢子成熟后，从菌褶上弹射出来，完成一个生活周期。

第三节 栽培技术

平菇的栽培方式有多种，按原料处理方法可划分为生料栽培、熟料栽培和发酵料栽培。目前平菇的栽培模式主要是发酵料袋栽，也可以根据不同的栽培季节和需求采取熟料袋栽，生料栽培一般不使用。本章主要介绍发酵料袋栽技术，并简单介绍生料栽培注意事项。

一、栽培季节

只要能人为创造平菇生长发育所需的环境条件，平菇一年四季都可栽培。

春季栽培于 1～3 月播种，3～5 月出菇，可采取生料或发酵料袋栽方式；夏季栽培于 5～6 月播种，6～8 月出菇，可采取熟料袋栽方式；秋季栽培于 8～9 月播种，9～11 月出菇，可采取发酵料袋栽方式；冬季栽培于 11～12 月播种，1～3 月出菇，可采取生料或熟料袋栽方式。

二、栽培品种

我国现已发现平菇有 30 多个品系、100 多个种，绝大部分均可食用。生产中往往根据实际需求按照温度类型、生产性状和经济性状等进行选择。东北地区通常选栽黑平菇和灰平菇，产量高，栽培生物学效率在 120% 以上。生物学效率也称为转化率，是指食用菌鲜重与所用的培养料干重之比。如 100kg 干栽培原料生产了 80kg 新鲜食用菌，则这种食用菌的生物学效率为 80%。

子实体分化最高温度不超过 20℃，最适温度在 10～15℃ 之间，产生季节在秋、冬和早春。如糙皮侧耳、美味侧耳、灰白侧耳和亚侧耳。

（一）中温型品种

子实体分化最高温度不超过 24℃，最适温度在 16～22℃ 之间，发生季节在春、初夏和秋季。如榆黄蘑（图 4-2）、佛州侧耳、漏斗状侧耳、白黄侧耳和榆干侧耳。

图 4-2　榆黄蘑和红平菇子实体（见彩图）

（二）高温型品种

子实体分化温度可高达 30℃以上，最适温度范围在 22～28℃之间，发生季节在夏、秋季。如秀珍菇、鲍鱼菇、红平菇（图 4-2）、巨核侧耳、花瓣状亚侧耳等。

三、发酵料袋栽技术

生产实践证明，用发酵料栽培平菇菌丝生长快、杂菌少、产量高。

（一）准备工作

准备工作主要有棚室准备、原料准备、菌种准备等几个方面。需要注意的是，在菌种准备工作中，平菇菌丝生长粗壮、速度快，如果不注意及时检查杂菌，就可能出现菌丝体将杂菌覆盖的现象，导致培养结束后，菌种表面上看纯正健壮，其实已经感染了杂菌，最终给生产带来隐患。另外菌种在菌丝体发满整个容器后，到未出现子实体以前使用为适龄菌，生命力很强。为了得到适龄菌种，必须切实做好制种时间与栽培时间上的衔接。

（二）发酵料制作

1. 发酵料制作的原理

平菇培养料的发酵处理是典型的好氧型发酵。其原理是将培养料拌制后进行堆积，利用培养料中嗜热微生物（几种放线菌）的繁殖产生的热量使料温升高，从而杀死培养料中的部分微生物和害虫。发酵的料堆明显地分为内部的厌氧层、外部的好氧层和中部的发酵层。培养料的发酵层温度控制在 60～65℃，整个发酵过程料堆的积温累计达到 2400～3000℃。

2. 发酵料堆制的作用

（1）消毒杀虫　利用发酵层所产生的高温，杀死培养料中的害虫和杂菌。

（2）降解物质　嗜热微生物分解培养料，破坏细胞壁，便于菌丝吸收利用。

（3）增加氮源　嗜热类微生物吸收无机氮合成自身蛋白质，死亡后将有机氮补充到料中。

（4）诱导作用　诱导厌氧层和好氧层的孢子和虫卵萌发、孵化，进入发酵层后杀死。

3. 栽培配方

（1）木屑 60%，玉米芯 30%，麦麸 9%，石灰 1%。

（2）玉米芯 76%，木屑 20%，麦麸 3%，石灰 1%。

（3）豆秸 84%，麦麸 9%，石膏 2%，过磷酸钙 1%，石灰 4%。

(4) 杂草94%，麦麸5%，石膏1%。

可用作平菇栽培的原材料很多，以新鲜、无霉变、无虫蛀、不含农药或其他有害化学成分、干燥、易处理、便于收集和保存为原则，栽培前放在太阳下曝晒2～3d，以杀死料中的杂菌和害虫。原料调制前，玉米芯应粉碎成花生米大小的颗粒，豆秸、麦秆和稻草等均应切成3～5cm长的小段并碾碎。

4. 堆积发酵

（1）拌料　大量栽培时可以按照生产计划分期、分批拌料。按上述配方，准确称料，然后加水拌匀。易溶于水的蔗糖、尿素等辅料应先加入水中溶解。将拌料需要的水放入大桶或贮水池中（农户生产也可以在地上挖水坑，内铺塑料布作为贮水池，每立方米装水1t）。手工拌料要先将贮水池中60%左右的营养液浇入料堆后再整体拌制一次，第二、三次拌制时将其余的营养液逐渐加入。如果使用搅拌机拌料则一边加干料一边加营养液。拌料时不要先将干料进行人工混匀，尤其是不提倡将石灰加入干料中再人工混匀，这样灰尘太大，而且石灰粉对人体伤害很大。一般饱和石灰水的酸碱度在pH 12～14，如果pH太低则不能使用。拌料后也要测定培养料的pH，要求pH为8左右，否则很容易影响培养料发酵效果。

（2）建堆　拌好的培养料堆闷2h，让其吃透水后进行堆积发酵。日平均气温20℃左右，建成堆高1m，堆顶宽0.8m，堆底宽1.2m，长度不限的棱台形料堆；日平均气温15℃左右，建成堆高1.2m，堆顶宽1m，堆底宽1.5m，长度不限的料堆。料堆顶部及两侧间隔30cm左右打一到底的透气孔，第1天和第2天加盖塑料布，以后撤掉。注意建堆时不要将培养料拍实，培养料自然的松散状态有利于加深发酵层的厚度。

（3）翻堆　翻堆是为了改变料堆的结构，使培养料都得到充分的发酵。发酵料制作有两个基本原则。一是料堆在发酵过程中用温度计监测发酵层的温度，使其保持在60～65℃，但不能长时间超过65℃，也不能长时间低于40℃。长时间高于65℃易发生蛋白质分解产生氨气，造成氮源的损失；长时间低于40℃易造成在发酵期间或栽培袋发菌时大量产生鬼伞。发酵层的深度（距料面高度）需要细心观察，因为不同的培养料配方、含水量、环境温度等都影响发酵层的深度。一般玉米芯主料的发酵层深度在10～12cm，颗粒度细的培养料发酵层浅，颗粒度大的培养料发酵层深，这与氧气的供给量直接相关。二是保证发酵料的积温达到2400～3000℃。

具体的规律是建堆后当发酵层温度达到60～65℃时，计时10～12h后第一次翻堆，内倒外、外倒内，继续堆积发酵；翻堆后重新产生发酵层，一般10～12h发酵层温度再次上升到60～65℃，保持10～12h后进行第二次翻堆；如此进行第三次翻堆；第四次翻堆时直接散堆，使料温下降停止发酵。结合翻堆可以在第三、四次喷洒800倍溴氰菊酯杀虫，也可以在最后一次翻堆时将维生素类辅料喷洒在料堆中。经过四次翻堆，培养料开始变色，散发出发酵香味，无霉味和臭味，并有大量的白色放线菌菌丝生长，发酵即结束。然后用pH试纸检查培养料的酸碱度，并调节pH为8左右，待料温降到30℃以下时进行装袋。注意建堆后升温要快，温度要高，翻堆要及时、认真，不夹带生料，保证发酵质量。

按照上述的温度变化规律进行翻堆和散堆，培养料的总发酵时间40～48h，发酵温度60～65℃，积温为2400～3120℃。高温时节，初次产生发酵层的时间间隔短，翻堆后料温很快又升高，一定要注意监测温度，否则发酵时间过长产生白化现象，培养料营养消耗太大；低温时节，初次产生发酵层的时间间隔长，翻堆时间间隔也长，这时如果遇到阴冷天气，可以人为向料堆内浇热水，以利于料温升高，但不能急于翻堆，否则发酵时间过短，易发生鬼伞，培养料也会酸败。现在一般也采取食用菌栽培的专用发酵剂，发酵效果很好。发酵好的培养料，吸水性好，色泽酱褐，闻之有清新的土香味，有大量白色雪花状的放线菌分布（常明昌，2005；刘志强，2019）。

(三) 装袋播种

平菇栽培袋选择低压或高压聚乙烯袋，规格一般为折径（24～25）cm×长（45～50）cm×厚0.025cm。栽培袋在距袋口6cm处用缝纫机大针码间隔0.5cm跑两趟微孔，中间部分两等份同样各跑两趟微孔。采取分层播种的方法，即四层菌种，三层料，边装料边播种。播种时，菌种放于微孔处，利用微孔既能增氧，又能防止杂菌污染。用种量为干料量的15%左右，两头多，均匀分布，中间少，周边分布。菌种要事先挖出掰成约1cm见方的小块，放在消毒的盆中盛装集中使用，也可以随用随挖取。污染、长势弱、老化的菌种不用或慎用。人工装袋时，应一手提袋，一手装料，边装边压。装至离袋口5cm左右时，将料面压实，清理袋口料物，排气后紧贴料面用绳子缠3～4圈，扎紧扎牢，防止进水、进气。也可以用套环覆盖报纸用皮套扎紧，以增加透气。

装袋时注意事项如下：

① 装袋前要把料充分拌一次。如果培养料太干，可以适当用喷壶补水。发酵料的水分已经充分渗透到培养料的内部，因此发酵后培养料补水时要注意，培养料手握松软成团就可以了，不能有水渗出。装袋时要做到边装料、边拌料，以免上部料干，下部料湿。

② 拌好的料应尽量在4h之内装完，以免放置时间过长，培养料发酵变酸。

③ 装袋时不能蹬、摔、揉，压料用力要均匀，轻拿轻放，保护好袋子，防止塑料袋破损。

④ 装袋时要注意松紧适度，一般以手按有弹性，手压有轻度凹陷，手拖挺直为度。压得紧透气性不好；压得松则菌丝生长散而无力，在翻垛时易断裂损伤，影响发菌和出菇。

⑤ 装好的料袋要求密实、挺直、不松软，袋的粗细、长短要一致，便于堆垛发菌和出菇。

⑥ 将装好的料袋逐袋检查，发现破口或微孔立即用透明胶布封贴。

(四) 发菌管理

棚室用硫黄粉、敌百虫掺豆秸、刨花等易燃物燃烧熏蒸或用其他的气雾消毒剂消毒，密闭24h就可以将菌袋放25℃左右培养室发菌，培养室内光线宜弱不宜强。料袋码放的层数应视环境温度而具体掌握。气温在10℃以下时，可堆积4～5层；气温在10～20℃时，以堆积3～4层为宜；气温在20℃以上时，菌袋宜单层排放，不宜上堆。但管理的关键是料袋内插温度计，以不超过28℃为宜。堆垛发菌后，要定期检查料袋中温度计，注意堆温变化。每隔5～7d倒垛一次，将下层料袋往上垛，上层料袋往下垛，里面的往外垛，外面的往里垛，使料袋受温一致，发菌整齐。倒垛时，发现有杂菌污染的料袋，应将其拣出单独培养；若发现有菌丝不吃料的，必须查明原因及时采取措施。

(1) 定植期　接种后5d左右，在接种块周围可见新生长的白色菌丝为定植期。此时以保温为主，使料温达25℃左右。

(2) 吃料期　接种后10d左右，菌丝布满袋口料面，并向深层蔓延，为吃料期。此时仍以保温为主，适当对培养室通风换气，使菌丝吃料良好。吃料期既要防止湿度过大造成杂菌污染，又要避免环境过干而造成栽培袋失水。

(3) 深入期　接种后20d左右，菌丝吃料1/2～2/3袋为深入期。此时应加强室内通风，一般发菌室每天通风2～3次，每次30min。气温高时早晚通风，气温低时中午通风，保持发菌环境空气清新，促进菌丝吃料。

(4) 巩固期　接种后30d左右，菌丝基本长满袋，再继续培养几天，使菌丝密度增大，积累养料,由营养生长转入生殖生长,准备出菇。对个别袋发菌基本结束但只有局部未发满的,可以用别针于距离菌丝生长前缘 1cm 处,间隔 1cm 刺 1cm 深微孔,以达到增氧促进菌丝生长的目的。

(5) 菌丝后熟期　菌丝发满料袋后解开两端的细绳,增加 O_2 供给量。5~7d 后菌袋的菌丝更加粗壮、浓密、洁白,部分菌袋出现子实体原基时,表明菌丝已成熟转入出菇期(图4-3)。

图 4-3　达到生理成熟的平菇菌包

(五) 出菇管理

将发好菌的菌袋南北向单行摆放,垛 7~8 层高,行间留 80~100cm 的过道,过道最好对着南北两侧的通风口。创造适宜的出菇条件,平菇子实体发育需经过桑葚期、珊瑚期、幼菇期、成熟期四个阶段(图 4-4)。

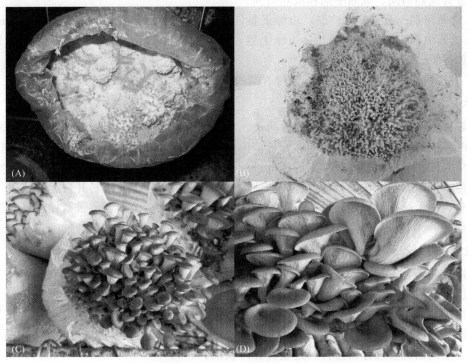

图 4-4　平菇子实体发育的不同时期(见彩图)
A. 桑葚期;B. 珊瑚期;C. 幼菇期;D. 成熟期

(1) 开口出菇　在菌袋一头(单面出菇)或两头(双面出菇)开出菇口 1 个,开口时要划破菌膜。平菇是变温结实性菌类,对于低温型品种,应将出菇室温度降为 8~15℃,提高室内空气相对湿度为 85%~90%。利用早晚气温低时加大通风量,拉大昼夜温差至 10~15℃,同时给予散射光,可诱导早出菇、多出菇。光照不足,出菇少,柄长,盖小,色淡,畸形。

(2) 桑葚期管理　开口催菇 10d 左右可见桑葚状菇蕾形成,即为米粒状原基组成的原基堆。多为浅黄、米黄及灰色,形似桑葚而得名。但散生平菇品种(如凤尾菇)不形成桑葚期,而直接进入珊瑚期。此期管理以保湿为主,适当通风喷水,但不能将水直接喷于桑葚状菇蕾上，也不能大气流通风，因为此期抗逆性弱。

（3）珊瑚期管理　桑葚期3～5d后，米粒状原基伸出参差不齐的短棒状菌柄，菌盖较小、完整，似大头针，形似珊瑚状的菌蕾群而得名。此期应加强通风，注意保湿，适当喷雾，不能直接喷于菇体上。若通风不良易形成高脚菇，但通风时间过长易干燥，喷水过多子实体易萎缩，一般每天通风2～3次，每次20～30min。喷水要勤，每天2～3次，细喷、轻喷，不能直接向子实体喷水，保持空气湿度在80%～85%，每次喷水后要通风，否则会因通风不良，再遇高温高湿，使子实体萎缩，或窒息死亡。此期管理得当，成菇率高，产量高。

（4）幼菇期管理　珊瑚期后，菌柄不断加粗，菌盖的生长速度超过菌柄生长速度，迅速扩大并向一侧生长。当菌盖直径大于1cm时，可直接向子实体喷水，但不能过多，以菌盖湿润为宜，每天喷水2～3次。喷水时，向空间、地面喷雾增湿，保持空气相对湿度在85%～90%，甚至更高。湿度过大易引起黄斑病或褐斑病。此期注意通风换气，以保证供给足够的O_2和排出过多的CO_2。控温在12～14℃，否则会因高温、缺氧而死菇，或形成绿豆芽式畸形菇。

（5）成熟期管理　成熟期应降低菇棚温度和空气相对湿度，加强通风，准备采收。成熟期可细分为成熟前期、成熟中期和成熟后期。

① 成熟前期　菌盖开始伸展，边缘下卷，中部隆起，呈半球形，菌盖直径5～8cm。

② 成熟中期　菌盖充分展开，边缘上卷，此期释放孢子最多，其中又以菌盖向上翻卷部分释放孢子最多。

③ 成熟后期　菌盖开始萎缩，边缘有裂缝出现，孢子散落进入尾声。

（六）采收加工

一般市售鲜菇，以孢子刚进入弹射阶段、菌盖平展、菌盖下凹处出现白色绒毛时采收为好。这时采收的平菇，菌盖边缘韧性好、菌肉肥嫩、菌柄柔韧，商品性状好；若供出口，则应按中华人民共和国商务部所规定的标准进行采收。采收前轻喷一次雾化水，以降低空气中飘浮的孢子，减少对工作人员的危害，并使菌盖保持新鲜、干净，不易开裂。采收时一手按住培养料，一手握住菌柄轻轻采下，菌褶朝上逐层摆放。采后的平菇可进行保鲜、盐渍、罐藏等处理。

（七）采后管理

在适宜的条件下，由子实体原基长成子实体需7～10d，平菇一次栽培可采收4～5潮菇。每次采收后，都要进行搔菌处理，即清除料面老化菌丝、幼菇、菌柄、死菇，以防腐烂招致病虫害，再将袋口合拢，避免栽培袋失水过多；然后整理菇场，停止喷水，降低菇场的湿度，以利平菇菌丝恢复生长，积累养分；7～10d后，如果菌袋失水过多，可进行补水，仍按第一潮出菇的管理办法进行（楚晓真和卢钦灿，2009）。

当采完2～3潮菇后，菌袋因缺水而变软，大部分营养物质被消耗，pH也会因新陈代谢物的产生而有所下降，出菇变得稀少。若再进行催蕾也能出菇，但菇体小且不齐，转潮次数虽多，经济效益低下。因此，要想进一步提高产量，就必须补充养分、水分等，甚至改变出菇方式。生产上常采用浸水、注水、喷营养液（0.5%葡萄糖液等）、墙式覆土以及畦床式覆土等方法进行后期增产管理。

（1）整地做畦　根据场地条件，挖深15～20cm，宽1～1.2m，长度不限的畦床，畦与畦间留50cm的人行道。床底喷杀虫药、洒石灰进行消毒处理。

（2）脱袋覆土　将出过2～3潮菇的菌袋脱掉塑料袋，脱袋后的菌筒紧密排入畦床中（水平横放的效果好于其他方式）。若空间小也可竖着摆放，上盖1～2cm厚的土，尤其缝隙处一定要填满,然后灌大水,使菌筒料面略显露,即有些地方露料面,有些地方覆薄土(图4-5)。常规管理,仍可收获2~3潮优质菇。但覆土地栽出菇,浇水时一定要小心,以防菇体沾泥,影响商品价值。因此,可以在畦床表面铺干净的稻壳或稻草,以免浇水时泥土喷溅到菇体表面。

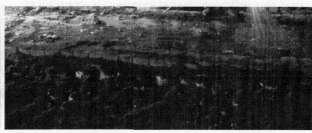

图4-5 平菇脱袋覆土及浇水管理

四、生料栽培

生料栽培有袋栽、阳畦栽培、大床栽培。优点是设备简单,成本低。

(一)阳畦栽培

(1)阳畦的建造 场地要背风向阳,坐北朝南,东西走向。畦宽100cm,畦深30~40cm,畦长不限。南墙低,北墙高,四周严密,畦底铲平压实,支架间距15cm,有墩式畦、梗式畦和拱式畦三种。

(2)培养料的配制与播种 培养料配方与配制同熟料袋栽,但一定要另加0.1%多菌灵或1%石灰。播种方法有:穴播,穴距10cm,行距10cm,穴深3~5cm;分层播,一般四层菌种三层料。

(3)栽培管理

① 发菌 播种后在料面盖报纸、薄膜(或草帘),保温,保湿,防污染。料温控制在20℃左右,不要超过25℃。播后10~15d菌丝可封料面,此时要揭膜通风换气。播后25~35d发菌即可完成,此期水分不散失,是高产的关键。

② 出菇管理 出菇期、采收期和转潮期管理同发酵料袋栽技术。

(二)大床生料栽培(即室内制菌砖法)

(1)配料 在培养料中加0.1%多菌灵、克霉灵或1%石灰,混匀后加适量水拌匀,闷2h。

(2)接种 制作菌砖框,高8~10cm,宽40cm,长60cm。在框内铺薄膜,装培养料,压实。穴播,穴距5cm,行距6cm,穴深3~5cm,接种量为10%~15%。分层播,三层料,四层菌种。

(3)管理 发菌和出菇管理基本同阳畦栽培,菌砖发透菌后,移入室内大床架上培养出菇。

五、病虫害防治

在栽培过程中,因环境条件不适宜及管理方法不妥,造成反常的生理活动的现象,我们称为生理性病害。被其他杂菌污染致使发病或死亡,我们称为浸染性病害。

(一)发菌阶段常遇到的问题及解决办法

1.菌丝不萌发,不吃料

产生原因:①料变质,滋生大量杂菌;培养料含水量过高或过低。②菌种老化,生活力很弱。③环境温度过高或过低，加石灰过量，pH 偏高。

解决办法：①使用新鲜无霉变的原料。②使用适龄菌种（菌龄 30～35d）。③掌握适宜含水量，以手紧握料指缝间有水痕不滴下为度。④发菌期间室温保持在 20℃ 左右，料温 25℃ 左右为宜。温度宁可稍低些，切勿过高，严防烧菌。⑤培养料中勿添加抑菌剂，添加石灰应适量，尤其在气温较低时添加量不宜超过 1％。pH 7～8 为宜。

2. 培养料酸臭

产生原因：①发菌期间遇高温未及时散热降温，细菌大量繁殖，使料发酵变酸，腐败变臭。②料中水分过多，空气不足，厌氧发酵导致料腐烂发臭。

解决办法：①将料倒出，摊开晾晒后添加适量新料再继续进行发酵，重新装袋接种。②如料已腐烂变黑，只能废弃作肥料。

3. 菌丝萎缩

产生原因：①料袋堆垛太高，产生发酵热时未及时倒垛散热，料温升高达 35℃ 以上烧坏菌丝。②料袋大，装料多，发酵热高；发菌场地温度过高加之通风不良。③料过湿加之装得太实，透气不好，菌丝缺氧也会出现菌丝萎缩现象。

解决办法：①改善发菌场地环境，注意通风降温。②料袋堆垛发菌，气温高时，堆放 2～4 层，呈"井"字形交叉排放，便于散热。③料袋发酵热产生期间及时倒垛散热。④拌料时掌握好料水比，装袋时做到松紧适宜。⑤装袋选用的薄膜筒宽度以不超过 25cm 为好，避免装料过多导致发酵热过高（胡永辉等，2008）。

4. 袋壁布满豆渣样菌苔

产生原因：培养料含水量大，透气性差，引起酵母菌大量滋生，在袋膜上大量聚积，料内出现发酵酸味。

解决办法：用削尖的直径 1cm 圆木棍在料袋两头往中间扎 2～3 个孔，深 5～8cm，以通气补氧。不久，袋内壁附着的酵母菌苔会逐渐自行消退，平菇菌丝就会继续生长。

5. 霉菌污染

绿霉主要是在配料或者采摘时卫生条件不达标造成的，绿霉会对菌袋造成影响，直接影响平菇的产量。

产生原因：①培养料或菌种本身带菌。②发菌场地卫生条件差或老菇房未做彻底消毒。③菇棚高温高湿不通风。

解决办法：①选用新鲜、无霉变、经过曝晒的培养料，发酵要彻底。②避开高温期播种，加强通风，防止潮湿闷热。③选用优质、抗霉、吃料快的菌种。④霉菌污染早发现，面积小时，可用 pH 10 以上的石灰水注入被污染的培养料中，同时搬离发菌场，单独发菌管理。对污染严重的则清除出场，挖坑深埋处理。

6. 吃料缓慢

一般表现为发菌后期吃料缓慢，迟迟长不满袋。

产生原因：袋两头扎口过紧，袋内空气不足，造成缺氧。

解决办法：解绳松动料袋扎口或刺孔通气。

7. 软袋

一般袋料表面长有菌丝，但袋内菌丝少，且稀疏不紧密，菌袋软而无弹性。

产生原因：①菌种退化或老化，生活力减弱。②高温伤害了菌种。③添加氮源过多，料内细菌大量繁殖，抑制菌丝生长。④培养料含水量大，氧气不足，影响菌丝向料内生长。

解决办法：①使用健壮、优质的菌种。②适温接种，防高温伤菌；培养料添加的氮素营养适量，切勿过富。③发生软袋时，降低发菌温度，袋壁刺孔排湿透气，适当延长发菌时间，让菌丝往料内长足发透（胡永辉等，2008）。

8. 菌丝未满袋就出菇

产生原因：发菌场地光线过强，低温或昼夜温差过大刺激出菇。

解决办法：注意避光和夜间保温，提高发菌温度，改善发菌环境。

9. 菌丝徒长

菌丝表层气生菌丝浓密，影响出菇。

产生原因：主要是空气湿度大，通风不良所致。

解决办法：加强通风，降低湿度即可（胡永辉等，2008）。

（二）出菇期常见问题分析与处理

出菇期间出现下列现象直接影响种菇效益。

1. 不现蕾

产生原因：①菌种不适，高温季节用低温型菌种，或低温季节用高温型菌种。②缺少温差刺激。③培养料含水量偏低，料面干燥。④温度较高，空气干燥，培养料表面出现白色棉状物（气生菌丝），影响菇蕾形成。⑤菌丝老化，形成较厚的菌膜。⑥通气不良，二氧化碳浓度高，光照不足，延缓菌丝的营养生长。

解决办法：①选用适温菌种。②通风降温拉大昼夜温差至 6℃以上。③喷水增湿，使空气相对湿度提高到 85%～90%。④防止气生菌丝产生。⑤料面菌膜增厚时，用铁丝耙划破。⑥加强通风，增加散射光照，诱导菇蕾形成。⑦浸泡菌袋或向料内注水，补充水分，也可向料面喷洒冷水，以刺激出菇。⑧出菇时，在菌袋两端料面出现大量菇蕾时，再用小刀割去多余的塑料袋，露出幼菇。切勿过早打开袋口，造成料面干燥，影响菇蕾形成。

2. 菇蕾死亡

产生原因：①空气过干。②原基形成后，气温骤然上升，出现持续高温，或遇较低温度，菌柄停止向菌盖输送养分，使幼菇逐渐枯萎死亡。③湿度过大或直接向菇体淋水，使菇蕾缺氧闷死。

解决办法：①菇蕾形成后，要密切注意培养料的水分含量，水分不足时，灌水到四周沟内，使水面与栽培畦面持平补水。对于袋栽的可直接将营养液注入料内。②菇蕾分化后要注意保持菇房温度的稳定，及时通风降温或保温。③栽培场地的四周要开深沟排水，严防菇床内积水。补水过程中，严禁向菇体直接浇水（刘万珍，2006）。

3. 幼菇枯死

产生原因：①菌种过老，用种量过大，在菌丝尚未长满或长透培养料时就出现大量幼蕾，因培养料内菌丝尚未达到生理成熟，长出的幼菇得不到养分供应而萎缩死亡。②料面出菇过多过密，造成群体营养不足，致使幼菇死亡。这种死菇的显著特征是幼菇死亡量大。③采收成熟的子实体时，创面幼菇受振动、碰伤，引起死亡。④病虫侵染致死，表现为小菇呈黄色腐熟状或褐色软腐状，最后干枯。⑤湿度大时，呈水渍状，用手摸死菇发黏。检查培养料，可见活动的菇蝇、螨类等。⑥持续高温，幼菇受热干枯。⑦培养料含水量低，空气湿度小。⑧二氧化碳浓度高，幼菇缺氧死亡（刘万珍，2006）。

解决办法：①生产上要避免使用菌龄过大的菌种，当菌种培养基上方出现珊瑚状子实体或从袋口（瓶盖）缝隙中长出子实体，说明菌种的菌龄已较大，应限制使用。当瓶底积少量黄水时更无使用价值。生料和发酵料栽培时菌种用量可多些，熟料栽培切忌盲目增大用种量。②当料面出现幼菇过多过密时，可以人为地去除一部分幼菇，以减少营养消耗。③采成熟的子实体时动作要轻，用锋利的小刀沿子实体根部割下，避免振动，碰伤幼菇。④平菇栽培棚使用前，要先做好场地的防虫杀菌工作，杀灭菇蝇、杂菌等。按每立方米用硫黄 10~12g、甲醛 8~19mL、敌敌畏 1~2mg，密闭熏蒸 24h，连熏 2~3 次。老菇房四周还需用石灰水涂刷。这样基本上能保证整个栽培周期不发生较重的病害。⑤出菇期防高温，一旦温度过高，及时进行通风和降温。⑥增加喷水，提高空气湿度，以喷雾状水为好，切勿用水直接喷幼菇。⑦菇棚定期通风，补充新鲜空气，及时排出二氧化碳等有害气体。

4. 烂菇

产生原因：喷水过多，加上通风不良，菇体表面积水，引起水肿软化腐烂。

解决办法：减少喷水，改善通风，一般在喷水后随即予以通风，让菇体表面积水及时散发。

5. 菌柄细长菌盖不分化

产生原因：①光照不足，多见于地下室、人防地道内种菇。②二氧化碳浓度高，促使菌柄迅速生长，菌盖形成困难。

解决办法：①增加光照，增设照明灯。②通风补气。

6. 袋内结菇

产生原因：①袋口解开晚。②两头料面干燥，不利于菇蕾形成。③料袋装得偏松，造成培养料与料壁间有较大的间隙。

解决办法：①培养料含水量要适宜，装料时应松紧一致，避免料间有空隙。②菌丝发满后应及时开袋口。

7. 畸形菇

常见的畸形菇有瘤状菇、花椰菜菇、大脚菇、蓝色菇或蓝边菇和喇叭菇等，甚至二度分化，严重影响商品价值。

产生原因：①温度过低，且培养时间又长，造成菌盖内外层细胞生长失调，出现瘤状或颗粒状突起；菇棚通风不足，造成空气温度过高或二氧化碳浓度增高，形成喇叭菇。②棚内生炉增温引起一氧化碳及其他有害气体积累，刺激菇体生长变异，发生变色反应。

解决办法：①冬季天冷增温时要注意通风，不宜在菇棚内直接生炉，应修建火墙或火道。②菇棚内要通风良好，光照充足。

8. 平菇白瘤病

平菇白瘤病又叫平菇小疣病、褶瘤病、线虫病等。子实体菌褶增生白色瘤状组织块，瘤中空，单生或多瘤相互重合、密集，损害外观，失去商品价值。

产生原因：卫生条件不好，因湿度过大、线虫侵入引起。

解决办法：①及时摘除病菇烧掉，清除烂菇和废料。②地面撒石灰粉，用 2% 甲醛消毒。③在病区外挖沟隔离，停止浇水使其干燥，用 0.001%~0.05% 碘液滴在病瘤上，以免扩散。

9. 黄斑病

平菇菌盖上有浅黄色水滴，干后成黄色斑点。

产生原因：空气相对湿度大，大于 95% 易得此病。

解决办法：加强通风，降低湿度。

10. 细菌性褐斑病

菌盖上有褐色或黑色斑，稍微向下凹陷，斑表面有脓状物，有臭味。

产生原因：湿度过大，喷水过多或菌盖上有水膜，通风不良。

解决办法：①少喷水，消除水膜，加强通风。②喷洒漂白粉液 0.015%，或 1.5% 噻霉酮水乳剂 800 倍液。

11. 水肿病

菌柄肿胀，菌盖像热水浸过一样，半透明。

产生原因：喷水过多，空气湿度过大。

解决办法：减少喷水次数，降低空气相对湿度。

12. 农药中毒

产生原因：①敌百虫可导致菌丝徒长。②敌敌畏导致菌盖瘫软，菌褶外露。

解决办法：停止用药，加强通风。

（三）平菇虫害及防治

平菇的虫害应以预防为主，常见的害虫有线虫、蚂蚁、菇蚊等。药剂防治可用 2.5% 溴氰菊酯乳剂 2500 倍液喷雾防治线虫和蚂蚁，菇蚊可以使用特殊灯光杀灭（田丰，2016）。

1. 螨类

也叫红蜘蛛，以菌丝和子实体为食。

防治措施：菌丝体培养期间可喷洒 500 倍的炔螨特效果较好。

2. 菇蝇、菇蚊

它们产卵于培养料中，幼虫在培养料中繁殖，为害菌丝体，引起培养料腐烂。成虫如夜蛾类可啃食平菇菌柄和菌丝体，并传播病原菌。

防治措施：①保持场地清洁。②发菌室、出菇棚使用前要消毒杀虫。③室内悬挂粘虫黄板。④定期在大棚周边喷洒杀虫药物，如喷 0.4% 敌敌畏药液。

思考题

1. 什么是生物学效率？怎样计算？
2. 发酵料制作的原理和作用是什么？
3. 发酵料翻堆的具体规律是什么？
4. 平菇装袋播种应注意哪些事项？
5. 平菇菌包发菌期如何进行管理？
6. 叙述平菇袋栽出菇期管理方法。
7. 生理性病害和侵染性病害的概念，简述平菇发菌期和出菇期容易遇到的问题及处理方法。

第五章
小孔黑木耳栽培技术

第一节 黑木耳概述

黑木耳（*Auricularia heimuer*），别名黑菜、木耳、光木耳（Wu et al.，2014；吴芳和戴玉成，2015）。在真菌分类学上属于担子菌门（Basidiomycota），伞菌纲（Agaricomycetes），木耳目（Auriculariales），木耳科（Auriculariaceae），木耳属（*Auricularia*）。子实体色泽黑褐，质地柔软，味道鲜美，营养丰富，富含蛋白质、糖类及人体必需氨基酸，具有清肺益气、补血活血、镇静止痛、降血压、降血脂、降血糖、抗肿瘤、抑制肥胖、治疗血管硬化、冠心病等医疗保健作用（陈宗泽等，2000）。此外，对大肠杆菌和金黄色葡萄球菌有良好的抑制作用，有显著的抗氧化作用。有"食品阿司匹林""人体的清道夫"的美誉。因而，它也是轻纺工人和矿山工人的保健食品之一。野生黑木耳主要分布于黑龙江、吉林、福建、台湾、湖北、广东、广西、四川、贵州、云南等地。生长于栎、杨、榕、槐等120多种阔叶树的腐木上，单生或群生。

黑木耳因其独特的营养价值、特殊的药用功效，备受消费者青睐，成为人们餐桌上的日常佳肴。人工栽培大约在公元600年前后起源于中国，是世界上人工栽培的第一个食用菌品种，至今已有1400多年历史（常明昌，2005），人工栽培以袋料和木段为主。黑木耳栽培生产遍布我国的二十几个省（区、市），其主要产区分布于东北三省（唐玉琴，2008）。2011年仅黑龙江省黑木耳产量达6亿多斤（1斤=500g，干重），产值超过200亿元，占全国木耳产量的半壁江山。2012年9月，中国牡丹江（东宁）第五届黑木耳节暨世界发展中国家食用菌产业论坛中牡丹江市被国际食用菌组织授予"世界黑木耳之都"的美誉。近年来，牡丹江市食用菌产业飞速发展，已成为领跑全国的"火车头"，产量占据全球的四分之一，全国的三分之一和全省的二分之一。

目前，黑木耳在中国广泛种植，2018年产量为13.48亿斤（干重），占食用菌总产量的17.54%，在所有商业化种植的食药用菌中，产量位居第二。栽培方式主要以小孔黑木耳袋料地栽为主，由于木材原料的减少和昂贵的价格，木段栽培已经逐渐被淘汰。而大朵木耳栽培由于耳根大，朵状菜，近年来已被小孔栽培所替代。

小孔黑木耳单片、无根、肉厚、色黑，耳形好，食用时口感佳。市场售价比大朵栽培的黑木耳高10元/kg左右，同时又可节省出耳时划口、晾晒时削根、掰片等人工费用。因此，小孔黑木耳栽培技术的推广应用，大幅度增加了菌农收入，产生了良好的经济效益和社会效益。受气候影响，东北昼夜温差大，更适宜黑木耳生长，因而全国黑木耳以东北黑木耳品质最佳。

第二节　生物学特性

一、形态特征

黑木耳是一种胶质的大型真菌，在自然界中，侧生于枯木上，由菌丝体、子实体和担孢子三部分组成。

（一）菌丝体

黑木耳菌丝体无色透明，由许多具有横隔和分枝的绒毛状菌丝所组成。菌丝是黑木耳分解和摄取养分的营养器官，生长在枯木、代料或斜面培养基上。如生长在枯木上则木材变得疏松呈白色；若用培养皿进行平板培养，则菌丝体以接种块为中心向四周呈辐射状生长，形成圆形菌落，菌落边缘整齐。菌丝体培养期间如遇强光，会分泌褐色素使培养基呈褐色。另外，培养时间过长菌丝体逐渐衰老也会出现褐色，或吐黄水、红水。

（二）子实体

子实体又称为担子果即食用部分，是由许多组织化了的菌丝交织而成的胶质体。幼小子实体呈颗粒状，幼小时呈杯状，在生长过程中逐渐延展成扁平的波浪状，即耳片。耳片有背腹之分，背面鼠灰色或灰黑色，有短绒毛，腹面光滑漆黑色。子实体新鲜时有弹性，干燥后收缩成角质脆而硬，颜色变深。

（三）担孢子

担孢子无色透明，腊肠形或肾形，光滑，长9～14μm，宽5～6μm。在适宜的环境条件下，子实层会弹射担孢子，大量担孢子聚集在一起时可看到一层白色粉末。

二、生长发育的条件

（一）营养条件

黑木耳是一种腐生性很强的木材腐朽菌，能从枯死的树木和其他基质中获得营养。黑木耳生长需要的主要营养物质有碳源、氮源和矿物质等。碳源物质主要有木质素、纤维素、半纤维素、葡萄糖、蔗糖、淀粉、果胶等。氮源物质主要有氨基酸、蛋白质、尿素、铵盐、硝酸盐等。黑木耳生长还需要维生素和一些矿物质，如镁、磷、钾和钙等。利用代料栽培时，应在培养基中添加些木屑、玉米芯、果渣、玉米粉等作为碳源；麸皮、稻糠、豆饼粉、黄豆粉、豆粕等作为氮源；以石膏、磷酸氢二钾等作为矿物质，并具缓冲酸碱度的作用，以石灰来调节培养料的酸碱度。

（二）环境条件

（1）温度　黑木耳属于中温型食用菌，对温度的适应范围较广，多数品种菌丝体生长温度范围为6～35℃，最适宜生长温度为22～28℃。特别对低温有很强的抵抗力，虽在寒冷的冬季也不致冻死。子实体生长温度范围为15～32℃，温度在20～25℃条件下最适于耳片的生长，在低于15℃条件下不能分化和正常生长。黑木耳对高温较为敏感，温度超过38℃以上，多数品种不能形成原基，已形成的原基也不能正常生长，已生长出来的耳片很容易发生流耳、烂耳现象。

（2）水分与湿度　黑木耳菌丝体生长阶段要求基质含水量60%～65%。水分过大，菌丝体生长慢，污染率增加；水分过小，对菌袋出菇不利，产量低。子实体生长阶段，除保持相应的含水量外，对空气相对湿度要求较高。当空气相对湿度低于70%时，子实体不易形成，保持90%~95%的空气相对湿度，子实体生长发育最快，耳肉厚。但菌棒水分过大，通气不良，往往会抑制菌丝生长，导致子实体腐烂。干湿交替浇水，是保证黑木耳高产优产的理想条件。

（3）空气　黑木耳是好气性真菌，无论是菌丝体阶段，还是子实体阶段都需要新鲜空气。尤其在子实体生长阶段，新陈代谢旺盛，更需要充足的氧气。出耳阶段通风不良，空气中二氧化碳含量高于0.2%时，氧气缺乏，容易受细菌侵染而腐烂，形成流耳。

（4）光照　黑木耳菌丝体生长阶段不需要光线，而在子实体生长阶段却要求较强的散射光和一定的直射光条件。因子实体在黑暗环境中很难形成；在微弱的光照条件下，子实体发育不良，质薄呈浅褐色；在光照充足的条件下，子实体颜色深，长得健壮。只要空气相对湿度适宜，强光也不会抑制黑木耳的生长。因此，在生产上要选择阳光充足的地点作为栽培场所。

（5）酸碱度（pH）　黑木耳菌丝在pH 4~7.5之间都能生长，而以pH 5~6.5最为适宜。pH 3以下和pH 8以上均不能生长。

三、生活史

黑木耳的生长发育过程是担孢子→菌丝体→子实体→担孢子，此过程称为一个生活周期或一个世代。黑木耳属二极性异宗配合的菌类。担孢子具有"＋"和"－"不同的性别，不同性别的担孢子在适宜条件下萌发后，产生单核菌丝，这种菌丝也称为初生菌丝。初生菌丝初期多核，很快产生分隔，把菌丝分成多个单核细胞。当各带有"＋"和"－"的两条单核菌丝结合进行质配之后，形成双核化的次生菌丝，也叫双核菌丝，并借锁状联合不断增殖。双核菌丝达到生理成熟阶段，就在基质表面形成子实体原基，并不断胶质化，发育成子实体。成熟的子实体产生大量担孢子弹射出去，又开始新的一个世代，这就构成了黑木耳的生活循环。

第三节　小孔黑木耳露地栽培技术

黑木耳小孔栽培产出的木耳单片无根、耳片厚实、食用方便、口感好，深受消费者的欢迎。小孔栽培具有耳片小，品质优良，耳孔直径小，感染概率低，扎眼速度快，工作效率高，栽培袋间距缩小，单位面积摆放袋数增加，节省土地，便于管理，木耳等级提高，增收明显等优点。

袋料分离现象是小孔黑木耳栽培需解决的首要问题。应选择合适的栽培袋，改进制菌工艺、提高装袋和窝口（黑木耳栽培采用菌棒封口，即将菌袋上方多余的袋子窝或掖到接种孔中，再插入塑料菌棒）的标准、严格控温育菌（马雪梅等，2012）。在生产的每个环节都要防止袋料分离，以免造成减产或绝产。栽培时应注意以下栽培技术要点。

一、栽培季节

根据当地气候和栽培数量确定栽培时间，东北地区黑木耳栽培一般分为春秋两季（卓海生和张华，2010；靳春成，2011）。

（1）春季栽培　春耳要在第一年的10月上旬开始生产二级菌种，11月末或12月初开始生产三级菌种，至第二年的3月上旬结束。晚熟品种春节前生产结束，早熟品种春节后生产（即2月），3月中旬结束。无论早熟、晚熟品种，4月下旬至5月初进行打孔催芽，5月中旬至7月末进行出耳管理和采收。

(2) 秋季栽培　秋耳要在每年3月份生产二级菌种，4月下旬至5月中下旬制作菌包，6月至7月上旬养菌，7月中下旬割口摆袋下地，8月至10月末采收结束。

二、栽培前准备

（一）场房设备

场房最好设在交通便利、能源充足、水源干净、空气清新、利于排水的地方，不要设在污染严重的地方。场房设计应有原料室、配料室、灭菌室、冷却室、接种室、培养室、贮藏室等。其设计上要考虑到生产流程，质量标准上要达到无菌条件。场房规模可根据自己的实际条件进行安排，但必备的设备设施有灭菌锅、接种箱（超净工作台）和培养室。现对各室的主要功能叙述如下。

(1) 原料室　用来贮备生产设备和物资（原种瓶、栽培袋、锯木屑、麦麸和常用药品等）。

(2) 配料室　用于栽培料的配制，菌种瓶的洗刷。室内要求有水电设备、拌料机、装料机、分装机、分装操作台等。

(3) 灭菌室　用于原种瓶和栽培袋的灭菌，室内设有常压灭菌锅或高压灭菌锅。

(4) 冷却室　用来摆放灭菌后的原种瓶或栽培袋。

(5) 接种室　面积4～6m²，高约2.2m，房顶铺设天花板，地面和墙壁要平整、光滑，以便于清洗消毒。接种室内设有工作台，其上方安装紫外线灭菌灯（波长2587Å，30W）（$1\text{Å}=10^{-10}$m）。

(6) 培养室　用于菌种的培养，内设培养架，木制或角铁制成，每个架子宽75～80cm，5～6层，长度不限，每层间距40cm左右，每个架子的间距70cm左右。培养室内设有取暖设备（暖气、地龙或地炕等）和通风口，以保证室内温度在25℃左右，确保空气清新。

(7) 贮藏室　用来暂时存放已长好的原种瓶或栽培袋，最好室内温度在0～10℃范围内。

（二）菌种准备

(1) 菌种选择　小孔栽培一定要选用抗逆性强、产量高、出耳较齐、耳根小、展片好、圆边、筋脉少、耳肉厚、黑褐色、正反面颜色区别明显、耐热的菌种。更重要的是要选择正规厂家的菌种（卓海生和张华，2010），只有有资质的科研单位或企业经过野生驯化和木耳杂交技术，再经过反复的试验，才能推广出产量高、质量好的黑木耳菌种（图5-1）。

 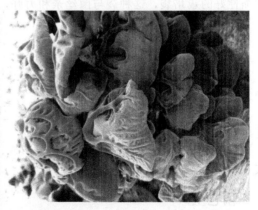

图5-1　M43菌株（单片、无筋）和AH16菌株（单片、多筋、丰产）

优良菌种的使用是黑木耳栽培实现优质高产的前提，生产上使用菌种应该是：
① 瓶（袋）口包扎严密，棉塞不松动，菌瓶或菌袋无破损。

②菌龄适宜，一般不超过3个月。

③菌丝洁白健壮，均匀一致，菌体紧贴瓶（袋）壁，无缩菌现象，无灰白、青绿、黑、橘黄等杂色，无抑菌带或不规则斑痕。

④菌种整体性好，有弹性，掰块多，无松散或发黏现象。

⑤菌块内有菌丝香味，无臭味或酸面包味。

（2）制种时间　东北三省春季生产一般在头一年的10月份开始准备母种，母种满管时间为15~20d。一支母种可扩繁原种5袋（瓶）左右，谷物类原种满瓶时间为20d左右，枝条类原种需45d以上发满菌包，而木屑类原种则要40d左右。因此，春耳在12月份至来年的3月份之前要求菌包生产完毕。如有秋耳生产计划，应于3月份制作原种，4月下旬至5月中下旬生产菌包。

目前液体菌种标准化生产是黑木耳产业发展的方向。建立标准化菌包（种）厂，采用以液体制种技术为核心的整套机械化制袋、灭菌、接种、养菌一条龙式的液体菌种、菌包机械化生产线，可快速、大规模、高质量地生产菌包（种），然后将菌包分散给农户出耳。采用"公司+农户"的模式发展，将大大缩短生产周期、减低成本、提高成品率和经济效益。

（三）原料准备

（1）木屑　要求无杂质、无霉变、以阔叶硬杂木为主。如果木屑过细，可适当添加农作物秸秆（粉碎）进行调整粗细度。以80%颗粒状木屑加20%细锯末为宜。陈年柞树木屑为好，其次是硬杂木、软杂木屑，忌有气味的松木屑，避免接种后菌丝不吃料或不萌发。

（2）作物秸秆　玉米芯粉碎成0.6cm以下的颗粒，只能小比例掺入（不超过20%），防止培养料萎缩而造成袋料分离或出耳后期过早瘫袋（刘敬春等，2009；靳春成，2011）。

（3）辅料　辅料有麦麸（麸子）、稻糠、玉米粉、黄豆粉（豆饼粉、豆粕）。麦麸和米糠要求新鲜无霉变，麦麸以大片的为好。玉米粉和黄豆粉要粉碎得细一些，利于混拌均匀。

（4）栽培袋　栽培袋现有两种。一种是高压聚丙烯袋，其优点是透明度强，耐高温，121℃不熔化、不变形，方便检查袋内杂菌污染；其缺点是冬季装袋较脆，破损率高。另一种是低压聚乙烯袋，其优点是有一定的韧性和回缩力，装袋时破损率低；缺点是透明度差，不耐高温，只适合常压100℃灭菌使用。一般聚丙烯袋适宜做菌种用，而生产上多用聚乙烯袋。菌袋选择对小孔栽培至关重要，关系到生产的成败。小孔栽培应选择质地优良、袋薄且伸缩性好的栽培袋，这种袋与菌丝亲和力好，袋料不易分离（闫宝松等，2003）。

（四）常用的配方

栽培种（三级种）配方（仅供参考）：

①木屑82%、麦麸15%、黄豆粉（豆饼、豆粕）1.5%、石膏1%、石灰0.5%，含水量60%~65%。

②木屑76%、麦麸10%、稻糠10%、玉米粉1%、黄豆粉（豆饼、豆粕）1.5%、石膏1%、石灰0.5%，含水量60%~65%。

③木屑67%、玉米芯15%、麦麸15%、黄豆粉（豆饼、豆粕）2%、石膏0.5%、石灰0.5%，含水量60%~65%。

三、菌包生产

（一）拌料

采用机械将主料过筛后与辅料干拌均匀，再加水，料拌好后要闷堆，使主料、辅料和水充分混拌均匀，并确保含水量在60%~65%之间，通过加生石灰调整pH在7.0~8.0之间。

含水量的鉴定方法是手握成团，触之即散。水分过大，菌丝不易长到底，容易发生黑曲霉感染；水分过小，菌丝生长速度慢，菌丝细弱。因为原材料购买地不同，各地木屑含水量也不尽相同，所以拌料时要灵活掌握。

（二）装袋

小孔栽培要提高装袋的标准，多采用卧式装袋机装袋，培养料不但要装实，更要上下松紧一致，料面平整无散料，袋料紧贴，栽培袋无褶皱，避免袋料分离。装袋后的料面高为18～20cm，每袋重约1.2kg，并用窝口机封口。采用菌棒封口是克服袋料分离的有效方法。即装袋后，在菌袋中间打孔，将料上面的塑料袋掖入中间的孔中，然后将菌棒插入，倒置筐中（用5♯铁筋制成长×宽×高为44cm×33cm×26cm）灭菌（刘敬春等，2009；马雪梅等，2012）。

（三）灭菌

灭菌是菌种制作过程中最重要的一环。料袋灭菌要及时，不能放置过夜。灭菌可采用高压蒸汽灭菌或常压蒸汽灭菌。一般情况下，袋数越多，灭菌时间也相应延长。多采用常压灭菌，达到100℃后，装2000袋左右的灭菌锅，灭菌时间必须保持8h以上（注意中间不能停火，补充水分时要加热水）再焖锅3h；装4000袋左右的灭菌锅灭菌时间必须保持10h以上，再焖锅3～6h。出锅时要趁热将菌筐搬到接菌室或培养室。

（四）接种

菌包出锅后料温降到30℃以下时即可接种，接种时要严格按照无菌操作规程。在无菌条件下，将菌种接到培养料中，并封严袋口，防止杂菌落入。一般每瓶原种可接40个左右料袋。接种完摆放菌袋要先摆下层，后摆上层，卧式摆放层数不得高于5层，否则不利于散热，还会压扁料袋。

（五）培养

(1) 培养室消毒灭菌　菌袋进入培养室前要对培养室进行消毒灭菌，提前3d，可采用气雾熏蒸和药剂喷洒（卓海生和张华，2010）。培养室的墙壁要求光滑平整，提前用石灰粉刷一遍，用干木杆、木板搭好发菌架后，室内温度升高到25℃以上，将水泥地面加湿，用二氧化氯或过氧乙酸溶液把室内的墙壁和菌架喷施一遍，同时喷施杀虫杀螨剂防治害虫，保温48h后用气雾消毒剂（必洁仕、菇宝等）熏蒸消毒。使用前将培养室烘干，防高温高湿利于杂菌滋生。

(2) 培养温度　应掌握"前高后低"原则。菌丝体最适生长温度为22～28℃。萌发定植5～7d，温度可控制在28℃；封面期7～10d，温度控制在25℃；快速生长期（即菌丝长至1/3菌袋时），温度控制在21℃。最高、最低温度测量以上数第二层和最下层为准，上下温差大时，要用换气扇进行通风降温。

(3) 培养湿度　培养室必须要求卫生、干燥、避光，空气相对湿度不得大于40%，否则容易产生杂菌，原则是"宁干勿湿"。

(4) 通风换气　适时通风，应掌握"先小后大，先少后多"的原则。前期（菌丝封面前）每天中午通风一次，可以小通风20min左右；后期（快速生长期）每天早、中、晚各通风一次，每次1h，必要时打开门、窗进行大通风一次。越到生长后期越要注意加大通风量。

(5) 暗光培养　菌袋应在暗光条件下培养，遇强光菌丝易老化，诱发耳基形成，经40～50d的培养菌丝可发满袋。当菌丝长到菌袋的4/5时，可以拿到室外准备出耳。同时创造低温条件（15～20℃），菌丝在低温和光照中很容易形成耳基。

四、栽培管理

(一) 耳场建设

(1) 出耳场地的选择　为确保黑木耳高产，必须要有满足黑木耳生产的场所。首先要选好场地，场地好坏，直接关系到黑木耳产量的高低。出耳场地一般选在周围开阔、背风向阳、环境清洁、通风良好、靠近水源、交通方便、排水良好的场地、草地或平地，切忌洼地。

(2) 耳床建造　耳床宽度可根据场地条件来选择，床面呈龟背形，耳床宽1.5m，高度为15cm左右，长度根据场地而定，作业道以50~60cm宽为宜。

(3) 场地消毒　床面消毒用石灰、杀虫剂、除草剂混合喷施。摆袋前，床面应浇一次透水。

(4) 场地设施　根据黑木耳出耳期对水分的大量需求及东北地区早春干旱的气候特点，在摆袋前需安装好微喷系统。

(二) 菌包刺孔

(1) 刺孔器　经过近几年实践摸索，小孔黑木耳刺孔器有"/"、"△"、"|"和"Y"字形等。其中"/"型孔长出的耳片成碗状，菜形好、售价高。

(2) 孔径　用直径0.4~0.6cm钢钉刺孔，产出的木耳无根，采摘省工，不用割根，一碰即掉，耳形好，不用撕片。

(3) 孔数　规格为16.5cm×33.0cm的菌袋装料高度为18~20cm，每个菌袋刺孔120~180个为宜。孔径大，孔数少；孔径小，孔数多（图5-2）。

图5-2　刺孔120个以上的菌包

(三) 催芽

可采用室内、大棚或室外集中催芽。室内催芽时，温度控制在20℃以下，防止烧菌，为了增加湿度可向地面洒水或用加湿器增加湿度至85%以上。早晨通风20~30min。

采取室外催芽时，应在划口后集中催芽（18~20℃）。将菌袋运到栽培场地，耳床上铺草帘，提高地温，菌袋刺孔后按3~4行4~5层摆放在耳床上，4~5d刺孔部位菌丝变白后进行密集摆床。母床摆袋前要浇一遍透水，将菌袋按袋间距2~3cm呈"品"字形摆放，摆好后盖塑料和草帘，保湿催芽（刘敬春等，2009；李家全，2010）。

如遇高温天气（24℃以上）应浇水降温。通风不能太勤，时间不能过长，每次通风20~30min为宜，防止菌丝干燥影响出耳。通风时将耳床两侧草帘卷至中间即可（图5-3）。

催芽时期浇水应注意以下环节：

(1) 耳基期　摆袋后保持床面湿润，空气相对湿度保持80%以上，如天气干旱，可向栽培袋上方喷雾状水。经过7~10d，在打孔处形成黑色耳基，后期黑色耳基可封住小孔（图5-4）。

(2) 耳芽期　代料地栽小孔黑木耳的关键时期。床面空气相对湿度保持在85%左右，即床面湿润。如床面干燥、耳芽表面不湿润，可在晚间向栽培袋及床面喷一次雾状水，早晨再喷一次。切忌勤浇水、浇大水，5~7d后耳基逐渐膨大伸展，形成参差不齐的耳芽。

图 5-3 催芽期浇水和通风管理

(3) 伸展期 耳片快速生长阶段，主要通过加大空气相对湿度至 90% 来保持耳片迅速生长，7~10d 后，耳芽长成不规则的波浪状耳片。待绝大多数耳芽长出孔外时撤掉塑料薄膜，只留草帘降温保湿，中午温度高时切忌浇水。

(四) 分床

分床不宜过早，过早木耳易长成丛状。待耳芽出齐并长至 2~3cm 后分床，分床时菌袋

图 5-4 小孔黑木耳耳基期

间距 10cm 为宜（图 5-4）。小孔木耳栽培一般每亩（1 亩 ≈ 666.7m²）摆放菌袋 1.5 万袋左右。

分床后，前期应少浇勤浇水，以保温为主，中期干湿交替，后期水量不宜过大，防流耳。分床后浇水应遵循以下原则（李家全，2010）：

① 停水后如果耳片很快变干"显白"应继续浇水，反之不用浇水。

② 看菌袋浇水。当菌袋水分较大时菌袋较重，应少浇或停止浇水。

③ 干湿交替。中期应干湿交替，直到木耳生长结束。干，可以干 2~3d，干得比较透，以耳根干为好。干燥时，菌丝生长，积累养分。湿，要把水浇足，细水勤浇，浇 3~4d。湿润时，耳片生长，消耗养分。

④ 看天气。晴天温度适宜可适当多浇水，阴雨天可少浇或不浇；浇水应在早晚进行，但气温低时，早晚不浇。白天温度低于 22℃ 时可间歇性连续浇水，中午温度高时不浇水。

(五) 采收晾晒

采收一定要及时，原则是够大就采。当木耳展片直径为 3~5cm 时要及时采收，这时干耳直径 2cm 左右，呈碗状、耳厚、形好（图 5-5）、售价高；而当耳片长至 5cm 以上，干耳多呈"耳"状或片状，售价要低很多。

(1) 停水采耳 待木耳耳片充分展开，耳根收缩，孢子即将弹射前采收木耳。采耳前应停水，让阳光直接照射栽培袋和木耳，待木耳耳片收缩即将发干时，连根采下。

(2) 晾晒加工 采收后的木耳要及时晒干。小孔单片木耳晾晒同朵状木耳一样，晾晒时最好摊厚一点，保证干耳形状好。小孔木耳一般早采晚收，2~3d 即可晒干，晾晒时，耳片不应重叠，以免影响木耳外观质量。晒干后的黑木耳（含水量在 14% 以下）要及时装进塑料袋，扎紧袋口，防潮防蛀。

图 5-5　达到采收标准及晒干的小孔黑木耳

（六）采后管理

(1) 清理耳场　清理耳场及病虫残耳，可喷 0.1%～0.2% 高锰酸钾或 5% 石灰水进行消毒。

(2) 清理菌袋　将培养料刮平压实。

(3) 菌丝复壮　采耳后停止喷水 3～4d，覆膜（或草帘）使菌丝复壮。

(4) 再催耳芽　采收 5d 后喷重水，约 10d 后又可长出新耳芽。

（七）春耳秋管技术

(1) 揭盖时间　立秋前后（7月下旬至8月上旬），把出过木耳的菌袋顶部撕开（即揭盖）。时间不宜过早，否则气温较高，菌袋内部水分含量过高，加上菌袋下部营养没有消耗掉，容易引发青苔，造成菌袋整体感染杂菌，导致菌袋全部废弃。

(2) 揭盖方法　菌袋顶部经过春夏两季的风吹日晒，到揭盖时已经风化，用手轻轻一拽即可达到揭盖效果。对于部分质量较好，并未风化的结实菌袋，可用刀片在袋顶划几刀或用揭顶器（袋顶打孔）达到揭盖效果。

(3) 二次扩面　一般开盖采摘一茬木耳后，再把袋顶塑料膜全部撕掉，使菌袋内剩余的营养得到充分转化。

(4) 浇水管理　菌袋揭盖后，晾晒 3～4d，然后用微喷方式浇水。浇水时间分别是上午 5～10 时，下午 15 时至晚上 21 时，浇水十几分钟后间歇 30min，再浇水十几分钟。既不能让菌袋表面风干，也不能过度浇水，注意浇水一定少浇、勤浇。出耳芽后开始正常浇水管理。

（八）秋木耳栽培技术

1. 栽培时间

秋木耳栽培，是指在袋栽黑木耳生产过程中，采取春季栽培菌袋，而在秋季出耳的方式。一般在 5 月下旬至 6 月上旬接种栽培袋，7 月下旬至 8 月上旬栽培。

2. 培养料配方应注意的问题

(1) 木屑不能过细　培养料配方与春耳相同，但不能用过细的木屑，否则易引起菌丝伤热。如果菌丝变红，表明木屑过细，二氧化碳积累，料温升高，使菌丝停止生长。

(2) 配方适当　营养丰富，麸皮不能少于 15%。

(3) 拌料、装袋　当天拌料，当天灭菌，不能过夜，否则培养料易酸败。应根据木屑的颗粒大小调整机器的松紧度，木屑粗的，可紧一些，反之则松一些。

(4) 灭菌、接种　灭菌和接种方法同春耳栽培。

(5) 发菌　发菌期菌袋应立式摆放，相邻两袋间留有空隙。温度不能高于28℃，每天通风两次，时间安排在早晨和晚上。尽可能地降低培养室的空气相对湿度，以地面不起灰为宜。

(6) 秋耳采摘　秋木耳生长时气温偏低，生长期较长，所以延时采摘对提高秋木耳的产量很重要，一般11月份上冻前都可以采摘。

第四节　小孔黑木耳春季吊袋栽培技术

棚室吊袋木耳生产不受天气影响，保温保湿性好，空间利用率高；省力、省地、省工、省时；免受污染，质量好、效益佳。有关黑木耳菌包生产、发菌管理方法参照露地栽培技术。

一、大棚建造

大棚选址要求周围环境清洁，光线充足，通风良好，靠近水源，交通方便，保温保湿性能好，以满足黑木耳在出耳期间对温度、湿度、空气和光照等环境条件的要求。不要在山顶或浸水的地方作耳场，最好选在有少量树木的林中，要有散射阳光为好。

黑木耳挂袋大棚与蔬菜大棚的冷棚相似，但结构更坚固。大棚建造不宜过大，棚的结构要合理，棚架要牢固。宽10m左右，长20～30m的大棚，自然通风即可，适用于生产3万袋木耳。大棚有双弓和单弓两种：双弓大棚，棚肩以下斜立，高1.8m，每个弓下1.5～2m远设1个立柱；单弓大棚，棚肩以下斜立或直立，另设横梁，梁高2.2～2.5m，横梁下1.8～2m远设1个立柱。棚顶用塑料薄膜与遮阳网双层覆盖，用以保温、保湿和遮阴，高度一般在3.5m左右。系绳挂袋所用钢筋与棚同向，两根一组，间距20～30cm，作业道70cm左右。一般棚头对应设2扇或4扇可折叠的门，保证棚内通风顺畅，防止菌袋缺氧形成畸形耳。微喷管安装在内弓或横梁上，2m/根，1～1.5m设1个喷头。春季挂袋必须上年秋季建棚（王延峰，2015）。

二、扣棚及准备工作

扣棚前要准备好大棚膜、遮阳网、压膜绳等物资。3月初清理积雪后用塑料扣棚，用压膜绳将塑料加固，挂袋以后再扣遮阳网。为方便塑料和遮阳网卷放，应安装卷膜器。扣棚后、挂袋前将吊袋绳拴好（图5-6），将微喷等系统安装完毕。

三、棚室的清洁与消毒

待立体吊袋大棚框架搭建完毕后，在地面撒1层生石灰，防止杂菌发生，并可在地面上垫1层草帘、遮阳网或砖，防止浇水时泥沙溅到子实体上影响产品质量。处理完地面后，将大棚密闭，用菇宝熏蒸消毒。棚室在菌袋打孔前3～5d再清洁一次，同时还要

图5-6　吊袋前准备工作

进行药物消毒。

四、刺孔和复壮菌丝

棚内气温稳定在-3℃以上时，可将菌袋移到棚里垛放，地面铺草帘等防寒物，袋上盖草帘防寒遮阴，夜晚覆塑料防冻。4~5d将菌袋上下对倒1次，待菌丝复壮变白后方可刺孔。划口时要注意观察菌袋情况，发现感染杂菌的及时挑出。大棚挂袋栽培每个菌袋开180孔左右，以圆钉孔为好，孔径3~4mm，孔深5~8mm。刺孔后注意把菌袋堆垛上，在遮光条件下5~7d菌丝可封闭耳孔。等刀眼封闭，菌丝愈合后挂袋，可使木耳出耳更快。垛袋复壮菌丝期间的管理主要是升降遮阳网进行控温，通过向地面和草帘上喷雾状水来降温保湿，通过开门通风达到增氧降温，春季挂袋初期主要是增温保湿。刺孔后袋温控制在22℃以下，湿度以菌袋表面能看见"露水"为宜。打孔也可在培养室内进行，待伤口恢复后挂袋（王延峰，2015）。

五、催芽方法

将菌袋摆放在棚内平整泥地或沙地上，上面盖一层草帘（若气温过低需加盖塑料薄膜），向地面或草帘上喷水保湿。7~10d耳基开始产生，其间保持空气相对湿度85%左右。加强通风换气，待耳基成丛鼓起挤满耳孔处，可加大湿度至90%。注意不能向耳孔上直接喷水，防止引起杂菌污染。

六、吊袋

吊袋木耳进棚时间要根据本地大棚内温度情况合理安排。东北在3月末4月初当地下0.3m深的土壤化冻即可在棚室内吊袋，6月末采收结束。菌袋刺口后当伤口恢复愈合时即可进行挂袋，挂袋主要应用"三线脚扣"方式。"三线脚扣"是用3股尼龙绳拴在吊梁上，另一头离地20cm系死扣，挂袋前先放置4个等边三角形塑料脚扣，作用也是束紧尼龙绳固定菌袋，挂袋时先将菌袋放在3股绳之间，袋的上面放1个脚扣，再放2个菌袋放下脚扣，以此每串挂10袋左右。相邻两串间距18~20cm。

图5-7 挂袋后管理

棚内挂袋不宜过密，过密影响通风。菌袋处于封闭空间内，容易造成交叉感染，如发现杂菌感染的菌袋（流"红水"、绿霉等）必须及时挑出，不可挂上，并进行深埋或烧毁处理。挂袋时，最底部菌袋应距离地面30cm以上（图5-7），挂袋密度平均80~90袋/m^2。挂袋速度一定要快，以保持菌袋的湿度。可在悬挂菌袋的下方铺设纱窗网或砖，利于采摘和捡拾木耳，省工省力。菌袋应浇雾化水，防止水流到菌袋内而长青苔或感染杂菌。晚上防止菌袋受冻，白天防止高温造成的菌袋袋料分离。早或晚通风一次，棚内温度不能超过25℃，达到30℃时要及时降温（棚顶加盖遮阳网）。喷水时间2~3min，必须保持菌袋的湿度，以利于木耳出得齐、快，还可使袋料结合紧密，防止后期菌袋被灌进水而长青苔。吊袋后棚内空气相对湿度要达85%左右，防刀口老化影响产量。春耳吊袋时间要比地栽提前，秋耳则要延后（王延峰，2015）。

七、出耳管理

(一) 催芽期

挂袋后到耳芽形成阶段的管理要以保湿为主、通风为辅，早晚增温、中午控温。催芽期应将地面浇透水，结合喷水保持棚内昼夜湿度80%以上，使菌袋表面有薄薄的"露水"，保证耳芽出得快又齐。挂袋前期最好喷雾状水，防止水进入袋内滋生青苔。早晚各通风1次，每次0.5~1h。通风可加快木耳分化，形成耳基，正常管理10d左右原基可形成，需加强通风。

(二) 耳片分化期

即原基形成至耳片形成阶段。这一阶段湿度始终保持在85%以上，减少干湿交替，以防憋芽和连片，加强通风，防止CO_2浓度过高产生畸形耳。可有意识地进行低温浇水，控制耳片生长速度，使其长得更厚，耳形更好。棚内地面要保持湿透，定时浇水，保证菌袋表面湿度。这一阶段更要防止高温烧菌，避免菌袋流"红水"进而感染绿霉菌。要利用遮阳网来调节棚内温度。如温度过高，除利用遮阳网外，还要采用通风方法降温。如果通风不好，会形成漏耳状态，造成连片，使木耳质量差，产量受影响。

(三) 耳片展片期

即耳片形成至采收期，这一阶段要适当控制耳片生长速度，以保证耳片长得黑厚边圆。原则上棚内温度高于25℃不浇水，早春温度低白天浇水，夜晚不浇水，入夏后晚间多浇水。浇水时应先将耳片全部湿透，然后每小时浇水10~20min，控制棚内湿度在90%以上。与地栽木耳相反，挂袋木耳是保湿容易通风难，展片期应全天通风。入夏后可将棚膜卷至棚顶，浇水时一般放下遮阳网，不浇时将遮阳网卷至棚顶或棚肩处。进入展片期后，适当延长通风时间，撤掉遮阳网，增加光照，利用塑料布控制温度，加强通风（图5-8）。下午4~5点时，把塑料布放下来。菌袋降温后进行浇水，第一次浇水量要大，使木耳保持湿润状态，起雾后停止浇水。早上6~7点把塑料布揭起来，干湿交替可增加产量（王延峰等，2014）。

(四) 采收及转潮管理

当黑木耳耳片长到3~5cm，耳边下垂时就可以采收（5~6成熟）。采摘时可把晒网或地膜铺在地面上，用手或木棍触碰木耳即可。大棚吊袋栽培黑木耳，一般在4月中旬至下旬即可采收第1潮黑木耳，在5月上旬采收第2潮黑木耳，比全光地摆栽培提前25~30d。木耳采收后，将大棚的塑料薄膜和遮阳网卷至棚顶，晒袋5d左右，然后再浇水管理，即"干干湿湿"水分管理。晒袋管理是避免耳片发黄的关键措施。不见光、温度高、耳片生长速度过快是耳片黄、薄的主要原因。

一般第1潮黑木耳每袋可采干耳20~25g，耳片圆整、正反面明显、耳片厚、子实体经济性状好。第2潮耳管理方法与第1潮耳大致相同，湿度高、通风大是关键技术。一般可采收3潮耳，每袋产干耳40~60g（王延峰等，2014）。

(五) 菌袋落地采顶耳

待采完2~3潮耳后，若菌袋仍比较硬实、洁白，说明袋内的营养物质还没有被完全转化，这时可以将吊绳上的菌袋落地，在顶端用刀片开"十"或"井"字形口，然后在棚内密集摆放（图5-9），早晚浇水4~5次，每次浇水1h，停浇30min，这样每袋还可以采干耳10~15g（王延峰等，2014）。

图 5-8　黑木耳吊袋栽培（见彩图）

图 5-9　菌袋落地采顶耳

八、秋耳管理

秋耳吊袋应进行全光管理，降低棚内湿度，保证通风顺畅。划口后在遮阴条件下待菌丝愈合后再吊袋。及时补水，但应控制补水量，当出现黑色原基后应加大浇水量，让木耳及时长出孔外。出耳管理方法同吊袋春栽。

第五节　黑木耳病虫害识别与防治

袋料栽培黑木耳发菌期和子实体生长期间发生的主要病虫害及其防治方法如下（何建芬，2012；张时等，2016）：

一、生理性病害

（一）发菌速度慢

1. 症状

接种后，菌丝虽然萌发，但不吃料或吃料后生长速度很慢。

2. 原因分析

① 装袋时间太长或灭菌升温太慢，料袋变酸；

② 培养料水分过多，或颗粒过小，导致料袋缺氧；

③ 早春接种气温过低，早秋接种温度过高；

④ 所用木屑中具油脂芳香类物质或含杀菌剂或油漆等化学物质。

3. 防治措施

（1）控制每灶灭菌数量在 5 000 袋以内，灭菌升温 100℃后保温 8～12h，气温高时用碳酸钙或石灰将培养料 pH 调节到 7～7.5；

（2）科学配制培养料，颗粒粗细搭配，含水量在 60%～65%；

（3）选择无芳香味、无油脂、不含杀菌剂和油漆等新鲜的木屑配制栽培料。

(二) 接种块不萌发

1. 症状

① 接种后菌种不萌发，几天后接种块布满绿色霉层，培养料内毛霉等杂菌开始蔓延；
② 菌丝萌发慢，呈很淡的灰白色，菌丝在料内生长纤弱、无力，生长速度缓慢。

2. 原因分析

① 菌种处于高温或缺氧的条件下培养，菌丝活力下降，或菌龄太长；
② 料袋灭菌后没有充分冷却；
③ 培养料碱性过大。

3. 防治措施

① 选择菌丝纯白、粗壮，在良好的条件下培养，菌龄在 35~45d 的菌种；
② 料袋灭菌后料心温度降至 28℃ 以下方可接种；
③ 配料时将酸碱度调至 pH 7~7.5。

(三) 菌丝稀疏

1. 症状

菌丝在料内生长纤弱、无力，生长速度缓慢，颜色呈灰白色。

2. 原因分析

① 菌种退化、老化或菌种在高温或缺氧的条件下培养；
② 培养料水分偏低，颗粒过细，通透性差，酸碱度不适；
③ 培养环境温度过高，通风不良。

3. 防治对策

① 菌种选择、培养料配制参照上述防治措施的要求；
② 使用人工措施控制袋温在 24~28℃，并加强通风。

(四) 退菌病

1. 症状

发生于菌袋发菌后期或后熟期完成刺孔后。表现为原来浓白菌丝体逐渐变淡，料袋变松软，耳料脱壁、变黄，最后出现黄水。

2. 原因分析

① 菌袋培养后期环境温度长时间超过 28℃，引起高温烧菌；
② 菌袋刺孔后，菌丝代谢活动旺盛，菌袋温度大幅度升高，引起高温烧菌。

3. 防治对策

① 培养后期袋温不超过 25℃，并加强通风；
② 秋耳选择气温 25℃ 以下时刺孔，刺孔后及时散堆，并进行强通风。

二、真菌性病害

(一) 木霉病

1. 症状

该病多发生于菌丝培养期、排场期及春季出耳后期的菌棒上。培养期发病表现为在接种口或菌棒内出现绿色点状或斑块状，很快发展成片状，出现绿色霉层；排场期发病表现为在早秋气温较高天气排场，菌棒靠近地面底端或下半侧出现块状的绿色霉层，逐渐向中上部蔓延，发生整枝菌棒腐烂（图5-10）；春季发病多发生在气温升高的多雨天气。

图 5-10　被木霉感染的黑木耳菌棒

2. 原因分析

① 采用淀粉含量高的稻谷、麦粒或玉米制作的原种转接生产种，生产种培养后期易受到杂菌感染，而使菌种本身带菌；

② 使用老化或活力弱的菌种生产；

③ 培养料使用玉米芯或大颗粒原辅材料配制，未预湿导致灭菌不彻底；

④ 生产、灭菌、冷却、接种和培养场所病菌基数高，通过空气传播；

⑤ 接种人员双手和接种工具在使用前未按规定操作消毒而传播病菌。

3. 防治对策

① 避免使用淀粉含量高的原种、生产种生产菌棒；

② 使用新鲜、干燥的木屑等原辅材料配制栽培料，大颗粒的原辅料使用前须先预湿，严格按规定配方，避免加入过多的富氮物质（如麸皮）；

③ 料袋灭菌后要堆放在干净场所密闭冷却，保持接种室和培养室内的卫生和干燥，定时进行消毒，遇连续阴雨天气，采取撒生石灰的方法吸湿；

④ 秋耳选择24℃以下天气排场，排场后耳芽长出前遇高温或大雨天气，采取架设遮阳网或薄膜等设施遮阳遮雨。

（二）青霉病

1. 症状

症状与木霉病相似，发生时斑块比绿霉大，色泽比绿霉病稍深。

2. 原因分析

青霉感染，原因与木霉相似。

3. 防治对策

同木霉病。

(三) 毛霉病

1. 症状

发生在接种后的3～10d，表现为在接种穴的周围出现纤细、色淡的白色菌丝，生长迅速，5～7d即可达到碗口大，有些出现黑色孢子。木耳菌丝能生长，但速度慢。

2. 原因分析

毛霉菌以孢子形式传播，主要存在于原料、土壤和发霉的原辅料中，在温度高、湿度大、通风不良条件下发生极快。

3. 防治对策

① 菌种、原辅材料选择处理及生产场所的清理消毒同木霉病的防治对策；

② 培养料灭菌后要使料心的温度充分降至28℃以下接种。

(四) 链孢霉病

1. 症状

发生初期，接种穴或袋破损口的四周出现纤细棉絮状的菌丝，感染后1～3d即可出现橘黄色粉末状物质，并在料袋破口处形成橘黄色或白色粉团，很快就在菌袋间蔓延（图5-11）。排场期遇高温高湿天气也易滋生链孢霉，表现在菌棒刺孔口处出现白色粉团。

图5-11 发菌期被链孢霉感染的黑木耳菌包

2. 原因分析

① 菌种带菌、棉花塞受潮、菌种袋有破损等感染了链孢霉；

② 生产环境有玉米芯、未经处理的废弃料等或养菌室高温高湿；

③ 菌棒刺孔后菌丝未恢复就排场，遇高温高湿天气，引起病害发生。

3. 防治对策

① 菌种、原辅材料选择与处理同木霉病防治对策；

② 生产场所远离污染源，彻底清理生产环境中上季生产留下的废弃料、废菌袋、霉变的子实体及玉米芯等淀粉含量高的物质；

③ 养菌期间忌高温高湿；

④ 已经发生链孢霉感染的菌棒，先用柴油浸湿棉花团，然后将棉花团直接按压在感染

部位，并用湿报纸包裹感染菌棒移至其他场所隔离处理，防止孢子四处飞散相互感染。

（五）根霉病

1. 症状

发生在菌丝培养期间，初侵染时无明显的菌丝生长，只有匍匐于表面的呈蜘蛛网状的菌丝，危害后期在料袋壁上出现黑色小点，手按菌棒有粗糙不平的硬粒感。

2. 原因分析

黑根霉感染，发病原因与毛霉病相似。

3. 防治对策

① 菌种、原辅材料、生产环境选择与处理同木霉病防治对策；
② 感染的菌袋用 pH 10.0 以上的石灰水进行处理可抑制。

三、细菌性病害

（一）黄水病

1. 症状

黑木耳生产种和菌丝培养阶段均可发生。发病初期木耳菌丝能正常生长，但表现为末端生长不整齐或有明显的缺刻，中后期随着细菌的繁殖，木耳菌丝停止生长，并在袋壁或料面产生黄色分泌物（黄水），最后致多种真菌（如木霉、青霉）的继发感染使菌棒发生腐烂。

2. 原因分析

主要由乳微细菌和芽孢杆菌等一大类耐热性细菌感染引起。
① 菌种隐性带菌；
② 料袋接种时，无菌操作不规范；
③ 培养料灭菌不彻底；
④ 培养料中淀粉和蛋白质含量过高；
⑤ 培养期间昼夜温差、阶段性温差过大发生冷凝水沉积，导致细菌感染。

3. 防治对策

① 选用菌丝末端生长整齐、菌丝密集、分布均匀、无缺刻、无黄水、适龄的菌种；
② 严格按规定配方，避免加入过多的富氮物质（如麸皮）或粮食类原料；
③ 接种时严格遵循无菌操作规程，培养过程控制恒温培养。

（二）流耳病

1. 症状

耳片呈自溶态势变成胶质状流体流下。症状一般从耳片边缘开始出现，逐渐向耳根发展，最后使整个耳片变成胶质流体。

2. 原因分析

多种细菌引起。温度超过25℃、湿度高、通风不良、喷灌水不洁、害虫侵食等也是重要诱因。

3. 防治对策

① 秋耳选择气温 25℃ 以下天气排场；
② 采用无污染的深井水、山泉水或溪水喷灌；

③ 耳场使用前要杀虫、灭菌，出耳期间保持出耳场地的清洁；
④ 采用干、湿交替法浇水，加强通风；
⑤ 耳片成熟后及时采收，清理耳根；
⑥ 出现流耳时，要及时清理病耳，停止喷水，用石灰水（粉）对场地进行消毒。

四、转茬耳杂菌污染原因及防治措施

黑木耳正常情况下能出三茬耳，但目前有些地区头茬耳采收后，没等二茬耳长出就感染了杂菌。分析原因如下：

1. 暑期高温

菌丝生长阶段的温度是 4～32℃，如袋内温度超过 35℃，菌丝死亡，逐步变软、吐黄水，采耳处首先感染杂菌。

2. 采耳过晚

要当耳片充分展开，边缘变薄起褶，耳根收缩时采收。这时采收的黑木耳弹性强、营养不流失，质量最好。

3. 上茬耳根或床面未清理干净

残留的耳根，因伤口外露，易感染杂菌。

4. 菌丝体断面没愈合

采耳时由于连根摘下甚至带出栽培料，菌丝体产生了新断面，在未恢复时，抗杂能力差。这时浇水催耳，容易产生杂菌感染。

5. 草帘霉烂传播杂菌

草帘要定期消毒。

6. 采耳后未晒袋

采耳后菌袋未经日晒，草帘或床面湿度大。二茬耳还未形成前，菌丝体应有个愈合断面、休养生息、高温低湿的阶段。倘若此时草帘或床面湿度大，很易产生杂菌污染。采耳后菌袋需晒 3～5d，使采耳处干燥；床面和草帘应晒彻底，晒完的袋盖上晒干的草帘子，养菌 7～10d。

7. 浇水过早过勤

二茬耳还未形成和封住原采耳孔，就过早浇水。

五、主要害虫

（一）多菌蚊

1. 症状

主要发生在菌丝培养期间，成虫在接种穴或刺孔口产卵，幼虫孵化后，从接种处逐渐取食孔口四周的菌丝，表现出退菌现象。肉眼可见在耳袋中出现白色或橘红色小虫，中后期菌丝逐渐消退，同时并发多种真菌和细菌污染，从孔口流出黑色渍状的液体，直至菌丝完全死亡而使菌棒报废。

2. 原因分析

多菌蚊成虫多产生于污染培养料、腐败耳片上，适宜于中低温（15～25℃）生活环境，成虫产卵于接种口或刺孔口处,孵化后幼虫在料袋中生长。

3. 防治对策

培养室远离猪圈、鸡场、废弃料等污染源,在使用前需对接种室、培养场所及四周进行彻底清理,并用菇净等杀虫剂喷杀。

(二) 螨虫

1. 症状

多发生于菌丝培养期间,危害菌袋的主要是木耳卢西螨和蒲螨。在受害耳袋的接种口和培养料中,出现白色透明鱼子状颗粒(即膨腹体阶段),为木耳卢西螨危害;接种穴或刺孔口出现退菌现象,耳袋外壁出现成堆的粉末状物,为蒲螨危害。

2. 原因分析

害螨通过麸皮等原材料或昆虫等进入生产场地,菌种带螨,不洁环境(水、土壤)和工具传播。

3. 防治对策

① 菌棒接种场所、培养场所要远离污染源及原辅材料堆放场,采用在培养场所四周设排水沟,并灌流动水的方法可切断螨虫通过爬行侵入;

② 严格挑选菌种,禁止使用带螨菌种;

③ 培养场所要彻底清理,并用磷化铝密闭熏杀;

④ 菌棒分床前配合杀菌剂用菇净等杀虫剂杀虫1~2次。

六、病虫害的综合防治

防治黑木耳的病虫害,要贯彻"以防为主,综合防治"的植保方针。在栽培生产中,应当加强实地观察,掌握病虫害的发生、发展和危害规律,以便采取相应措施,做好防治工作。

① 应当尽可能选择良好的栽培场所,保持卫生,减少病源,给黑木耳创造适宜的生活环境。

② 大力提倡早接种,使黑木耳菌丝体优先占据培养料,减少杂菌的入侵机会。

③ 加强科学管理,调节好栽培环境的温度、湿度、光照和通风。要不断地拔除耳场的杂草,清理害虫躲藏的地点,使害虫和杂菌不易繁殖。若在耳场四周挖一道小沟,灌注清水,对防止害虫入侵有一定效果。经常晾晒耳袋。轻度发生杂菌的耳袋可涂刷1‰~3‰生石灰液。同时还要注意及时采收成熟的黑木耳,以防成熟过度腐烂,引起病害蔓延。

思考题

1. 小孔黑木耳露地栽培季节如何选择?
2. 小孔黑木耳栽培对菌种选择有什么要求?
3. 小孔黑木耳露地栽培如何进行催芽管理?
4. 黑木耳催芽时期浇水应注意哪些环节?
5. 黑木耳菌棒分床后浇水应遵循哪些原则?
6. 黑木耳吊袋栽培如何进行出耳管理?
7. 简述黑木耳病虫害的识别与防治。

第六章 滑子菇栽培技术

第一节 滑子菇概述

滑子菇 [*Pholiota nameko* (T. Ito) S. Ito&Imai]，又称滑子蘑、光滑环锈伞、光帽鳞伞、珍珠蘑、纳美菇（日本）等。在分类学上属担子菌门（Basidiomycota），伞菌纲（Agaricomycetes），伞菌目（Agaricales），球盖菇科（Strophariaceae），鳞伞属。菇体簇生，色彩艳丽，菇肉脆嫩，味道鲜美，鲜滑子菇口感极佳，具有滑、鲜、嫩、脆的特点，颇受人们欢迎。滑子菇因它的菌盖表面有层黏液，食用时黏滑，用筷子不易夹起，因此而得名。

滑子菇的营养十分丰富，是一种低热量、低脂肪的保健食品。每 100g 鲜菇含蛋白质 1.1g、脂肪 0.2g、糖 2.2g，并含有钙、磷、铁、钠及维生素 B_1 和维生素 B_2。每 100g 干菇含粗蛋白 33.76g、纯蛋白 15.13g、脂肪 4.05g、总糖 38.89g、纤维素 14.23g、灰分 8.99g。粗蛋白高于香菇和平菇。滑子菇不仅味道鲜美，营养丰富，而且菇盖表面所分泌的黏状物是一种核酸，具有抑制肿瘤的作用，能提高机体的免疫力，并对增进人体的脑力和体质大有益处。此外，还可预防葡萄球菌、大肠杆菌、肺炎杆菌、结核杆菌的感染（崔颂英，2007；姜建新等，2016）。

滑子菇属于珍稀品种，其味道鲜美，营养丰富，是很有发展前途的保健食品和出口创汇产品。滑子菇人工栽培始于日本，20 世纪 70 年代我国引种栽培。属低温结实性菌类，具有朵形小、丛状结菇、生长旺盛、耐寒性强等特点，适于我国北方地区栽培。尤其辽宁地区，自然条件优越，适合滑子菇栽培，经济效益十分可观，颇受广大菇农的欢迎。自辽宁省岫岩县 20 世纪 70 年代末开始进行较大规模试种以来，逐渐在吉林、黑龙江、河北等地大面积推广，产量逐年增加，2005 年我国滑子菇年产 20 万吨。目前我国栽培主要分布在河北北部及辽宁、黑龙江、内蒙古、福建、台湾等地区。河北省平泉市是目前全国最大的滑子菇生产基地，是"中国滑子菇之乡"。该县 1989 年开始规模生产以来，利用本地的资源优势和气候优势，经过广大科技人员的不断技术创新，使滑子菇的产量、质量不断提高，现已成为平泉市食用菌产业的主导产品，年产量 10 万吨，占全国滑子菇总产量的 40%，占世界产量的 25%，拥有较大的市场份额，种植栽培滑子菇已成为广大农村脱贫致富的首选项目（苗冠军等，2015）。

黑龙江省牡丹江市的林口县具有滑子菇生产大县的美誉，林口滑子蘑地理标志保护的区域范围为全县境内，生产区域为奎山乡、林口镇、莲花镇、古城镇、青山镇、三道通镇、刁翎镇、建堂乡、龙爪镇、柳树镇、朱家镇，地域保护区面积 668800 公顷，生产规模 2 亿块，年产量 10 万吨。传统的滑子菇栽培模式为半熟料盘栽、块栽或太空包栽培，但随着每年春季气温的升高及北方滑子菇生产规模的不断扩大，环境中的杂菌孢子的危害性也在增加，出现了污染率上升的趋势。因此，为了提高滑子菇的成品率和转化率，可采用袋式全熟料栽培技术。目前滑子菇在国内外需求呈上升趋势，我国生产的滑子菇产品盐渍后主要出口日本，近几年来随着深加工能力的增强，产品已销往东南亚、欧洲一些国家，发展前景非常广阔。

第二节　生物学特性

一、形态特征

滑子菇由基质中的菌丝体和可食用的子实体组成生育体系。

（一）菌丝体

滑子菇的菌丝体呈绒毛状，初期颜色发白，逐渐变为奶油黄色或淡黄色。

（二）子实体

滑子菇子实体多数为丛生、密生或簇生。由菌盖、菌褶、菌柄三大部分组成。

1. 菌盖　幼菇菌盖为半球形至扁球形，黄褐色或红褐色。随着子实体的生长，菌盖逐渐展平，中央凹陷，色泽较深，边缘呈波浪形。菌盖的直径一般在 3～8cm，表面光滑有一层极黏滑的黏胶质，其黏度随湿度的增加而加大。菌盖中间略鼓或平形，色泽淡黄或黄褐，中央红褐色或暗褐色，老熟后盖表面往往出现放射状条纹。菌盖的薄厚及开伞程度因不同品种及环境条件的变化而有差异。

2. 菌褶　菌褶是孕育担孢子的场所，密生在菌盖的下面。子实体幼嫩时菌褶的颜色为白色或乳黄色，成熟后呈锈棕色，菌肉由淡黄色变为褐色。菌褶边缘多为波浪形，近菌盖边缘处波纹较密。菌褶表面覆以子实层，其上生有许多担子，每个担子可产生 4 个担孢子。

3. 菌柄　菌柄中生，呈圆柱形。菌柄的长短、粗细因环境条件的变化而变化，通常菌柄长度为 5cm 左右，直径 0.5～1.0cm。菌柄的上部有易消失的膜质菌环（图 6-1），以菌环为界，其上部菌柄呈淡黄色，下部菌柄为淡黄褐色，菌柄也被有黏液。

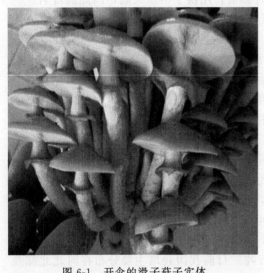

图 6-1　开伞的滑子菇子实体

二、生长发育的条件

（一）营养条件

滑子菇是木腐菌类，在自然界中多生长在阔叶树上，尤其是壳斗科的树桩、倒木上，其生长靠菌丝从基质内吸收可溶性氮素和钙等矿物质元素。人工栽培滑子菇以木屑、玉米芯、秸秆、米糠、麦麸等富含木质素、纤维素、半纤维素、蛋白质的农副产品下脚料为基质。还可添加 1.5%～2% 的黄豆粉以提高产量。碳素与氮素的比例在其生产中很重要，营养生长阶段碳氮比以 20∶1 为宜；生殖生长阶段为 (35～40)∶1。因此，栽培料的搭配必须合理。

（二）环境条件

(1) 温度　滑子菇属低温型、变温结实性食用菌。菌丝在 5～32℃ 之间均可生长，最适温度为20～25℃。低于10℃生长缓慢，15℃生长加速，超过25℃生长速度减慢，长期在32℃以上菌丝停止生长，甚至死亡。但比较耐低温，-25℃也不会死亡。子实体在10～18℃间都能生长，高于20℃，子实体菌盖薄，菌柄细，开伞早，低于5℃，生长缓慢，基本不生长（齐振祥等，2008）。因此，出菇阶段菇房温度一般调节在7～15℃之间比较好。当菌丝"吃"透培养料达到生理成熟时，给予10℃左右的低温刺激，昼夜温差在7～12℃之间，以促进原基的形成。

（2）水分和湿度　水分是指培养料内的含水量，湿度是指空气的相对湿度。菌丝体生长阶段培养料含水量以60%～65%为宜。若低于50%时，菌丝长势明显减慢，且菌丝纤细，代谢逐渐受阻，最后停止生长或死亡；若超过80%会使菌丝生长受抑制，不向培养料深层"吃"料。出菇前期如果培养料偏干，就不能形成子实体原基甚至不出菇。而在子实体形成阶段，若培养料缺水会造成菌柄细，盖小肉薄，开伞早，子实体上不形成黏液。此时，培养基中的含水量（代谢水）需通过喷水增加至70%～75%，空气相对湿度在85%～95%。空气湿度过低会影响产量，但培养基表面积水又会导致烂菇，且容易滋生霉菌。因此，在菌蕾形成阶段，不要直接向基质喷水，应逐渐加大空气相对湿度。

（3）空气　滑子菇属好气性食用菌。早春，接种之初，气温低，菌丝生长缓慢，少量的氧即能满足需要；随着气温升高，菌丝新陈代谢加快，呼吸量增加，此时就要注意菇房通风。在滑子菇的整个生长过程中，必须根据气候情况和其不同的生长阶段及菇棚的特点进行通风换气，保证有足够的氧气。如环境中CO_2浓度超过0.8%时，菌丝易老化，小菇蕾色泽不正常，生长慢，菌盖小，菌柄细长，开伞早；当达到4%时，就会造成死菇，严重时影响产量。

（4）光照　滑子菇菌丝在黑暗环境中能正常生长，但光线对已生理成熟的滑子菇菌丝有诱导出菇的作用。出菇阶段需给予一定的散射光。光线过暗，菇体畸形，菌盖小、色淡，菌柄细长、品质差，适度的散射光是促使子实体早熟丰产的重要环境条件。

（5）pH　培养料的酸碱度直接影响细胞酶的活性，滑子菇菌丝生长适宜的pH为5～6。木屑、麦麸、米糠制成的培养料酸碱度一般为6～7，但经高温灭菌后pH若下降，无须再调整酸碱度（苗冠军等，2015）。另外菌丝在生长发育过程中，其代谢产物中含有一些有机酸，会增加培养料的酸度，使料块中的pH下降，但不影响正常生长，所以也无须在管理中再对pH进行调整。

三、生活史

滑子菇属单因子控制，二极性异宗配合的担子菌。其生活史可表述为：担孢子→单核菌丝→质配→双核菌丝→子实体→核配→担子（减数分裂）→担孢子。

担孢子萌发形成单核菌丝，不同的单核菌丝结合形成具有锁状联合的双核菌丝。单核和双核都能形成分生孢子，也都能出菇，但单核菌丝结出的菇是不正常的。双核菌丝常常会变成单核菌丝。因此，在分离、选育和制种生产时，必须注意菌丝发育阶段的形态变化，要选取菌丝生长最壮的部位进行转接、扩繁。切忌把细弱的单核菌丝扩大培养用于栽培，否则会给生产带来损失，对母种必须进行生物学鉴定方能投入生产。

第三节　栽培技术

近几年，随着滑子菇栽培数量的逐年增长，栽培品种和栽培方法也在不断更新，本章主要介绍半熟料盘栽和熟料袋栽技术。

一、栽培季节

滑子菇属低温变温结实性菌类,我国北方一般采用春种秋出的正季栽培模式。最佳播种期为 2 月下旬至 3 月下旬,8~10 月出菇管理。反季滑子菇栽培的播种期为 11 月下旬至 12 月下旬,来年 4~11 月出菇管理(孙树晋,2013)。

二、栽培品种

常用的栽培品种主要有早生 2 号、早丰 112、C3、西羽、奥羽系列等。滑子菇各品系对子实体发生的温度要求有所差异,根据这些差异可将滑子菇分为 4 种类型:①极早熟品种,子实体分化温度为 20℃;②早熟品种,子实体分化温度为 15℃;③中熟品种,子实体分化温度为 10℃;④晚熟品种,子实体分化温度为 10℃以下。

由此可见,滑子菇中、晚熟品种子实体原基形成所需温度更低一些。一般情况下,菌盖颜色因品种而异,早熟品种菌盖呈橘红色,中、晚熟品种呈黄褐色。早熟品种菌柄较晚熟品种细而长,后者菌盖上的黏液比前者多。在 15℃左右,早熟品种生长正常,10℃左右中、晚熟品种生长良好。我国北方地区属于大陆性气候,夏、秋季的温度变化很大,靠自然温度进行滑菇栽培,根据不同的栽培方式选择不同温型的菌种。

菌种选择要求:从外观看菌丝洁白、绒毛状、生长致密、均匀、健壮;菌龄在 30~45d,不老化、不萎缩,手掰成块,无积水现象(孙树晋,2013)。

三、半熟料盘式栽培技术

盘式栽培为我国所创,一般为农户所采用,目前是我国滑子菇产区的主要栽培模式。半熟料盘栽适合早春低温播种,播种的环境温度以 0~5℃为宜。一般使用极早熟品种和早熟品种,原因是适应的温度范围广、出菇早、出菇时间长,且菇体丰满、整齐,子实体多,不易开伞,产量较高;中熟品种使用也较多,晚熟品种使用很少。

(一)准备工作

包括搭建菇棚、备种、备料以及其他需要提前进行的相关准备工作。小规模生产,可以在房前屋后的空地上搭建简易菇棚。滑子菇生产主要原料是阔叶树木屑,在木屑资源贫乏地区,可用粉碎后的玉米芯、豆秸与木屑混合使用。所有的培养料都应在生产前备足。菌种的准备要计算好时间,选择适宜的品种,保证栽培时使用优质适龄的菌种。另外还要准备托帘(盘)、木框、压料板、活动托板(图 6-2)、塑料薄膜及相关的消毒药品、劳动工具等(张恩尧等,2010)。

托帘是承托菌块的秸秆帘,可用玉米秆或高粱秆制作。帘的规格为 60cm×38cm,将秸秆用两根紫穗槐树条或竹签串在一起。生产多少菌块就准备多少托帘。木框是制作菌块的模子,规格为 55cm×35cm×8cm,准备 2~3 个即可。活动托板的规格与托帘大小相同即可。塑料薄膜是包菌块用的,可选用聚乙烯塑料薄膜,裁成 120cm×120cm 大小,膜厚 0.02mm,每块包料约 2.5kg(张恩尧等,2010)。一般栽培 3000 盘滑子菇的农户,需养

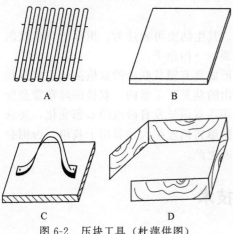

图 6-2 压块工具(杜萍供图)
A—托帘;B—压料板;C—活动托板;D—木框

菌室 80m²，出菇房 100m²。

（二）原料配方

① 木屑 84%，麦麸 15%，石膏 1%；
② 木屑 49%，作物秸秆粉 40%，麦麸（米糠）10%，石膏 1%；
③ 玉米芯粉 69%，豆秸粉 20%，麦麸（米糠）10%，石膏 1%。

（三）拌料、蒸料

将上述配方所需要的原料混匀，加水闷堆 2~3h 后拌匀。用手攥料，指间有水痕溢出但不下滴，说明含水量为 60% 左右。采用蒸汽锅炉充气的灭菌方式，可用砖和水泥建造一个长 3.5m×宽 3.5m、高 1.2~1.5m 的方形锅，也可采用钢管焊接的简易灭菌锅。蒸料会使培养料中的水分增加 2%，达到 62% 左右。在生产实践中拌料、蒸料须注意以下问题：

① 为提高产量而加大麦麸或米糠用量，不但没有增产，反而因菌块容易污染杂菌而减产。
② 为求发菌快，拌料"宁干勿湿"，结果因料内缺水导致后期出菇困难。
③ 培养料含水量超过 63%，易造成缺氧环境而发菌困难，进而滋生杂菌，培养料变酸。
④ 滑子菇生产的培养料灭菌不同于其他品种，采用常压锅蒸料操作方法如下。水烧开锅后，先在蒸屉底层撒 5~7cm 厚的干料，以吸收上部滴下的冷凝水，然后向有热气冒出的地方撒正常含水量的料，要严格按照"见汽撒料"的要求进行，严禁将料一次快速倒入屉内，否则出现"夹生料"。屉装满料后盖上 2 层麻袋，从大量热气逸出时算起，持续蒸 2h（张恩尧等，2010），停气后 40min，料温在 90℃ 左右时趁热出锅包盘。如果低于 70℃ 再包盘，接种后易染杂菌。需要明确，常压蒸料 2h，只能杀死杂菌的营养体，不能杀灭孢子，因此培养料须提前堆制或发酵 2d，使料内所有菌群处于活跃状态，以利杀灭。

（四）出锅压块

培养料经过蒸制之后，要趁热出锅、压块。在托帘上依次放上活动托板、木框，再将浸泡消毒后的薄膜铺在木框模具内，趁热快速将蒸好的料铺在塑料膜上，用压料板压平。特别注意框内四角要压实，以防塌边（图 6-3），用薄膜将菌砖块包紧，随即抽出活动托板、撤下木框，用托帘呈托料块，运送到接种室中码放，待冷却后接种（张恩尧等，2010）。

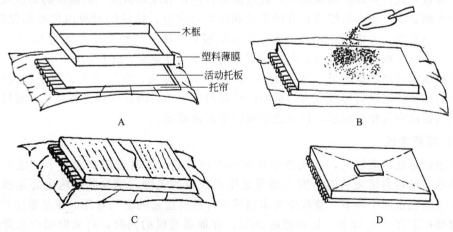

图 6-3 压块过程（杜萍供图）
A—压块工具摆放顺序（木框、塑料薄膜、活动托板、托帘）；B—趁热装料；C—压块；D—料块压好

（五）冷却接种

待接种室内压好的料块料温降到25℃以下时，进行接种。接种前将接种场所进行消毒。在接种室内，将菌种瓶打开，除去瓶内表面一层老菌丝，把菌块挖出，放在消毒过的盆中，掰成玉米粒大小备用。掀开栽培块包裹薄膜，迅速将菌种均匀撒在培养料表面，接种量为10%左右，以布满整个栽培块料面为宜，使菌丝恢复生长后能尽早封住料面，减少污染。随即覆盖薄膜，稍压以排出里面的空气，并使菌种紧贴培养料。最后，稍加压平，并将接缝处的薄膜卷紧。压块和接种时掀膜的时间是接种成败的关键。一般以3~5人相互配合为宜，做到动作准确迅速，同时要尽量减少挖出的菌种在空间滞留的时间，随挖随接（张恩尧等，2010）。

（六）发菌期管理

接种压块后，要进行合理码放，以利菌种定植。可以将菌块搬到室外或菇棚内堆垛发菌，也可直接搬到菇棚内上架发菌。室外堆垛发菌有利于保温，因早春的棚外温度可能比棚内温度高，有利于菌种恢复生长。另外，菌块堆放在一起，可利用发菌产生的热量来维持发菌温度。菌块的堆放要易于管理，地面用木杆或砖垫起，每6~8盘一垛，垛与垛间要留出10cm的空隙，便于空气流通，上面及四周盖上较厚的稻草帘，既利于保温又利于通气和防止阳光直射（张恩尧等，2010）。

(1) 发菌前期　自接种至菌丝体基本长满料盘表面（即菌丝体封面）为发菌前期，需10~15d，发菌前期外界气温低，管理以保温为主。发菌场所要保持清洁，空气湿度不宜过大，60%左右即可，不宜经常通风，尽量勿使菌块结冰。为了减少堆内温差，需要两周左右倒垛一次，同时检查发菌情况。在温度适宜条件下，10d左右菌块上的白色菌丝开始向料内生长，经一个月左右培养料表面可长满菌丝。此时要及时散堆，加强通风换气，降低温度，防止"烧堆"。

(2) 发菌中期　自菌丝体长满菌盘表面到长满整个菌盘（菌丝长透培养料）为发菌中期，需25~30d。因此，菌块在棚外堆放到4月末左右，就要搬入菇棚上架散开摆放，并保持菇房空气新鲜。堆放时间过长，块与块之间压得过实，氧气不足，会影响菌丝生长。菌块搬入菇棚上架后，管理的重点仍是发菌管理。

(3) 发菌后期　自菌丝体长满整个菌盘（菌丝长透培养料）到开始形成蜡质层为发菌后期。接种后两个月左右菌丝穿透整个培养料，表面逐渐开始出现水珠和黄褐色分泌物，这时要适当增加散色光，并加强通风换气，促进菌丝转色，形成蜡质层。蜡质层的形成及厚度对产量有很大的影响。正常的蜡质层有橘黄色和红褐色之分，蜡质层对块内菌丝起保护作用，既能防止水分蒸发，又能防止外部害虫、杂菌的侵入。适宜的蜡质层厚度为0.5~0.8mm，其原基分化形成率和成菇率都高，但蜡质层不易太厚（孙业全，2013）。

防止蜡质层过厚的措施是：避免高温、高湿，创造凉爽、空气新鲜、温差较大的环境。如果发菌后期蜡质层没有形成或者形成的蜡质层较薄，要将菌盘移到光线充足、通风良好的地方，适当提高空气相对湿度，以促进蜡质层的正常形成。

（七）越夏管理

菌块表面形成蜡质层后，表明菌丝体达到生理成熟，此时正值高温季节，进入越夏管理。滑子菇菌丝培养结束后能否安全越夏是生产成败的关键。越夏的措施主要是通风、降温、避光、防病虫四个环节。管理中要求通风良好并有适量的空气对流，在夏季注意菌盘遮阴，料温要控制在26℃以下。如果超过26℃，在加强通风的同时，可采取喷冷水降温的措施，具体做法是：在菇房内各条道上铺一层沙子，厚度在2~3cm，然后向菇房内空间和地面喷洒井水，对菇房降温起到一定作用。若菌盘长时间处于高温条件下，菌丝体就会受到伤害，出菇能力将大大减弱。进入8月中旬即出菇管理的前夕，应对整个菌盘检查一遍。如果有整盘污染杂菌的，应及时挑出并处理掉，对于局部污染的菌盘可移出菇房与正常完整的菌盘分开管理。此外，菇棚要加强遮光，防止直射光照射，并密切关注虫害的发生（崔颂英，2007；靳春成等，2012；张恩尧等，2010）。

（八）出菇管理

1. 开盘划面

东北三省在8月中旬，长城以外其他地区在8月下旬至9月初，平均气温降到20℃以下，才具备开盘条件。打开料包的塑料膜，将菌块表面的蜡质层划破进行搔菌处理（图6-4），刺激菌块进入出菇期。划料面时用有刃的金属工具每隔4cm划一道，菌块划痕深度以划破蜡质层深入培养料0.2～0.5cm为宜。对于较厚的锈红色蜡质层划面要深，较薄发白的蜡质层要轻划，菌块表面未形成蜡质层的可不划（崔颂英，2007）。

图6-4 开盘划面（见彩图）

2. 喷水促菇

蜡质层划好后，应抓住几个水分管理的关键环节：

（1）划面后7～10d内喷水要轻，保持培养料表面湿润即可；

（2）气温下降至20℃以下，每天早、中、晚及夜间各喷一次水，喷水量要大，使菌块含水量增加到70%左右，空气相对湿度为90%～95%；

（3）当菌块出现小米粒状的菇蕾时就不要再往菌块上喷水，以免菇蕾窒息死亡，但要将空气相对湿度调节到90%～95%；

（4）滑子菇每次采收后，要停止2d不喷水，在正常情况下，打包划面喷水后30d左右，菌丝即开始扭结，菌块表面出现白色原基，逐渐形成黄色的幼菇，8～10d后即可采收。

（九）采收加工

1. 采收

滑子菇子实体生长到八成熟即可采收，此时菌膜即将开裂，菌盖橙红色而呈半球形，菇柄粗而坚实，菇表面油润光滑，质地鲜嫩（图6-5）。采收后从基部逐个掰开，用不锈钢刀切去多余的菌柄，同时按照速冻、制罐、盐渍、直接鲜销的分级标准进行分级。

2. 加工

目前滑子菇加工的方法主要有盐渍、速冻、制罐和干制等几种，下面仅介绍滑子菇盐渍加工方法（王世东等，2005；孙树晋，2013；苗冠军等，2015）。

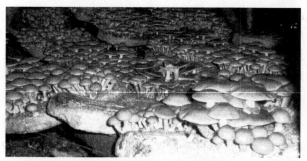

图 6-5 成熟的滑子菇子实体

(1) 分级　根据企业收购质量和规格进行去柄分级，要求一定要去掉老化根，切面部分要整齐，同时把不同规格的菇体单独分出，不可混在一起。

(2) 清洗　用清水洗净滑子菇携带的杂物，洗净后放到竹筛上沥去多余的水分。

(3) 杀青　杀青的目的是杀死菇体组织，便于盐分进入。将滑子菇分批少量放在10%盐开水中，用竹、木器轻轻翻动，水开后焯2～3min后捞出，一次放入量以菇体刚刚浮起而铺满水面为宜。此环节重点是煮得要透，如果杀不死菇体细胞，盐分不能进入菇体组织中，造成菇体腐烂不易储存和出成品比例降低（杀青要透）。

(4) 镇凉　将杀青好的滑子菇捞出放入冷水中冷却，可多换几次冷水。当滑子菇菇体完全凉透后（标准为用手撕开菇体放在眼皮上感觉到凉）捞出放在筛子上沥去水分。

(5) 盐渍

① 第一次盐渍，盐渍所用的盐符合食用标准，切不可用工业盐或无碘盐。盐渍容器可用缸、菇桶、水泥池或在空闲地上挖池子，用塑料布围起来。先在容器底部铺上2cm厚的盐，按1kg滑子菇加0.5kg盐的比例充分混拌均匀后装入容器内，最上层用盐封严，四周不要留空隙，盐渍15～20d。

② 第二次盐渍，第二次盐渍的目的是进一步提高盐渍效果以利于储藏。另准备好容器，底层放2cm厚的盐，仍然采取一层菇一层盐的办法进行盐渍，挑出不符合此类规格的菇。如果第一次拌的盐全部溶解，再添加菇体质量15%的盐，其他同第一次盐渍。经15～20d后可开始分装。两次腌期要达到35～40d。

(6) 分装

① 饱和盐水的熬制，把食盐放到干净水中，一边加热一边加盐一边搅拌，直至盐不能溶解为止，用波美比重计测量达到20～23°Bé晾凉后待用。

② 分装，将盐渍好的滑子菇捞出，在饱和盐水中洗净，放在备好的容器中，加入饱和盐水，以见不到菇体为宜。在每个容器中加入3～4个2kg重的盐袋。如果菇体裸露在盐水表面，要用竹筛或竹片盖在容器里，用石头或其他重物压下。

(7) 贮藏　将盐渍好的滑子菇放在遮阴棚或仓库内保存，不要放在露天地里。

(十)"花脸"状的"退菌"现象及防治

发菌后期，进入6～8月的夏季，菌丝正处在长透培养料，并形成蜡质层阶段。此时光照强，日照时间长，是一年中温度最高的季节。一旦遇到28℃以上连续高温天气，培养料内部的热量不易向外扩散，菌丝受热，呼吸不畅，代谢失常，菌丝易自溶消退，形成"花脸"状的"退菌"现象，继而培养基内部发黑腐败。为此，要及早做好预防，其方法是：

① 气温达23℃以上时，将菇房门窗打开，昼夜通风，促使降温。

② 将向阳窗户遮阳，防止阳光直射，降温。

③ 在地面洒冷水降温。

④ 夜间将包盘袋打开降温，同时使料内有害气体向外散发，以利菌丝恢复，并继续生长。

⑤ 用消毒的竹筷子在"花脸"处刺孔，再撒一层薄石灰，有利通气、吸湿。

⑥ 若"花脸"面积较大，可将"花脸"部分挖除，再将有菌丝的菌块拼在一起，重新包盘，继续发菌，使菌丝长在一起。

⑦ 适时开盘划面：早熟品种可在菇房内最高温度稳定在 24℃ 以下时开盘，中、晚熟品种在 20℃ 以下时开盘。

四、熟料袋栽技术

熟料袋栽容量小（图 6-6），便于集约栽培，生产周期短、生物效率高，且可以周年生产，四季均可满足市场需求，是一种很有发展前景的栽培方法。

滑子菇熟料袋栽操作技术流程：配料→拌料→装袋→灭菌→冷却→接种→发菌管理→出菇期管理→采收（孙树晋，2013；苗冠军等，2015）。

图 6-6 熟料袋栽出菇

（一）配料

原料主要是木屑、麦麸和石膏。常用配方：木屑 85%、麦麸 14%、石膏 1%。其中粗木屑以放置两个月以上的陈旧木屑为宜，麦麸必须新鲜无杂质，除松柏树种以外的细木屑均可使用。严禁在培养料中添加多菌灵、克霉灵等杀菌药物及添加对产品有影响的微量营养元素。

（二）拌料

按照选用的配方，准确称量各种原料。采用振动筛将结块或过粗木屑筛除，提前用拌料机拌匀。拌好的培养料闷 2h，使水分充分浸透，含水量达到 55%～60%。

（三）装袋

菌袋通常采用 15.3cm×(40～55) cm 的低压聚乙烯塑料袋，用装袋机装，装完培养料的袋重为 2000～3200g/袋。每台装袋机需 7 人操作，装袋时应注意以下几点要求：

① 拌好的料应尽量在 4h 之内装完，以免放置时间过长培养料发酵变酸；

② 装好的料袋要求密实、不松软，装袋时不能蹾、摔、揉，要轻拿轻放，保护好菌袋；

③ 将装好的料袋逐袋检查，发现破口或微孔立即用透明胶布贴好，在使用机械设备、进行棚顶操作、运输等时要注意人身安全，避免出现人身伤害。

（四）灭菌

采用常压蒸汽锅炉充气式湿热灭菌方法，当底层袋料温度达到 100℃，持续保持 12h 以上时，才能做到灭菌彻底，每台锅炉适宜灭菌量为 5000 袋。灭菌时要求做到以下几点：

① 将装好的菌袋及时入锅，合理摆放，料温以最快的时间达到 100℃，通常不超过 8h；

② 灭菌时要勤看火及时加煤，勤加水防止干锅，勤看温度防止降温；

③ 烧火时要做到强攻头、保中间、后彻底。

（五）出锅、冷却

检查灭完菌的料袋是否有破损，然后运到接种室冷却。

(六) 接种

(1) 接种用具及处理 菌种要用0.1%的高锰酸钾溶液提前进行清洗并除去接种点老化菌种，打孔棒及塑料箱等也要提前用0.1%的高锰酸钾溶液清洗消毒。

(2) 环境消毒 当前生产中使用的空间消毒剂为气雾消毒盒，基本用量为$4\sim6g/m^3$。待接种空间中的烟雾完全自然消散后，约3h，接种人员把接种帐一侧边角打开散发内部气味，直至人进入接种空间内没有明显的刺鼻、辣眼、咽喉部干涩等不适感为宜。

(3) 接种人员 要求接种人员全身穿戴提前消毒好的衣服，最好是专用的接种服，并配医用胶手套和防毒口罩。通常5人为一组，分工操作：一人打孔，三人接种，一人摆袋。

(4) 接种要求 一次接种量不可超过3000袋，接种一次性完成，时间越短越好（通常不超过3h）。接种人员要紧密配合，动作迅速，掌握要领。将菌种在最短的时间内接入菌种穴内，菌种要以锥形块状为佳，尽量减少菌种穴在空气中暴露的时间，减少空间杂菌侵入。

(七) 发菌管理

发菌期管理的主要任务就是创造适宜的生长条件，促使菌丝加快萌发、定植、蔓延生长，在50～70d之内长满全袋，并有一定程度的转色，为出菇打下基础。

(1) 培养室条件控制 培养室温度的控制要以袋温来调节，袋温控制在10～15℃，滑子菇菌丝生长快、健壮。空气相对湿度应控制在60%～70%；注意通风换气，保持室内空气新鲜，有充足的氧气；暗光发菌，菌丝洁白，长势旺。菌袋在培养室内呈"井"字形堆放。

(2) 管理措施 滑子菇菌丝生长发育过程中，应根据每个时期的特点进行管理，密切注意菌堆的温度变化，及时倒垛通风。必要时在棚顶安装拔风筒、天窗或在棚外安装遮阳网，同时掀开棚两侧塑料通对流风，防止高温造成烧菌现象。

① 菌丝萌发定植期 调节室内温度20～25℃为宜，尽可能降低室内空气相对湿度，并且结合通风管理。尽量做到恒温养菌，一般每隔7～10d检查翻垛一次，一经发现有杂菌感染的菌袋要及时隔离或剔除。

② 菌丝生长蔓延期 调节室内温度15～20℃，加强室内通风管理，发菌期间可根据菌丝生长情况进行刺孔增氧。第一次刺孔当菌丝长至菌圈直径为5～8cm时进行，在菌丝外边缘向里2cm处刺6～12个孔，孔深1～1.5cm；第二次在菌丝长满全袋或基本长满时，每袋均匀刺孔，数量为30～40个，如果菌棒含水量偏低或质量偏轻，可适当少刺或不刺孔。

③ 发菌成熟期管理 当菌袋发满由白色逐渐变成浅黄色的菌膜，表明已达生理成熟，进入转色后熟阶段，需30～40d。菌袋发菌好坏直接影响到是否顺利出菇、产量多少和品质好坏等。

④ 越夏管理 七、八月份高温季节来临，滑子菇一般已形成一层黄褐色蜡质层，菌棒富有弹性，对不良环境抵抗能力增强。但如温度超过30℃以上，菌棒内菌丝会由于受高温及缺氧而生长受抑制或死亡。因此，此阶段应加强遮光度，昼夜通风，棚顶上除打开天窗或拔风筒外，更应安装遮阳网或喷水降温设施。

(八) 出菇管理

8月中旬气温稳定在20℃左右，菌丝已长满整个培养袋并逐渐转为浅黄色，已达到生理成熟可进行出菇管理。有两种出菇模式：一是层架式出菇；二是码垛出菇。

(1) 层架式出菇 将菌袋上面割掉2/3的塑料，上架单层摆放。要用旋转喷头上水，使菌袋含水量达到70%～75%，棚内空气相对湿度达85%～90%，15～20d可出现菇蕾。

(2) 码垛出菇 用消毒过的小刀割开菌袋两端露出培养基，每垛摆放4～6层，垛高不超过1m。休菌24h后可进行喷水管理。出菇后要减少喷水次数，做到少喷水为原则，调节空气相对湿度为 80%～85%，另外要加强棚内通风，以满足子实体的生长需要。

（九）采收

当菇体成熟后（根据收购标准定），要停止浇水及时采收。采收时应注意不要损坏菌袋，不要将菇柄留在培养料上。采完头茬菇后，停水 2～3d，让菌丝恢复生长、积累养分，使菌袋含水量达到 70%，空气相对湿度达 85%，加强通风，拉大温差，促使二潮菇形成。

五、滑子菇常见病虫害防治

（一）防治原则

常见病虫害防治，采用"预防为主、综合防治"的原则，具体病害及防治措施参见苗冠军等（2015）。

（二）常见病害及防治

常见病害主要有绿色木霉、青霉、根霉、红曲霉、黄黏菌、胡桃肉状菌等。预防措施如下：

① 切实搞好环境卫生，做好菇棚、地面、工具、器具消毒。

② 严禁培养料带菌，灭菌要彻底，接种时必须在低温、无菌条件下进行。适温发菌，最高不超过 25℃，并加强通风。

③ 使用具有旺盛生命力的适龄良种。凡退化种、老化种、杂菌污染种均应淘汰。

④ 培养料中，按比例添加麦麸、石膏等营养物，不宜过量。

⑤ 对出现病害的菌袋，不提倡使用农药，可通过调节温度、湿度及通风来控制。当病害面积超过 2/3，并且较严重时，可进行掩埋或发酵后生产草腐菌。

（三）常见虫害及防治

常见虫害主要有菇蝇和菇蚊等。防治措施如下：

① 搞好环境卫生，菇根、烂菇及废料要及时清除，并远离菇棚。

② 菇棚内经常撒石灰粉，以灭菌杀虫；棚门窗安装防虫网，防止成虫飞入，杜绝虫源。

③ 出菇以后只能使用生物制剂或采用黑光灯、黄板、防虫网、灭蝇灯等办法除虫。

思考题

1. 滑子菇盘式栽培时拌料、蒸料须注意哪些问题？
2. 简述滑子菇半熟料盘式栽培技术。
3. 蜡质层有什么作用？如何促进蜡质层的形成及防止蜡质层过厚？
4. 如何做好滑子菇的安全越夏管理？
5. 什么是"花脸"状的"退菌"现象，如何进行防治？

第七章
猴头菇栽培技术

第一节 猴头菇概述

猴头菇 [*Hericium erinaceus* (Bull) Pers.]，又名刺猬菌、羊毛菌、花菜菌、对脸蘑等，在有些国家还称之为"熊头"。分类学上属于担子菌门（Basidiomycota），层菌纲（Hymenomycetes），非褶菌目（Aphyllophorales），猴头菌科（Hericiaceace），猴头菌属（*Hericium*），因子实体形如猴子的头，故别名猴头菇。猴头菇是一种罕见的珍贵食用菌，鲜嫩的子实体外形美观，营养丰富，肉质细腻，风味鲜美，是我国著名的八大山珍之一。同时也是一种难得的健身补品和珍贵药材。

猴头菇是一种木腐食用菌，野生菌大多生长在深山的阔叶林或混交林中的硬质阔叶树干上，在平原和丘陵地区很少见到。如生长在麻栎、山毛榉、栓皮栎、青冈栎、蒙古栎和胡桃科的胡桃倒木及活树虫孔中，悬挂于枯干或活树的枯死部分。主要集中于北温带，在我国的东北三省、陕西、甘肃、山西、内蒙古、河南、河北、四川、湖北、广西、浙江等地区均有出产。相传早在3000年前的商代，已经有人采摘猴头菇食用。但是由于"物以稀为贵"，这种山珍只有宫廷、王府才能享用，外界只知道猴头菇是珍贵食品，对它的有关特性及其烹调方法却不清楚。有关猴头菇的记载，较早见于明代徐光启《农政全书》，书中仅仅列有"猴头"的名称而已（吕作舟，2006）。

猴头菇含有16种氨基酸，其中7种属人体必需氨基酸，其蛋白质含量是香菇、木耳的两倍，平菇的三倍，银耳的五倍；维生素B_2的含量是一般米、面、蔬菜的三十多倍，是木耳的三倍；维生素B_1的含量是木耳的十倍，可作为美味菜肴的食材。同时，猴头菇也是药材，用其制成的药品叫猴菇片，在《中华人民共和国卫生部药品标准》中有记载：具有养胃和中的功效，用于胃、十二指肠溃疡及慢性胃炎的治疗。中医认为，猴头菇性平味甘，有利五脏，具有助消化、滋补身体等功效。20世纪70年代以来，现代医学陆续证明猴头菇具有良好的药用价值，临床应用表明，猴头菇可治疗消化不良、胃溃疡、胃窦炎、胃痛、胃胀及神经衰弱等疾病。对于轻度神经衰弱患者，食用猴头菇不失为较好的辅助治疗（弓建国，2011）。

黑龙江省是猴头菇主产区，作为一种药膳两用菌深受消费者喜爱，猴头菇的各类初深加工产品畅销国内外，因此，猴头菇的生产对黑龙江省的农业经济发展起着巨大的推动作用（耿铮等，2016）。猴头菇的生长发育对温度、湿度等环境条件要求比较严格，使其栽培场地受到限制。北方地区栽培猴头菇宜在塑料大棚进行，菇农也可利用冬季蔬菜大棚、库房、山洞、室内等场地。猴头菇棚室床架式立体高效栽培技术，在栽培过程中对温度、湿度、光照、通风等条件可控性强，受天气影响较小，因此猴头菇的产量高而且稳定、品质优。同时，对土地的利用率较高，是一种非常适合在东北广大食用菌产区推广的一种栽培技术。

第二节 生物学特性

一、形态特征

猴头菇由菌丝体和子实体两部分组成。

（一）菌丝体

菌丝体是猴头菇的营养器官，由担孢子萌发而成，呈白色，绒毛状，有横隔和分枝，细胞壁薄。菌丝直径 2～4μm，相互结合呈网状，蔓延于枯木和培养基中，不断繁殖集合成菌丝体，成为摄取基质中养料的主要器官。菌丝初期生长较慢，后期菌丝稀疏不匀，干燥呈簇状，无气生菌丝，不爬壁，在 21～24℃条件下 14d 左右菌丝可长满试管。

（二）子实体

子实体是人们食用的部分，也是猴头菇的繁殖器官，相当于高等植物的果实。幼小的子实体呈乳白色，老熟后变为黄白色或黄褐色。通常单生，形体呈椭圆形或梨形，块状，肉质，基部狭窄或略有短柄，上部膨大，直径 5～20cm，也有更大者。远远望去似金丝猴头，故称"猴头菇"，又像刺猬，故又有"刺猬菌"之称（图7-1）。猴头菇子实体主要由菌柄、菌盖、子实层三部分组成。

图 7-1　猴头菇子实体

① 菌柄呈圆筒形或稍扁，起输送养分和支撑作用。

② 菌盖位于菌柄之上，是由菌丝聚集而成的紧密块状组织。其上布满许多密集下垂的肉质针形菌刺，菌刺一般长 1～3cm，直径 1～2mm。

③ 子实层是由密布于菌盖上的菌刺形成的，其上着生着具繁殖作用的担子及较担子个体长些、略突出的囊状体。

二、生长发育的条件

（一）营养条件

猴头菇属木材腐生菌，分解木材的能力很强，能广泛利用碳源、氮源、矿物质元素及维生素等。人工栽培时，适宜树种的木屑是最经济而优良的碳源。而甘蔗渣、棉籽壳等也是理想的碳源。麸皮和米糠是良好的氮源，其他能利用的氮源还有蛋白胨、铵盐、硝酸盐等（张中昕，2015）。

此外，猴头菇在生长中还要吸收一定数量的磷、钾、镁及钙等矿物质元素及维生素 B_1、维生素 B_2 和维生素 B_6 等，以满足其生长发育需要，特别是维生素 B_1 最为重要。

（二）环境条件

（1）温度　猴头菇是中温型和变温结实性真菌。菌丝体生长温度为 6～33℃，最适温度为 24～26℃。低于 16℃或高于 30℃菌丝体生长缓慢，低于 6℃或高于 35℃菌丝体停止生长。子实体生长温度为 12～24℃，最适宜温度 15～20℃。高于 25℃子实体生长缓慢或不形成子实体，低于16℃子实体变成微红色，生长缓慢，随着温度的下降，色泽加深，并有苦味。温度偏高时，子实体生长较快，但个体较小，菌刺长；温度偏低时，子实体较大，菌刺短，品质好。

（2）水分和湿度　水分不仅是猴头菇的重要组分，也是新陈代谢、营养吸收必不可少的基本物质。培养料的含水量和基质的性状密切相关。如甘蔗渣、米糠的质地疏松，培养料含水量要求较高，以60%～65%为宜；而木屑、米糠的质地较紧密，其含水量以55%～60%为宜。段木栽培时，含水量以40%左右为好。

菌丝体生长阶段，培养室内空气相对湿度保持在40%左右为宜。子实体生长阶段，空气相对湿度要求在85%～90%。适宜的湿度条件下，子实体生长迅速，菇体洁白。若空气相对湿度低到70%，则很快即因散失水分颜色变黄，菌刺变短，生长缓慢或停止，致使产量降低。反之，空气相对湿度超过95%时，又会因通气不良而使子实体畸形，多数表现为菌刺长而粗，球块小，分枝状，形成"花菇"，严重时不形成球块，产生担孢子多，味苦，极大降低了抗逆性，易染病害。

（3）空气　猴头菇属于好气性真菌，菌丝体生长阶段，能忍受较高浓度的CO_2，可以在CO_2含量为0.3%～1%的空气中正常生长。在子实体发育阶段，猴头菇对CO_2浓度十分敏感，空气中CO_2的含量以不超过0.1%为宜，此时的子实体生长快，菇形好看、个大、孢子形成早。若超出就会刺激菌柄不断分枝，菌刺扭曲，球心发育不良，形成畸形子实体，同时易受霉菌污染。

（4）光照　猴头菇菌丝生长阶段基本不需要光，但在无光条件下不能形成原基，需要有50lx的散射光才能刺激原基分化。子实体生长阶段则需要充足的散射光，光照强度在200～400lx时，菇体生长充实而洁白；但若高于1000lx时，菇体发红，生长缓慢，质量差，产量下降。此外，猴头菇子实体的菌刺生长具有明显的向地性，因此在管理中不宜经常改变菌袋的方向，否则会形成菌刺卷曲的畸形菇。

（5）酸碱度（pH）　猴头菇是喜酸性的一种真菌，在常规栽培的几种食用菌中，猴头菇需要的pH最低。只有在酸性条件下，菌丝体才能很好地分解培养基中的有机物质，在pH 2.4～8.5的范围内均能生长，但以pH 4～5最适。此pH范围内，不但菌丝生长良好，而且利于子实体原基形成和产量提高。当pH＜4时，菌丝生长明显受阻；当pH＞7时，菌丝生长不良，菌落呈不规则状。根据培养料灭菌后pH下降0.5左右的特点，拌料后的pH最好调至6.0左右。

三、生活史

猴头菇的生活史从子实体所产生的担孢子萌发开始，遇到适宜的条件时，不断分枝伸长形成单核菌丝体（初生菌丝），单核菌丝体发育到一定阶段后，由两条不同性别的菌丝结合，形成双核菌丝体（次生菌丝）。这些双核菌丝体在段木或其他基质中充分生长发育后，通过锁状联合分裂生长，最后在适宜条件下互相扭结成团。此时菌丝已组织化，发育成子实体原基，进一步发育，即可分化成新的子实体。

第三节　栽培技术

一、栽培季节

根据猴头菇的生物学特性，其菌丝体在25℃左右温度下发菌时间为30～40d。子实体的适宜生长温度为 16~20℃。栽培 1 次，可收 3 潮，约需 2 个月。各地可参照当地气候条件合理安排生产时间，适时栽培。该菌子实体生长阶段对温度敏感，当气温高于 25℃ 或低于 12℃ 均不能形成正常子实体，表现为无刺、发黄、丛生、畸形或变红，生长停止。北方栽培以 2 月或 9 月接种，3~4 月或 10~11 月出菇最好，南方春秋栽培可分别提前或推迟 20~30d。

二、品种选择

（1）常山 99 号　来源于浙江常山微生物厂，菇体紧实，产量高。

（2）猴头 33 号　来源于福建三明真菌研究所，30d 左右出菇，抗杂力强，优质高产。

（3）H 大球 1 号　古田县野生菇驯化获得，出菇快，菌包发满后，若温度适宜 15d 左右现原基。

此外，栽培的主要品种还有 C9、H11、H5.28、H401、H801、Hsm，其中 C9、H5.28 出菇快，产量较高。

三、栽培方式

（一）瓶栽

一般选用 750mL 菌种瓶栽培猴头菇，用料 210g，出菇时菌瓶口向上或菌瓶横放。

（二）袋栽

一般选用 13cm×27cm×0.047cm 或 17cm×35cm×0.047cm 或 17cm×40cm×0.047cm 的聚乙烯袋栽培。袋栽猴头菇是黑龙江省的主栽方式，具有产量高、品质好等优点。

四、栽培技术

（一）培养料配制

栽培猴头菇的原料极为广泛，各地可根据当地的取材优势，选择经济配方，但选用的材料要新鲜、无霉变、无虫蛀。

① 木屑 78%、米糠或麦麸 20%、白糖和石膏各 1%。

② 棉籽壳 83%、麦麸 15%、石膏和白糖各 1%。

③ 玉米芯或豆秸粉 80%、麦麸 16%、黄豆粉 2%、石膏和白糖各 1%。

④ 棉籽壳 50%、木屑 30%、麦麸 16%、石膏或碳酸钙 2%、白糖 1%、过磷酸钙 1%。

（二）拌料、装袋

按上述配方任选一种，把干辅料混拌均匀，撒在主料堆上。白糖要溶于水后再喷洒，随后按一定的料水比加水，搅拌均匀，使培养料含水量达 55%~65%，pH 为 6~7。拌料速度要快，最好于早晨气温低时进行，以防培养料发生酸变。采用一头开口的聚乙烯或聚丙烯袋，并用装袋机完成装袋，松紧度要适宜。

（三）灭菌

采用高压或常压灭菌。无论采用哪种方式，要注意以下几点。一是及时进灶。装袋完毕，要立即将料袋装进灭菌灶，并迅速加温开始灭菌（曹德宾，2009；孟庆国等，2007）。二是合理叠袋。料袋进灶应叠放，采用铁制的或耐高温高压的塑料筐较好，袋与袋之间要留有一定间隙，使蒸汽能自下往上流通，防止局部死角，造成灭菌不彻底。三是控制温度。常压锅灭菌开始时要用猛火尽快使灭菌仓内温度在 4h 内达到 100℃，维持 8~10h，停火，焖

6～8h后自然冷却出锅。使用高压锅时要充分放出锅内冷气，待压力达到 1.2kgf/cm² 时维持 2h（聚丙烯袋可以达到 1.5kgf/cm² 维持 1.5h），自然冷却，当压力降到 0.5kgf/cm² 以下时，可以放气出锅（许延敏，2011）。

（四）接种

(1) 接种环境空间消毒　接种可在接种室或接种箱内进行。将灭菌后冷却至 30℃ 以下的料袋送入接种室，用克霉灵杀菌剂进行喷雾或气雾消毒盒熏蒸消毒。接种前 1.5h 将紫外灯打开照射 30min 后关闭，待 30min 后接种人员进入接种室工作。接种前用 0.5% 的石炭酸（或来苏尔）对接种空间喷雾降尘消毒，并保持地面及接种台面湿润，减少空气中灰尘含量。

(2) 工作人员消毒　进入接种室前，工作人员要洗手，换消过毒的卫生服、帽子，换上拖鞋，带上菌种进入接种室。接种前工作人员要用 70%～75% 的酒精棉球擦拭双手、菌种瓶外壁；点燃酒精灯，通过火焰灼烧接种工具。

(3) 接种用的灭菌设备　接种可采用酒精灯火焰接菌、干热风接菌、负离子净化接菌器、超净工作台接菌，各取方便。每种方法都要严格按照无菌操作程序进行。

(4) 菌种质量检查　接种前勿忘严格检查菌种质量。如有黄、绿、黑色出现，说明菌种已被杂菌污染，应淘汰；如菌丝出现棕红色斑块或液体，可能菌丝老化或局部伤热；如菌丝灰白、稀疏无力，说明菌种活力低下，应慎用；已形成瘤状或珊瑚状子实体的菌种勿用。

(5) 接种操作　选择晴天晚上或清晨接种。接种时在酒精灯火焰上方无菌区打开菌种瓶，刮除表层老化的菌丝，打开被接菌袋口，用接种工具将菌种迅速接入袋口内，然后封口。每瓶二级菌种可接种 50 袋左右三级种（许延敏，2011）。

（五）发菌管理

养菌室要求干燥、洁净、保温、有通风条件，室内可搭 5～8 层架子，每层高度在 35～45cm，最下层距离地面不得少于 40cm。床面可用任何材料，但表面一定要坚固、平整、光滑，避免刺破袋底部。养菌室在养菌前 3d 应做消毒处理，灭菌方式与接种室消毒要求基本相同。接种完毕的菌袋进入培养室后，整个发菌管理过程中要对菌袋进行检查。菌袋入培养室后 3～4d，一般不宜翻动。7d 后检查菌丝生长情况和杂菌污染情况。一旦发现被杂菌污染严重的菌袋立即清除，焚烧或深埋处理以防传染（胡永光等，2007；吴少风，2008）。在适宜条件下，25d 左右菌丝即可长满袋。为了使其顺利完成发菌，应加强管理。

(1) 温度控制　主要以控制室温为主，温度计应放到菌袋温度最高的地方。菌袋初入培养室的 1～4d，室温应调到 24～26℃，以使所接菌种在最适环境中尽快吃料，定植生长，形成优势，减少杂菌污染。5d 后，随着菌丝生长，袋内温度上升，比室温高出 2℃ 左右，为此应将室温调至 24℃ 以下。16d 之后菌丝逐步进入新陈代谢旺盛期，应控制在 20～23℃ 为宜。

(2) 湿度控制　在发菌期，菌丝是依靠基质内营养生长，不需要外界供水，因此室内空气相对湿度以自然为好，不必加湿。湿度大时，应开窗通风，避免杂菌滋生。

(3) 光线控制　发菌期菌室尽量黑暗，以避免早出菇现象（许延敏，2011）。

（六）出菇管理

当菌丝体长到菌袋一半以上时，会陆续出现子实体，此时应及时进行出菇管理。出菇期内，要创造适合于子实体生长发育的条件，协调好温、湿、光、气之间的关系。

(1) 开口　菌丝长满袋后，应及时移入出菇室，用 75% 酒精或 5% 石灰水擦洗袋壁，在菌袋中上部开"｜"形或"＋"形口 1～2 个，摆放床架上，袋间距 13～15cm。用颈圈或胶布封口的菌袋，可去掉颈圈内的棉塞或揭去接菌穴上的胶布，袋上覆盖塑料薄膜，每 2～3d

将薄膜掀动通风一次，促使菇蕾形成。当菇蕾直径2～3cm时，揭去薄膜。瓶栽猴头菇，去掉牛皮纸拔去棉塞在封口的塑料薄膜中央开一直径2cm的圆孔即可。

（2）控温调湿　开口后，室内要给予散射光，菇房温度应保持在12～20℃之间，以18℃左右最为适宜；空气相对湿度控制在80%～85%，每天向室内喷水3～4次。高温时，要采取必要的降温措施，如顶部覆盖、通风换气、增加喷水等；低温时，要加强增温保温措施。适当通风换气，促进原基分化形成，约10d左右可形成菌蕾。菌蕾出现后，控制温度在18～20℃范围内，不能低于8℃，也不能高于22℃，否则易形成光头菇，失去商品价值。空气相对湿度控制在85%～90%之间，低于80%，菌刺干缩、断裂、子实体变黄、萎缩，生长不良。若空气相对湿度高于90%，菌刺过长，子实体有苦味，形成多头菇。

（3）适量通风　猴头菇子实体生长对O_2需求量较大，通风良好，子实体生长快，个大、质紧、色白，产量高，菌刺长短适中，商品性好；若CO_2浓度超过0.1%，易形成多头菇，菌刺弯曲、深褐色（图7-2），产量低。因此，应注意菇房的通风换气。

图7-2　商品性状良好及菌刺弯曲的猴头菇子实体（见彩图）

床架式立体栽培，菇房要设换气扇，必要时作强制通风换气。通风时，切忌让风直接吹向菇体，以免菇体水分蒸发过多，影响正常生长。当多次通风时应注意通风与保湿的关系，应先喷水后通风，保证菇棚内空气的相对湿度在85%～90%，保持空气新鲜，以利子实体正常生长发育。

（4）光照　菇棚光照太弱时猴头菇子实体原基形成困难或形成畸形菇，而且强光也不利于子实体的形成，且易造成菇体发黄、品质下降，影响价格。一般菇房有一定的散射光即可，以200～400lx的光照为宜。

（七）采收

一般从原基形成到采收需10～15d。猴头菇子实体成熟时菇体色白，表面布满菌刺，菌刺长至1cm左右，达到七八成熟，尚未弹射孢子前即可采收。采收时，依采大留小的原则，一只手握紧菌袋，另一只手握住子实体，轻轻旋转即可采下，或用锋利刀片割下。除去菇体基部杂质后，按规格分级。适时采收产量最高、品质最好。采收过迟，菌刺过长，孢子大量散发，子实体变得疏松，发黄，苦味浓，品质和食用价值均下降。

（八）采后管理

第1茬菇采收后，要清除残留菇蒂及菌皮，清理料面，并压实。停止喷水5～7d，扎紧袋口，注意通风使菌丝体获得充分的新鲜空气，随后进行补水，加强温度、湿度、通风、光照等方面的管理，继续培养10d左右即可形成第2茬菇。若管理得当可出3～4潮菇，生物学效率达90%～115%。对出过2～3潮菇的菌袋，可采用覆土畦栽的办法，其生物学效率一般可超过120%。即在棚内挖宽1.2m、深25cm的畦，将菌袋脱去塑料袋，3~4个一束竖置畦中，其上覆盖约2cm厚的细壤土，浇透水，以后保持畦内潮湿状态。约经15d可出1潮菇（李春艳，2009）。

五、猴头菇生理性病害发生的原因与防治

在猴头菇生长发育过程中，若出现不适宜的环境条件，就会引发生理性病害。但若每个环节都能认真细致管理，就能有效预防病害的发生，减少损失（姜宇等，2013）。

（一）不出菇

1. 症状

袋栽或瓶栽猴头菇，在菌丝长满培养料后，长时间不能出菇。

2. 发生原因

猴头菇菌丝长满培养料后需继续培养几天，待菌丝达到生理成熟后才会现菇蕾。如果开袋或开瓶过早，又未采取保湿措施，易使培养料因表面失水导致菌皮发干，同时还可引起内部缺氧，致原基发育受阻，长时间不现菇蕾。

3. 防治方法

① 确保菌丝充分成熟。菌丝满袋后，应继续培养5~7d。发生原基时，再开袋出菇。

② 及时补充水分。开袋或开瓶口后，应及时向地面、墙面、室内空间喷水，保持空气相对湿度在85%~95%，促使菇蕾及早形成。必要时，也可采用纱布、报纸覆盖。

③ 精心管理。发现料面有干菌皮时，及时用小铁钩等工具划破干料面，并喷湿培养料，再将袋口松绑或盖上瓶口，保持适宜湿度，促使菇蕾发生。

（二）幼菇萎缩

1. 症状

猴头菇幼菇生长势弱，颜色变黄，并逐渐从顶部向下变软，萎缩死亡。

2. 发生原因

① 水分管理不当。出菇期，如果培养料含水量低于45%或菇房内空气相对湿度低于70%时，幼小的子实体就会因缺水而萎缩死亡。

② 遭遇冷水刺激。在日常菇房管理中，如果大量使用温度过低的水进行喷淋，也会使幼菇因不适应低温刺激而造成死菇。

3. 防治方法

① 保证培养料含水量。出菇前检查培养料含水量，如果发现低于50%时，就必须及时补水，采用注水或浸水措施给菌袋补水，防止后期幼菇生长时缺水。

② 保持菇房湿度。出菇期菇房内空气相对湿度宜控制在80%~90%之间，如果空气湿度低于80%，即使猴头菇子实体能够长大，也会显得干瘪不新鲜。

③ 避免强光曝晒。菇棚和菌袋严禁长时间受阳光曝晒，防止强风劲吹幼小的子实体。

④ 禁止冷水喷淋。整个出菇过程中，禁止向幼菇大量喷淋冷水。使用的水可事先放在菇房内，使其自然接近室温，这样可有效防止因冷水刺激造成的病害。

（三）多头菇（珊瑚菇）

1. 发生原因

① 若生长环境湿度大，通气差，二氧化碳浓度超过0.1%时，就会刺激子实体基部产生

分枝，形成珊瑚状，致使不能形成球状子实体（图7-3）。

② 培养基含水量过高，空气相对湿度超过90%，菌刺过长，有苦味，且易形成多头菇；培养料中含有芳香化合物或其他有杀菌作用的物质。

2. 防治方法

① 当出现珊瑚状子实体时，应加强通风透气，促进子实体健壮生长。

② 适当降低培养料的含水量、降低空气相对湿度。

③ 培养料选择时，注意剔除杉、松、樟等含杀菌物质的树木。

④ 已形成珊瑚状的子实体，在幼小时立即将它连同表面培养料一起刮掉。

（四）光秃无刺菇（平顶菇）

1. 发生原因

若温度低于8℃，高于25℃以上，加之空气湿度低，会出现不长刺的光秃子实体，形状不正，深褐色。

2. 防治方法

注意控温保湿，把阴棚遮盖加厚，减少阳光透进，加强水分管理，向空间喷雾状水或地面洒水，以降温补水（姜宇等，2013）。

（五）菇色异常、有苦味

1. 症状

菇体色泽度黄，子实体变红，菇体味苦。

2. 发生原因

若温度低于14℃时，子实体即开始变红，并随温度下降而加深；有的因通风时子实体受到直流风刺激，菇体萎黄；采收过晚，菌刺长而弯曲，使子实体有苦味。

3. 防治方法

出现红色时，加强温度管理；及时采收，用20%盐水或者淘米水浸泡10~20min后鲜食。可晒干或稳火烘干（先40~50℃，后60℃烘干），贮藏塑料袋中密封保存。

（六）菇体萎缩霉烂

1. 症状

刺毛萎缩倒伏，菇体皱缩，有的菇体变褐发霉（图7-4）。

图7-3　珊瑚状的猴头菇

图7-4　萎缩变褐的猴头菇子实体

2. 发生原因

常因温度过高、空气干燥，明显缺水。

3. 预防办法

菇体霉烂则为病害或霉菌侵袭，应加强通风，降湿；涂抹3％漂白粉或1％石灰水；严重造成子实体变黄的，应及时连同培养基一并挖除。

此外，若因菌种传代次数较多，种性退化而产生畸形猴头菇时，应提纯复壮，培育优良菌种，提高种性和纯度。

思考题

1. 简述猴头菇栽培发菌管理要点。
2. 叙述猴头菇栽培出菇管理技术。
3. 简述猴头菇的采收标准。
4. 简述猴头菇几种生理性病害发生的原因与防治。

第八章
香菇栽培技术

第一节　香菇概述

香菇 [*Lentinus edodes* (Berk.) Singer]，又名花菇、香蕈、香信、香菌、冬菇、香菰等，在分类学上属于担子菌门（Basidiomycota）、伞菌纲（Agaricomycetes）、伞菌目（Agaricales）、口蘑科（Tricholomataceae）、香菇属（*Lentinus*）。香菇是世界第二大食用菌，也是我国特产之一，在民间素有"山珍"之称，是一种高蛋白、低脂肪的营养保健食品。它是一种生长在木材上的真菌。味道鲜美，香气沁人，营养丰富，为宴席和家庭烹调的最佳配料之一，深受广大消费者的喜爱。此外，香菇也是我国传统的出口土特产，在国际市场上素负盛名。中国历代医学家对香菇均有著名论述，味甘，性平，主治食欲减退，少气乏力。

香菇的营养成分十分丰富。据现代科学分析，在 100g 干香菇中含有蛋白质 13g，脂肪 1.8g，碳水化合物 54g，粗纤维 7.8g，灰分 4.9g，钙 124mg，磷 415mg，铁 25.3mg，以及维生素 B_1、维生素 B_2 和维生素 C 等。此外，还含有一般蔬菜所缺乏的维生素 D 原（麦角甾醇）260mg，它被人体吸收后，通过阳光照射，能转变为维生素 D，可增强人体的抵抗力，有助于儿童的骨骼和牙齿生长，还可预防佝偻病。在香菇中含有六大酶类的 40 多种酶，可以认为是纠正人体酶缺乏症的独特食品。香菇还含有腺嘌呤，经常食用可以预防肝硬化、预防感冒、降低血压、清除血毒。它含有多糖物质（β-1,3 葡聚糖）能增强细胞免疫能力，从而抑制癌细胞的生长。此外，香菇中所含的脂肪酸，对降低人体血脂有益。

香菇栽培起源于中国，至今已有 800 多年的历史。最早于宋朝浙江庆元县龙岩村的农民吴三公发明了砍花栽培法，后扩散至全国。经僧人交往传入日本。香菇的砍花栽培源于中国，现行的段木纯菌丝接种栽培则源于日本，后来该技术传入我国。随着段木资源的紧缺，又研发出了代料栽培法（木屑中加一定辅料）。至 1989 年，中国香菇总产量首次超过日本，一跃成为世界香菇生产第一大国。近年来，香菇的花菇栽培率不断提高，花菇是香菇的极品，售价是普通香菇的 3~10 倍，使香菇产业由数量型转向质量型。近年来中国的香菇出口贸易量逐渐上升，年递增率约为 2%，香菇年产量为 8 万吨，占全球生产总量的 80% 以上，居世界第一位，出口 3.6 万吨，也居世界之首。

香菇在国内种植区主要集中在河南省南阳市西峡县、河南省驻马店市泌阳县、河南省三门峡市卢氏县、湖北省随州市、浙江省庆元市。最近我国东北、陕西汉中也开始种植香菇。其中驻马店市泌阳县花菇比较有名，曾在 1999 年昆明世界博览会上荣获金奖，有"泌阳花菇甲天下"的美誉，另外西峡香菇也有长足的发展和进步，西峡已成为中国香菇的出口大县。

第二节 生物学特性

一、形态特征

香菇由菌丝体和子实体两部分组成。

(一) 菌丝体

菌丝由孢子萌发而成，白色、绒毛状，有横隔和分枝，细胞壁薄，纤细的菌丝相互结合，不断生长繁殖，集合成菌丝体。香菇的整体均由菌丝组成。组织分离时，切取香菇的任何一部分都可以长出新的菌丝来。

(二) 子实体

香菇的子实体单生、丛生或群生，由菌盖、菌褶、菌柄等组成（图8-1）。子实体中等大至稍大。菌盖圆形，直径通常3～6cm，大的个体可达10cm以上。盖缘初内卷，后平展；盖表褐色或黑褐色，往往有浅色鳞片。菌肉肥厚，中部可达1cm左右，柔软而有弹性，白色。菌柄中生或偏生，圆柱形或稍扁，白色，肉质，实心，长3～10cm，直径0.5～1cm。菌褶白色，稠密而柔软，由菌柄处放射而出，是产生孢子的地方。孢子白色、光滑、卵圆形。

图8-1 段木栽培香菇子实体（戴玉成供图）

二、生长发育的条件

(一) 营养条件

香菇是一种木腐菌，主要的营养成分是碳水化合物和含氮化合物，以及少量的无机盐和维生素等。木材中含有香菇生长发育所需的碳源、氮源、矿物质及维生素等。香菇具有分解木材中木质素、纤维素的能力，能将其分解转化为葡萄糖、氨基酸等，作为菌丝细胞直接吸收和利用的营养物质。采用代料栽培时，加入适量富有营养物质的米糠、麸皮、玉米粉等则可促进菌丝生长，提高产量。

(二) 环境条件

(1) 温度 香菇是低温和变温结实性的食用菌。菌丝生长温度范围较广，为5～32℃，适温为25～27℃。但由于受木材的保护作用，在气温低于-20℃的高寒山地或高于40℃的低海拔地区，菇木也能安全生存，菌丝不会死亡。香菇原基分化温度范围是8～21℃，在10～12℃分化最好。子实体在5～24℃范围内发育，8～16℃为最适，变温可以促进子实体分化。在适宜范围内，同一品种，温度较低（10～12℃）时子实体发育慢，菌柄短，菌肉肥厚，质地较密。在高温（20℃以上）下，子实体发育快，菌柄长，菌肉薄，质量差。在恒温条件下，香菇不形成子实体。

(2) 水分和湿度 在木屑培养基中，菌丝生长的最适含水量是60%～65%；在菇木中适宜的含水量是32%～40%，在32%以下接种成活率不高，在10%～15%条件下菌丝生长极差。子实体形成期间菇木含水量保持60%左右，空气相对湿度要保持85%~90%为宜，一定的湿度差，有利于香菇生长发育。

（3）空气　香菇亦为好气性菌类，对CO_2虽不如灵芝等敏感，但如果空气不流畅，环境中CO_2积累过多，就会抑制菌丝生长和子实体的形成，甚至导致杂菌滋生。栽培环境过于郁闭易产生畸形的长柄菇、大脚菇，所以菇场应选择通风良好的场所，以保证香菇正常的生长发育。

（4）光照　香菇是需光性真菌，适宜的散射光是香菇完成正常生活史的一个必要条件。但菌丝生长不需光线。研究表明波长为380~540 nm的蓝光对菌丝生长有抑制作用，但对原基形成最有利。香菇子实体的分化和生长发育需要光，没有光不能形成子实体。光与菌盖的形成、开伞、色泽有关。在微弱光下，香菇发生少、朵小、柄细长、菌盖色淡、肉薄、质劣。

（5）酸碱度（pH）　香菇菌丝生长要求偏酸的环境。菌丝在pH 3~7之间都可生长，以pH 4.5上下最为适宜。在段木腐化过程中，菇木的pH不断下降，从而促进子实体的形成。

总之，香菇的生育条件是互相影响、互相关联的。从菌丝生长到子实体形成过程中，温度是先高后低，湿度是先干后湿，光线是先暗后亮。这些条件既相互联系，又相互制约，必须全面给予考虑，以免顾此失彼，才能达到预期的效果。

三、生活史

香菇的完整生活史，是从担孢子萌发开始，再到形成孢子而结束，与典型的担子菌的生活史基本相似。香菇的孢子成熟后，在适宜的温、湿条件下就会萌发为单核菌丝。单核菌丝不能长出子实体来。只有当不同性别的单核菌丝相结合形成双核菌丝后，在基质内部蔓延繁殖而形成菌丝体。菌丝体经过一定阶段的生长发育，积累了充足的养料，并达到生理成熟，在适宜条件下，才能形成子实体原基，并不断发育增大成菇蕾，子实体成熟开始弹射担孢子，完成整个生长史。

第三节　栽培技术

香菇有段木栽培和代料栽培两种，随着代料栽培技术的不断完善和人们保护森林意识的增强，近几年段木栽培已经很少。我国代料栽培香菇已占总产量的90%以上。香菇袋料栽培是指在香菇的人工栽培中，以原料来源较广的木屑、棉籽壳、麸皮等配以其他原料，代替椴木来培植香菇的一种技术。袋料栽培技术具有原料来源广泛、生产周期短、产量高、收益大等优点，成为目前香菇栽培的主要方式。其基本工艺为配料→装袋→灭菌→接种→发菌→出菇。

一、栽培季节

主要有春栽和秋栽两个季节，有早春播种春末夏出、春播夏出、春播秋冬出、秋播冬春出几大生产方式。传统栽培，一般南方8月、北方7月制袋，在夏季发菌，污染率高。现在则为1~4月制袋，发菌期避开夏季，成功率高。栽培期的确定是以出菇适宜期为准，即以菌丝长好后正遇上适宜的转色及出菇温度（12℃左右），向前推算，减去菌种的菌龄即可。

二、品种选择

香菇品种繁多，可按需要划分品种类型，如按栽培基质划分、按出菇早晚划分、按销售形式划分、按子实体大小划分、按出菇温度划分等。

(一) 按栽培基质划分

香菇可分为段木和代料栽培，代料又分为若干类型，如木屑、蔗渣、玉米芯、稻草等。因此，可划分为段木种、木屑种（代料种）、草料种、菌草种、段木代料两用种等五大类型。

(二) 按出菇早晚划分

早生种，接种后 70～80d 出菇；迟生种，接种后 120d 以上出菇。

(三) 按销售形式划分

这主要分为干销种和鲜销种。干销种菇质相对紧密，含水量低，适于干制；鲜销种则菇质较疏松，含水量较高。

(四) 按子实体大小划分

可分为大叶种、中大叶种、小叶种三大类。大叶种菌盖多在 5～15cm，小叶种在 4～6cm，中大叶种介于两者之间。

(五) 按出菇温度划分

可分低温、中温、高温和广温种 4 类。栽培者要根据自己的实际需求选择适当品种。
(1) 低温种　平均出菇温度大致为 5～15℃。
(2) 中温种　平均出菇温度大致为 10～20℃。
(3) 高温种　平均出菇温度大致为 15～25℃。
(4) 广温种　出菇温度范围较广，为 5～28℃，但以 10～20℃ 出菇率最高，品质最好。

三、栽培前准备工作

(一) 菇场的设置

菇场应选择在避北风、向阳地、水源近、有树荫、三分阳、七分阴、多石栎、偏酸性的缓坡地为好，菇场清理后在地面撒上石灰粉，以除虫防蚁，抑制杂菌蔓延。

(二) 菌种准备

香菇一、二菌种一般由专业技术人员接种，三级菌种（即栽培种）用种量大，一般由农户自行制备或从菌包厂购买。三级菌种应于上一年的 12 月底或当年的 1 月初进行，培养温度 20～24℃，暗光培养，生长期 50～60d。具体制作方法可参照其他菇种。

(三) 培养料配方

① 杂木屑 78%，麸皮 20%，糖 1%，石膏 1%。
② 杂木屑 40%，玉米芯 40%，麸皮 18%，糖 1%，石膏 1%。
③ 杂木屑 20%，果渣 58%，麸皮 20%，糖 0.5%，石膏 1.5%。

以上各种原料，必须新鲜、无霉变、无虫蛀。其中松、杉以及含芳香类物质较多的楠木、樟木等树种的木屑不能用于香菇的代料栽培。各配方用水 120～125 斤（1 斤=500g），自然 pH。

四、料袋制作

采用低压聚乙烯袋或高压聚丙烯袋，大袋 25cm×55cm×0.045cm，中袋 (17～20)cm×55cm×0.045cm，小袋 15cm×55cm×0.045cm。大袋可装干料 2.0kg，中袋可装干料 1.5kg 左右。按常规方法拌料、装袋和灭菌。装料前将塑料袋一端扎紧，以不漏气为准。把搅拌均匀的培养料装入袋内，松紧适当。手持装好的料袋中央，没有松软感，两端没有下垂,手托起无指凹为度。装料速度要快,防止料变酸败。采用高压或常压灭菌,灭菌结束后用消毒塑料筐将料袋运入接种室"井"形叠放,冷却后接种。无论采用哪种灭菌方式,要注意以下问题。

(一) 及时进灶

装袋完毕,要立即将料袋装进灭菌灶,并迅速加温开始灭菌。

(二) 合理叠袋

料袋进灶应叠放,袋与袋之间要留有一定间隙,使蒸汽能自下往上流通,防止局部死角,造成灭菌不彻底。

(三) 控制温度

常压锅灭菌时要用猛火,尽快使仓内温度在4h内达到100℃,维持8~10h,停火,闷6~8h后自然冷却出锅。使用高压锅时要充分排出锅内冷气,待压力达1.2kgf/cm^{2}时维持2h(聚丙烯袋可达1.5kgf/cm^{2}维持1.5h),自然冷却,当压力降到0.5kgf/cm^{2}以下,可排气出锅。

(四) 灭菌中途勿降温、勿干锅

灭菌中途不能降温,如缺水需加热水补充。

五、接种

接种前的准备工作同猴头菇栽培。应选择晴天晚上或清晨接种。接种时以4个人配合操作为宜,做好分工。在酒精灯火焰上方无菌区打开菌种瓶,刮除表层老化的菌丝,将袋面消毒后每个料袋打3个接种孔,深2cm。用接种工具将菌种迅速接入袋口内,然后贴胶布封口或在料袋外套个大袋即可。每瓶二级菌种可接种30~50袋左右三级种。

六、发菌管理

接完种的菌袋需叠放到养菌室。低温时顺码叠放,高温时"井"或"△"码放3~4袋/层,高4~10层,勿压接种穴。菌袋培养时,需保持室内暗光,室温控制在25℃左右,降低空气相对湿度。在菌丝培养过程中,料温会逐渐上升,当料温达到25℃时,要及时翻堆,同时打开门窗散热。接种5~7d后,需检查菌丝是否吃料、有无杂菌感染等。以后每隔5~7d翻堆一次,逐渐降低袋层高度,污染严重的菌袋应立即淘汰。接种16~20d,用牙签在接种穴上扎10~20个深0.5~1.0cm的孔。第二次用毛衣针,第三次用筷子,每隔10d刺一次,逐渐加大加深,注意防止见光,否则扎孔处会早现原基。发菌30d后,开始出现瘤状物,45d布满菌袋,50~60d瘤状物突起,菌丝中开始分泌水珠,这时要注意刺孔排出积水。

七、脱袋转色

菌袋培养50~60d,瘤状物占菌袋2/3,接种穴周围有少许棕褐色时,表明菌丝已达到生理成熟(贺春玲,2014)。当瘤状物由硬变软,菌袋表面出现棕褐色,这一阶段叫转色。香菇菌筒脱袋转色的好坏,直接影响到其出菇的快慢、品质和产量。脱袋必须选择晴天,最适宜气温为20~22℃。操作时要轻拿轻放,脱袋后以10cm间距,80°倾斜排放于地面(图8-2)。

覆盖一层塑料薄膜,空气相对湿度保持在85%,适度通风,通常脱袋后一周内每天通风1~2次,每次20~30min,并给予温差刺激,调节好薄膜内的小气候,有利于菌袋转色。一般从脱袋到转色结束需2周左右。

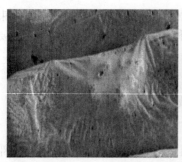

图 8-2　香菇菌筒表面形成的瘤状物及菌袋脱袋后排筒

八、出菇管理

转色后的菌筒通过一定的昼夜温差（温差小的地区可白天覆盖薄膜减少通风次数，增加覆盖薄膜内的温度，而早晚掀开薄膜，使温度骤降，人为拉大昼夜温差8℃以上为好）、干湿差和光照刺激，开始从营养生长过渡到生殖生长阶段，菌丝相互交织扭结形成原基，进一步发育成小菇蕾（图 8-3）。

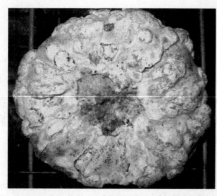
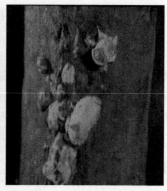

图 8-3　香菇子实体原基和小菇蕾

当菇蕾长至 0.5～1cm 时，要每袋留 8～10 朵菇形好、距离均匀、大小一致的菇蕾。保持棚内温度 10～25℃，调节空气相对湿度 80%～90%，并根据天气情况适当通风，但要注意通风量不能过大，否则会造成菇蕾死亡（贺春玲，2014）。

菌蕾形成后生长较快，一般 2～3d 菌柄可伸长，当有扁圆形褐色的菌盖形成时（图8-4），把覆盖的薄膜撤掉，并向菌筒表面喷少许雾状水，调节菇房内的空气相对湿度在 90% 左右，以利于子实体的生长发育。

图 8-4　香菇菌筒现蕾期和子实体成熟期

九、采收及加工

（一）采收

一般从菇蕾到子实体成熟需 7~10d。香菇适时采摘期为子实体七八分熟时，此时菌盖尚未完全展开，边缘有少许内卷，形成"铜锣边"，直径 4~7cm，菌膜已破，菌褶已全部伸长（图 8-4），为香菇的最适采收期。

一般一天采收两次，在上午 10 点前，下午 3 点至天黑前采收完毕。采摘时用大拇指和食指捏紧香菇菌柄基部，旋转向上拔起，注意不要碰坏周围的小菇蕾，不能带出培养料，尽量不用刀割，以免有病菌交叉感染。采摘后要把残留在培养料中的菇根清除干净，以防烂料。

（二）干燥

采收的香菇，可以鲜销，也可以制成干品后出售。烘烤技术的好坏，会直接影响到香菇的质量。火力太猛会把菇烤焦；火力不足，则会使其发黑。时间拖长还会腐烂，要特别注意烘烤方法。香菇的干燥法有烘干和晒干两种，目前多采用烘干和烘晒结合法。

(1) 烘干　目的在于排除香菇中水分，达到商品干燥标准，含水量约 13%，以利长期保存。烘烤时要注意以下问题。当天采收当天烘烤。火力或用其他热源均要先低后高，开始时不超过 40℃，每隔 3~4h 升高 5℃，最后不超过 65℃。烘烤时最好不要一次烘干，初烤至八成干，然后再"复烤" 3~4h，这样干燥一致，香味浓，且不宜破碎（陈士瑜，2003；崔颂英，2007；吕作舟，2008）。

烘烤后的质量标准：香味浓，色泽好（菌盖咖啡色、菌褶淡黄色），菌褶清爽不断裂，含水量达 13%。过干难包装和运输，过湿难保藏。

(2) 烘晒结合　先将鲜菇菌柄朝上，置太阳下晒 6h 左右，立即烘烤。这样得到的成品色泽好，营养好，香味浓，成本低。

干菇极易吸湿回潮、发霉变质和生虫，影响质量。因此香菇烘干后，应立即按菇的大小、厚薄分级，而后迅速装箱或装入塑料袋密封，置干燥、阴凉处保藏。

十、采后管理

采收完第一批香菇后，需增加通风次数，停水 3~5d，以促进菌丝恢复和扭结。当菌丝恢复生长发白时，还需拉大昼夜温差，提高空气相对湿度，促进第二潮菇蕾形成。袋栽香菇一般可收 5 潮，采收两潮后，应采用浸水或注水的方式，酌情补水至菌筒含水量 55% 左右为宜，养菌和补水结束后，可进行下一潮的催菇管理，管理方法同第一潮菇。

未出完菇的菌筒，在冬季寒冷地区也可将菌筒堆积越冬，上覆草帘或其他遮盖物。一般 11 月下旬后，陆地香菇即进入越冬管理，待气温回升时撤掉覆盖物，再进行出菇管理，若料筒缺水，应及时补充，管理方法同第一年。

十一、花菇的栽培

花菇是在特殊条件下形成的一种珍贵的畸形香菇，是成长过程中，遇到低温、干燥、温湿差等不良环境时的结果。当香菇子实体长到 2~3.5cm 时，若遇低温干燥，菌盖表面细胞干涸被迫停止分裂，处于休眠态以抵抗逆境。因低温时细胞分裂速度变慢，气温回升时菌盖表面细胞仍处于干涸状态不能复苏，而菌肉细胞却因温度回升，适于细胞正常分裂和生长，菌盖表皮裹不住菌肉的生长胀力，被迫碎裂成各式菊花瓣状花纹。这种不正常的现象继续下

图 8-5 爆花菇（戴玉成供图，见彩图）

去，其裂痕逐渐加深，洁白的菌肉又形成一层防护膜，即花菇。花菇的龟裂纹越宽、越深，品质越好，即天白花菇或爆花菇（图 8-5），属香菇上品（刘二冬，2009；张士罡和汪尚法，2009）。

（一）花菇形成的五要素

1. 空气干燥　空气相对湿度保持在 50%～67% 之间。菌袋含水量在 50%～55% 之间，若高于 60%，则不利于花菇形成。

2. 温度适中　温度必须控制在 8～18℃ 之间，在此温度中子实体生长慢，菌盖肉厚。

3. 光照充足　冬季 12 月至翌年 3 月全光照有利于花菇裂纹增白，并能加速裂深。

4. 微风吹拂　微风不仅能保持空气新鲜，又可加速菌盖开裂。

5. 适时催花　当菌盖小于 1.5cm 时，若过早按培育花菇的生长条件管理，易使幼菇干死或冻死；当菌盖在 3.5cm 以上，再按花菇培养措施管理会使裂纹窄浅，且多在菌盖边缘，培育不出上等花菇。因此，在菇盖直径 2cm 时，进行花菇管理最适宜，可培育出上等花菇（刘二冬，2009；张士罡和汪尚法，2009）。

（二）花菇管理方法

花菇是香菇受到特异性环境条件的刺激而产生的，自然发生率仅为 4%～5%。将已转色的菌包移入菇棚，白天通过盖膜增温，使棚内温度控制在 18～22℃，空气相对湿度在 85%～95%。晚上打开菇棚，使棚内温度下降到 10℃ 以下，创造 10℃ 以上的昼夜温差，连续管理 3～4d，菌丝便可扭结成原基。

花菇高架栽培不需脱袋，可根据菌筒养分及水分状况挑选菇蕾进行割袋出菇。菇蕾直径 1.0～1.5cm 时割袋为宜，菇蕾过小，成活率低，影响产量，过大会被塑料袋挤成畸形，影响花菇品质。生产优质花菇，所留的菇蕾要分布均匀、大小一致，以每袋留 5～7 个健壮的菇蕾为宜，割袋可用刀片在膜上割 1 个"人"字形孔，让菇蕾伸出割口，除所留菇蕾外，多余的菇蕾用手在袋外压死。如菌筒还会长出菇蕾，要继续压死，确保所留菇蕾生长良好，当菇蕾长到直径 2cm 时，开始培育花菇。温度以 10～15℃ 为好，前期湿度应掌握在 65%～75%，后期以 55%～65% 为宜，过于干燥会使小菇蕾干枯，湿度过大会影响花菇生成。当一批菇采收结束，要让菌筒休息养菌 1 周左右，若菌筒水分不足会影响下批花菇生产，必须进行注水（薛兢兢，2016）。

十二、香菇病虫害防治

香菇常见病虫害已成为制约香菇产业发展的巨大阻力，在病虫害防治工作上应坚持"预防为主，综合防治"的原则。通过农业防治、生物防治、物理防治以及化学防治等多种方法有效控制病虫害的发生，防止扩大蔓延，把损失降到最低程度。

（一）常见杂菌的防治

常见的杂菌危害有绿色木霉（俗称绿霉）、链孢霉、毛霉（俗称长毛菌）、曲霉、青霉等，多发生于菌丝体生长阶段。而木霉和青霉菌多侵染转色和子实体生长阶段的菌筒（图 8-6）。具体的发生原因及防治方法参考黑木耳病虫害识别与防治一节。

图 8-6 被青霉菌感染的香菇菌筒

(二) 常见病害的防治

1. 病毒性病害

(1) 发病症状　菌丝退化，逐渐腐烂。子实体感染后腐烂，引起畸形菇的发生。

(2) 防治方法　在病毒感染处注射 1∶500 苯菌灵（50% 可湿性粉剂），整个菇场喷洒代森锌粉剂 500 倍液消毒。

2. 褐腐病

(1) 发生与为害　多发生在气温 20℃ 以上，含水量较多的菌筒上。受害香菇子实体停止生长，菌盖、菌柄的组织和菌褶变褐色，最后腐烂发臭。

(2) 防治方法　及时清除发生病害的菇体，用链霉素 1∶5 喷洒菌筒，杀灭潜伏的病菌，然后清理菇场卫生并消毒。凡接触过病菇的工作人员及用具都要严格消毒，防止交叉感染。

3. 细菌斑点病

(1) 为害症状　菇盖产生褐色斑点，纵向凹陷成为凹斑。子实体畸形、腐烂侵染的培养料变黏并发出臭味。

(2) 防治方法　培养基灭菌要彻底，接种时严格按照无菌操作规程进行。立即摘除被侵染的子实体，并喷 1∶600 次氯酸钙溶液（漂白粉）消毒，防止扩散。

(三) 常见虫害的防治

1. 常见害虫

(1) 眼蕈蚊　幼虫会咬食香菇菌丝及子实体，甚至可以吃光菌丝，将子实体菌柄以及菌盖吃空。眼蕈蚊的体形比较大，幼虫除头部为黑色外，其胸部、腹部多为乳白色。

(2) 小菌蚊　幼虫也会啃咬香菇菌丝及子实体。小菌蚊会啃咬菌柄，导致其断柄而倒伏。小菌蚊会群居在培养料表面，藏身于自己吐丝所结的网上。小菌蚊体形比较大，幼虫多长筒型，白色或灰白色，老熟幼虫长达 10～13mm。

(3) 瘿蚊　幼虫咬食子实体或菌丝，菇蕾遭受啃食会发黄枯萎，严重者死亡。瘿蚊的虫体比较小，即便是老熟幼虫也不足 2mm（李小琴，2016）。

(4) 螨类　又称菌虱，包括粉螨和蒲螨等。蒲螨体形较小，基本上无法用肉眼看到，多集中于培养料上，主要为咖啡色。而粉螨则体型较大，主要为白色且发亮，粉螨不成团，多咬食香菇小菌丝，从而导致香菇因菌丝萎缩而不生长。螨类同样也会咬食香菇成熟的子实体或者菇蕾。

此外，蛞蝓、跳虫、线虫和白蚁等也是香菇栽培常见的害虫。

2.常见虫害的综合防治技术

注意搞好环境卫生，菌棒进入菇棚之前，要通过生石灰或者漂白粉将菇棚清理干净，做好杀虫灭菌工作；菇棚中堆积的废菌糠应及时处理，可将其沤制成肥料；菇根、烂菇及废料要及时清除，并远离菇棚；菇棚内可设置防虫网等，有效减少虫害飞入其中产卵，并经常撒石灰粉，以灭菌杀虫；出菇后只能使用生物制剂或采用黑光灯、黄板、防虫网等诱杀除虫（李小琴，2016）。

思考题

1. 简述香菇生长发育所需的营养条件和环境条件。
2. 香菇品种如何划分？
3. 简述香菇栽培发菌管理要点。
4. 什么是转色？简述香菇脱袋转色方法。
5. 简述香菇子实体干燥方法。
6. 什么是花菇？花菇形成的五要素有哪些？
7. 叙述花菇的栽培管理方法。

第九章
灵芝栽培技术

第一节 灵芝概述

灵芝［*Ganoderma lingzhi* Sheng H. Wu, Y. Cao & Y. C. Dai］，别名赤芝、红芝、丹芝、瑞草、木灵芝、菌灵芝、万年蕈、灵芝草（Cao et al. 2012；戴玉成等，2013）。在分类学上属于担子菌门（Basidiomycota），担子菌纲（Basidiomycetes），多孔菌目（Polyporales），灵芝科（Ganodermataceae），灵芝属（*Ganoderma*）。灵芝是一种名贵的药用真菌，被誉为灵芝草、仙草、返魂草、长寿草等。明朝李时珍的《本草纲目》对灵芝的种类、形态、药性、功能等都做了描述。自古以来灵芝就被我国人们作为治百病的仙草，沿用数百年而不衰，历史证明其具有极高的医疗价值和营养价值。灵芝在中国普遍分布，浙江龙泉、黑龙江、吉林、河北、山东、安徽霍山、江苏、江西、湖南、贵州、福建、广东、广西、海南等地区均有部分产量。其中浙江龙泉、安徽霍山、山东泰安一带的灵芝种植规模较为集中。欧洲、美洲、非洲、亚洲东部均有不同量产。1960年我国开始驯化栽培灵芝，1972年正式应用于临床治疗神经衰弱、冠心病、慢性支气管炎等病。1997年，我国的灵芝产量占全世界总产量的80%以上，约3000t。据有关部门统计，目前，国内研究灵芝类药用真菌的科研单位近100多家，生产药剂和保健品的工厂有200余家。因灵芝及破壁孢子粉的功效逐渐被人们所认识，使得栽培规模和产量也在逐年扩大。

灵芝药用在我国已有2000多年的历史，被历代医药家视为滋补强壮、扶正固本的神奇珍品。2000年，已知灵芝属真菌100余种，分布最广的为赤芝（*G. lucidum*），其次为紫芝（*G. japonicum*），还有树舌（*G. applanatum*）、松杉灵芝（*G. tsugae*）和薄盖灵芝（*G. capense*）等均供药用。灵芝味甘苦、性平，归心、肺、肝、脾、肾经，可养心安神，养肺益气，理气化淤，滋肝健脾。主治虚劳体弱、神疲乏力、心悸失眠、头目昏晕、久咳气喘、食欲不振、反应迟钝、呼吸短促等症。

一、灵芝的有效成分

研究表明灵芝对人体有益的成分有数千种，归纳起来主要是甾醇类、三萜类、生物碱、多糖类、氨基酸多肽。此外，还有对人体有益的锌、锰、铁、锗等微量元素，特别是有机锗含量是人参的4~6倍，能使人体血液吸收氧的能力增加1.5倍。因此，灵芝可以促进新陈代谢并有延缓衰老的作用，还有增强皮肤本身修护功能的功效，可用于各种慢性病所致的面色黄萎及气血不足而致的面部无光泽（弓建国，2011）。灵芝所含有的锗还可诱导人体产生并激活自然杀伤细胞（natural killer cell，NK细胞）和巨噬细胞，参与免疫调节，提高身体的免疫力。灵芝中的多糖具有双向调节机体免疫力、抗肿瘤和护肝的作用，灵芝中的生物碱可以抗炎、镇痛等。

二、灵芝的药用价值

灵芝尽管品种繁多,但是药用价值和功效基本相同。中国古代将灵芝作为可起死回生的仙草,并有不少神奇的传说。现代医学研究表明,灵芝所含有的多糖、三萜类化合物及核苷等活性物质,具有很多药理作用,如镇咳止喘、防癌抗癌、增强免疫力(戴玉成和杨祝良,2008)、保肝解毒、降低胆固醇、强心健体、改善血液循环、预防心肌梗死和冠状动脉硬化发生、减缓衰老、抗放射、抗病毒、抑制细菌等。临床应用上,灵芝制剂对多种疾病,如慢性支气管炎、哮喘、冠心病、心绞痛、高脂血症、神经衰弱、肝炎、白细胞减少症、胃及十二指肠溃疡、糖尿病等均有较好的疗效(常明昌,2005;弓建国,2011)。近年来,灵芝虽已广泛应用于临床,但仍未成为严格意义上的西药,而多以中药复方应用。单独服用或与虫草粉、人参、枸杞等中药混合服用,都能收到很好疗效。2019年国家卫生健康委员会发文[2019]311号同意灵芝、党参等9种药材作为药食同源物质管理试点,大健康产业面临新的机遇。

三、灵芝孢子粉的主要成分及功效

灵芝孢子粉是灵芝在生长成熟期,从灵芝菌管中弹射出来的极其微小的卵形生殖细胞即灵芝的种子。其主要的营养成分如下:

(一)灵芝多糖

可以增强免疫系统的机能,预防和治疗肿瘤及癌症(李康等,2017);降低血压,预防心血管疾病的产生;刺激胰岛素的分泌,降低血糖浓度;加速血液微循环,提高血液供氧能力,降低机体静止状态下的无效耗氧量,消除体内自由基,提高机体细胞膜的封闭度,抗放射,提高肝脏、骨髓、血液合成DNA、RNA、蛋白质的能力,延长寿命,等。

(二)三萜类灵芝酸

改善过敏性体质,改善微循环,减轻发炎症状;降低胆固醇,避免血管硬化;强化肝脏功能、健全消化器官的运作。

(三)天然有机锗

能增强人体血液吸氧的能力达1.5倍以上,促进新陈代谢,消除体内自由基,防止细胞老化;可以从癌细胞中压取电子,使其电位下降,从而抑制癌细胞的恶化,并防止向其他部位扩散。

(四)腺嘌呤核苷

抑制血小板凝集、防止血栓形成。

(五)微量元素硒

微量元素有机硒,能够预防癌症,减轻疼痛,预防前列腺病变。与维生素C并用,可以预防心脏病,增强性机能。

四、灵芝保健品

随着灵芝深层发酵培养菌丝体和发酵液技术的出现及发展,灵芝制品越来越多。现在,市场上销售的灵芝多以加工成的灵芝保健品和药品为主,种类繁多,包括灵芝丸、灵芝冲剂、灵芝酒、灵芝胶囊、灵芝多糖、灵芝糖丸、糖浆、饮料、酱油、醋、化妆品、灵芝切片、灵芝粉、灵芝超微粉和灵芝破壁孢子粉等,其中以灵芝破壁孢子粉应用最为广泛。

第二节 生物学特性

一、形态特征

（一）菌丝体

灵芝的菌丝体白色绒毛状，菌丝层紧密，不爬壁。表面常分泌有白色草酸钙结晶，个别品种菌落周围分泌黄色素，菌丝发黄（图 9-1）。显微镜下呈无色透明、壁薄，原生质浓而均匀，直径为 $1\sim3\mu m$。不同部位的细胞有着形态结构上的差异，最窄的菌丝尖端只 $1\mu m$，也是它最活跃的部位。

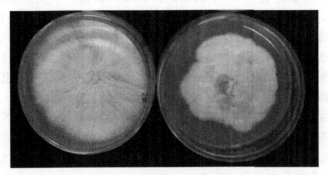

图 9-1　不同灵芝品种的菌落

（二）子实体

灵芝的子实体由菌柄、菌盖和子实层组成。菌柄侧生，柱状，中实，长达 19cm，粗约 4cm，红褐色，有漆样光泽。菌盖木栓质，呈肾形、半圆形或接近圆形，宽 $12\sim20cm$，厚约 2cm。皮壳坚硬，初期淡黄色，渐变成红褐色，表面有一层漆样光泽，有环状同心棱纹及辐射状皱纹。边缘薄，常稍内卷。菌盖下表面菌肉白色至浅棕色，由无数菌管构成。菌管内壁为子实层，有担子和担孢子，孢子印为褐色。菌管内有多数孢子，成熟后弹射出来即灵芝孢子粉（图 9-2）。孢子褐色，卵形，顶端平截，双壁结构，外壁无色，内壁有疣状突起，长 $8\sim12\mu m$，宽 $5\sim8\mu m$。孢子外被坚硬的几丁质纤维素所包围，人体很难充分吸收，只有破壁后才适合人体肠胃吸收利用，现已广泛应用于临床。

图 9-2　灵芝子实体及孢子粉（见彩图）

二、生长发育的条件

（一）营养条件

灵芝是一种木材腐朽真菌，对木质素、纤维素、半纤维素等复杂的有机物质具有较强的分解和吸收能力。主要依靠灵芝本身含有许多酶类，如纤维素酶、半纤维素酶、糖酶、氧化酶等，能把复杂的有机物质分解为自身可以吸收利用的简单营养物质。如木屑、稻糠、果渣、玉米芯和一些农作物秸秆等都可作为灵芝栽培原料。

（二）环境条件

（1）温度　灵芝属高温型恒温结实性药用菌。菌丝体生长温度范围为15～35℃，适宜温度25～30℃，菌丝体能忍受0℃以下的低温和38℃的高温。子实体原基形成和生长发育的温度是10～32℃，最适宜温度是25～28℃。实验证明，在这个温度条件下子实体发育正常，长出的灵芝质地紧密，皮壳层良好，色泽光亮；温度高于30℃时子实体生长较快，个体发育周期短，质地较松，皮壳及色泽较差；高于35℃菌丝老化，甚至自溶；低于25℃时子实体生长缓慢，皮壳及色泽也差；低于20℃菌丝和原基发黄、僵化，甚至原基不易形成，子实体生长也会受到抑制。若温差过大，易形成畸形芝，故要恒温培养。

（2）水分和湿度　灵芝为喜湿性真菌。在菌丝体生长阶段要求培养料含水量60%～65%为宜。在子实体生长时，需要较高的水分，要求空气相对湿度85%～95%为宜。湿度低使子实体失水，生长缓慢或僵化。若空气相对湿度低于60%，刚刚生长的幼嫩子实体在2～3d就会由白色变为灰色而死亡。

（3）空气　灵芝为好气性真菌，通气良好，开片早，柄短，盖厚，产量高。通气不良，缺氧时易形成脑状或鹿角状畸形灵芝，即只长柄不长盖。因此，CO_2含量对灵芝生长发育有很大影响。当空气中CO_2含量增至0.1%时，会促进菌柄生长和抑制菌盖生长；当CO_2含量达到0.1%～1%时，子实体虽能生长，但多形成分枝状的鹿角芝；当CO_2含量超过1%时，子实体无任何组织分化，不形成皮壳。所以在生产中，要经常打开栽培室的门窗通风换气，以避免畸形芝。但可以通过控制不同浓度的CO_2来培养出各种形状的灵芝盆景。

（4）光照　菌丝生长要求黑暗，不需要光，若有光则易早现蕾。子实体分化及生长需要散射光，无光则不现蕾，即使形成了生长速度也非常缓慢，子实体不开盖，易形成鹿角芝，且影响子实体的色泽和光泽性。灵芝子实体生长发育具有趋光性，生长期间不易经常移动菌袋位置或变更方向，以免造成菌盖畸形。但可通过人为控制光照强度，定向和定型培养出不同形状的商品药用灵芝和盆景灵芝。

（5）酸碱度（pH）　灵芝喜弱酸性条件，要求pH范围为3～7.5，以pH 4.5～5.5为宜。

三、生活史

由成熟的担孢子离开母体开始，当遇到适宜的温湿度、营养及空气等条件时，担孢子萌发成初生菌丝体。两条异质的初生菌丝相互融合、完成质配，形成次生菌丝，也叫双核菌丝，并借锁状联合不断增殖。当双核菌丝达到生理成熟阶段，就在基质表面相互扭结，形成子实体原基，在适宜的环境条件下发育成子实体。成熟的子实体产生大量担孢子弹射出去，又开始新的一个世代。

第三节　栽培技术

灵芝栽培有代料栽培和段木栽培，其代料栽培有瓶栽和袋栽，栽培技术基本相同。

一、栽培季节

灵芝为高温型恒温结实性药用菌。若利用自然条件栽培灵芝，可根据当地气候条件适当选择出菇期，再向前推 30～40d 接种栽培袋。例如牡丹江地区以 6～8 月出芝为宜，可在 4 月下旬接种栽培袋。出菇季节安排恰当，子实体生长良好，个大、质坚、品质好、产量高。

二、栽培品种

（一）赤芝

野生赤芝菌盖一般可达 (5×10)cm～(12×20)cm，厚度达 1～2cm，红褐色稍内卷，菌肉黄白色。菌柄侧生，长达 5～10cm，与菌盖同色，子实体腹面蜂巢状（图 9-3）。菌盖下方有菌管层，菌管长约 1cm，菌管内壁为子实层，着生担子，担孢子卵型，大小为 (8.5～11.5)μm×(5～6.5)μm。

图 9-3　人工栽培赤芝和野生紫芝子实体（戴玉成供图）

（二）紫芝

菌盖及菌柄均有黑色皮壳（图 9-3），菌肉锈褐色。菌管硬，与菌肉同色，管口圆，每平方毫米约 5 个。孢子大小为 (10～12.5)μm×(7～8.5)μm。

（三）松杉灵芝

又名铁杉灵芝，产于黑龙江、吉林等地。生长在海拔 700～1400m 的红松阔叶混交林、针叶混交林内的落叶松、红杉、冷杉、云杉的伐根和腐木上。子实体有柄，菌盖肾形或扇形，(5～9)cm×(7～13.5)cm，厚 1～4cm，木栓质，表面红色，皮壳具有光泽，无环带或不明显，边缘有棱纹。柄侧生，长 2～10cm，粗 1～4cm，色泽与菌盖相同或稍深（图 9-4）。菌肉白色，近菌管处稍带浅褐色，厚 0.5～1.5cm。菌管长 0.5～1.5cm，每毫米 4～6 个，肉桂色，管口白色，渐变与菌管相同色。孢子卵形，褐色，内壁具明显的小刺，(9～13.5)μm×(6～8)μm。

三、灵芝代料栽培技术

以木屑、棉籽壳、甘蔗渣、农作物秸秆等农林下脚料栽培灵芝的方法称为代料栽培。代料栽培灵芝因为培养料中营养成分丰富（可添加氮源），培养基比木材疏松，所以灵芝菌丝及子实体生长快，生长周期短，从接种到采收约为 5 个月。灵芝产量高，生物学效率可达 13% 左右，但芝体质地较疏松。

图9-4　人工栽培松杉灵芝子实体

（一）菌种制备

东北地区3月初生产母种，一般15d左右菌丝长满试管，3月中旬生产原种，30~40d即可满袋，4月上中旬生产栽培种，5月中旬即可发满菌包，入棚管理。

（二）培养料配方

① 木屑78%，麸皮20%，石膏粉1%，石灰1%。

② 木屑86%，玉米芯10%，玉米粉2%，石膏1%，石灰1%。

③ 玉米芯（玉米粒大小）50%，木屑30%，麸皮18%，石膏粉1%，石灰1%。

（三）拌料、装袋

按以上配方称取各组分用量，料水比应为1:1.2~1.5，否则在出芝期培养料极易干缩失水，影响产量和质量。培养料要搅拌均匀，拌好后堆闷0.5~1h，充分吸透水，装袋前再充分搅拌。用手握法测定培养料含水量达到65%，切忌培养料湿度过大或过小。水分过多，因缺氧使菌丝生长受到抑制。水分太少，菌丝生长纤弱，而且难以形成子实体。用石灰调节酸碱度，pH 7.5左右为宜。常压灭菌可以用(15~17)cm×(33~35)cm的聚乙烯栽培袋，高压灭菌需要用聚丙烯袋，使用机械装袋以提高工作效率。

（四）灭菌

灭菌彻底与否是栽培灵芝成败的关键。袋装好后要及时灭菌，袋与袋间留有空隙，高压灭菌要排除冷空气，以免造成假压导致灭菌不彻底。当压力达到0.137MPa时保持1.5~2h。常压灭菌待温度升到100℃时维持10~12h。

（五）接种与发菌管理

灭菌后袋内料温降至28~30℃时，抢温接种，并加大接种量。通常两人一组，一人负责接种，另一人负责开袋和封口，紧密合作。一般一瓶菌种可接30~40个料袋，一袋菌种可接80~100个料袋，要求整个过程遵循无菌操作。接种后的菌袋（瓶），移入消过毒的培养室发菌，地面撒一层石灰粉，以减少空气相对湿度和染菌概率。室内温度控制在24~28℃，避光培养，并注意通风换气，30~35d菌丝可长满袋。

（六）出芝管理

将发满菌的灵芝菌包移入棚室内出芝，棚顶覆盖草帘或遮阳网，使灵芝既不受阳光的直射,又满足了对温度、湿度、光线、空气的要求。目前灵芝出芝方式主要有覆土畦栽式、菌墙式和床架式三种。覆土畦栽式应用广泛,因与短椴木栽培出芝方式相同,这里不作介绍了。菌墙式占地少,空间利用率高,管理集中,温湿度容易控制。灵芝菌袋发满后,按长度90~100cm长度为一行摆好,高6~7层,南北行。床架式栽培可充分利用空间,通风和采光性好,温湿度易控制,摆放时注意袋间距保持7~10cm为宜。

(1) 开出芝口 袋栽灵芝开出芝口的方式,对原基分化和子实体的生长发育,以及提高灵芝的产量、质量起着决定性的作用。

① 开口时间 一般都是在菌丝长满袋或菌丝将要扭结现原基时进行。开口后随即适当见光、通风、保温、保湿,菌丝即开始扭结现原基。

② 开口方式 通常在袋口位置划"V""十""一"字形口。也有不开口让灵芝从袋口棉塞的边缘或颈圈口部长出的。通常采取除掉袋口棉塞(盖)的方式或开"V"字形口。因口径较小,既能通气又能控制培养基水分蒸发,适宜条件下原基分化速度较快。开"V"字形口还防止袋壁上的水渗入培养料中,减少污染概率。

③ 开口数量 一般每袋开1个出芝口为宜,只留1朵灵芝,芝形的圆正率高,芝盖大而厚实,产量高,质量优。否则,出芝口过多,养分供应分散,长成的灵芝不仅朵小产量低,而且鹿角形等畸形芝多,降低了灵芝的质量。

④ 开口深度 开口深度与原基分化形成关系密切。开出芝口时不但要割破袋膜,还要划破菌膜,长以1~2cm,深度以0.5~1.0mm为宜。

(2) 开口后的管理 开口后,要创造良好的光线、温度、湿度和空气等条件,以促使原基分化。棚内光线以散射光为好,温度控制在22~28℃,空气相对湿度达到70%~80%,待2~3d伤口恢复愈合后,再提高空气相对湿度85%~90%,温度控制在26~28℃,避免温差过大,以免产生畸形芝。每天结合喷水通风3次,每次20min左右,逐渐加大通风量,气温低时中午12时通风换气。

对灵芝进行疏蕾,每袋留1个为宜,最多不能超过2个。原基膨大3~5d,逐渐形成菌盖时(图9-5),需增加喷水量,从灵芝开片到孢子粉弹射约20d。

图9-5 灵芝子实体生长期和成熟期

(七) 采收与加工

(1) 子实体采收 当灵芝菌盖充分展开,棕色,革质化,边缘的浅白色或淡黄色生长圈消失,开始弹射孢子时,说明灵芝已成熟。成熟后应停止喷水,减少通风,增加CO_2浓度,使菌盖增厚,维持7~10d,子实体开始大量散发孢子,当菌盖表面形成一层褐色粉末时,即可采收(图9-5)。采收时,手捏菌柄,不要碰到菌盖,以保持灵芝的自然状态,用利刀从菌柄基部割下,菌盖与菌盖、菌柄与菌柄对折摆放,及时晒干或烘干,包装出售。

(2) 灵芝孢子粉收集 孢子粉是灵芝的精华成分,具有很高的药用价值。东北地区一年通常只收一潮灵芝，因此，可延长孢子粉的弹射时间。采集方法是在子实体成熟并开始弹射孢子时，在其上方安装若干个轴流风机，使得孢子粉收集到布袋中（图9-6），并定期清理布袋。

图9-6 灵芝孢子粉收集装置

（3）干燥加工　灵芝子实体可以自然晒干，或者在烘房内烘干，孢子粉晾干后可以直接出售，也可以经破壁加工后出售。此外，灵芝可加工成灵芝茶、灵芝酒，提取物还可制成药物制剂、灵芝饮料等种类繁多的保健品、药品或化妆品进行出售。

四、灵芝短段木栽培技术

采用适生树种截成段栽培灵芝的方法称段木栽培。这里以短段木熟料栽培为主。熟料栽培虽然比生料栽培工序复杂，耗能大，技术要求严格，但熟料栽培具有发菌速度快，菌丝在木段内分布面积广，营养积累多，生产周期短，生产较稳定以及易获得优质高产等优点。

北方地区利用塑料大棚在5～9月进行短段木覆土栽培灵芝，不仅能满足灵芝对生态条件的要求，还提高了单位面积的经济效益。生物学效率可达15%左右，且灵芝形好，个大，菌盖直径在15～20cm左右，与野生灵芝较相似，商品价值较高。

（一）短段木准备

选适生树种，于冬季休眠砍伐枝丫柴，稍晒，截成20cm的短段。用刮刀修光断面周围残留的针刺状物，以免刺破袋膜。一般枝丫柴的直径大于2cm就可以用于短段木栽培。

（二）栽培筒的制作

（1）捆段　枝丫柴直径大于10cm的要劈成两瓣或直径6～8cm，段木偏干时采用浸水或袋内加水方法增加含水量。根据要培养的灵芝菌盖的大小扎捆，一般直径30cm的捆将来可培养出菌盖30cm的灵芝。

（2）配制填料　同代料栽培配方。

（3）短段木装袋　先在直径20～30cm、厚0.05mm的低压聚乙烯塑料袋底部装入一层填充料，然后将木段捆装入袋内。将捆内枝丫柴空隙间填上填充料，并在其上覆盖一层，厚度2cm为宜，收拢袋口用绳或橡皮筋扎紧。

(三) 灭菌

将装袋的短段木放入灭菌锅，采用蒸汽炉通入蒸汽灭菌，菌袋摆放时，每二三层需留出空隙或采用一层横排一层竖排即"井"字形叠放。当温度达到100℃时保持12～14h不中断，中途若缺水，需加入备好的开水。整个过程做到开始大火使温度很快上升至100℃，最后1～2h用旺火攻尾，以确保灭菌效果。灭菌结束，再闷3～5h，等锅内温度降至70℃以下，才逐渐开灶门，取出放入合适的塑料筐。要做到轻拿轻放，切忌损坏袋膜，然后转移至冷却室内冷却。若采用高压蒸汽灭菌，要使用聚丙烯袋分装，0.137MPa压力下保持1.5～2h。

(四) 接种

将灭菌后冷却的短段木栽培袋移入接种室。可以采用双头或一头接菌法。双头接种需要二人配合，一人将扎口绳解开，另一人在酒精灯火焰附近将菌种接入，并立即封口，扎紧，另一端再用同样的方法接菌。一头接菌法是打开一头接入菌种，抖动使菌种掉入底部。

(五) 发菌管理

发菌室事先经过严格消毒，杀虫后，将菌袋摆放在层架上，或纵横分层堆叠在具垫板或泡沫塑料板的地面上，控温25℃左右，使菌丝很快从轴向横向长满整个段木表面以及向韧皮部、形成层、维管束等延伸。室内保持空气新鲜，每天中午开窗，通风换气，空气相对湿度控制在40%以下，每周微喷3%来苏尔1次，以防杂菌滋生。随着菌丝生长量增加，菌袋内氧气减少，袋壁水汽增多，当菌丝在断面上形成菌被时，结合室内喷雾消毒，微开袋口，排除水汽，增加氧气，保持段木表面微干状态，促进菌丝伸入木质部向纵向生长蔓延，积累更多营养。这种排湿、增氧管理每10d进行1次。若袋底积水，可用消毒针刺孔排出，或用注射器将积水抽出，并用透明胶带将针孔封好。约60d菌丝可发满菌包。

(六) 搭棚作畦

为了给灵芝生长创造一个良好的生长环境，将发满菌的灵芝菌袋移入蔬菜塑料大棚内栽培。大棚高度距畦面2.8m，宽度4.0m或8.0m。棚顶用黑色的遮阳网覆盖，透光率65%。在菌袋入棚之前，要先对栽培场地进行处理。具体做法：

(1) 开沟做畦　按南北方向挖100～120cm宽、30cm深、长度因棚而定的畦，畦边留有排水沟，两畦间留有40cm作业道。

(2) 消毒杀菌　用0.2%的多菌灵喷洒地面及棚壁，并在畦底部撒一层草木灰消毒。

(3) 搭建拱棚　灵芝子实体生长最适温度为26～28℃。早春移入大棚的菌袋，为防止因低温或昼夜温差过大而出现畸形芝，一般应在塑料大棚内搭建小拱棚，用劈好的竹片，两头插入土中，中间成拱，上覆塑料薄膜，使小棚内温度达到25℃以上。

(七) 覆土栽培

将长好的菌袋移入塑料大棚内，用1%高锰酸钾溶液进行袋表面消毒，然后用刀片将破袋膜划破并揭去，按50袋/m^{2}左右竖立摆放在畦内，袋间距7～10cm。菌袋与菌袋之间用砂壤土填充，在菌袋顶部撒约1cm厚的草木灰，草木灰上再盖约2cm厚的砂壤土（图9-7）。覆土后随即向畦内补足水，土干时每天可喷水数次，使土粒用手能捏扁，不粘手为宜。

(八) 覆土后的管理

覆土后以保湿、通气为主，要防止阳光直射。一般覆土7～10d菌丝可扭结形成原基，2周以后，原基陆续长出地面（图9-7）。

图 9-7 灵芝短段木覆土及子实体原基出土

(九) 出芝管理

(1) 疏蕾　一般 20d 左右原基分化形成菌柄，此时可根据出芝密度适当去掉一些连柄芝。当每个菌棒料面出现多个芝蕾时，就要疏蕾，只保留 1～2 个，便于养分集中，长出盖大且重的子实体。同时也防止彼此之间粘连，长出畸形芝，影响质量。

(2) 温度　子实体分化最适温度为 26～28℃。适温范围内，温度偏低，芝体生长稍慢，但质地较好，盖厚，皮壳色泽深，光泽好；反之，虽然生长快些，但质量较快。菌柄经两周生长后即陆续长出菌盖，颜色由白色逐步转为淡黄色，进而加深成黄褐色。在这期间，应保持空气相对湿度在 85%～95%，给予散射光照。

(3) 湿度　子实体分化生长期间，要求较高的空气湿度，一般在 85%～90%，不能低于 70%。如果室内空气相对湿度低于 60%，子实体停止生长，即使再将其移至 90% 相对湿度条件下，也很难恢复生长。当空气相对湿度高于 95% 时，空气中 O_2 的含量降低，呼吸作用受阻，导致菌丝及子实体窒息，引起菌丝自溶和子实体的腐烂、死亡。湿度的控制主要靠喷雾状水和通风来调节。当子实体大量散发孢子时，不应再向子实体直接喷水，以使孢子能积留在菌盖上。

(4) 光照　当出芝环境有足够、均匀的光照时，可使子实体生长迅速、形态正常。6～10 月在塑料大棚内栽培的应将四周薄膜全部掀起，棚顶用草帘或遮阳网遮阴。灵芝子实体生长具有向光性，因此，生长期应避免扭转。

(5) 空气　出芝环境要加强通风换气，降低环境中 CO_2 浓度。但灵芝盆景生产时一般采取提高环境中 CO_2 浓度方法来得到细长且多分枝的素材。此外，由于幼芝彼此接触后会粘连在一起生长，可以采取嫁接方法来生产形态各异的灵芝，人为造型为盆景制作积累素材。

(6) 采收　一般接种后 2 个月能长出菌蕾，子实体成熟需 50～60d，即从接种到采收需 4 个月的时间。当菌盖边缘的颜色由淡黄色转为红褐色、菌盖背面隐约可见咖啡色的孢子粉时，说明灵芝已成熟，即可采收（图 9-8）。采收时要齐土表割下子实体，留下菌柄以利于再生。

(7) 采后管理　头潮芝采收后，停水 7d 左右，使菌丝恢复生长，之后喷一次重水，盖好塑料薄膜保温保湿，促进新菌蕾形成。当下一潮灵芝菌蕾长出后（图 9-8），再进行通风换气，喷水保湿。一般只出两潮质量较好的子实体，产量集中在第一潮，第二潮子实体小，产量低。2 个月后又可采收第二潮芝。

图 9-8 短段木栽培灵芝子实体及第二潮灵芝新菌蕾(戴玉成供图)

五、病虫害防治

灵芝在其生长、发育、采收、加工、贮藏的整个生产过程中,均会遭受各种生物的寄生、腐生、毒害、竞争和取食,使灵芝正常的新陈代谢受到不同程度的干扰和抑制。其品质因生理、组织、形态上产生反常症状而受到影响,产量降低,这类现象统称灵芝的病虫害(陈文杰等,2007)。

(一)灵芝生长期病害的发生和防治

1. 非侵染性病害

非生物因素的作用,造成灵芝生理代谢失调而发生的病害,叫作非侵染性病害,也称生理性病害。

(1)症状 畸形芝、菌丝生长慢或不生长、菌丝徒长,菌丝生长不良或萎缩。

(2)病因 温度过高或过低,营养不良或过剩,含水量过高或偏低,光照过强或弱,生长环境中有害气体(如 SO_2、H_2S 等)过量,农药、生长调节剂使用不当,pH 不适,等。

(3)防治措施 非侵染性病害根据具体情况采取相应的防治措施即可,须进行综合防治时要对引起病害的主要原因进行辨证分析,从而确定主要防范措施。

2. 侵染性病害

病原物的侵染造成灵芝生理代谢失调而发生的病害称侵染性病害,习惯称之杂菌污染。

(1)霉菌 发病症状:青霉菌是灵芝主要致病菌,一般在培养料表层、菌柄生长点、菌盖下的子实层及菌管部分都易感染青霉菌。青霉初期的菌丝为白色、松絮状,产生分生孢子后,为浅绿色或蓝绿色,生长快、繁殖力强。青霉菌侵染子实体时,灵芝受害组织出现侵蚀状病斑,大小不一,受害组织软化;发病严重时病斑扩大,并产生霉层,组织明显溃烂,如不及时采取措施,芝体可完全腐烂。

木霉初期菌丝为灰白色或白色浓密棉絮状,不久便产生黄棕色、黑色或深绿色的分生孢子。绿霉的繁殖力强,在灵芝的发菌期被侵染后,菌丝生长受到抑制,严重时不能产生子实体。子实体被侵染后,严重时菌包报废。

在高温高湿的夏季链孢霉危害猖獗,主要在培养料袋口、子实体根部及边缘蔓延极快,产生大量的橘红色粉末状孢子。

发病原因:①菌丝体生长期间,温度长期低于25℃,污染率会增加。②培养料含水量超过65％以上，随着含水量的增加，污染率也相应增加。③pH 3～6是青霉菌最适侵染条件，菌丝培养期间如温度过高导致培养料被闷酸，pH降低，致使袋内通透性差，氧气不足，二氧化碳增多，易于染菌。④多年的老种植基地，杂菌基数多，染菌率明显高于新基地。⑤料袋灭菌效果不彻底是菌包大量染菌的原因。目前农村大多数专业户均采用土法蒸料，灭菌设备、工具、温度、时间达不到标准，致使灭菌不彻底。⑥菌丝细弱生长不良、菌种老化带杂菌、脱袋过早、菌丝生理未成熟、出芝后菌棒浸水等。

防治措施：①接种后应将菌包置于25℃以上的培养室内培养，但袋温不得高于30℃，地面撒一层石灰吸潮。②严格控制培养料的含水量在60％～65％，pH 7～7.5。③养菌室或出芝室在使用前需彻底打扫，可用烟雾消毒剂消毒，而对老菌室或菇房可用40％的甲醛8mL加高锰酸钾5g熏蒸1次。④培养基灭菌操作要规范，接种时严格按照无菌操作规程。⑤在菌丝培养期间，应以预防为主，三天喷1次2％的来苏尔或0.25％的新洁尔灭溶液，交替使用消毒药剂以防产生抗药性。⑥石灰粉是青霉菌最好的杀菌剂，当培养料染菌较轻时应将斑块挖掉，用4％～5％石灰水冲洗后，再用同样的栽培种将洞补平压实，用胶布封好。⑦做好芝房病虫害管理，防止菌袋或畦床上的霉菌殃及芝体，子实体生长时要注意控制害虫叮咬，发生霉菌污染的病芝要及时摘除，严重时可以清除、火烧或深埋。

(2) 褐腐病　发病症状：子实体染病后生长停止；菌柄与菌盖发生褐变，不久就会腐烂，散发出恶臭味。

发病原因：该病由繁殖在子实体组织间隙的荧光假单胞菌和细胞内部的未知杆状细菌引起。

防治措施：①加强出芝期芝房与芝床的通风和保湿管理，避免高温高湿；②严禁向畦床、子实体喷洒不清洁的水；③芝体采收后菌床表面及出芝房要及时清理干净；④发生病害的芝体要及时摘除，减少病害的危害（陈文杰等，2007）。

(二) 灵芝生长期虫害的防治与管理

1. 线虫

(1) 形态特征　危害灵芝的病原线虫体长1mm左右，白色透明，体形圆筒形或线形，两端尖细中间略粗，外形似蛇，有头、颈、腹、尾之分。

(2) 生活习性　线虫多寄生或半寄生，喜温暖湿润的环境，生活经卵、幼虫、成虫三个阶段，畦床湿、黏、臭时易发生线虫危害。

(3) 危害特征　以幼虫刺取菌丝养分，也为其他病菌创造条件，从而加速或诱发各种病害，致使培养基质变黑、发黏，菌丝萎缩或消失（陈文杰等，2007）。

(4) 防治措施　①选择排水良好、土壤渗水强、积水少的地方作芝场，创造不利于线虫生长的条件；②在芝场四周或地面喷洒1∶1000倍的敌百虫液，也可用浓石灰水或漂白粉水溶液进行喷雾；③保持畦床环境卫生，控制其他虫害的入侵，切断线虫的传播途径。

2. 螨类

(1) 形态特征　螨类体形小，要用放大镜才能看清楚，呈圆形或卵圆形，体长0.2～0.7mm，体色多样，俗称"菌虱"。

(2) 生活习性　螨类喜栖温暖、潮湿的环境，发育、繁殖的温度为18～30℃。湿度大的环境中繁殖速度很快，培养料、禽畜躯体及老菇房等都是螨类的重要来源。它以霉菌和植物残体为食，爬行快，繁殖力强。条件适宜一般15d就可繁殖一代，一年最多可达20～30代。

(3) 危害特征　螨类喜食灵芝菌丝，严重时培养料中菌丝被全部吃光，导致栽培失败。

当灵芝接种后,菌丝纵横吃料 2~3cm 时,螨虫常大量产生,取食菌丝,并具有群体危害、重叠成团的习性。螨虫还常危害子实体原基及幼蕾,引起子实体死亡,造成毁灭性损失。

(4) 防治措施 ①畦床场地要选择远离仓库、饲料间、禽舍等地方,杜绝虫源侵入;②1m 畦床用磷化铝 10g,熏蒸 72h,能有效地杀死虫卵;③菌丝培养期间可用敌百虫粉撒放在场地上,500g 药粉可处理 20m² 的培养场地,每 25~30d 处理 1 次(陈文杰等,2007)。

3. 叶甲科害虫

(1) 形态特征 成虫体长 3~5mm,卵圆形,体色褐色至黑褐色。幼虫体长 5mm 左右,长筒形,体色乳白至乳黄。

(2) 生活习性 成虫在大棚的土块下、土缝中或周围杂草根际越冬。4 月下旬至 5 月越冬虫开始活动产卵,6~7 月幼虫开始为害,7 月上旬至 8 月中下旬羽化成虫,2 代幼虫交互为害。

(3) 为害症状 幼虫取食菌丝,造成原基难以形成。成虫主要取食刚分化的原基及子实体的幼嫩部分,受害的原基和子实体边缘凹凸不平,出现畸形,影响产量。

(4) 防治措施 可用氯氰菊酯 3 000 倍液喷洒地面、墙壁及栽培场所周围 2m 以内环境,关闭门窗 24h 后通风换气即可(陈文杰等,2007)。

4. 夜蛾

(1) 形态特征 成虫为中到大型的蛾类,体较粗壮。幼虫体细长,腹足 3 对,行动似尺蠖。

(2) 生活习性 以老熟幼虫结茧越冬,4 月下旬至 5 月上旬羽化,在灵芝培养料上产卵,卵期平均 5d,5 月中旬以后幼虫开始危害。

(3) 为害症状 成虫不为害。以幼虫取食菌盖背面或生长点的菌肉,形成隧道,并在虫口处布满褐色子实体粉末和虫粪(图 9-9),严重时整个子实体被蛀空。

图 9-9 夜蛾幼虫为害幼嫩(左)及成熟(右)灵芝子实体症状

(4) 防治措施 一般采取人工捕捉,储藏期为害可用磷化铝熏蒸,每吨灵芝用药 3 片,密闭 5 昼夜以上。注意:进入熏蒸过的库房,必须先通风 1~2d。

5. 皮蠹科害虫

(1) 形态特征 成虫 3mm 左右,圆筒形,暗褐色到暗赤褐色,小甲虫类。幼虫 3mm 左右,乳白色至淡棕色。

(2) 生活习性 该虫最高发育温度为 38℃,最低为 18℃,最适为 34℃。抗寒性差。

(3) 为害症状　成虫、幼虫均蛀食仓贮子实体，将子实体咬成碎末。

(4) 防治措施　消除栽培场所周围垃圾、杂草等，大棚内清除干净，减少越冬虫源。栽培棚使用之前用 1 500 倍敌敌畏乳油熏蒸或用菊酯类药物喷洒一遍（陈文杰等，2007）。

总之，灵芝是药用真菌，主要用于保健品和化妆品上，因此，在灵芝病虫害防治方面要做到绿色、无公害。在灵芝的栽培和储藏过程中，农药的使用要在一定的原则下进行。尽可能选生物农药或生化制剂，如农用抗生素等既能防病治虫，又不污染环境和毒害人畜。

思考题

1. 简述灵芝孢子粉的主要成分及功效。
2. 叙述灵芝栽培出芝管理技术。
3. 简述灵芝子实体采收方法。
4. 什么是灵芝短段木栽培？简述短段木栽培发菌管理方法。
5. 简述覆土栽培出芝管理技术。
6. 简述鹿角灵芝发生的原因及防治措施。

第十章
银耳栽培技术

第一节 银耳概述

银耳（*Tremella fuciformis* Berk.）别名白木耳、雪耳、川耳、白耳子，隶属于银耳目（Tremellales），银耳科（Tremellaceae），银耳属（*Tremella*）。银耳营养非常丰富，含有17种氨基酸（姚清华等，2019），无机盐中主要含铁、镁、钙、钾等离子（王秋果等，2018）。银耳性平味甘，是我国久负盛名的滋补品，具有很高的药用价值。

目前国内外对银耳化学成分的研究主要集中在多糖上，银耳多糖可分为酸性杂多糖、中性杂多糖、胞壁多糖、胞外多糖和酸性低聚糖等。毒性实验表明，银耳多糖对小鼠的生殖力和仔鼠成活率均无影响，也未见对小鼠有慢性毒性损伤，无致癌性。由此可见，银耳多糖不仅具有广泛的药理活性，而且其安全性也较高，因而具有较高的药用价值。银耳多糖可增强机体的体液和细胞免疫，具有抗肿瘤（韩英等，2011；徐文清，2006）、抗氧化（张泽生等，2014；Shen et al.，2017）、抗衰老（Lingrong et al.，2016；李燕，2004）、降血糖（薄海美等，2011）、降血脂（侯建明等，2008）、抗辐射（韩英等，2012）等功能。可通过胱天蛋白酶依赖的线粒体途径保护由谷氨酸所引起的PC12神经细胞的损伤（Jin et al.，2016），还可缓解主观记忆障碍并增强主观认知患者的认知能力（Ban et al.，2018）。

银耳主要分布于福建、四川、湖北、云南、贵州、陕西等省，江西、安徽、浙江、江苏、山西、广西、广东、海南、台湾、青海等地区也有分布。其中，福建古田县产量最高，有"世界银耳在中国，中国银耳在古田"之誉。另外，四川省的"通江银耳"和福建省的"漳州雪耳"也同样著名。1941年，杨新美教授用银耳子实体进行担孢子弹射实验，分离获得酵母状孢子并制成孢子悬液，并将其接种在砍过斜口的壳斗科段木上，结束了长期以来银耳的半人工栽培模式。20世纪60年代先后有不同的学者取得一系列突破性进展，陈梅朋成功分离到银耳与香灰菌的混合菌种，并在段木上栽培成功。在这一时期内，香灰菌在银耳生长过程中的重要作用得到了学者们的证实。即银耳在整个生长过程中，必须由香灰菌来分解木质纤维素供给银耳营养助其完成生活史，并且两者分泌的胞外酶有协同互补作用。1962年以后，上海市农科院、三明真菌研究所证明银耳纯种在灭菌的人工培养基上能够完成它的生活史。1964年徐碧如采用孢子萌发获得了银耳纯种，1966年通过分离又获得香灰纯菌种。随后，三明真菌研究所黄年来等系统地研究了银耳菌种的生产方法，即银耳和香灰菌纯菌丝混合制种法，大大提高了福建地区段木银耳的产量。20世纪70年代，福建古田县姚淑先改进瓶栽技术使银耳生产走上了商品化道路，随后同县的戴维浩首创木屑、棉籽壳塑料棒式栽培大大提高了产量并在全国大规模推广应用。20世纪90年代，古田县实现银耳的周年栽培，1999年银耳工厂化栽培获得成功，至此中国银耳生产位居世界前列。目前，袋栽与段木栽培为我国银耳的主要栽培方式。

目前各地栽培银耳品种，多数都是漳州雪耳、三明真菌研究所 Tr-05 号（粗花）和上海食用菌研究所选育的"细花"菌株的后代。常见的品种有 Tr-801、Tr-804、Tr-01、Tr-21、银耳王、Tr-22 等。

第二节　生物学特性

一、形态特征

银耳是一种阔叶树枯木上的腐生菌，在生长过程主要有菌丝体、子实体和孢子三种形态。

（一）菌丝体

广义的银耳菌丝体包括银耳纯菌丝（纯白菌丝，俗称白毛团）和香灰菌丝（羽毛状菌丝，俗称耳友菌丝、伴生菌丝）两种菌丝。香灰菌丝对木质纤维素的分解能力较强，能将培养基质中的木质素、纤维素、半纤维素等大分子营养成分降解为小分子的营养物质，供银耳菌丝分解利用，为银耳菌丝起到"开路先锋"的作用。离开了香灰菌丝，银耳纯菌丝的结实性很差，对人工栽培意义不大（黄毅，2008）。银耳纯菌丝分单核菌丝（每个细胞中含单个细胞核）和结实性双核菌丝（容易胶质化产生子实体的菌丝）。双核菌丝体为丝状多细胞，随着生长，老的菌丝横隔处断裂，形成短柱状的单个细胞，称为节孢子。条件适宜时节孢子又重新萌发成菌丝。银耳纯菌丝白色、淡黄色（图 10-1）。气生菌丝直立、斜立或平贴于培养基表面，直径 1.5～3μm，有横隔膜，有锁状联合，如图 10-2 所示，生长速度较慢。

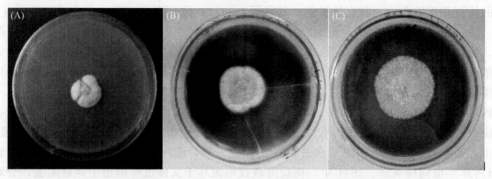

图 10-1　银耳纯菌丝体在不同培养基上的形态
A. PDA 加富培养基；B. 周氏培养基；C. 促萌发培养基

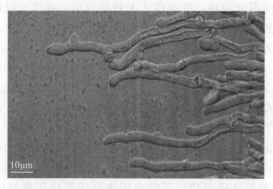

图 10-2　银耳纯菌丝形态（激光共聚焦显微镜）

香灰菌丝在 PDA 和完全培养基上白色，羽毛状，老后逐渐变成浅黄、浅棕色，培养基由淡褐色变为黑或黑绿色，气生菌丝灰白色，细绒毛状，有时有炭质的黑疤（图 10-3），无锁状联合（图 10-4）。分生孢子（一般少见）黄绿色至草绿色，近椭圆形，直径 3~5μm。

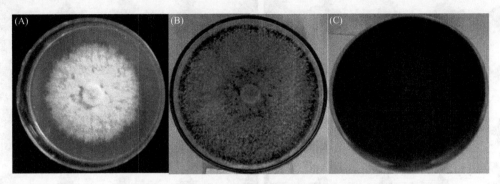

图 10-3　香灰菌菌丝形态
A. 培养 6d；B. 培养 14d 平板正面；C. 培养 14d 平板背面

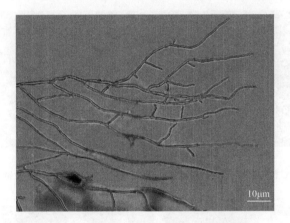

图 10-4　香灰菌丝形态（普通光学显微镜）

（二）子实体

子实体是银耳的繁殖器官，是供食用的部分。一般呈乳白至浅黄或米黄色，有独特的清香，呈鸡冠状、菊花状、牡丹状等，大小不一，由 5~14 枚薄而波曲的瓣片组成，直径 5~16cm（图 10-5）。耳片为半透明胶质，光滑富有弹性，耳蒂鹅黄色。银耳子实体富含胶质，含水量较高，干燥后强烈收缩成角质，硬而脆，白色或米黄色，耳蒂橘黄色，吸水后又能恢复原状。孢子近球形或卵圆形，基部有小尖，无色透明，成熟时可从子实体瓣片表面弹射出来。

（三）孢子

银耳孢子包括担孢子、疣状孢子、酵母状孢子（图 10-6）。银耳子实体成熟后，首先产生担子，担子再产生有性孢子——担孢子。在真菌培养基上由担孢子芽殖而产生酵母状孢子（BYLs, yeast-like spore from basidiospore）菌落，同时耳片和胶质化菌丝也能产生双核酵母状孢子（FBMds, dikaryotic yeast-like spore from fruiting body and mycelia）菌落，初为乳白色，半透明，边缘整齐，表面光滑。随着培养时间的延长，菌落不断扩展和增厚，变成淡黄色不透明至土黄色（图 10-7）。

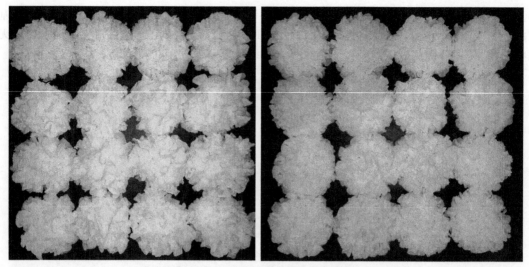

图 10-5　银耳子实体形态（见彩图）

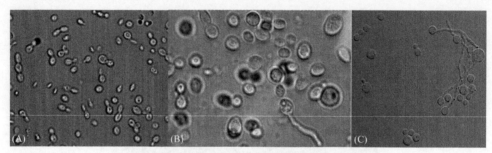

图 10-6　银耳 FBMds 的形态
A. 普通显微镜 10×；B. 倒置显微镜 40×；C. 激光共聚焦显微镜

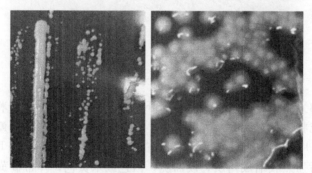

图 10-7　酵母状孢子培养初期及 20d 后形态

二、生长发育的条件

（一）营养条件

银耳是一种较为特殊的木腐型真菌，在自然界中着生于阔叶树枯枝上。银耳纯菌丝可直接利用简单的碳水化合物如单糖（葡萄糖）、双糖（蔗糖），而对于纤维素、半纤维素、木质素、淀粉等复杂化合物的直接利用能力很弱，有赖其伴生菌——香灰菌的分解后才能被银耳纯菌丝所利用。此外，在整个生长周期中还需要蛋白质、矿物质等营养成分。因此，人为地满足银耳各个时期生长所需要的营养是栽培成功的关键。

（二）环境条件

（1）温度　银耳是一种中温型、耐旱、耐寒能力强的真菌。担孢子在 15～32℃可萌发为菌丝，以 22～25℃最为适宜。菌丝抗逆性强，2℃时菌丝停止生长，在 0～4℃冷藏 16 个月仍有生活力。菌丝的生长温度为 6～32℃，以 23～25℃生长最适宜，30～35℃易产生酵母状分生孢子，35℃以上菌丝停止生长，超过 40℃菌丝细胞死亡。子实体生长发育阶段处于 20～26℃时耳片厚、产量高。长期低于 18℃或高于 28℃，其子实体朵小，耳片薄，温度过高易产生"流耳"。香灰菌丝在 6～38℃皆可生长，最适生长温度为 25～28℃，耐高温，但不耐低温，低于 10℃菌丝生长缓慢、萎蔫，失去分解培养基的能力。

（2）水分和湿度　银耳纯菌丝抗旱能力较强，在一定条件下，菌丝体易产生酵母状孢子（图 10-7）。香灰菌丝耐干旱能力较弱，在潮湿的条件下，生长比较旺盛。因此，在发菌阶段，袋栽培养基含水量一般不超过 60%。以棉籽壳为主的培养基含水量应以 50%～55% 为宜，以段木为培养材料时其含水量控制在 42%～47%，以木屑为主的培养基含水量一般掌握在 48%～52%。发菌阶段，室内空气相对湿度控制在 55%～65%。在子实体分化发育阶段，逐渐提高空气相对湿度至 80%～95%。干湿交替有利于银耳子实体的生长发育。

（3）光照　子实体分化和发育阶段需要一定的散射光，暗光耳黄子实体分化迟缓，适当的散射光，耳白质优。光线过暗，子实体分化迟缓，直射光不利于子实体的分化和发育。在银耳子实体接近成熟的 4～5d 里，室内应尽量明亮，以使子实体更加质优色美，鲜艳白亮。

（4）空气　银耳是好气性真菌，尤其在发菌的中后期以及子实体原基形成后，即呼吸旺盛的时期更需要加强通风换气，特别注意的是一定要温和地通风换气。氧气不足时菌丝呈灰白色，耳基不易分化，在高湿不通风的条件下，子实体成为胶质团不易开片，即使成片蒂根也大，商品质量很差。一般菇房内 0.1% 以上的 CO_2 浓度就会对银耳子实体产生毒害作用，含量过高会导致子实体畸形。若室内栽培期间需要用煤火加温，一定要安装排气管排除废气。

（5）酸碱度　银耳是喜微酸性的真菌，其孢子萌发和菌丝生长的适宜 pH 为 5.2～5.8，pH4.5 以下或 7.2 以上均不利于银耳孢子萌发和菌丝生长。

三、生活史

银耳属于典型的四极性异宗配合真菌，银耳的生活史比较复杂，包含一个有性生活周期和若干无性生活周期。银耳子实体达到生理成熟后可弹射大量的担孢子，担孢子在适宜的培养基上萌发出芽管继而形成单核菌丝或以芽殖的方式增殖形成酵母状孢子。酵母状孢子在适宜的条件下也可在菌落边缘萌发形成白色纤细的单核菌丝，单核菌丝无锁状联合，不能形成子实体，但细胞可以通过有丝分裂的方式不断增殖。相邻两条可亲和的单核菌丝相互结合，经质配而成双核菌丝，并逐渐发育成白毛团，当达到生理成熟后会逐渐胶质化形成银耳原基，并进一步发育成子实体。成熟的子实体两面都有子实层，在子实层上发育有担子，担子上着生四个不同极性的担孢子（AB、Ab、aB、ab），担孢子经弹射后又开始新的生活史（图 10-8）。同时，耳片及双核菌丝也可直接产生双核酵母状孢子 FBMds（双倍体），其萌发后可形成带有锁状联合的双核菌丝。

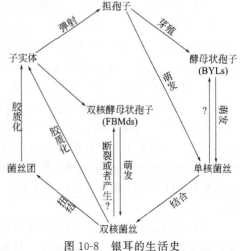

图 10-8　银耳的生活史

第三节 栽培技术

按栽培方式不同，可分为段木栽培和代料栽培两种。

一、栽培季节

银耳属于中温恒温结实性菌类，出耳适宜温度为 20～26℃。银耳整个栽培周期为 35～45d。其中菌丝生长阶段 15～20d，发菌室温度要求 20～26℃，不超过 28℃；子实体生长期一般在 18d 左右，要求室温不超过 26℃。自然条件下一年可以栽培两季。春季栽培在 3～5 月，秋季栽培在 9～11 月。我国各地气候不同，要因地制宜，灵活机动。只需掌握银耳生长需要的适宜温度范围，即可安排生产。近年来，由于工厂化栽培设施的不断完善，周年化栽培已经实现，然而工厂化周年栽培投资大、耗能大，需要谨慎投入。

二、栽培前准备

（一）栽培场所的准备

银耳栽培室可以利用一般民房也可在庭院内搭简易栽培棚，有条件的可以建造专用栽培室。要求地势稍高、靠近水源、通风良好等，采用室内层架式栽培。我国北方菇农一般将发菌室兼作出耳室，如果将二者分开，即采用二区制栽培，可增加栽培批次。不论栽培室或栽培棚均需搭放多层培养架。架宽 40～50cm，架高 7～8 层，层距 30～35cm，过道宽 80cm。面积 12～15m² 的房间可放置 2000～2500 袋。栽培室要能够密闭，利于保温和消毒，提高银耳产量和质量。在每次使用前 3～5d 栽培室需进行杀虫、消毒。

（二）菌种制备

银耳各级菌种的生产方法与一般的食用菌不同，需要特别加以介绍。

1. 菌种生产的基本过程

银耳菌种是由银耳和香灰菌混合而成的，银耳菌种的制作需要通过纯培养的方法分别获得银耳菌和香灰菌，然后配对混合培养获得适合生产的菌种。目前生产中常用菌种为香灰菌和银耳的混合菌种。

（1）银耳纯菌丝的特点　不能降解天然材料中的木质纤维素，在木屑培养基中不能生长；生长速度极慢，仅在耳基周围或接种部位数厘米内生长，远离耳基、接种部位处没有银耳纯菌丝；银耳纯菌丝易扭结、胶质化形成原基（耳芽）；耐旱，在硅胶干燥器内 2～3 个月不会死亡；不耐湿，在有冷凝水的斜面培养基上易形成酵母状孢子。

（2）银耳菌种的分离　选取出耳早、长势快、耳片洁白、朵形圆整的菌种，子实体直径 4～6cm，采用无杂菌污染和病虫害的栽培袋或栽培瓶，切去银耳子实体后取银耳根蒂白色结实的基质块，将基质块置于底层放有变色硅胶或五氧化二磷干燥剂的玻璃干燥器中强行脱水 15～20d，或置于阴凉通风处 30d 左右风干。取干燥后的基质块，表面喷上酒精点火灼烧后放入超净工作台中，在超净工作台里用坚硬的小刀将基质块切开，挑取内部米粒大小的基质接种到 PDA 加富培养基上，置于 22～24℃恒温箱中培养，5～10d 可萌发出洁白的银耳菌丝，见图 10-9。

（3）香灰菌丝的特点　与银耳纯菌丝相反，香灰菌丝生长速度极快，不仅在耳基周围或接种部位数厘米内生长，远离耳基、接种部位处也有香灰菌丝生长。香灰菌丝生长的后期会

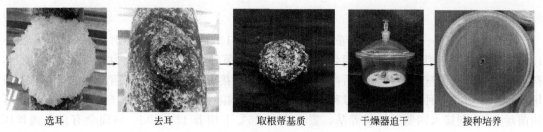

图 10-9　银耳菌种分离过程

分泌黑色色素，使培养基变黑。香灰菌丝不耐旱，基质干燥后即死亡。

（4）香灰菌的分离　选取无污染的银耳菌棒或段木，在远离耳基、接种部位处取材料，钩取一小块基质消毒后移入 PDA 培养基，置于 24～26℃恒温培养箱中培养。1d 左右就可以萌发出灰白色的菌丝，3d 左右即可形成直径 2～3cm 的圆形菌落，菌丝细密，5d 左右可形成直径 4～5cm 的圆形菌落，接种点附近灰白色菌丝表面开始变黄，培养皿背面呈墨绿色或黑色。此时无菌操作挑取菌落边缘菌丝一点点转接到新的 PDA 培养基上，经 2～3 次挑尖端即可获得纯香灰菌，如图 10-10 所示。

图 10-10　香灰菌的分离纯化

2. 母种（试管种）制作

在超净工作台内，待接种针完全冷却后，挑取米粒大小的银耳纯菌丝接种在 PDA 斜面培养基中央，置于 22～25℃下培养 5～7d，待银耳纯菌丝长到黄豆大小时，再接入少许香灰菌丝。在同样温度下，培养 7～10d，白色菌丝形成白毛团而覆盖银耳纯菌丝团，12～15d 在白毛团的上方可见到有红、黄色水珠即为成功。此环节目前在生产过程应用较少。银耳菌和香灰菌的配对也可直接在原种培养瓶内进行，直接制成原种，如图 10-11 所示。

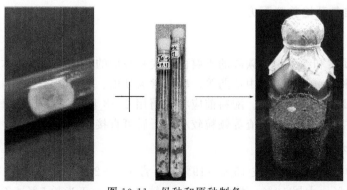

图 10-11　母种和原种制备

3. 原种制作

采用木屑78%、麸皮20%、蔗糖1%、石膏粉1%的配方，料水比（1∶1.0）～（1∶1.2），将上述各材料充分搅拌、混匀后装入750mL菌种瓶内。装料量为瓶身的1/2～3/4，料面压平后清洗瓶壁内外，封口后高压灭菌，冷却后接入银耳菌与香灰菌混合的母种。一般每支母种接一瓶原种培养基，若母种不够，可在菌种接种处分割成四块（保证每块都有银耳纯菌丝），分别接入四瓶原种培养基，置于22～25℃下培养15～20d。料面会有白色菌丝团长出（图10-11），并分泌黄水珠，随后胶质化形成原基，形成乒乓球大小的银耳，即原种培养结束。

4. 栽培种制作

培养基配方可同原种，其生产过程如图10-12所示。选用菌龄为27～32d、瓶内银耳直径3～5cm、朵形圆整、开片整齐的原种接种栽培种。在超净工作台或接种箱中的无菌环境下，用接种铲小心去掉银耳子实体和表面的老化菌丝和"黑疤"点，然后用拌种机把根蒂结实的基质打碎和香灰菌搅拌混合均匀，用接种铲铲2～3勺约5g混合菌种接入栽培种培养基中，振荡使菌种均匀分布于料面。一般每瓶原种可接40～60瓶栽培种。接种后置于22～24℃下培养8～12d，香灰菌向下生长3～4cm，培养基表面形成白色结实的白毛团，分泌少量无色澄清水珠，瓶壁有青黑色花纹，即为适龄的栽培种，可用于生产。

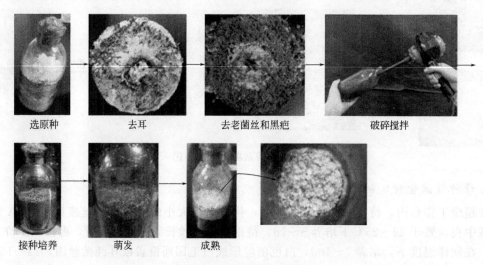

选原种　　去耳　　去老菌丝和黑疤　　破碎搅拌

接种培养　　萌发　　成熟

图10-12　栽培种生产过程

（三）原料准备及培养料配方

1. 原料准备

银耳是以木质素和纤维素为碳源的木腐菌，代料栽培的原料有阔叶树木屑、棉籽壳、甘蔗渣、稻草、玉米芯、莲子壳、中草药等。辅料常为麸皮、米糠、玉米粉、石膏粉、黄豆粉等，所有原辅料要求新鲜无霉变。配料前应将木屑用2～3目的铁丝筛过筛，防止树皮等扎破塑料袋。棉籽壳、谷壳、甘蔗渣等颗粒较小晒干后可直接使用。

2. 常用的配方

① 棉籽壳80%～84%，麸皮15%～19%，石膏1%～2%；

② 棉籽壳59%，木屑10%，甘蔗渣10%，麸皮15%，玉米粉5%，石膏1%；

③ 杂木屑74%，麸皮22%，石膏粉1.5%，硫酸镁0.4%，黄豆粉1.5%，白糖0.6%。

三、栽培袋制备

（一）拌料

按上述配方拌料，拌料时把主要原料同麸皮、石膏粉等干料倒在水泥地上，把蔗糖等可溶性配料放入水中溶化后倒进干料中，拌匀，含水量控制在55%～60%。用手握料测定含水量，以指缝间无水迹，掌心有潮湿感为度（平放地面散开）。有条件可采用拌料机进行，拌料时间不宜超过3h。拌好后应立即装袋，防止培养料堆积发酵变酸。

（二）装袋

如图10-13所示，原料搅拌均匀后经传送带自动装袋机进行装袋、扎口、打穴、贴胶布，将制作好的料棒放进灭菌小车上用铲车运到灭菌间内进行灭菌。

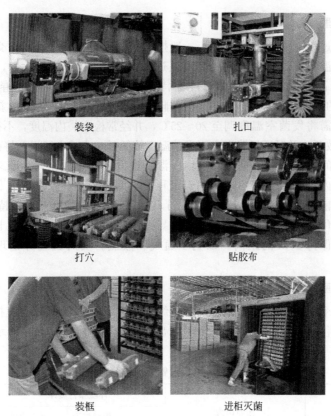

图10-13　制棒过程

（三）灭菌

培养基装袋后须尽快灭菌，长久放置会使培养料中微生物大量繁殖而变酸，不利于银耳生长。常用的灭菌锅有自热式双门常压灭菌锅、锅炉供气式双门灭菌锅和双门高压灭菌锅。

（四）接种

当料袋温度降至30℃以下时可进行接种，若料温超过30℃接种块会被烫伤，甚至烫死。接种之前需要将接种室进行消毒，并将菌种进行预处理。

(1) 菌种预处理　银耳菌种是由两种菌混合制成的，银耳纯菌丝仅生长于培养基表层

2cm左右，菌丝致密、结实，香灰菌丝则整瓶培养基都有。菌种的预处理需要在接种箱中进行，接种箱消毒后，拔弃棉塞，先用接种刀把菌种表层的银耳原基挖弃，把表层2cm左右培养捣碎，再把下层较疏松的香灰菌丝层4～6cm挖起与之混合均匀备用。

（2）接种室消毒　通常冷却室与接种室共用。先用5%石炭酸、1%新洁尔灭或125mg/kg的消毒液对接种室进行喷雾消毒，把接种室空间的尘埃沉降下来并杀灭附着其上的微生物。随后用甲醛溶液（5～10mL/m²）或气雾消毒盒（3～5g/m²）熏蒸2h。甲醛毒性较强，刺激味重，接种之前需加热氨水或碳酸氢铵，以中和甲醛消除异味。

（3）接种　接种时在专用的接种桌上进行，一手撕起穴口上的胶布，另一手持接种器接种，随后把胶布粘回接种穴。注意胶布要贴紧，否则容易引起"干穴"，严重影响后期出耳和品质。另有2～3人搬动、堆垛，按"井"字形堆垛。一瓶栽培种一般接种30袋。

四、栽培管理

（一）发菌管理

接种后移入经过消毒灭菌的培养室，一般按每排3～4个菌袋，横竖交错呈"井"字形堆放。堆高根据气温情况灵活掌握，一般不超过1.5m，高温季每排3个，堆高不超过1m，冬季每排4个，堆高也应相应高些。温度保持在26～28℃干燥培养。春秋季约3d，冬季5～6d。经5～6d的堆放后菌丝已定植，便可排放在架子上。这时菌丝的新陈代谢加快，袋内温度逐渐升高，需将发菌室温度调至20～25℃，并经常检查袋内温度，不得超过28℃。若袋温高，要将菌袋疏散开，及时通风降温；当发菌温度较低时，应减少通风，将菌袋集中保温。

在银耳发菌期间，通常需要偏干的环境。湿度过大，环境中杂菌数量多，易引起杂菌感染；湿度过小，袋内水分损失加快，不利于银耳出耳期的管理。室内空气相对湿度应保持在70%以下。在发菌前10d，菌袋的呼吸作用弱，每天适当通风换气，保持室内空气新鲜即可；在发菌后期，代谢旺盛，菌丝呼吸作用会导致基质内缺氧，菌丝的生长发育减慢，应及时排开，菌棒之间保持2cm的距离，以利于通气和散热。实时检查并处理菌种不萌发、杂菌污染的菌棒。

（二）出耳管理

上架培养到两个接种口生长出来的菌落边缘开始交叉，此时可以割膜扩口，进行出耳管理。各环节操作规程、技术参数参考表10-1。出耳管理流程如图10-14所示，管理过程操作如图10-15所示。

表10-1　出耳管理技术要点

培育时间/d	生产状况	作业内容	环境条件要求			注意事项
			温度/℃	相对湿度/%	每天通风情况	
16～19	菌丝继续生长，相邻两穴长出的菌丝开始交叉，个别穴口吐水珠	割膜扩口，穴口4～5cm，菌包穴口朝下放置在层架上，调整菌包间距3～4cm，覆盖无纺布或报纸，喷水保持湿润（或雾化加湿）	22～25	85～90	3～4次，各20min	穴口不能压在木架上
20～22	淡黄色原基形成，原基分化出耳芽	喷水保持无纺布或报纸的湿润	20～22	90～95	3～4次，各30min	室温不低于18℃，不高于28℃，适时采取升降温措施

续表

培育时间/d	生产状况	作业内容	环境条件要求			注意事项
			温度/℃	相对湿度/%	每天通风情况	
23~28	朵大3~6cm,耳片未展开,色白		20~24	90~95	3~4次,各20~30min	耳黄多喷水,耳白少喷水,结合通风,增加散射光
29~32	朵大8~12cm,耳片松展,色白	翻筒,耳片朝上,避免耳片接触层架影响朵形和造成烂耳	20~24	90~95	3~4次,各20~30min	以保湿为主,干湿交替,晴天多喷水,结合通风
33~38	朵大12~16cm;耳片略有收缩,色白,基黄,有弹性	停湿造型,停止喷水,控制温度,成耳待收	20~23	80~85	3~4次,各30min	注意通风换气,避免温度急剧变化
39~43	菌袋收缩,耳片收缩,边缘干缩,中间有些硬	采收	常温	自然		

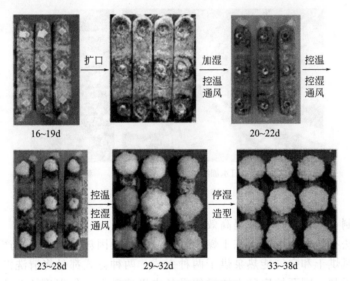

图 10-14 出耳管理流程

(三) 采收管理

一般在接种后第35~40d,银耳的耳片全部展开,无包心,色白,半透明,富有弹性,有淡淡的清香。每朵100~150g重时,停止喷水1~2d,即可采收。采收时,用锋利的刀片从料面将整朵银耳割下,留下耳基,袋栽银耳一般只收一茬。采后应及时分选,用刀片削去蒂头上的栽培料及污染部分,然后放入清水池中浸泡清洗,这样可使耳片更加饱满、舒展、透亮,经此步骤烘干后朵形更加圆正、美观,产品质优。将清洗干净的银耳依次排列放于竹筛上,控制好每朵的间距。然后放入烘干设备中脱水干制,刚开始应猛火快烘使设备内迅速升温,温度逐步上升到50~60℃为宜。在烘制过程中还应及时调换位置并翻面,一般经5~6h的烘制后下层部分先行烘干。此时可将已烘干的取出并把上、中层逐级往下调整继续以

图 10-15　出耳管理操作图解

50～60℃进行烘制，以此循环更替提高效率。

目前干燥方法有热风烘干和冷冻干燥两种。冷冻干燥因耗能巨大，生产上比较少用。热风干燥有锅炉热风烘干和空气能热泵烘干两种方式。两种方式都是将清洗沥干后的银耳放入烘干设备中脱水干制，刚开始应猛火快烘使设备内迅速升温，使温度逐步上升到70～80℃，2～4h为一个周期进行调筛、翻面、出厢。出厢后堆叠在洁净、空旷、干燥的地方降温回潮，为刚出厢的银耳温度较高，含水量不到4%，耳片太脆，不宜直接装袋。

第四节　银耳生产中常见问题

一、菌丝满袋后不出耳原因及防治

袋栽银耳接种后，一般15～18d穴口出耳整齐，但常发生菌丝长满袋而不长子实体，致使栽培失败，也有的出耳不齐，而减产歉收。下面分析其原因及减产的措施。

不出耳的原因主要有以下几个方面：

（一）伴生菌衰退

香灰菌丝衰退或死亡，常表现菌丝初期走势正常呈黑色，交叉圈状跟随进展，但不久黑色菌丝逐渐退缩，最终呈现白色纤弱菌丝。这种香灰菌丝退化，就不能分解吸收基内养分，更无法提供养分给银耳纯菌丝生长，原基也就无法形成，更谈不上出耳。

香灰菌丝退化原因是菌种传代次数过多，先天性香灰菌丝衰老，低温偏干，发菌期香灰菌丝负荷活力减弱，失去应有功能；培养阶段温度较适于银耳纯菌丝生长，此时无限地向香灰菌丝逼使养分，使香灰菌丝分解吸收养分压力增大，加速衰老死亡。

（二）银耳纯菌丝挫伤

气温过低或过高，造成菌丝断裂，生理性停顿，活力损失，不能吸收香灰菌所输送的养分，引起接种穴内白毛团菌丝逐渐萎缩至枯干成粉状。也有的因培养基养分过高，香灰菌生长旺盛，抑制了银耳纯菌丝的生长，子实体迟迟未能形成或长耳也缓慢，出耳参差不齐。

（三）拌种不均

接种前菌种预处理时，两种菌丝提取部位不当，混合搅拌不均匀，致使接入穴内，出现有的只长香灰菌丝而不长耳芽。

（四）发菌缺氧

银耳是好气性真菌，冬春栽培气温低，发菌叠堆密集不透气，加上片面强调保温发菌，忽视开窗通风。也有的为了提高室内发菌温度，烧煤升温，通风不良，致使CO_2浓度过高，杀伤了菌丝，致使出耳受到影响。

（五）病虫害侵袭

常发生在接种口胶布翘起处，线虫、螨类、菇蚊成群集结穴口，咬食银耳幼嫩子实体，造成不长耳（丁湖广，2013）。

避免不出耳技术措施，重点把好五关：

（1）优化菌种关　要每隔1~2年分离选育一次，需从栽培群体的菌袋中，选取朵大形圆、耳片舒展肥厚、健壮的子实体作为分离母本。银耳纯菌丝和香灰菌丝分别分离培养，并注意配对的专一性。进行组织分离后，必须对分离菌种进行特异性、均一性、稳定性检验，并经多次生产性实验后根据"子代选优"原则选取生产用菌种。选择适龄菌种，菌龄过老或制种过程两种菌丝配比失调，可导致出耳慢、出耳率低、朵小、欠产。此外，培养基配方也应经常性更换。

（2）接种关　接种室以及周边环境要消毒彻底，操作人员保持严格的卫生，严格按照无菌操作规程进行接种，接种工具要彻底灭菌。接种前香灰菌丝与银耳纯菌丝应充分混合搅拌均匀，要求菌种入穴内比胶布低1~2mm，有利于菌丝扭结成团在穴内生长发育。

（3）控温关　银耳接种后前3d为菌丝定植期，4d之后为菌丝生长期，应控制菌丝定植期温度不超过30℃，菌丝生长期不超过28℃。发菌在夏初或秋初气温高时，注意疏袋散热，防止高温危害菌丝，早春秋末气温低时，保温发菌，排除CO_2危害。

（4）增氧关　当接种穴内出现红色或淡黄色水珠，白毛团开始扭结并逐步胶质化形成原基时，应注意开口增氧。应把握好开口扩穴时间，若时间过迟，会导致袋内菌丝严重缺氧导致出耳困难或出耳不齐的现象发生。冬季用煤炭加温时，应注意通风透气，防止室内CO_2沉积伤害菌丝。

（5）防害关　经常消毒杀虫，净化环境。每结束一批银耳生产时，应对栽培架进行一次清洗，烈日曝晒。室内可用电蚊香趋杀蚊虫，在穴口撕开胶布前，可用3‰~4‰的石炭酸溶液，喷于室内空间和菌袋上，喷后通风，换气后方可撕开胶布。出耳阶段发现螨虫、菇蚊，可用钾胺磷喷于覆盖袋面的报纸上，切忌使用异丙威和敌敌畏，以免造成穴口内的扭结菌丝枯萎而不能转化为耳芽。

二、出耳"断穴"和"疯癫菇"原因及防治

出耳"断穴"是指有的菌筒3穴有1穴不出耳或2穴不出耳。有的整批菌袋中有20%穴口长耳不成朵，残缺不全，菇农俗称"疯癫菇"，如图10-16所示。通常发生在接种后14~15d进入扩穴或划线通风增氧阶段。

图10-16 出耳"断穴"和"疯癫菇"

发生原因：①菌种搅拌不匀，香灰菌丝和银耳纯菌丝两者比例失调，接种时有的菌种只有香灰菌丝，而无银耳纯菌丝，所以出现有的穴口无芽孢不出耳。②菌种运输时受高温挫伤，致使不耐高温的银耳纯菌丝死亡，接种后只长香灰菌丝不见白毛团。③通风增氧时间失误或操作不当使穴内菌丝缺氧，或扩口增氧期突然温度升高，或喷水淤积穴口，使部分幼耳浸蚀，造成出耳残缺"疯癫"。④喷水不均匀，培养架高层喷水不到位，而底层又喷水过重过湿，造成同一菇房内长耳大小不平衡或局部烂耳，导致残缺。

防治措施：①菌种搅拌要均匀，接种时适当搅拌。②菌种运输时避免长时间高温，高温时尽量采用冷藏车运输。③正确把握通风增氧时间和操作，扩口时注意天气温度，避免高温扩口。④喷水要均匀，特别注意培养架高低层，避免喷水淤积穴口。

三、烂耳发生原因及防治

银耳幼耳烂根表现为幼耳结实不展片，稍动就脱落，耳基无菌丝或很少，培养基木屑发黑黏潮，部分有白色针状肉质竖立。成耳发生烂耳表现为耳片自溶腐烂，呈糊状。

发生原因：菌种纯度不高，带有螨害；pH不正常，培养基含水量过多；栽培过程中温度偏高或偏低，出耳阶段温差过大；喷水过量，空气湿度偏大，通风不良；水源不净、黄水累积未及时清理、CO_2中毒等（图10-17）。

防治措施：①在配制培养料时，拌料、装袋、上锅灭菌要环环紧扣。②料袋灭菌后要稀疏排列，使之尽快冷却。③在栽培过程中，温度应控制在23~25℃，耳房保持空气新鲜，及时通风换气。④在原基分化形成子实体阶段，空气相对湿度应控制在85%~95%之间，防止黄水过多或过干而引起烂耳。⑤发生烂耳时，及时用小刀将烂耳刮去，烂耳处可喷洒1%醋酸或0.1%碘液。⑥对绿色木霉引起的烂耳，及时用报纸包住，连同耳根一起拔出烧毁。若发生大面积烂根时，只能采取挖掉烂耳基、补上新培养料、贴上胶布、重新灭菌、再行接种的办法。⑦长耳期发生烂根时，可提前采收，防止蔓延（丁湖广，2013）。

图 10-17 积水烂耳和水源不净引起烂耳

四、银耳真菌性病害的发生原因及防治

银耳真菌性病害主要有红银耳病和白粉病。红银耳病的病原菌为粉红单端孢霉和红酵母。其中，红酵母为隐球酵母科红酵母属。其营养体为圆形或卵形细胞，黄或红色，无丝状菌丝，偶尔形成假菌丝。白粉病的病原菌尚不明，据初步研究，与头孢霉、顶孢霉及枝壳霉有关。

（一）危害症状

（1）红银耳病　受到病原菌侵染的银耳子实体、耳片及耳根变成红色。其颜色随发病程度加重而加深，变红的子实体不能再长大，最后消解腐烂。病部周围不会再形成新耳基，腐烂焦化后的汁液带有大量病菌。

（2）白粉病　感病后耳片上出现一层白粉状的病菌孢子，病耳不再长大，形成不透明的僵耳。病耳割掉后，新长出的耳片仍然会出现白粉病的病菌，严重影响银耳的产量和质量。

（二）发病原因

（1）红银耳病　病原菌主要通过空气、风、雨水进行传播，通过人和工具接触感染。温度高（25～30℃），通风不良，喷水过多，有液态水存在时，利于此病发生。

（2）白粉病　耳房内通风差，高湿，闷热，最易发病。喷水和采收工具会传播病菌孢子。

（三）防治方法

① 保持耳房或耳场清洁卫生，通风良好，温湿度不要过高。
② 段木接种后加强管理，让菌丝发透。
③ 要用洁净的水，必要时用漂白粉处理。喷水掌握轻、勤、细的原则，每次喷水后要及时通风。
④ 发现病耳后，及时摘除并挖掉周围被污染的部分，喷洒 1.5％噻霉酮水乳剂 800 倍液。白粉病发生要及早喷洒石硫合剂进行处理（丁湖广，2013）。

思考题

1. 简述银耳的生物学特性。
2. 叙述银耳的生活史。

3. 银耳菌种如何制备？
4. 叙述银耳出耳管理技术要点。
5. 简述银耳采收管理方法。
6. 简述出耳"断穴"和"疯癫菇"发生的原因及防治方法。
7. 简述银耳烂耳发生的原因及防治方法。

第十一章
榆耳栽培技术

第一节 榆耳概述

榆耳（*Gloeostereum incarnatum* S. Ito et Imai）是我国东北著名的食药用真菌，在分类学上属担子菌门（Basidiomycota），伞菌纲（Agaricomycetes），伞菌目（Agaricales），伏革菌科（Corticiaceae），胶韧革菌属（*Gloeostereum*）。学名肉红胶韧革菌，别名黄耳、肉蘑、榆蘑等。野生榆耳主要分布于我国东北地区（黑龙江、吉林、辽宁等），辽宁省的本溪、铁岭、抚顺、清原和新宾，吉林省的长白、安图、通化、抚松和浑江以及黑龙江省的东部山区是榆耳的集中产地。新疆和日本北海道等地区也有少量分布（宋宏等，2008）。

榆耳喜欢在湿度较大、光线较暗的沟塘、山沟、地边和半山坡上生长，主要腐生在榆树（*Ulmus pumila*）和春榆（*U. davidiana*）的树干、树洞或腐木上。尤其是砍伐后的树桩，下部发生密枝，形成良好的荫蔽条件，于八九月份榆耳就大量产生在枯死和尚未枯死的结合部位上。据日本学者报道榆耳在槭属（*Acer*）植物树干上也有生长（李士怡，2005；宋宏等，2008）。

我国最早的榆耳标本是1963年朱有昌等人在辽宁省本溪县小东沟采集到的，但当时未能得到鉴定。直到1988年王云等发现榆耳就是日本学者S. Ito 和 Imai 于1933年发表在 *Trans. Sapporo Nat. Hist. Soc.* 13期上的新种胶韧革菌（*Gloeostereum incarnatum* S. Ito et Imai），至此榆耳才确定了学名及分类地位（Imai et al.，1933）。

榆耳质近海参，口感柔中有脆，鲜嫩爽口，味道鲜美、独特。兼珍稀食品及药品于一身，享有"森林食品之王"的美誉，是一种有待开发利用的食药用珍品，也是我国传统出口商品。近些年已成为高级饭店餐桌上不可或缺的一道菌类菜品。榆耳发酵产物既可以作为食品饮料的防腐剂，又可以作为食品饮料营养成分的添加剂，是很有前途的食品饮料防腐保鲜剂。

一、营养价值

榆耳营养丰富，蛋白质含量为20.99%，含有17种氨基酸，尤其是人体自身不能合成只能依靠外部摄取的7种必需氨基酸，占总氨基酸的40%。其中赖氨酸、谷氨酸含量极为丰富，比金针菇高出许多倍，是名副其实的"益智菇"，并含有多种维生素（维生素E、维生素B_1、维生素B_2）和钙、镁、磷、锌等矿物质元素（李士怡，2005）。近年分析表明，榆耳子实体中含有西药呋喃唑酮的有效成分。榆耳发酵产物营养丰富，抑菌活性强，抑菌谱广。发酵液多糖具有增强机体免疫活性和抑制肿瘤等作用，为研制开发肠胃药物、保健品、天然防腐剂以及新型复合功效的饲料添加剂等提供了新的思路，具有很好的开发和应用前景。

二、药用价值

中医记载：榆耳性平味甘，具和中化湿功效。民间用于治疗痔疮、腹泻、红白痢疾、肠炎、皮炎等疾病。可见，子实体除食用外，药用价值也十分突出。它的浸出液对痢疾和胃肠道系统疾病有奇效，特别是对红白痢疾疗效奇特，食用 1～2 片即可痊愈。此外，还能补肾虚。东北地区人们采集榆耳后晾干，用于治疗腹泻，如与鸡蛋同煮或炒，食之可治白痢，与红枣同煮食之可治红痢。榆耳含有一定的天然药性成分，药理试验表明，其代谢产物具有抗产气杆菌、绿脓杆菌、肠杆菌、大肠杆菌及金黄色葡萄杆菌等活性（李士怡，2005；宋宏等，2008）。经常食用榆耳，可以增强免疫力、强身健体、益寿延年。

三、驯化栽培

1984 年，张金霞、田希文、王云和王玉万等对榆耳生物学特性、菌种分离和人工驯化栽培进行深入研究，并已取得成熟的栽培经验，为我国榆耳人工栽培奠定了基础。1988 年，中国农业科学院土壤肥料研究所也驯化成功，并形成了系列栽培技术。辽宁省本溪、清原、抚顺、新宾和铁岭以及吉林省、黑龙江省东部是榆耳的主产区。榆耳栽培方式有段木栽培、瓶栽和袋栽（张金霞和崔俊杰，1988；张淑贤等，1989；李喜范和潘冰，1991）。目前以袋栽为主，在吉林省四平市叶赫镇形成了规模超过 100 万袋的榆耳生产基地，栽培经济效益十分显著，而且有扩大栽培规模的趋势。

第二节　生物学特性

一、形态特征

榆耳子实体胶质，无柄，单生或叠生在一起。初期平伏或不规则脑状，开片后呈肾形。菌盖耳状，表面乳白色或粉红色，大小为 (3～15)cm×(4～16) cm，厚 0.3～3.0cm。质地幼时柔嫩，富有弹性，半透明；干时收缩，坚硬，变为深褐色至浅咖啡色。菌盖结构由上表层（毛层）、中间层（髓部）和下表层（子实层）三部分组成。菌盖表面密生的绒毛层，松软，橘黄色至粉红色，毛长 1mm 左右；菌盖腹面凹凸不平，密布半透明水疣；菌肉肥厚，胶质，浅橘红色。孢子印无色，光滑，孢子椭圆形（图 11-1），(5.8～7.4)μm×(2.5～3.6)μm；营养菌丝体线形，绒毛状，幼嫩时白色，后期变微黄色（宋宏等，2008）。

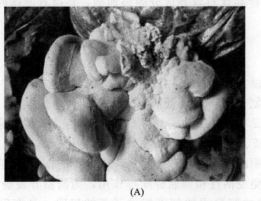

图 11-1　榆耳子实体形态
A. 子实体；B. 担孢子

二、生长发育的条件

（一）营养条件

榆耳人工栽培可利用富含纤维素的废棉、棉籽壳等作栽培原料，也可使用阔叶树木屑。因为榆耳能很好地分解利用葡萄糖、糊精和可溶性淀粉等碳源，豆饼粉、麦麸、米糠、酵母粉和蛋白胨等氮源，也能较好地分解利用木屑中的纤维素和半纤维素，但利用无机氮能力较差，不能利用尿素和硫酸铵。此外，培养基中还必须加入硫酸镁、磷酸二氢钾和硫酸钙等无机盐作为辅助营养。对矿物质的利用主要靠添加磷酸钾盐（0.2%）和硫酸镁（0.05%）。人工栽培时常加1%过磷酸钙，将培养料的碳氮比调节为（24~30）：1。

（二）环境条件

（1）温度 榆耳属低温结实性菌类。菌丝体生长温度范围为5~30℃，适温范围为22~27℃，以25℃最为适宜。温度在15℃以下菌丝生长缓慢；10℃以下经12d菌丝才开始萌动；30℃以上生长虽快，但菌丝细弱；35℃以上停止生长而死亡。菌丝的致死温度低于大多数食用菌。有的菌株可耐37℃高温，经14d菌丝仍不死亡，致死温度为40℃。子实体原基产生的温度范围为5~26℃，适宜温度为15~22℃。在适温范围内，子实体发育速度随温度增高而加快。

研究表明，菌丝体生长阶段的温度范围对榆耳子实体原基的形成有影响，不同温度培养下的菌包，原基出现率和出现时间早晚有差别。在30℃培养下，不容易形成原基，而在25℃条件下培养对原基形成最有利（刘晓龙，2016）。

（2）水分和湿度 榆耳菌丝体在基质含水量为40%~75%范围内均能生长，以60%~65%为最佳。接种前基质含水量若低于55%，菌丝虽可生长，但难以分化形成子实体原基；含水量高于70%时，菌丝生长缓慢。子实体生长发育期间，空气相对湿度要求达到85%。低于80%时，原基不易分化，已分化的原基则生长缓慢。榆耳是胶质菌，出耳阶段环境湿度以干、湿交替为好，与恒湿条件相比，对耳片伸展更为有利，同时也有利于预防出耳期杂菌侵染（刘晓龙，2016）。

（3）空气 榆耳属好气性真菌，尤其在子实体形成和分化期需要足够的氧气。新鲜充足的O_2能加速子实体原基分化和展片。当室内通风不良，CO_2浓度积累过高时，原基不能正常分化，易形成菜花状畸形子实体。

（4）光照 榆耳菌丝在有散射光和暗光条件下均能生长，但菌丝长势和速度明显不同，光照对菌丝生长的抑制强度与光强度呈正相关。虽然强光照下菌丝长速比弱光快，但强光照能抑制菌丝萌发，使菌丝生长前端分枝减少，菌丝稀疏，气生菌丝完全消失。在黑暗条件下菌丝生长快且粗壮。因而在发菌阶段，最好置于黑暗或弱光下培养。

光可诱导子实体原基形成，以弱散射光效果最好。光照过强，会抑制子实体形成，而在完全黑暗条件下，子实体原基不能形成。生产上可利用这一特性来贮藏菌种。此外，光照对子实体色素形成和积累至关重要，暗光下生长的子实体色浅，散射光和强光下色深且肉厚（刘晓龙，2016）。

（5）酸碱度（pH） 榆耳喜微酸性环境。菌丝在pH 4~9范围内均能生长，但最适pH为5.5~6，在pH 3时菌丝不能萌发。

第三节 栽培技术

榆耳按栽培季节可分为春季和秋季栽培。栽培方式有室内和室外两种。熟料袋（瓶）栽的可在室内一般菇房或室外塑料大棚、简易阴棚等场所进行,为充分利用室(棚)内空间,可采用层架式栽培。栽培方法有袋栽、瓶栽和段木栽培。袋栽生物学效率高于其他两种方式,一般选择17cm×33cm的低压聚乙烯折角袋或者料筒。通常折角袋采用袋口接种,袋壁划口出耳;而料筒则采用两头接种,两头出耳。本章主要介绍段木和袋料栽培技术。

一、栽培季节

榆耳属于低温型菌类,出菇的最适温度在18~22℃,所以栽培季节必须避开炎热夏季以防高温危害菌丝体生长。通常北方地区每年8月中下旬至9月份是榆耳子实体大量产生的季节。人工栽培榆耳,如果利用自然条件,可春秋两季栽培(崔颂英,2007)。我国南方地区若能够人为创造适宜的温度、湿度和光照等管理条件,也可进行周年生产(表11-1)。

表11-1 自然气候条件下榆耳栽培季节安排

地区	春栽	秋栽
北方	2月上旬~3月上旬接种 4月下旬~6月上旬出耳	6月上旬~7月上旬接种 8月下旬~10月中旬出耳
南方	2月下旬接种 4月上中旬~5月上中旬出耳	9月中下旬接种 11月上旬~12月上旬出耳

二、品种选择

目前适合榆耳栽培的品种较少,现简单介绍以下3种:

(一)红叶1号

吉林省蛟河市光辉食用菌研究所经过5年的不断研究、试种,于2007年在野生榆耳中成功地分离出高产榆耳新品种——红叶1号。该品种完全适应人工代料栽培,利用农作物秸秆、锯末等可生产出优质、高产、形状及营养近似野生的榆耳。

(二)长山09

长山09适用栽培料广泛,子实体叠生或丛生,菌丝体适宜生长温度范围为22~27℃,最适25℃,出菇温度为15~23℃。红色,单生,胶质无柄,抗杂性强,产量高。

(三)吉肉1号

吉肉1号为吉林农业大学食药用菌教育部工程研究中心研发的杂交品种,菌丝生长势强、生育期短、产量高,生物学效率为59%。子实体商品性好,属中早熟的高产榆耳新品种(于娅等,2016)。

三、栽培前准备

(一)场地选择

榆耳栽培场所与大多数食用菌生产相同,房屋、塑料大棚和日光温室等均可。根据榆耳生物学特性,栽培场所应具有良好的遮光和防高温设施,并且有水源和电源,交通便利。榆耳生长与其他食用菌的生长大体一致,需要一个养菌室生产菌袋,一栋栽培棚作为出耳场地,面积可根据生产数量而定。一般150m^{2}的栽培棚可摆放1.5万袋菌包。

(二)菌种准备

1. 母种　榆耳母种可采用组织分离法获得,或向正规科研单位引商品性好、抗逆性强、质量优的品种。常采用 PDA 培养基，接种后于 25℃培养，菌丝长满试管斜面时即可使用。

常用的母种培养基有：

(1) 综合 PDA 培养基　马铃薯 200g（去皮，煮汁），葡萄糖 20g，磷酸二氢钾 2g，硫酸镁 0.5g，琼脂 20g，水 1L，自然 pH。

(2) 复合培养基　马铃薯 200g（去皮，煮汁），麸皮 20g（煮汁），玉米粉 20g（煮汁），葡萄糖 20g，磷酸二氢钾 2g，硫酸镁 0.5g，琼脂 20g，水 1L。

2. 原种和栽培种　常用的培养基配方如下，各配方料水比均为 1：(1.2～1.3)，pH 6.5。

(1) 木屑 78%，麸皮 18%，玉米粉 2%，石膏 1%，白糖 1%。

(2) 木屑 78%，麦麸 20%，白糖 1%，石膏粉 1%。

(3) 玉米芯 68%，麸皮 18%，木屑 10%，玉米粉 2%，石膏 1%，白糖 1%。

原种可采用 750mL 菌种瓶或 500mL 玻璃罐头瓶或聚丙烯瓶等容器制备。栽培种可采用瓶或塑料袋制备，菌种制作方法同常规，于 25℃恒温培养，25d 左右菌丝可长满基质。菌丝长满基质时应立即使用或置于 4～5℃冰箱保存备用。

四、段木栽培

(一) 耳材选择

选择树龄 10～15 年的家榆或春榆，树径末端 5～8cm。在新叶萌发前砍伐树木，截成 1m 长的木段，适当干燥备用。

(二) 适时接种

选择气温稳定在 5～10℃的春季接种。用 13～16mm 钻头的手电钻或打孔器，打深 2cm 左右的孔穴，孔穴行株距为 5cm×10cm，以"品"字形排列。边打孔边接种，菌种不宜装得过满。接种后要及时用木盖或黄泥加木屑混合（黄泥：木屑＝2：1，用 80 倍多菌灵水溶液调成稠糊状）封口。

(三) 上垛发菌

接种后及时将耳木置于 24～27℃、空气相对湿度为 65% 环境下发菌。如果早春气候干燥，温度偏低，可在向阳坡挖深 1m，宽 1.5m 的长坑，将耳木呈"井"字形码入坑中，上盖草帘和薄膜保温保湿。待自然气温稳定在 15℃左右时，将耳木移入遮阴棚中，地面垫砂石后呈"井"字形堆放，堆高 1m 左右。每隔 10d 倒 1 次堆。其间若地面干燥，可适当喷水保湿。接种后 1 个月左右菌丝即可定植（蔡衍山，2003；兰进，2004）。发菌期若发现霉菌感染，可用 10% 石灰水涂抹患处消毒。

(四) 出耳管理

发好菌后，将耳木锯成 3 段，放在梁上呈"人"字形排放。若耳木过于干燥，锯开前将其置清水中浸泡 24h 左右。出耳前要求耳木含水量在 65%～70%。出耳期要求耳场空气相对湿度 80%～95%，温度 15～23℃。要经常喷水保湿，若湿度过低，耳木上部不易出耳，只在靠近地面处出耳。一般接种当年出耳量较小，第 2 年为盛耳期，可连续出耳 3～4 年。

五、代料栽培

榆耳代料栽培可袋栽，也可瓶栽，可在室内、大棚、温室、阳畦等多种场合进行。春季或秋季均可栽培。春季栽培，在当地气温稳定在 10℃以上时接种，有条件的可适当提前接种；秋季栽培，在当地气温低于30℃时播种。菌种制作需提前进行。

（一）配料与装袋

培养料配方可根据当地原料资源情况，选用上述配方中的任一种，称取各种原材料。将溶于水的辅料（如蔗糖）加入适量水中溶解，配制成母液。加入已混匀的不溶于水的干料中，再加水至含水量达到配方要求，搅拌均匀闷堆30min后装袋（17cm×33cm×0.05cm的聚乙烯或聚丙烯袋）。装料至距袋口5~6cm时即可（每袋装干料约450g），料袋松紧适中，中央打洞，用线绳扎好袋口或用塑料套环和盖（或棉塞）封好袋口。

（二）灭菌

栽培袋装好后，采用常压灭菌，即专用灭菌灶或简易灭菌灶。常压灭菌要求在4~6h升至100℃，并持续10~12h。火力要"攻头、保尾、控中间"。即栽培袋放好后，旺火猛攻，使锅内温度在4~6h达到100℃，避免耐高温杂菌在培养基内繁殖，然后控制温度在100℃，最后旺火猛攻，防止"大头、小尾、中间松"。也可用高压蒸汽灭菌125℃下保持2h，防止灭菌时间任意延长。灭菌时间的延长：一是增加了燃料的成本；二是破坏了培养料的营养成分；三是灭菌时间越长，培养料的纤维素、半纤维素等熟化程度越高，过分熟化虽有利于菌丝生长，但菌丝营养过分集中容易导致后劲不足，影响后期菇的产量和质量。

（三）冷却接种

灭菌后，自然冷却2h搬出，摆放在干燥通风处或接种室内床架上继续冷却。栽培袋在温度降到20℃或室温时，搬进接种箱（室）内进行接种。先用2%~3%来苏尔喷雾消毒，再按2~4g/m³用量的气雾消毒盒点燃熏蒸30min。榆耳熟料袋栽若两头出耳则两头接种，若侧面出耳则一头接种。接种时，拔去菌种瓶口棉塞，用接种钩去除原种表面菌膜，用25cm长医用镊子夹取菌种，迅速移入袋中并速封袋口。750mL菌种瓶可接40~60袋。如果采用"两头接种法"，应把棉塞拔掉，接上菌种后重新塞好，两头接种需要菌种量更大。

（四）发菌管理

将接种后的料袋集中放于事先处理好（包括杀菌、杀虫、灭鼠）的培养室内，可直立放于培养架上，袋间距1cm，也可横卧于无培养架的室内，"井"字形摆袋，不超过10层。培养室内温度控制在22~26℃，空气相对湿度40%左右，夏季多雨季节注意通风排潮，如果空气过于干燥，则喷雾状水调节。暗光发菌，同时保持室内空气新鲜。在发菌管理的第3d，开始检查栽培袋生长情况，发现污染菌袋及时弃除。轻者可放于低温处继续发菌，重者则深埋。发菌管理过程中，要保持培养室内无杂菌、无虫、无鼠害。一般40~50d后菌丝满袋，逐渐进入生理成熟期。优质的菌袋应该是菌丝色泽洁白、生长健壮、无异味、无杂色（赵义涛，2003）。

（五）刺激出耳

榆耳可在室内或棚内平放在床架上出耳，或上堆后进行墙式出耳，也可采用吊袋侧面划口出耳。菌丝长满后，两头出耳的解开袋口，适当通风后再松散地扎上，划口出耳的在栽培袋侧面划两排4个"V"形口，口深0.5cm，长1.5cm，角度40°，然后进行出耳刺激。

（1）温度控制　应将室（棚）内温度保持在17~22℃。

（2）湿度控制　一般空气相对湿度保持在70%~80%。

（3）光照刺激　当菌丝发满菌袋后，无需达到生理成熟即可给予一定光照刺激，诱导原基形成。光照强度控制在15~100lx，过强会抑制子实体原基形成。

(六) 榆耳的生长周期

榆耳的生长周期可分为以下几个时期（蔡衍山，2003；兰进，2004）：

(1) 菌丝扭结期　该期培养基表面的菌丝变浓、加厚，继而菌丝扭结成为白色菌丝团。

(2) 原基形成期　白色菌丝团组织化，出现浅黄褐色、形状不规则的凸状突起，即子实体原基。此时，子实体原基上常伴有黄褐色水珠出现。菌丝团出现到原基形成一般经历 2~4d。

(3) 原基膨大期　原基形成后，不断膨大并联结成片，表现凹凸不平，呈脑状，并非很快进入分化期。原基膨大期一般需经历 3~12d。

(4) 耳片分化伸展期　当原基充分膨大后，可从任何一个部位分化出片状耳片并不断伸展。当耳片生长到直径 7~15cm 时，边缘卷曲变薄，即不再伸展。耳片伸展期一般经历 7~15d。

(5) 成熟期　耳片边缘卷曲时，标志子实体完全成熟，并开始释放孢子。

(七) 出耳管理

(1) 原基形成阶段　将菌丝达到生理成熟的菌袋，横卧、正反颠倒，摆成 1m 高的菌墙，室温降至 18℃，昼夜温差 5~8℃，同时给予散射光照，瓶栽时将瓶盖松开，袋栽时将袋口松开，促进菌丝扭结（赵义涛，2003）。一般经 7~10d，培养基表面的白色菌丝团组织化，出现浅黄褐色、形状不规则的凸状突起，即子实体原基。此时，子实体原基上常伴有黄褐色水珠出现。菌丝团出现到原基形成一般经历 2~4d。榆耳原基出现后，加大栽培场所空气相对湿度至 95% 左右，不能低于 90%（林杰，2002；兰进，2004）。

(2) 原基分化形成耳片阶段　待原基充分膨大（高 1cm 以上），直径约 3cm 以上，表面有明显凹凸不平，可看出片状的雏形时，即表明原基已得到充分发育，将进入发育期。此时要增加喷水量，使菇房空气相对湿度保持在 85%~90%，如湿度不够可向原基上直接喷水以保持湿度，但不能多喷，以袋内无积水即可。室温降到 14~16℃，不可过高或过低。过低耳片不易形成，过高原基继续膨大，使培养基表面长满原基，不易形成耳片，即使形成原基过多，以后耳片紧凑，朵形甚差。按此管理，3d 原基可分化成耳片。

子实体分化后，保持栽培场所温度在 16~22℃，空气相对湿度 90% 左右，每次喷重水后彻底通风 1 次，保持耳片湿润。注意每次喷水后，需倾去瓶或袋内的水（兰进，2004）。

(3) 耳片生长阶段　榆耳耳片形成阶段，室内必须保持空气新鲜，每天通风 3 次，每次 30~60min，喷水后应通风，不可喷"关门水"。较强的散光照射，是保证耳片色泽纯正的必要条件，所以必须保证 300~500lx 的光照强度（兰进，2004）。

在耳片形成到耳片长到 3cm 阶段，温度最好控制在 15~18℃，不可高于 18℃。当耳片长到 3cm 以上时，温度在 14~20℃ 均可，但 18℃ 为宜。水分管理是获得高产优质榆耳的保障，为此每天喷水 4~5 次，保持耳片湿润。若水分供给不足，耳片质量差，产量也低。待耳片长到 4cm 以上时，瓶内或袋内培养料开始收缩，料与瓶（或袋）壁间出现空隙。耳片伸展期一般经历 7~15d。当耳片生长到直径 7~15cm 时，边缘卷曲变薄，即不再伸展。

(4) 成熟阶段　榆耳子实体生长比较慢，代料栽培整个周期需 60~70d，从原基出现到子实体成熟需 20~30d（宋宏等，2008）。耳片边缘卷曲时，标志子实体完全成熟，并开始释放孢子。

(八) 采收加工

当耳片长大，肉质肥厚成叠状丛生，耳片舒展变软，由粉红色变成暗褐色（图 11-2），开始弹射白色孢子时，选择晴天及时采收，以便晒干。采收前 1d 停水。采收时用干净的小刀沿耳根割下，采大留小。采收后，用剪刀剪去带培养基的根部，鲜菇一部分供应市场，其余的应及时进行加工处理。如果耳片朵形较大，可以在耳片中间分成两片，然后将榆耳耳片平铺在筛网上，最好光面朝上，防止晾晒期间造成高温高湿而进行后熟弹射孢子，降低榆耳品质。如果遇到雨天可以用塑料膜将晾晒床苫好，防止受到雨淋影响品质。

若条件允许，最好是烘干。烘烤时要掌握好温度，一般烘烤温度范围在35~55℃，起点温度是35℃，以后每隔2h升高5℃直到55℃。榆耳一般不鲜食。当含水量为13%~14%时，将干榆耳装入编织袋，放在通风干燥处贮藏，或包装好出售。

图11-2 榆耳子实体生长阶段（见彩图）
A.耳片伸展期；B.成熟期

（九）采后管理

采收结束后，要及时清理料面，对割取处的伤口，进行"一干、二保、三补、四喷"的措施。即采收后停水，多通风使耳基表面干燥，2~3d后松扎袋口保湿，停水6~7d，盖上塑料薄膜，使菌丝恢复生长并积累养分。养菌结束后进行浇水管理，可从原来的耳基上长出第二潮子实体。二潮子实体发育较快，从刀痕表面愈合到子实体成熟一般仅需7~15d。二潮子实体采收时用手掰下即可，然后再进行通风和水分管理，还可再收1~2潮子实体。第三潮后，埋袋栽培还可出2~3潮。埋土时先脱袋，并将菌棒的1/3半露在土面，土面搭阴棚管理。

六、病虫害防治

榆耳的抗逆能力比其他食用菌要弱，生产中极易遭受木霉等杂菌的污染，此外还易遭受跳虫、螨虫和菌蛆的侵害。一般在春季的中后期受病虫为害较多，发生的条件广泛。病虫害要以预防为主，最好每天检查大棚内的温度、空气相对湿度是否过高，经常通风，防大于治。耳场要建在远离（450m以外）畜牧场、饲料厂、村庄和公路的地方，且要求空气清新、水质清洁。在摆放木段时，要求戴手套，耳场地面要撒生石灰或漂白粉，喷洒多菌灵全面消杀（李喜范和潘冰，1992）。

（一）病害防治

（1）软腐病 又称泡霉病，是危害榆耳的一种主要病害。榆耳发育的各个阶段，都会受到这种病原菌的侵染。发病时常在培养基表面产生棉毛状白色菌丝，蔓延迅速，菌丝逐渐由白色变成水红色。子实体被侵染后逐渐变成褐色，造成耳片变软腐烂。

防治方法：①栽培室湿度大时，应加强通风换气，降低空气中的湿度，以防病菌滋生。②发病初期，可用2%石炭酸或来苏尔水溶液喷洒料面，抑制病菌蔓延。③局部发病时，可用0.1%苯菌灵或多菌灵喷洒，还可在料面撒生石灰或漂白粉。

（2）根腐病　根腐病是一种细菌性病害。感染初期在培养料表面渗出白色混浊的水滴，这种水滴以后会积满瓶口，导致幼耳枯萎死亡。

发生原因：灭菌不彻底或外界传播。当培养料含水量过大，栽培室温度偏高时发病严重。

防治方法：①调配培养料含水量要适宜，防止水分过高，如栽培袋料的水分过大，可用灭菌的针在袋底扎眼排水，之后用胶布封上针眼。②栽培袋温度要适宜，夏季温度偏高时可夜间打开门窗通风换气，降低温度。③料面有白色浸出水滴时，可用无菌棉球吸除，并撒少许石灰粉控制蔓延。

（3）枯萎病　一种生理病害。培养料过分干燥，喷水不及时，空气湿度过低或干燥的风直吹在子实体上，甚至阳光直射在子实体上，造成生理缺水引起的。发病时菌蕾或子实体停止生长，逐渐萎缩变干而枯死。但此病发生时如能及时满足对水分的要求其病症可随之消失。

防治方法：①配料时培养料水分要适宜。出耳管理阶段，栽培室的空气湿度要控制好，防止干燥。②栽培室通风换气要缓慢进行，防止空气对流或干风直吹耳袋。③出耳期要给以适当的散射光照，防止阳光直射耳床。

除病虫害外，还有其他原因造成菌种不生长：①培养基含水量过多，有积水现象。②培养基中含有抑制榆耳菌生长的物质，接种后菌种不恢复生长（菌丝不吃料）而死亡。③装袋后没有及时下菌，培养料酸腐，接种后菌种始终不吃料。④室内CO_2浓度过高。

(二) 虫害的防治

（1）菌蛆　菌蛆是菇蝇、瘿蚊等幼虫的通称。常为害榆耳菌丝体和子实体，导致菌丝体疏松，使之不能形成菌蕾。其成虫菇蝇、蕈蚊等虽不直接危害，但到处飞动能传播有关病菌。

菌蛆主要来自牛粪、猪粪、培养料、烂耳和腐烂的杂物等，所以要以防为主。防治方法：

① 搞好培养料的灭菌，加强栽培场所的卫生管理。

② 栽培房的门窗要安装门帘和纱窗，防止成虫入室产卵。

③ 利用成虫的趋光性，夜间灯光诱杀；栽培室悬挂敌敌畏棉球毒杀成虫。

④ 在没长子实体时，用敌百虫1000倍液喷洒袋面，可杀死成虫和暴露在料层表面的幼虫。要每隔2d喷洒一次，连续喷3～4次。

⑤ 白僵菌、苏云杆菌、杀螟杆菌等对防治幼蝇类都有很好效果。芽孢杆菌对蝇类昆虫有很强的致病力，可杀死幼虫和蛹，而对人畜无害。牲畜吃下带有芽孢杆菌的饲料，排出的粪便也带菌，蝇类幼虫就无法滋生。

（2）跳虫　又名烟灰虫，虫体坚硬，形如跳蚤，比苏子还小。通常在潮湿的老栽培房里发生尤为严重。因培养料灭菌不彻底而带入栽培室。跳虫常聚集于菌种周围，吃榆耳菌丝体。子实体形成时，可从伤口侵入，把子实体咬成许多伤口，不堪食用。

防治方法：

① 如在菌丝生长阶段发生跳虫，可用0.4%敌敌畏溶液喷洒防治。

② 在出耳阶段，可用0.1%鱼藤酮或20倍的除虫菊素药液喷杀。

③ 跳虫有喜水的习性，可在栽培场所用小盆盛清水，很多跳虫跳于水中，第2d再换水继续诱杀，连续几次，将会大大减少虫口密度。

④ 用稀释1000倍的90%敌百虫加少量蜂蜜配成诱杀剂分装于盆或盘中，分散放在菇床上，跳虫闻到味会跳入盆中。这种方法安全无毒，同时还可以杀灭其他害虫。

（3）螨类　螨类一般只有针尖大小，常见的种类有蒲螨、粉螨、食酪螨、红辣椒螨等。

螨类在榆耳栽培过程中危害较大，主要潜藏在米糠、麦麸内，栽培时随材料带入。常于接种后很快聚集到菌种块周围，噬榆耳菌丝体，使菌种不能萌发和生长。若在菌丝体和子实体形成时侵入，则把菌丝或菌蕾蛀断，引起菌蕾死亡或子实体萎缩，严重时吃光菌丝，以致不能出耳。

防治方法：

① 菌种室和栽培室应远离谷物仓库、饲料库和鸡舍，以杜绝虫源。

② 消灭越冬虫源。及时清理养菌室和出菇室的残菇、废料，并做好消毒工作。

③ 培养料灭菌要彻底，以杀死成虫和虫卵。

④ 菌瓶（袋）内发生螨害时，可用烟梗和柳叶，按2∶5的比例，加20倍水熬成混合液喷杀，或用15％哒螨灵乳油2500倍液喷雾杀死一切螨类。

思考题

1. 简述榆耳段木栽培方法。
2. 榆耳代料栽培刺激出耳的因素有哪些？
3. 叙述代料栽培榆耳出耳阶段的管理方法。
4. 榆耳软腐病的为害症状及防治措施。

第十二章
大球盖菇栽培技术

第一节 大球盖菇概述

大球盖菇（*Stropharia rugosannulata*），又名皱环球盖菇、皱球盖菇、大红菇、赤松茸、酒红球盖菇等，是一种珍稀食用菌。在分类学上属于担子菌门（Basidiomycota）层菌纲（Hymenomycetes）伞菌目（Agaricales）球盖菇科（Strophariaceae）球盖菇属（*Stropharia*）。野生大球盖菇主要分布在欧洲、南北美洲及亚洲的温带地区，欧洲国家中，如波兰、德国、荷兰、捷克等均有栽培。我国云南、四川、西藏、吉林等地区均有野生大球盖菇分布，我国已知该属有10个种（王树春，2007）。

大球盖菇从春至秋生于林中、林缘的草地上或路旁、园地、垃圾场、木屑堆或牧场的牛马粪堆上。在福建省人工栽培除了7~9月未见出菇外，其他月份均可长菇，但以10月下旬至12月初和3~4月上旬出菇多，生长快。大球盖菇在青藏高原上生长于阔叶林下的落叶层上，在攀西地区生于针阔混交林中。

大球盖菇子实体大，色泽艳丽，肉质滑嫩，柄爽脆，含野生菇香味，口感极好，干菇香味更浓，可与花菇相媲美，是国际菇类交易市场上的十大菇类之一，也是联合国粮农组织（FAO）向发展中国家推荐栽培的蕈菌之一（吴英春，2013）。其营养丰富，富含多种人体必需的氨基酸、蛋白质、维生素、矿物质和多糖等营养成分。经常食用大球盖菇，可以预防神经系统、消化系统疾病和降低血液中的胆固醇，还有助消化、消除疲劳等功效。另外，其子实体提取物对S180、艾氏腹水癌的抑制率均为70%以上（弓建国，2011）。因此，大球盖菇是一种食药兼用菌，深受消费者青睐。

1922年美国人首先发现并报道了大球盖菇。1930年在德国、日本等地也发现了野生的大球盖菇。1969年在当时的民主德国进行了人工驯化栽培。20世纪70年代发展到波兰、匈牙利、苏联等地区，逐渐成为许多欧美国家人工栽培的食用蕈菌。1980年，上海市农业科学院食用菌研究所曾派人员赴波兰考察，引进菌种，并试栽成功（吴英春，2013），但未推广。自1990年来，福建省三明真菌研究所立课题研究，在橘园、田间栽培大球盖菇获得良好效益，并逐步向省内外推广（陈秀琴和吴少风，2007），2008年，河北省开始种植，北京市也有试验栽培者。

黑龙江省农科院畜牧研究所食用菌栽培创新团队从2008年开始开创性地从事寒地大球盖菇全产业链的研究与应用，实现了从局部试种到黑龙江省全省推广的产业化开发新突破。目前，该技术成果已在黑龙江省大面积推广应用，不但增加了当地农民的收入，也为"精准扶贫"开辟了新途径。同时，该技术还辐射带动了全国大球盖菇产业的发展。

大球盖菇的产业化推广既高效利用了农作物秸秆等主要农牧废弃物，又有效解决了"菌林矛盾"。几年来的引种推广情况表明，大球盖菇具有非常广阔的发展前景。首先，栽培技术简便粗放，可直接采用生料栽培，具有很强的抗杂能力，容易获得成功。其次，栽培原料来源丰富，它可生长在各种秸秆培养料上（如稻草、麦秸、亚麻秆等）。在中国广大农村，可以当作处理秸秆的一种主要措施。栽培后的废料可直接还田，改良土壤，增加肥力。再次，大球盖菇抗逆性强，适应温度范围广，可在4～30℃范围出菇，在闽粤等地区可以自然越冬。适种季节长，有利于调整销售时期，在其他蕈菌或蔬菜淡季时上市。最后，大球盖菇产量高（王树春，2007；吴英春，2013），生产成本低，营养又丰富，作为新产品一投放市场，很容易被广大消费者所接受。因此，发展前景可观。

第二节 生物学特性

一、形态特征

大球盖菇由菌丝体和子实体两部分组成。

（一）菌丝体

菌丝由孢子萌发而成，白色、绒毛状，有横隔和分枝，在菌丝生长的尖端有明显的锁状联合，纤细的菌丝相互结合，不断生长繁殖，集合成菌丝体。

（二）子实体

子实体单生、丛生或群生（图12-1），中等至较大，单个菇团可达数公斤重（王树春，2007；弓建国，2011）。

图12-1 大球盖菇子实体（见彩图）

(1) 菌盖 近半球形，后扁平，直径5～40cm。菌盖肉质，湿润时表面稍有黏性。幼嫩子实体初为白色，常有乳头状的小突起，随着子实体逐渐长大，菌盖渐变成红褐色至葡萄酒红褐色或暗褐色，老熟后褪为褐色至灰褐色。有的菌盖上有纤维状鳞片，随着子实体的生长成熟而逐渐消失。菌盖边缘内卷，常附有菌幕残片。菌肉肥厚，色白。

(2) 菌褶 菌褶直生，排列密集，初为污白色，后变成灰白色，随菌盖平展，逐渐变成褐色或紫黑色。

(3) 菌柄 菌柄近圆柱形，靠近基部稍膨大，柄长5～20cm，柄粗0.5～4cm，菌环以上污白，近光滑，菌环以下带黄色细条纹。菌柄早期中实有髓，成熟后逐渐中空。

(4) 菌环 菌环膜质，较厚或双层，位于柄的中上部，白色或近白色，上面有粗糙条纹，深裂成若干片段，裂片先端略向上卷，易脱落，在老熟的子实体上常消失。

(5) 孢子　孢子印紫褐色，孢子光滑，棕褐色，椭圆形，有麻点。顶端有明显的芽孔，厚壁，褶缘囊状体棍棒状，顶端有一个小突起。

二、生长发育的条件

（一）营养条件

营养物质是大球盖菇生命活动的物质基础，也是获得高产的根本保证。大球盖菇对营养的要求以碳水化合物和含氮物质为主。碳源有葡萄糖、蔗糖、纤维素、木质素等。氮源有氨基酸、蛋白胨等。此外，还需要微量的无机盐类。实际栽培结果表明，稻草、麦秆、作物秸秆、玉米芯等可作为培养料，能满足大球盖菇生长所需要的碳源。栽培其他蘑菇所采用的粪草料、木屑以及棉籽壳反而不是很适合大球盖菇栽培。麸皮、米糠可作为大球盖菇氮素营养来源，不仅补充了氮素营养和维生素，也是早期辅助的碳素营养源（弓建国，2011）。

（二）环境条件

(1) 温度　大球盖菇菌丝生长温度范围为5~36℃，最适温度为24~28℃，12℃以下菌丝生长缓慢，超过35℃菌丝停止生长并易老化死亡。子实体形成所需温度为4~30℃，最适温度为12~25℃，低于4℃和超过30℃子实体难形成和生长。在适温范围内，温度低，菇体生长慢，朵形较大，柄粗肥厚，菇质优，不易开伞；温度偏高，菇体生长快，朵形小，易开伞。

(2) 水分和湿度　水分是大球盖菇菌丝及子实体生长不可缺少的因子。基质中含水量的高低与菌丝的生长及产菇量密切相关。大球盖菇菌丝生长的培养基含水量要求在65%~70%左右。培养料中含水量过高，菌丝生长不良，表现稀、细弱，甚至还会使原来生长的菌丝萎缩。子实体发生阶段一般要求空气相对湿度在85%~95%为宜。

(3) 空气　大球盖菇属于好气性真菌。在菌丝生长阶段，对通气要求不敏感，空气中的二氧化碳浓度可达0.5%~1%。而在子实体生长发育阶段，要求空间的二氧化碳浓度要低于0.15%，通气不良，菇柄伸长，菇质下降。当空气不流通、氧气不足时，菌丝的生长和子实体的发育均会受到抑制，特别在子实体大量发生时，更应注意场地的通风。

(4) 光照　大球盖菇的菌丝体生长阶段无须光照，但散射光对子实体的形成有促进作用，可促进子实体健壮，提高质量。在实际栽培中，栽培场选半遮阴的环境，栽培效果更佳。主要表现在产量高、菇的色泽艳丽、菇体健壮。但是，如果较长时间的太阳光直射，造成空气相对湿度降低，会使正在迅速生长而接近采收期的菇柄龟裂，影响商品的外观。

(5) 酸碱度（pH）　大球盖菇适宜在弱酸性环境中生长，菌丝体在pH 4~9范围内均能生长，但以pH 5~7为宜。子实体生长时培养料pH 5~6为宜。在偏碱的培养基上，菌丝生长缓慢。大球盖菇菌丝发满后需要覆土，不覆土则少出菇甚至不出菇。覆土以菜园土为宜，土壤适宜的pH为5.5~6.5。

三、生活史

大球盖菇的生活史从子实体所产生的担孢子萌发开始，遇到适宜的条件时，不断分枝伸长形成单核菌丝体。单核菌丝发育到一定阶段后，由两个不同性别的菌丝结合，形成双核菌丝。这些双核菌丝体在基质中充分生长发育后，通过锁状联合分裂生长，最后在适宜条件下互相扭结成团。此时菌丝已组织化，发育成子实体原基，进一步发育，即可分化成新的子实体。

第三节 栽培技术

大球盖菇可以在菇房中进行地床栽培、箱式栽培和床架栽培，不适合集约化室内栽培。德国、波兰、美国主要在花园、果园等室外采用阳畦进行粗放式裸地或保护地栽培。在中国也多以室外生料栽培为主，因为不需要特殊设备，制作简便，且易管理，栽培成本低，经济效益好。

一、栽培季节

栽培季节应该根据大球盖菇特有的生活习性和不同地区的气候条件及栽培场所环境条件不同而灵活确定。栽培大球盖菇一个生产周期要 3~4 个月，一般春栽气温回升到 8℃ 以上，秋栽气温降至 30℃ 以下即可播种，各地可根据具体的气候特点安排播期。如果有栽培设施，则除严冬和酷暑外，均可安排生产（弓建国，2011）。

二、栽培前准备

（一）场地选择

大球盖菇主要在室外栽培，温暖、避风、遮阴的地方可以提供大球盖菇适宜生长的小气候，半荫蔽的环境更适合大球盖菇生长。果树、园林树木为大球盖菇创造了遮阴保湿的生态环境，绿色植物光合作用释放出的氧气又极大地满足了大球盖菇的好氧特性。为创造半遮光的生态环境，可在顶部加上一层塑料遮阳网，或者利用蔓生作物，如豌豆、丝瓜等适当遮光，也可以另加草帘等创造半遮光、保湿、保温的环境。

此外，还要考虑选择近水源而且排水良好的地方。因栽培中使用的大量稻草需要浸湿，整个管理过程中需要喷水保湿，都要求有充足的水源。但场地在多雨的时候不可积水，以保证大球盖菇的正常生长（吴英春，2013）。

（二）菌种准备

大球盖菇母种可通过子实体组织分离法获得，生产上母种和原种多从供种单位引入，大量栽培所需的栽培种可通过引入的原种进一步扩繁获得，也可从菌包厂直接购买。因此，本文仅介绍原种和栽培种的制作。

制作大球盖菇的原种培养基原料以麦粒最好。

常用配方为小麦（玉米粒）1000g，碳酸钙 4g，石膏 13g。其制作方法如下：

（1）泡小麦　选择无破损的麦粒，用清水冲洗 2~3 遍，再浸于水中，使其充分吸水。气温低时浸泡 24h，气温高时浸泡 10~12h，泡好的小麦用清水漂洗干净。

（2）煮小麦　煮至充分吸水、无白心。煮后小麦不能在电饭锅中久放，以防煮开花。

（3）捞出沥干水分　应捞出放于竹筛或铁丝网上，控去多余的水分，放在通风处晾干表面水，使麦粒含水量为 60% 左右。

（4）拌入营养物质　将预处理晾干表面水分的麦粒拌入定量碳酸钙和石膏，使含水量达 60% 左右为宜。偏湿，易出现菌被，会引起瓶底局部麦粒胀破，甚至"糊化"，影响菌丝蔓延；偏干，则菌丝生长稀疏，且生长缓慢。

（5）装瓶（袋）

① 装瓶前必须把空瓶洗刷干净，并倒尽瓶内剩水。

② 拌料后要迅速装瓶（袋），料堆放置时间过长，易酸败。装料时，先装瓶（袋）高的

2/3，麦粒菌种不必压实。

（6）封口　将瓶（袋）子外壁上沾着的培养料擦净，瓶口塞上棉塞，包上防潮纸或牛皮纸。若使用耐高压的聚丙烯瓶直接拧上无棉盖体即可。

（7）灭菌　装好的培养料，要及时灭菌，以控制灭菌前培养料内微生物）的繁殖生长，防止料变质。麦粒原种多采用高压蒸汽灭菌法，即压力达 $1.5kgf/cm^2$ 时维持 1.5h。

（8）接种培养　大球盖菇原种的接种与培养方法同常规，一般 1 支母种可转接 5 瓶原种。

制作大球盖菇的栽培种常用配方为干稻草 80%，麸皮 19%，石膏粉 1%。制作方法同常规制种。

(三) 原料准备及培养料配方

（1）原料准备　大球盖菇可利用农作物的秸秆作原料，用不加任何有机肥的培养料，大球盖菇的菌丝就能正常生长并出菇（薛建臣和张立臣，2010）。如果在秸秆中加入氮肥、磷肥或钾肥，其菌丝体反而长得不好。木屑、厩肥、树叶、干草栽培大球盖菇的效果也不理想。大面积栽培大球盖菇所需材料数量大，为此应提前收集，贮存备用。作物秸秆可以是稻草、小麦秆、大麦秆、黑麦秆、亚麻秆等。

早稻草和晚稻草均可利用，但晚季稻草生育期较长，草秆的质地较粗硬，用于栽培大球盖菇，产菇期较长，产量也较高。稻草质量的优劣，对大球盖菇的产量有直接影响。适宜栽培大球盖菇的稻草应是足干、新鲜的（雷伟华，2009）。贮存较长时间的稻草，由于微生物作用可能已部分被分解，并隐藏有螨、线虫、跳虫、霉菌等，会严重影响产量，不适宜用来栽培。清洁、新鲜、干燥的秸秆，不利于各种霉菌和害虫生长，因而在这种培养料上大球盖菇菌丝生长很快，鲜菇产量最高。实验表明，大球盖菇在新鲜的秸秆（麦秆）上，每平方米可以产菇 12kg，而使用上一年的秸秆每平方米只产鲜菇 5kg，而生长在陈腐秸秆上每平方米只产鲜菇 1kg（吴英春，2013）。除主要材料外，还需准备建堆后用的覆盖物和防雨用的薄膜。覆盖物可利用废旧麻袋，经清洗晒干后，将其底部及一侧剪开，展平即可，较大的破洞要补上。还可用质地较厚的无纺布或草帘来覆盖，也有用成沓的废报纸作覆盖物的。

（2）培养料配方　培养料按不同地区就地取材，要求新鲜、干燥、不发霉。可选用以下配方：

① 足干稻草或麦秆 100%。
② 大豆秆 50%、玉米秆 50%。
③ 足干稻草 80%，干木屑 20%。
④ 足干稻草 40%、谷壳 40%、杂木屑 20%。

三、栽培方法

(一) 整地作畦

首先在栽培场四周开好排水沟，再把表层的壤土取一部分堆放在旁边，供以后覆土用，然后把地整成龟背形，中间稍高，两侧稍低，畦高 10~15cm，宽 90cm，长 150cm，畦与畦间距离 40cm。

(二) 场地消毒

在建堆前，整地作畦完成后进行场地的消毒，在畦和四周喷敌敌畏或者辛硫磷进行杀虫、预防、防止虫害；在畦上泼浇 1% 的茶籽饼水，防止蚯蚓危害。若选用山地作菇场，必须撒用灭蚁灵、白蚁粉等灭蚁。

（三）浸草预堆

（1）稻草浸水 在建堆前稻草必须先吸足水分。把净水引入水沟或水池中，将稻草直接放入水沟或水池中浸泡，边浸草边踩草，浸水时间一般为 2d 左右。不同品种的稻草，浸草时间略有差别。质地较柔软的早稻草，浸草时间可短些，36~40h；晚稻草、单季稻草质地较坚硬，浸草时间需长些，大约 48h。

稻草浸水的主要目的一是让稻草充分吸足水分，二是降低基质中的 pH，三是使其变软以便于操作，且使稻草堆得更紧。采用水池浸草，每天需换水 1~2 次。除直接浸泡方法外，也可以采用淋喷的方式使稻草吸足水分。具体做法是把稻草放在地面上，每天喷水 2~3 次，并连续喷水 6~10d。如果数量大，还必须翻动数次，使稻草吸水均匀。短、散的稻草可以采用袋或筐装起来浸泡或喷淋（吴英春，2013）。

对于浸泡过或淋透了的稻草，自然沥水 12~24h，让其最适含水量达 70%~75%。可以用手抽取有代表性的稻草一小把，将其拧紧，若草中有水滴渗出，而水滴是断线的，表明含水量适度；如果水滴连续不断线，表明含水量过高，可延长其沥水时间。若拧紧后尚无水滴渗出，则表明含水量偏低，必须补足水分再建堆。

（2）预发酵 培养料是否需要预发酵处理，应根据栽培季节灵活掌握。在白天气温高于 23℃以上时，为防止建堆后草堆发酵、温度升高而影响菌丝的生长，需要进行预发酵。在夏末秋初气温较高季节播种时，最好进行预发酵，而在气温偏低堆温难以保持时就不要预发酵。浸草后直接建堆播种，在温度偏低的条件下对菌丝的生长还可起促进作用。

预发酵具体做法是将浸泡过或淋透的草放在较平坦的地面上，堆成宽 1.5~2m、高 1~1.5m 的长度不限的草堆，要堆结实，隔 3d 翻一次堆，再过 2~3d 即可移入栽培场建堆播种。

预发酵在实际栽培中可通过分步操作结合进行，即浸透的草从水沟中捞起后即将其成堆堆放，一方面让其沥去多余水分，另一方面适当延长时间，让其发酵升温，过 2~3d 再分开分别建堆播种（吴英春，2013）。

（四）建堆播种

（1）堆制菌床 菌床堆制最重要的是把秸秆压平踏实。草料铺设厚度以 20cm 为宜，最厚不得超过 30cm，也不要少于 20cm。每平方米用干草量 20~30kg，用种量 600~700g。堆草时第一层堆放的草离畦边约 10cm，一般堆 3 层，菌种掰成鸽蛋大小，播在两层草之间。播种穴的深度 5~8cm，采用梅花点播，穴距 10~12cm。增加播种的穴数，可使菌丝生长更快。

关于堆草的形式，各地可因地制宜地进行。也可先采用扎小草把的方式，然后再分层堆叠；或者把料草捆成较大的草把（干草量 5~7kg），将菌种塞入草把内，再把整捆的草置于地上，一般可将 3 捆草堆在一起（吴英春，2013）。无论采用何种形式建堆，均必须掌握以下的原则：

① 草堆要尽量紧密结实，以利菌丝生长，有条件的可以碾压后再建堆。

② 以小堆为好，一般在 1m^2 左右，堆高 25cm 左右。成片建堆只要便于行走操作，间距可适当缩小，以充分利用土地。

③ 堆形以梯形为好，底层较大，上面向内缩，以便于覆土。

④ 菌种块不要过碎，一般以鸽蛋大小为好。建堆完成后，选 3~4 个有代表性的草堆插入温度计观察堆温。

（2）加盖覆盖物 建堆播种完毕后，在草堆面上加覆盖物，覆盖物可选用旧麻袋、无纺布、草帘、旧报纸等。旧麻袋片因保湿性强,且便于操作,效果最好,一般用单层即可。大面积栽培用草帘覆盖也可。

草堆上的覆盖物,应经常保持湿润,防止草堆干燥。将麻袋片在清水中浸透,捞出沥去多余水分后覆盖在草堆上。用作覆盖的草帘,既不宜太稀疏,也不宜太厚,以喷水于草帘上时多余的水不会渗入料内为度。若用无纺布、旧报纸,因其质量轻,易被风掀起,可用小石块压边(吴英春,2013)。

(五)发菌管理

温度、湿度的调控是栽培管理的中心环节。大球盖菇在菌丝生长阶段要求堆温22～28℃,培养料的含水量为70%～75%,空气中的相对湿度为85%～90%。在播种后,应根据实际情况采取相应调控措施,保持其适宜的温度和湿度指标,创造有利的环境促进菌丝恢复和生长。

(1)菇床水分调节 建堆前稻草一定要吸足水分,这是保证菇床维持足够湿度的关键。播种后的20d之内,一般不直接喷水于菇床上,平时补水只是喷洒在覆盖物上,不要使多余的水流入料内,这样对堆内菌丝生长有利。如果前期稻草吸水不足,建堆以后稻草会发白偏干,致使菌丝生长速度减缓。

(2)生长期水分调节 菌丝生长阶段应适时适量的喷水,前20d一般不喷水或少喷水,待菇床上的菌丝量已明显增多,占据了培养料的1/2以上,如菇床表面的草干燥发白时,应适当喷水。菇床的不同部位喷水量也应有区别,菇床四周的侧面应多喷,中间部位少喷或不喷,如果菇床上的湿度已达到要求,就不要天天喷水,否则会造成菌丝衰退(吴英春,2013)。

(3)堆温调节 建堆播种后1～2d,堆温一般会稍微上升,要求堆温在20～30℃,最好控制在25℃左右,这样菌丝生长快且健壮。在建堆播种以后,每天早晨和下午要定时观测堆温的变化,以便及时采取相应的措施,防止堆温出现异常现象。当堆温在20℃以下时,在早晨及夜间加厚草被,并覆盖塑料薄膜(图12-2),待日出时再掀去薄膜。堆温偏高时,应找到堆温升高的原因,采取相应对策。若因稻草浸水时间过短,或吸水不均匀,在建堆后的2～3d,堆温将明显升高,可能超过32℃。此时,应将草堆的上半部分翻开,再适当洒水,过2～3d后,再把草堆重新整理好,最好再补种一部分菌种。如果堆温较高,但不超过30℃,只需把覆盖物掀掉,并在草堆中心部位间隔地打2～3个洞,洞口直径3cm左右,洞深15～20cm。培养料的堆温主要受气温的影响,在不同季节栽培大球盖菇还可以通过场地的不同遮阳和通风程度来调节堆温(吴英春,2013)。

图12-2 菌床加盖塑料薄膜保温保湿

（六）覆土

（1）覆土的作用　菇床覆土一方面可促进菌丝的扭结，另一方面对保温保湿也起积极作用。一般情况下，大球盖菇菌丝在纯培养的条件下，尽管培养料中菌丝繁殖很旺盛，也难以形成子实体，或者需经过相当长时间后，才会出现少量子实体。菇床覆土一方面可促进菌丝扭结，另一方面对保温保湿也起积极作用。覆盖合适的泥土并满足其适宜的温湿度，子实体可较快形成。

（2）覆土时间　播种后30d左右，菌丝接近长满培养料，这时可在堆表面覆土。有时表面培养料偏干，看不见菌丝爬上草堆表面，可以轻轻挖开料面，检查中、下层料中菌丝，若相邻的两个接种穴菌丝已快接近，这时就可以覆土了。具体的覆土时间还应结合不同季节及不同气候条件区别对待。如早春季节建堆播种，如遇多雨，可待菌丝接近长透料后再覆土；若是秋季建堆播种，气候较干燥，可适当提前覆土，或者分二次来覆土，即第一次可在建堆时少量覆土，仅覆盖在堆上面，且尚可见到部分的稻草，第二次覆土待菌丝接近透料时再进行（夏志兰，2002）。

（3）土壤选择　覆盖土壤的质量对大球盖菇的产量有很大影响。覆土材料要求肥沃、疏松，能够持（吸）水，排除培养料中产生的二氧化碳和其他气体。腐殖土具有保护性质，有团粒结构，适合作覆土材料。实际栽培中多就地取材，选用质地疏松的田园壤土。这种土壤含有丰富的腐殖质，土质松软，具有较高持水率，pH 5.5～6.5。森林土壤也适合作覆土材料。

（4）覆土方法　把预先准备好的壤土铺洒在菌床上，厚度2～4cm，最多不要超过5cm，每平方米菌床约需0.05m^3土。覆土后必须调整覆土层湿度，要求土壤的持水率达36%～37%。土壤持水率的简便测试方法是用手捏土粒，土粒变扁但不破碎，也不粘手，就表示含水量适宜。

（5）覆土管理　覆土后较干的菌床可喷水，要求雾滴细些，使水湿润覆土层而不进入料内。正常情况下覆土后2～3d就能见到菌丝爬上覆土层，覆土后主要的工作是调节好覆土层的湿度。为了防止内湿外干，最好采用喷湿上层的覆盖物，不得漏料，注意通风换气，控制空气相对湿度在85%～90%。喷水量要根据场地的干湿程度、天气的情况灵活掌握。只要菌床内含水量适宜，也可间隔1～2d或更长时间不喷水。菌床内部的含水量也不宜过高，否则会导致菌丝衰退（吴英春，2013）。

（七）出菇管理

大球盖菇出菇阶段适宜的空气相对湿度为85%～95%。气候干燥时，要注意菇床的保湿，通常是保持覆盖物及覆土层呈湿润状态（宋金，2019）。若采用麻袋片覆盖，只需将其浸透清水，去除多余的水分后再覆盖到菌床上，一般每天处理1～2次。若采用草帘覆盖，可用喷雾的方法保湿。若覆土层干燥发白，必须适当喷水，使之达到湿润状态，以免多余的水流入料内影响菌床出菇。另外，还要抽查堆内的含水量情况，要求菌丝吃透草料后，稻草变成淡黄色，用手捏紧培养料，培养料既松软，又湿润，有时还稍有水滴出现（周健夫，2019a），这是正常现象。若有霉烂状或挤压后水珠连续不断线即含水量过高，应及时采取下述补救措施，否则将前功尽弃。

① 停止喷水，掀去覆盖物，加强通气，促进菌床中水分的蒸发，使覆盖物、覆土层呈较干燥的状态，待堆内含水量下降后，再采取轻喷的方法，促使其出菇。

② 开沟排水，尽量降低地下水位（图12-3）。

③ 从菌床的面上或近地面的侧面上打数个洞，促进菌床内的空气流通。加强通风透光，

每天在喷水和掀去覆盖物的同时，使其直接接受自然的光照。当菌床上有大量子实体发生时，更要注意通风，尤其是采用塑料保护棚栽培，更要增加通风次数，延长通风时间，甚至可长达 1~2h。而果园栽培，空气新鲜，可不必增加通风次数。场地通气良好，长出的菇菌柄短，子实体结实健壮，产量高。

图 12-3　栽培畦间的排水沟

大球盖菇出菇的适宜温度为 12~25℃，当温度低于 4℃ 或超过 30℃ 均不长菇。不同的季节大球盖菇的出菇期表现差异较大。黑龙江省出菇期在 8 月中下旬至 10 月末，温度适宜，出菇快，整齐，出菇时间也相应缩短。为了调节适宜的出菇温度，在出菇期间可通过调节光照时间、喷水时间、场地的通风程度等使环境温度处于较理想的范围。

菌丝长满且覆土后，即逐渐转入生殖生长阶段。一般覆土后 15~20d 即可见到菌丝露出土面。此阶段的管理是大球盖菇栽培的又一关键时期，主要工作的重点是保湿及加强通风透气，空气相对湿度保持在 90%~95%（周健夫，2019a）。待菌丝全部露出土面后，把薄膜揭开停止喷水。土层内菌丝开始形成菌丝束，扭结成大量白色子实体原基时应注意畦面土壤的湿度，使小原基膨大形成小菇蕾，空气相对湿度保持在 85%~95%。喷水掌握少喷勤喷的原则，表土有水分即可。从小菇蕾到幼菇期（图 12-4），一般需 5~8d。为了多出菇、出好菇，气温低于 14℃ 以下时，应采取增设拱棚、增加覆盖物、减少喷水等措施以提高料温。进入霜冻期，在增加覆盖物的同时应停止喷水，使小菇蕾安全越冬。出菇期的用水、通气、采菇等常要翻动覆盖物，在管理过程中要轻拿轻放，特别是床面上有大量菇蕾发生时，可用木棍或竹片使覆盖物稍隆起，防止碰伤小菇蕾。

图 12-4　大球盖菇菇蕾期和幼菇期

（八）采收加工

（1）采收时间　大球盖菇应根据成熟程度、市场需求及时采收，子实体从现蕾即露出白点到成熟需 5~10d，随温度不同而表现差异。在低温时生长速度缓慢，但菇体肥厚，不易开伞。相反在高温时，朵形小，易开伞。整个生长期可收 3~5 潮菇，一般以第 2 潮的产量最高（雷伟华，2009）。每潮菇相间隔 15~25d。第 1 潮菇收完后，应补充足够水分，经 10~12d，又开始出第 2 潮菇。

（2）采收标准　当子实体的菌褶尚未破裂或刚破裂，菌盖内卷呈钟形不开伞时为采收适期，最迟应在菌盖内卷，菌褶呈灰白色时采收（弓建国，2011）。若等到成熟，菌褶转变成暗紫灰色或黑褐色，菌盖平展时才采收就会降低商品价值（图12-5）。不同成熟度的菇，其品质、口感差异甚大，以没有开伞的为佳。大球盖菇比一般食用菌个头大，朵重60g左右，最重的可达2500g，直径5~40cm（周健夫，2019b）。

图12-5　达到采收标准及开伞的大球盖菇子实体

（3）采收方法　采菇时用左手压住物料，右手指抓住菇脚轻轻转动，再向上拔起，注意避免松动周围的小菇蕾。除去带土的菇脚即可上市鲜销（一边采收一边用刀削去带泥土的菇脚，防止菇体带泥，影响产品商品性）。采菇后，菌床上留下的洞口要及时补平，清除留在菌床上的残菇，以免腐烂后招引虫害而危害健康的菇。

（4）鲜菇销售　采收的鲜菇去除残留的泥土和培养料等污物，剔除有病、虫菇，用纸包好，放入泡沫箱，尽快运往销售点鲜销。鲜菇放在通风阴凉处，避免菌盖表面长出绒毛状气生菌丝而影响商品美观，在2~5℃温度下可保鲜2~3d，时间长了，品质将下降。

（5）加工方法　大球盖菇采收后可切片烘干制成干菇，还可进行盐渍或制罐销售。

① 干制　可采用人工机械脱水的方法。或者把鲜菇经杀青后，排放于竹筛上，放入脱水机内脱水，使含水量达11%~13%。杀青后脱水干燥的大球盖菇，香味浓，口感好，开伞菇采用此法加工，可提高质量。也可采用焙烤脱水，用40℃文火烘烤至七八成干后再升温至50~60℃，直至菇体足够干，冷却后及时装入塑料食品袋，防止干菇回潮发霉变质（周健夫，2019b）。

② 盐渍　大球盖菇菇体一般较大，杀青需8~12min，以菇体熟而不烂为度，视菇体大小掌握。通常熟菇置冷水中会下沉，而生菇上浮。按一层盐一层菇装缸，上压重物再加盖。盐水一定要没过菇体（周健夫，2019b）。盐水浓度为22°Bé。

③ 制罐　采收的鲜菇应及时浸泡在清水或稀盐水（2%）中进行漂洗，洗干净后及时捞出切片，用煮沸的稀盐水或稀柠檬酸溶液煮10min左右，以煮透为度，否则，成品罐头失重较多，容易变质。处理好的菇体要尽可能地进行装罐，以防微生物的再次污染。菇体装罐后，再采用注液机注入温度为80℃左右的汤汁（常为精致食盐水或用柠檬酸调酸的食盐水）。

原料装罐后，在排气前要进行预封，以防止加热排气时罐中菇体因加热膨胀落到罐外、汤汁外溢等现象发生。在封罐时用真空封罐机在封罐时抽成一定真空度再封罐，一般要求达到0.467~0.533bar（1bar＝10^5Pa）的真空度。排气后应立即封罐，以防止罐温下降，影响真空度，使外界微生物对罐内造成污染。大球盖菇罐头经高温灭菌后要迅速冷却至40℃左右。常用的是加压冷却，冷却水要符合生产用水标准。待冷却到35~40℃时，将罐头取出擦干于保温室中保温培养一周，然后抽样检验，即可包装入库（陈士瑜，2003；崔颂英，2007）。

四、大球盖菇病虫害防治

（一）病害及防治

大球盖菇抗性强，易栽培。从栽培的实践及推广的情况来看，尚未发生严重危害大球盖菇生长的病害。但在出菇前，偶尔也会见到一些杂菌，如鬼伞、盘菌、裸盖菇等竞争性杂菌，其中以鬼伞较多见（周健夫，2019b）。

鬼伞常见于菌丝生长不良的菌床上或使用质量差的稻草作培养料栽培时。主要防治措施是：

① 稻草要求新鲜干燥，栽培前让其在烈日下曝晒2~3d，利用阳光杀灭鬼伞及其他杂菌孢子。

② 栽培过程中掌握好培养料的含水量，以利菌丝健壮生长，让其菌丝占绝对优势。

③ 鬼伞与大球盖菇同属于蕈菌，生长在同一环境中，彻底消灭难度大，在菌床上若发现其子实体时，应及早拔除。

（二）虫害及防治

大球盖菇栽培过程中，较常见的害虫有螨类、跳虫、菇蚊、蚂蚁、蛞蝓等。现将主要防治措施分述如下（周健夫，2019b）：

（1）白蚁　大球盖菇严禁在白蚁多的地方进行栽培，场地最好不要多年连作，以免造成害虫滋生。

（2）螨类　在栽培过程中，菌床周围放蘸有0.5%的敌敌畏棉球可驱避螨类、跳虫和菇蚊等害虫，也可以在菌床上放报纸、废布并蘸上糖液或放新鲜烤香的猪骨头或油饼粉等诱杀螨类。对于跳虫可用蜂蜜1份、水10份和90%的敌百虫2份混合进行诱杀。

（3）蚂蚁　栽培场或草堆里发现蚁巢要及时撒药杀灭。若是红蚂蚁，可用红蚁净药粉撒放在有蚁路的地方，蚂蚁食后，能整巢死亡，效果甚佳。若是白蚂蚁，可采用白蚁粉1~3g喷入蚁巢，经5~7d即可见效。

（4）蛞蝓　蛞蝓喜生在阴暗潮湿环境，因而应选择地势较高，排灌方便，荫蔽度在50%~70%的栽培场。对蛞蝓的防治，可利用其晴伏雨出的规律，进行人工捕杀，也可在场地四周喷10%的食盐水来驱赶蛞蝓。

（5）鼠害　室外栽培场种植大球盖菇，老鼠常会在草堆做窝，破坏菌床，伤害菌丝及菇蕾，早期可采用断粮的办法或者采取诱杀的办法，还可把鼠血滴在栽培场四周及菌床边，让其他老鼠见了逃离。

思考题

1. 大球盖菇栽培场地如何选择？
2. 简述大球盖菇麦粒原种培养基的制作方法。
3. 稻草浸水的主要目的是什么？
4. 大球盖菇建堆播种应遵循哪些原则？
5. 大球盖菇发菌管理期间如何调节堆温？
6. 大球盖菇栽培覆土的作用是什么？
7. 叙述大球盖菇采后加工方法。

第十三章
双孢蘑菇栽培技术

第一节 双孢蘑菇概述

双孢蘑菇 [*Agaricus bisporus* (J. E. Lange) Imbach]，俗称蘑菇、洋蘑菇和白蘑菇。隶属于伞菌目（Agaricales）、伞菌科（Agaricaceae），蘑菇属（*Agaricus*），是目前世界上栽培历史最悠久、栽培面积最大、消费人群最广的菇种之一。其野生资源主要分布在北美洲、欧洲、澳大利亚和非洲北部等地，在春、夏、秋三季生于草地、牧场和堆肥处。

双孢蘑菇菌肉肥嫩、营养丰富、味道鲜美，含有甘露糖、海藻糖及各种氨基酸类物质。据分析每100g干菇中含粗蛋白23.9～34.8g，粗脂肪1.7～8.0g，碳水化合物1.3～62.5g，粗纤维8.0～10.4g，灰分7.7～12.0g，含有18种氨基酸，其中8种是人体必需氨基酸。

双孢蘑菇还具有多种保健和治疗功效。所含的核糖核酸可诱导机体产生能抑制病毒增殖的干扰素。所含的多糖化合物具有一定的防癌、抗癌作用，还有降低胆固醇、防止动脉硬化、防治心脏病和肥胖症等药效。大量酪氨酸酶可降血压。鲜品中的胰蛋白酶、麦芽糖酶可以帮助消化。用浓缩的双孢蘑菇浸出液制成的"健肝片"是治疗肝炎的辅助药品，对治疗慢性肝炎、早期肝炎、肝肿大等有明显疗效。可见，双孢蘑菇不仅是高档蔬菜，又是药材和保健品，对经常食用者有强身健体的作用（唐玉琴，2008；王德芝等，2012）。

目前，全世界有100多个国家和地区栽培双孢蘑菇，英国、法国、美国、荷兰和意大利是世界栽培技术最先进的国家。我国是双孢蘑菇的生产和出口大国，近几年产量变化呈现震荡走势，但整体仍保持在菌类产量排名第四的位置。据中国食用菌协会统计，2018年，双孢蘑菇产量为307.49万吨，比2017年产量增长6.2%（唐玉琴，2008）。

双孢蘑菇栽培目前主要有工厂化栽培、室内床架栽培、室外小拱棚栽培、塑料大棚栽培及山洞栽培等，本章主要介绍室内床架栽培。

第二节 生物学特性

一、形态特征

双孢蘑菇由菌丝体和子实体两大部分组成。通常所说的蘑菇是指其子实体部分。

（一）菌丝体

双孢蘑菇的菌丝体是营养器官，由许多分枝的丝状菌丝组成。菌丝由担孢子萌发而来，担孢子萌发后经多次分枝，呈蜘蛛网状，称为绒毛菌丝体，如母种、原种、栽培种及培养料里的菌丝。绒毛菌丝体进一步生长发育成绒毛菌丝束，覆土后在粗、细土间形成线状菌丝。线状菌丝遇到适宜的条件产生瘤状突起，这就是幼小的子实体——菌蕾，由菌蕾长大成子实体。

(二) 子实体

子实体由菌盖、菌柄、菌膜、菌褶、菌环和孢子组成（图13-1）。

(1) 菌盖 又称菇盖，初期为半球形，后逐渐展开呈伞状，直径5～12cm。菌盖表面为皮层，光滑、不具黏性，呈白色或乳白色，由角质化的菌丝组成。皮层下是菌肉，白色、肥厚。

(2) 菌柄 又称菇柄，白色圆柱形，中生，基部较粗，长3～5cm，直径0.8～1.5cm，中实。

(3) 菌膜 菌盖边缘与菌柄相连的一层薄膜，有保护菌褶的作用。子实体成熟前期，菌膜窄、紧；成熟后期，由于菌盖展至扁平，菌膜被拉大变薄，并逐渐裂开。

图13-1 双孢蘑菇子实体形态（见彩图）

(4) 菌褶 菌膜破裂后便露出片层状的菌褶。菌褶离生，初为白色，子实体成熟前期呈粉红色，成熟后期变成深褐色。

(5) 菌环 菌膜破裂后残留于菌柄中上部的一圈环状膜，白色，易脱落。

(6) 孢子 孢子褐色，椭圆形，光滑，一个担子多生两个担孢子，罕生一个担孢子。孢子大小为$(6\sim8.5)\mu m \times (5\sim6)\mu m$，孢子印深褐色。

二、生长发育的条件

(一) 营养条件

双孢蘑菇属粪草腐生型菌类，需从粪草中吸取所需的碳源、氮源、无机盐和生长因子等物质。栽培蘑菇的原料主要是农作物下脚料、粪肥和添加料。稻草、麦秸、玉米秸、豆秸、甘蔗渣、玉米芯、棉籽壳等是常用的碳源。各种禽畜粪肥是主要的氮源。饼肥、尿素、硫酸铵、石膏粉、石灰等是常用的添加料。双孢蘑菇不能利用未经发酵腐熟的培养料，上述原料必须合理搭配和堆制发酵，才能成为双孢蘑菇的营养物质。培养料在发酵前的适宜C/N是$(30\sim33):1$。

此外，矿物质元素（磷、钾、钙、镁、硫等）也是双孢蘑菇生长发育所必需的物质。磷是核酸和能量代谢中的重要物质，在碳代谢中同样必不可少，缺乏磷，碳和氮就不能很好地被利用，所以需在培养料中添加1%～2%的磷肥（如过磷酸钙），但过量的磷酸盐会导致培养料偏酸。钾在细胞组成、营养物质的吸收和呼吸代谢中必不可少，由于培养料中含有丰富的钾，一般不必添加。钙能促进菌丝体生长和子实体形成，还可使堆肥与土壤凝聚成团粒，提高培养料的蓄水保肥和通气能力，并起到缓冲培养料酸碱度的作用，使之不至于过酸而影响菌丝的生长；钙的生理效应与钾、镁是对抗的，当这些元素过量时，钙能消除其对菌丝生长的抑制；在生产上常用碳酸钙、石灰或石膏作为钙肥。此外，常用的无机盐还有硫酸钙、氯化钠、磷酸二氢钾和硫酸镁等。

(二) 环境条件

(1) 温度 不同的双孢蘑菇菌株及在不同的生长阶段对温度的要求有所差异。目前国内大面积栽培的菌株基本属于偏低温型。

① 各生长阶段对温度的要求 双孢蘑菇在菌丝体生长阶段的温度范围是5～30℃，最适

生长温度为22～24℃。低于5℃生长缓慢，超过30℃易衰老，超过33℃易停止生长或死亡。

双孢蘑菇子实体生长的温度范围是5～22℃。在最适温度为13～16℃下，菌柄粗短，菌盖厚实，产量高；在18～20℃条件下，虽出菇多，生长快，但菌柄细长，肉质疏松，易出薄皮菇和开伞菇；当室温持续高于22℃时，容易导致菇蕾死亡；低于12℃时，菇长得慢，产量低；室温低于5℃时，子实体停止生长。

② 恒温与变温　双孢蘑菇在菌丝生长和子实体发育阶段，需要较稳定的适宜温度，而在子实体分化阶段则需较小的温差刺激，昼夜温差在3～5℃可促使原基发生。通常自然变化的气温就可满足双孢蘑菇对变温的需求，但空调菇房，须人为调控出适当温差。

（2）水分与湿度　双孢蘑菇所需的水分主要来自培养料、覆土层和空气的湿度。在不同生长阶段对水分和空气湿度的要求不同。在菌丝体生长阶段，培养料的含水量一般保持在60%左右为宜。低于50%，菌丝生长慢、弱，不易形成子实体；高于70%时，培养料中的氧气含量减少，菌丝不但生活力降低，而且长得稀疏无力，培养料易变黑、发黏、有臭味，易生杂菌。出菇阶段，培养料的含水量应保持62%～65%。

覆土层的含水量以18%～20%为宜。在菌丝体生长阶段土层湿度应偏干些，为17%～18%，此时的土层湿度一般以手握能成团、落地可散开的方法测试。在出菇阶段，尤其当菇蕾长至黄豆大小时，土层应偏湿，含水量保持在20%左右，以能捏扁或搓圆，但不粘手为宜。具体的含水量应视不同的覆土材料而确定。

在菌丝体生长阶段应控制空气相对湿度在70%左右。过低的空气湿度将导致培养料和覆土层失水，阻碍菌丝生长，而过高又易导致病虫害。在出菇阶段，空气湿度需提高至85%～90%。空气湿度小，菇体易生鳞片，菌柄空心，开伞早；过湿则易长锈斑菇、红根菇等。一般在发菌阶段不易向培养料直接喷水，喷水应根据菇房的保湿情况、天气变化、不同菌株和不同发育阶段而灵活调控。

（3）空气　双孢蘑菇属好气性真菌。无论是菌丝生长还是子实体发生阶段，都需充足的新鲜空气。在发菌阶段，CO_2浓度应控制在0.034%～0.1%之间。出菇阶段若超过0.1%，则菌盖小、菌柄细长、极易开伞；若CO_2浓度高于0.5%，将会抑制子实体分化，停止出菇。同时培养料内的绒毛菌丝生长旺盛，长到覆土层的表面，即所谓的冒菌丝。因此，菇房应根据不同生长发育阶段，及时通风换气，以供充足的新鲜空气。

（4）光照　双孢蘑菇生长无需光线，整个生长过程可在完全黑暗条件下进行。黑暗环境下的子实体颜色洁白，朵形圆整，质量较好。但子实体发生时，最好能有散射光的刺激。此时，菇房光线也不宜过亮，如光线过亮菇体表面易干燥变黄，品质下降。

（5）酸碱度（pH）　双孢蘑菇属喜偏碱性菌类。菌丝在pH 5.8～8.0范围内均可生长。最适宜为pH 7左右。菌丝体在生长过程中会产生碳酸和草酸，这些酸积累在培养料和覆土层里会使菌丝生活的环境逐渐变酸，pH下降，因此，在播种时，应将培养料的pH调至7.5～8.0之间，土粒的pH调至8.0左右。这样既有利于菌丝生长，又能抑制霉菌的发生。

三、生活史

双孢蘑菇属次级同宗配合，单因子控制的菌类。它的生活史是从担孢子萌发到产生第二代担孢子的循环过程。每个担子多数是产生两个担孢子，担孢子一般含有两个核，萌发后的菌丝为双核菌丝，自身发育就可形成子实体，这是双孢蘑菇正常的发育方式。但每个担子也有产生一个、三个、四个以至五个等担孢子的少数情况。当担子上产生四个担孢子时，每个担孢子得到一个细胞核，就长成一种不孕的同核菌丝，当两条不同极性的同核菌丝相结合时，可产生能形成子实体的异核菌丝（唐玉琴，2008）。

正常结实性的异核菌丝和个别自交不孕菌丝都是多核的，又无锁状联合，在形态上难以区别。因此，进行单孢子分离培育菌种时，必须通过出菇试验，经鉴别后才能用于生产。

双孢蘑菇也常见有厚垣孢子，通常是由菌丝中某个细胞壁增厚而变成的一种休眠细胞。双核菌丝形成的厚垣孢子是双核的，在条件适宜时萌发后仍为双核菌丝。

第三节 栽培技术

双孢蘑菇多采用室内床栽，也可用室外畦地栽培。随着生产工艺的不断提高，培养料日趋丰富，双孢蘑菇产量不断提高。

一、栽培季节

播种时间因各地气候条件的差异而有所不同。选择播种期是以当地昼夜平均气温能稳定在 20～24℃，约 35d 后下降到 15～20℃为依据的。

我国双孢蘑菇播种时间的一般规律是自北向南逐渐推迟。因双孢蘑菇属偏低温型菌，故播种期多安排在秋季，大部分产区一般在 8 月中旬至 9 月上旬播种，江、浙、沪及长江流域一带多在 9 月上中旬播种，福建在 10 月上中旬播种，广州、广西等约在 11 月上旬播种。具体的播种时间还需结合当地、当时的天气预报，培养料质量，菌株特性，铺料厚度及用种量等因素综合考虑。

二、栽培品种

人工栽培的双孢蘑菇依据子实体色泽划分，可分为白色、棕色和奶油色三种。白色品系因颇受市场欢迎，在世界各地广泛栽培；而棕色、奶油色双孢蘑菇因色泽差，仅在少数国家有局限性种植（周希华等，2007）。按照品系（菌株）划分，不同国家有不同的划分标准。我国栽培的双孢蘑菇，一般是按照菌丝在琼脂培养基上的生长状态而将其分为气生型和贴生型菌株。目前国内推广使用的多为杂交型菌株。常用品种有：浙农 1 号、闽 1 号、蘑菇 176、As1671、As2796、Ag17、Ag118、Ag150、普士 8403、蒸米塞尔 110、大棕菇、新登 96、蘑加 1 号和双 5105 等。

三、栽培前准备

采取双孢蘑菇室内床架栽培，准备工作主要有菇房准备、床架准备、菌种准备和原料准备等几个方面。

（一）菇房、床架设置

（1）菇房准备　简易房屋均可作为菇房，菇房一般坐北朝南，长 7～8m，宽 5～6m，不宜过大。菇房的南北墙上各开上、中、下窗户，窗口大小以 40cm 宽、46cm 高为好。每条过道中间的屋顶上设置拔风筒一只，高 1.3～1.6m，顶端装风帽。

（2）搭建床架　每间菇房可放 6 个 3 层床架，每层之间高为 60～70cm，底层距地 20cm 以上，顶层距房顶要大于 1m，菇床宽 1.3～1.4m，床与床之间和床与房壁之间要留 70～80cm 的过道（图 13-2）。栽培前要对菇房进行彻底清理消毒，可采用石硫合剂、波尔多液、石灰浆等进行喷、涂，有条件的菇房可通入蒸汽进行高温高湿杀菌杀虫。

图 13-2 双孢蘑菇栽培床架

（二）菌种准备

要依据播种时间推算出适宜的制种时间，以确保栽培使用菌种的菌龄适宜。菌龄与培养基成分、播种量、培养容器的大小和培养温度等因素有关。双孢蘑菇母种一般15d左右长满斜面，原种40～45d长满，栽培种30～40d长满。为使菌丝健壮生长并布满基质内部，母种以长满斜面再延迟3～5d使用为好，原种和栽培种以长满培养料再延迟7～10d使用为宜。从播种期往前推5个月、4个月、2个月分别是制母种、原种和栽培种的大致时间。

（三）原料准备及培养料配方

稻草、麦草以及牛马粪或者鸡粪等都可用来栽培双孢蘑菇。用牛粪、猪粪、羊粪、鸡鸭粪等尤其是使用牛粪栽培双孢蘑菇，质量好，产量也高，但必须晒干后捣碎使用，湿牛粪不易发热，堆肥质量不高。

培养料的配方各地有所不同，通常采用粪草比为1:1，如猪、牛粪（干）46%，稻、麦草46%，饼肥3%，化学氮肥1%（尿素0.8%、硫酸铵0.2%），石膏粉、过磷酸钙各1%～2%，石灰2%。根据干料使用量为35～40kg/m²，可计算出栽培面积总用料量，再按配比，求出其实际用量。

四、培养料的堆制发酵

栽培料主要由牲畜粪和秸秆组成，目前多采用二次发酵法。

（一）前发酵

前发酵在室外进行，与传统的一次发酵法的前期准备基本相同，建堆时间一般在播种期前30d左右。按栽培料配比加料，分层堆制。堆制时，先在最下层铺15cm长的稻、麦草，厚约10cm，然后在其上铺一层已发酵过的粪肥，厚2～3cm。再在其上加一层稻、麦草，铺一层粪，浇一遍水，最后覆盖一层稻、麦草。堆高1.5～1.8m，宽1.5～2.5m，长度可根据场地条件而定，一般5～8m。为使料堆中温度均匀，使好氧微生物充分发酵，最好在堆中间埋一通气孔道。如此堆制后（夏秋季节）一般4～5d，堆内温度可达55℃以上，7～10d后可达75℃左右，这时可进行第一次翻堆。翻堆是为了使整堆材料内外上下倒换，使其发酵均匀彻底，不含生料。第一次翻堆后5～6d，可进行第二次翻堆。以后每隔3～4d翻一次堆，一般翻堆4～5次即可完成前发酵。水分的调节要在第一、二、三次翻堆时完成，原则是"一湿二润三看"。即建堆和第一次翻堆时要加足水分；第二次翻堆时适当加些水分，要加入石膏；第三次翻堆时，依据料的干湿情况决定是否加水，此时料的含水量应控制在70%左右。加石灰调节pH为7.5，以后的翻堆一般不再添加任何物质（唐玉琴，2008）。

（二）后发酵

后发酵的目的主要是改变培养料理化性质，增加其养分，彻底杀虫灭菌。后发酵可分3个阶段：升温阶段、保温阶段和降温阶段。在堆制15d左右完成前发酵，然后在菇房的床架上进行后发酵。在料温未降低时，迅速将前发酵好的堆料集中移入菇房的中层床架上，然后用炉子或蒸汽加温进行后发酵，使菇房温度达到60℃以上，但不要超过70℃。保持6~8h，杀死培养料和菇房的病虫害，然后降温到50~52℃，维持5~6d以促进料内有益菌大量生长，使培养料继续分解转化，并产生大量有益代谢物。这是后发酵的主要阶段。控温结束后，停止加热，使房温和料温逐渐降低，当料温降到30℃以下时，后发酵就结束。这时料呈棕褐色，松软，用手轻拉草秆就断，可以准备将料分到其他床上播种，料的厚度为15~20cm。

五、播种

播种时料温必须低于28℃。播种采用撒播法：先将一半的播种量（750mL的标准菌种每瓶播0.3m²）撒在料面上，翻入料内6~8cm深处，整平料面，再将剩余的一半菌种均匀地撒在料面上，并立即用已发酵完毕的培养料覆盖保湿。用木板轻压料面，使菌种和培养料紧密结合。此法床面封面快，杂菌不易污染。

六、栽培管理

（一）发菌管理

发菌初期以保湿为主，微通风为辅，播种1~3d内，使料温保持在22~25℃，空气相对湿度85%~90%为宜；中期菌丝已基本封盖料面，此时应逐渐加大通风量，以使料面湿度适当降低，防止杂菌滋生，促使菌丝向料内生长；发菌后期要在料面上打孔直通料底，孔间相距20cm，并加强通风。发菌中后期由于通风量大，如果料面太干，应加大空气湿度，经过约20d的管理，菌丝基本"吃透"培养料。

（二）覆土管理

双孢蘑菇在整个栽培过程中与其他食用菌最大的区别是必须覆土。不覆土则不出菇或很少出菇。

1. 覆土的作用

① 覆土层在料面可以形成一个温湿度较为稳定的小气候，有利于菇蕾的发生。
② 覆土改变了料面和土层中二氧化碳和氧气的分压（比例），促进双孢蘑菇菌丝扭结成子实体原基。
③ 土层中的臭味假单胞杆菌等有益微生物的代谢产物可刺激和促进子实体的形成。
④ 覆土改变了营养条件，使其由营养生长转向生殖生长。
⑤ 覆土对料表面菌丝的物理机械性刺激作用，可促进子实体形成。

2. 覆土准备

覆土前应采取一次全面的"搔菌"措施，即用手将料面轻轻搔动、拉平，再用木板将培养料轻轻拍平。这样料面的菌丝受到"破坏"，断裂成更多的菌丝段。覆土调水后，断裂的菌丝段纷纷恢复生长，结果往料面和土层中生长的绒毛菌丝更多、更旺盛。另外，覆土前要对菌床进行彻底检查处理，挖除所有杂菌并用药物处理。

3. 覆土及覆土后管理

覆土的材料可就地取材，泥炭土、河泥、黏土、沙土等都可以。材料使用前要晒干打碎，除去石头等杂物后过筛。土粒中带有虫卵、杂菌，因此在覆土前，应将筛好的粗细土粒进行蒸汽灭菌（70~75℃维持3~5h）。覆土分两次，先覆粗土粒，用木板拍平适当喷雾状水，使土粒保持一定湿度（60%左右）；隔5~7d，可见菌丝爬上土粒，再覆细土，补匀、喷水，总厚度3~4cm。

也可以采用一次覆土法，即将大小土粒一次覆盖后，勤喷雾状水，3~4d内调足覆土层的水分。覆土后前期菇房温度控制在22~25℃，空气相对湿度80%~90%，经过7~10d的生长，菌丝可达距覆土表面1cm左右。此期间要观察土层的水分变化。如果太干可以喷重水，喷水后通风0.5h；如果不太干可以喷轻水，加大通风量，使菌丝定位在此层土层中，同时降低菇房温度，控制在14~16℃，刺激菌丝扭结，经过5~7d后就会出现子实体原基，进入出菇管理（唐玉琴，2008）。

（三）出菇管理

当菇床上出现子实体原基后，要减少通风，停止喷水，菇房相对湿度保持在85%以上，温度在16℃以下。子实体原基再经4~6d的生长就可达到黄豆粒大小，这时要逐渐进行通风换气，但不能让空气直接吹到床面，同时随着菇的生长和数量的增加，逐渐增加喷水，使覆土保持最大含水量。喷水时注意气温低时中午喷，高时早、晚喷。喷水要做到轻、勤、匀，水雾要细，以免死菇。阴雨天不喷或少喷，喷水后要及时通风换气30min，使菌盖上的水分尽快蒸发，以免影响菇的商品外观或发生病害。7d左右子实体逐渐进入采收阶段（图13-3）。

图13-3 双孢蘑菇菇蕾和子实体成熟阶段

（四）采收管理

采收前4h不要喷水，以避免手捏部分变色。采收时，手捏菌盖轻轻扭下，生长成丛的球菇，用刀片切下只需采收的菇体即可，以避免因带动其他菇而整丛蘑菇全部死亡。采收完一茬后，要清除料面上的死菇及残留物，并把采菇留下的孔洞用粗细土补平，喷一次重水，调整覆土的酸碱度，提高温度，喷施1%葡萄糖、1%过磷酸钙，促使菌丝恢复生长。按发菌期的管理方法管理，经过4~7d的间歇期后，就可以降低温度，喷出菇水增大湿度，诱导下潮菇产生。三潮后的蘑菇，可用提拔法采菇，以减少土层中无结菇能力的老菌索。将采下的菇体及时用锋利刀片削去带泥的菌柄，切口要平，以防菌柄撕裂。

第四节　双孢蘑菇生产中常见问题

一、发菌期常见问题的原因及防治

原因及防治方法参照邹治良和于惠明（2004）。

（一）播种后菌丝不萌发、不吃料，甚至萎缩死亡

（1）菌种　所用的菌种老化、退化，质量欠佳，受高温高湿伤害，携带病虫原菌，温型不适，等。因此，菇农一定要慎重购种。

（2）培养料　培养料配制不当，碳氮比失调导致含氮不足或氮肥过量，造成原料分解不足或腐熟过度，使营养缺乏，或培养料酸化，或产生大量氨气等有害气体，使菌种难以定植生长并受伤害。应合理调制培养料，严格发酵工艺，含氮化肥要在第一次翻堆时加入，播种前要排除废气，并检查酸碱度。

（3）含水量　播种前培养料过湿或过干，过湿造成菌丝供氧不足，活力下降；过干，菌丝吃料困难，失水萎缩。播种后覆膜发菌的，因揭膜通风不及时，使表层菌种"淹死"。要注意掌握培养料水分，第三次翻堆时，可采用摊晾或加水的办法进行调节。

（4）温度　发菌温度过高或过低。后发酵不彻底，导致播种后堆温升高，播种前料温未降至30℃以下，发菌期棚温过高等均会造成高温"烧菌"。棚（料）温低于8℃，菌种也很难生长。

（5）虫害　受螨、线虫等害虫的为害。当每平方米虫口密度达50万只时，会使菌丝断裂、萎缩、死亡。要严格发酵工艺，尤其是后发酵，对覆土进行消毒。

（二）覆土后菌丝徒长

菌床覆土后，绒毛状菌丝生长旺盛，常冒出土面，形成一种致密、不透水的白色"菌被"，消耗了养分，阻碍了正常出菇。主要原因有：

① 使用气生型品种时，在制种过程中过多挑取了气生菌丝；栽培种培养温度过高，瓶口上部气生菌丝过多。

② 培养料配制不当，氮素过量；或培养料腐熟过度，速效成分多，播种后营养生长过旺。

③ 覆土层水分内干外湿。

④ 遇高温、高湿环境，通风不良；播种期偏早，播种后料温长时间处于20℃以上，有利于菌丝生长，而不利于子实体形成。

因此，要选用合理配方。当菌丝长到覆土层时，要加强通风，降低温度、湿度，并及时喷"结菇水"，以利原基形成。喷水不要太急，宜在早晚凉爽时喷。一旦发现菌丝徒长，要及时用小刀或竹片轻微搔菌或挑掉菌被，并重新盖一层覆土。

（三）覆土调水后菌丝不上土

覆土后5～10d菌丝不上土，呈灰白色、细弱，严重者床面见不到菌丝，甚至料面发黑。主要原因有：

① 用水过急或过大、水渗入培养料，造成料层与土层菌丝脱节，产生"夹层"。

② 遇25℃以上高温连续调水，通风又不及时，使菌丝较长时间处于高温缺氧状态，菌丝衰退、变黄而失去活力。

③ 土层含水量过少存在假湿现象。

④ 料面或土层喷药过多或过浓,产生药害。
⑤ 土层酸碱度差异大。
⑥ 菇房保温性能差或床面土层受风过量。
⑦ 病虫害侵染与破坏所致。

二、出菇期应注意的十种生理性病害

主要原因及防治方法参照秦旭(2004)。

(一) 畸形菇

主要原因:
① 通风不良,二氧化碳浓度大,出现柄长盖小易开伞的畸形菇。
② 冬季室内用煤加温,一氧化碳中毒产生的瘤状突起。
③ 覆土过厚、过干,土粒偏大,对菇体产生机械压迫。
④ 调水与温度变化不协调而诱发菌柄开裂,裂片卷起。
⑤ 料内、覆土层含水量不足或空气湿度偏低,出现平顶、凹心或鳞片。
⑥ 药害导致畸形。

(二) 死菇

主要原因:
① 培养料过干,覆土含水量过小。
② 机械损伤,在采菇时,周围小菇出现碰撞。
③ 出菇密度大,营养供应不足。
④ 高温高湿,二氧化碳积累过量,幼菇缺氧致死。
⑤ 幼菇期或低温季节喷水量过多,导致菇体水肿黄化,溃烂死亡。
⑥ 秋末温度超过25℃,春季气温回升过快,连续几天超过20℃,此时温度适合菌丝体生长,菌丝体逐渐恢复活性,吸收大量养分,易导致已形成的菇蕾产生养分倒流,使小菇因养分供应不足而成片死亡。
⑦ 秋菇遇寒流侵袭,或春菇棚温上升过快,而料温上升缓慢,造成温差过大,导致死菇。
⑧ 严冬棚温长时间在冰点以下,造成冻害而成片死亡。
⑨ 病原微生物侵染或虫害(菇蚊、螨、跳虫等)泛滥。
⑩ 用药不当,产生药害。

(三) 薄皮菇

症状为菌盖薄、开伞早、质量差。主要原因:
① 培养料过生、过薄、过干。
② 覆土过薄,覆土后调水轻,土层含水量不足。
③ 出菇期遇到高温、低湿,调水后通风不良。
④ 出菇密度大、温度高、湿度大,子实体生长快,成熟早,营养供应不足。

(四) 地雷菇

结菇部位深,甚至在覆土层以下,往往在长大时才被发现。主要原因如下:
① 培养料过湿、过厚或培养基内混有泥土。
② 覆土后温度过低,菌丝未长满上层便开始扭结。

③ 调水量过大,产生"漏料",土层与料层产生无菌丝的"夹层",只能在夹层下结菇。
④ 通风过多,土层过干。

(五) 硬开伞

症状为提前开伞,甚至菇盖和菇柄脱离。主要原因如下:
① 品种特性或菌种老化。
② 培养基养分供应不足。
③ 出菇太密,调水不当。
④ 气温骤变,菇房出现10℃以上温差及较大干湿差。
⑤ 空气湿度高而土层湿度低。

(六) 红根菇

菌盖颜色正常,菇脚发红或微绿。主要原因如下:
① 培养料偏酸。
② 用水过量,通风不足。
③ 肥害和药害。
④ 采收前喷水。
⑤ 运输中受潮、积压。

(七) 空心菇

症状为菇柄切削后有中空或白心现象。其原因主要是气温超过20℃时,子实体生长速度快,出菇密度大,空气相对湿度在90%以下,覆土偏干,菇盖表面水分蒸发量大,迅速生长的子实体得不到水分的补充,就会在菇柄产生白色疏松的髓部,甚至菌柄中空,形成空心菇。

(八) 鳞片菇

气温偏低,菇房湿度小,空气干,湿度突然拉大,菌盖便容易产生鳞片(图13-4)。有时,鳞片是某些品种的固有特性。

图13-4 鳞片菇

(九) 水锈病

表现为子实体上有锈色斑点,甚至斑点连片。主要是因为床面喷水后没有及时通风,出菇环境湿度大或温度过低,子实体上水滴滞留时间过长。

(十) 玫冠病

菇体表面产生多孔状粉红色菌褶组织,呈小疣状或蜂巢状,病菇粉红色或玫瑰色。通常是由烃类、酚类化合物等污染的覆土、水或空气造成的，或某些杀虫剂使用过量。

三、蘑菇主要细菌性病害及防治

（一）斑点病

又名褐斑病、麻脸病。病原菌为托兰斯假单胞杆菌，杆状，一极或二极有一或多条鞭毛，存在于土壤和不洁水中。通过进料、覆土、空气、昆虫及用水传播。菇床及菇体上也常有此菌，只有在高温高湿等条件适宜时，繁殖到一定数量，才能侵染引起病害。染病后菌盖与菌柄表面呈黑斑，边缘整齐，中间下凹。

防治方法是要认真消毒菇房设施，喷 0.015%～0.025% 漂白粉，以 70℃ 蒸汽消毒覆土，合理用水，发病时减少喷水，将相对湿度降到 85%，消灭害虫，注意菇房通风。

（二）褶腐病

又名菌褶滴水病。病原菌为伞菌假单胞杆菌。形态近似托兰斯假单胞杆菌。病原菌靠水、昆虫及空气传播。高温高湿利于此病发生。蘑菇感病后，开伞前无明显症状，开伞后才见菌褶褪色出现暗褐色区，菌褶表面有含菌的奶油色液滴，最后腐烂变褐（樊进举，2001）。

防治方法与斑点病的防治相同。

（三）湿斑病

又名酸腐病。病原菌为芽孢杆菌。杆状或圆柱状，环境不良时，在细胞内形成一个芽孢，有周生鞭毛或无，革兰氏染色阳性。空气、水、谷粒、覆土、堆肥、昆虫等均可传播病原菌。此属内的枯草杆菌可侵染谷粒菌种，产生黯灰至黏液样褐色物，并释放烂苹果味或焦咸肉味。蕈状芽孢杆菌不但可使母种毁坏，并能寄生于蘑菇孢子及菌丝体中，而后转移到子实体上。

防治方法是在母种培养基内加入抗生素（金霉素、庆大霉素和链霉素等），对谷粒彻底灭菌，接种过程中要认真遵守无菌操作规程。其他措施参见斑点病的防治。

思考题

1. 双孢蘑菇栽培制种时间如何确定？
2. 叙述培养料堆制发酵的过程。
3. 优质发酵料的特征有哪些？
4. 双孢蘑菇出菇覆土的作用是什么？
5. 出菇期管理原则是什么？
6. 试述出菇期十种生理性病害发生的原因。

第十四章 草菇栽培技术

第一节 草菇概述

草菇 [*Volvariella volvacea* (Bull.) Singer]，别名包脚菇、稻草菇、麻菇、兰花菇、杆菇，隶属于担子菌亚门（Basidiomycotina），担子菌纲（Basidiomycetes），伞菌目（Agaricales），光柄菇科（Pluteaceae），小包脚菇属（*Volvariella*）。草菇原是属于热带和亚热带高温多雨地区生长于稻草堆上的一种腐生真菌。

草菇肉质肥嫩肉滑，味道鲜美，口感极好，同时具较高的营养价值。每100g鲜品含维生素C 206.28mg，蛋白质2.63g，脂肪2.24g，还原糖1.66g，转化糖0.95g，灰分0.91g。草菇的蛋白质含量较高，一般是蔬菜如茄子、番茄、胡萝卜、大白菜含量的2~4倍。氨基酸种类齐全，含量丰富，必需氨基酸占氨基酸总量的38.2%，是世界上公认的"十分好的蛋白质来源"，并有"素中之荤"的美称。

草菇具有一定的药用价值，能消食去热，降低胆固醇和提高人体的抗癌能力，增进身体健康。草菇维生素含量高，能增加机体对传染病的抵抗力、加速创伤的愈合、防止坏血病等。现代医学研究表明，草菇中含有一种叫异种蛋白的物质，有抗癌作用，而且它所含有的含氮浸出物和嘌呤碱，能够抑制癌细胞的生长。经常食用草菇，对人体可以起到增强免疫力、护肝健胃、降低胆固醇的作用。

草菇的人工栽培起源于我国广东韶关南华寺，距今约有200年的历史，后又传入东南亚至马来西亚、菲律宾和泰国等地。草菇世界产量位居第三，仅次于双孢蘑菇和香菇。中国是世界上生产草菇最多的国家。过去草菇栽培主要集中在南方各省，主要栽培原料为稻草。近20年来，我国科技工作者对草菇的原料选用、菌种选育、栽培管理技术等方面进行了比较深入的研究，培育出很多中低温型品种，探索出许多适合当地的栽培管理模式，开发出更多的栽培原料，如废麦秆、棉籽壳、甘蔗渣、棉渣、中药渣等栽培其他食用菌的废料等，而且栽培区域也已越过长江、黄河，扩展到北方各个地区。目前，我国已经成为世界上草菇产量最高的国家，占世界总产量的60%以上（唐玉琴，2008）。

草菇是目前人工栽培食用菌中需求温度最高的栽培种类，而且栽培方法简单，生产周期短，仅为两周左右，投资少，收效快。草菇出菇的旺季又恰恰是其他食用菌没有收获的炎热夏季，因而售价一直居高不下。除鲜菇销售外，还可加工成盐渍菇、冷冻菇、干菇和罐头等制品，远销东南亚和欧美等地区。我国草菇栽培时间最早、生产量最大、出口量最多，因此，草菇在国际上又被冠以"中国蘑菇"的称谓。

第二节 生物学特性

一、形态特征

草菇由菌丝体和子实体两部分组成。菌丝体是营养器官,子实体是繁殖器官。

(一) 菌丝体

草菇菌丝体灰白色到银灰色,细长、稀疏、有光泽,爬壁力强。在显微镜下观察,为透明体,有分枝和横隔,无锁状联合。菌丝分枝蔓延,互相交织形成疏松网状的菌丝体。在一定条件下,部分侧生菌丝先端形成膨胀细胞,继而发育成圆球形厚壁细胞,成熟后与原来菌丝脱离成为厚垣孢子。厚垣孢子贮藏许多养分,呈链状,初期淡黄色,成熟后联结成深红褐色的团块,呈休眠状态,可抵抗干旱、低温等不良环境,遇到适宜条件,厚垣孢子能够萌发形成新的菌丝体 (唐玉琴,2008)。

(二) 子实体

草菇的子实体丛生或单生,由菌盖、菌柄、菌托组成。每一部分所含营养不同,菌盖的营养远高于菌托、菌柄,而菌托的营养又高于菌柄,尤其是老熟以后表现得更为突出。菌盖直径 15~19cm,初为钟状,成熟时平展,呈鼠灰至灰白色,中央稍突起,色深,边缘整齐,色浅,表面具有暗灰色辐射状条纹;菌褶初为白色,后变为粉红色,离生;菌柄中生,上细下粗,幼时中心实,随菌龄增长,逐渐变中空,质地粗硬纤维化;菌柄基部有外菌幕破裂后形成的菌托,上部黑色,向下颜色渐淡,底部接近白色。孢子印粉红色。孢子光滑,椭圆形,(6~8.5)μm×(4~5.6)μm。草菇在夏秋季多群生于甘蔗渣、稻草等含纤维素丰富的草堆上。

二、生长发育的条件

(一) 营养条件

草菇是一种草腐性真菌,所需的营养物质主要包括碳源、氮源、无机盐、维生素和生长激素等。富含纤维素的稻草、废棉、棉籽壳、玉米秸、中药渣、麦秸及其他食用菌栽培后的菌糠等均可用来栽培草菇,提供碳源。麦麸、米糠、玉米粉、饼肥、牛粪等可作为辅料,提供氮源。菌丝生长阶段,适宜的碳氮比为 20∶1,子实体生长阶段以 (30∶1)~(40∶1) 为好。此外,料中还常加入适量的石灰、石膏、磷酸氢二钾、硫酸镁、过磷酸钙等,以补充钾、钙、磷、镁、硫等矿物质养分,提高草菇产量。传统的草菇栽培多以稻草为主要原料,近年来,南方沿海各省多采用废棉为主要原料进行周年栽培,与使用稻草相比,产量可以提高 1 倍。

(二) 环境条件

(1) 温度 草菇属于高温型恒温结实性菌类。菌丝生长温度在 15~45℃,最适为 33~36℃,低于 15℃或高于 42℃菌丝生长受到抑制,低于 5℃或高于 45℃,菌丝会很快死亡。子实体分化和生长发育的最适温度为 28~32℃,低于 20℃或高于 35℃子实体均很难形成。适宜温度条件下,温度偏低时子实体生长缓慢,个大,开伞慢。子实体对温度骤然变化非常敏感,12h 以内,料温变化 5℃以上,特别是低温反季栽培时极易造成草菇大面积死亡,甚至绝收。

(2) 水分与湿度　草菇是喜湿性菌类。一般以废棉渣为原料时，培养料含水量控制在 65%～70%为宜；以麦秆、稻草、棉籽壳、中药渣作主料时，以 75%为宜。菌丝生长阶段，空气相对湿度在 75%～80%，低于 75%时，菌丝生长明显减弱；高于 80%时，菌丝生长不良，而且容易滋生杂菌。子实体分化和发育阶段，空气相对湿度以 85%～95%为宜，低于 80%，影响子实体分化，小菇蕾也容易枯死，而且子实体生长缓慢，甚至停止生长，菇体会出现干裂现象；空气湿度大于 95%时，子实体生长受阻，且容易感染病虫害。

(3) 空气　草菇是一种好气性真菌，菌丝生长阶段和子实体生长发育过程中都需要充足的氧气。若通风不良、氧气不足、二氧化碳积累过多，均会使菌丝生长和子实体发育受阻。但通风量过大，对草菇生长也不利，栽培草菇的场所以空气缓慢对流最好。

(4) 光照　菌丝体生长阶段不需要光照，子实体生长发育时期需要散射光。光照充足时，子实体颜色较深，组织致密，质量较好；光线不足时，颜色较浅，组织疏松，质量较差。但光线太强也会抑制子实体的生长甚至导致死亡，一般光照强度维持在 50lx 左右比较适宜。

(5) 酸碱度（pH）　草菇喜欢偏碱性的环境，菌丝体生长最适 pH 为 7.5～8.0。子实体发育 pH 为 8.0。栽培时，培养料 pH 可调至 9～10，既可以防止杂菌感染，又可以缓冲菌丝生长产生有机酸而导致的 pH 下降（唐玉琴，2008）。

三、生活史

一个完整的草菇生活周期是从担孢子的萌发开始，经过菌丝体阶段的生长发育，形成子实体，并由成熟的子实体产生新一代的担孢子而告终，历时 4～6 周的时间。

草菇属于同宗配合的菇类。当草菇的担孢子遇到适宜的环境，便从孢脐萌发出芽管，生长成初生菌丝。随着菌丝顶端的生长，菌丝细胞与细胞之间产生横隔膜，然后由菌丝的任一边产生"融合桥"，两条菌丝间的细胞，通过"融合桥"进行物质交换，从而形成次生菌丝。在营养充足和适宜的环境条件下，菌丝体便扭结，经过一系列的分化过程，最后发育产生新的子实体。与此同时，在子实层发育的担子中，两个单倍体核（n）融合形成一个双倍体核（$2n$），双元核经过减数分裂，产生四个新的单倍体核。每个单倍体细胞核，通过担子小梗移入担孢子中，一个担子上则产生了四个担孢子，成熟后脱离子实体，又开始新的生活。

第三节　栽培技术

草菇具有很强的适应能力，熟料、发酵料和生料都可用于栽培，而且在室内和室外均可。栽培者可根据当地环境条件，采取最有利的栽培方式。

一、栽培季节

草菇喜欢高温、高湿的环境，人工栽培时，在没有控温条件下，通常日均气温稳定在 23℃以上，是栽培草菇的适宜季节。我国地域辽阔，各地气候差异较大，要因地制宜选择适宜于本地区的栽培时间。如广东、广西及福建等地可在 4～9 月，黄河以北地区可从 6 月上旬至 8 月中旬栽培。若栽培场所有温湿度控制设备，则一年四季均可出菇。

二、栽培品种

目前，草菇的品种已有很多，根据个体大小，可分为大粒种、中粒种、小粒种。草菇的优质品种应具备产量高、品质好，如包被厚、不易开伞、圆菇率高、味道好、生命力强的特点。在国内常见的品种有：V20、V23、V37、V40、白草菇、V95、V381、V896、低草、GV-34、VP-53、大草32、草菇102、V106、V108、V971、草菇V23、草菇V29等（唐玉琴，2008）。

三、栽培前准备

（一）菇房、床架设置

（1）菇房准备　菇房设置可参见第十三章双孢蘑菇栽培。菇房使用前，首先要清理干净，打开门窗通风换气2d以上，然后用消毒剂，如甲醛、烟雾消毒剂或硫黄等熏蒸进行空气消毒。对使用过的旧菇房消毒更要彻底，必要时，需喷洒敌敌畏等杀虫剂。

（2）搭建床架　栽培床架可用竹竿、木材、钢材制成活动菇床，也可用钢筋水泥制成固定菇床。菌床四周最好不要靠墙，床架之间要留出70～80cm的过道。床面宽度1m左右，长度2～3m，上下层间距60cm，菇床层数为3～4层，最下一层可贴地面设立，便于操作和管理。菇床表面要求平整，最好用塑料薄膜垫底，也可用草帘或稻草铺垫。

（二）菌种准备

根据本地区的气候条件、原料来源、栽培条件，选择适应性和抗病性强、高产、优质的草菇品种，采用常规制种方法，按照确定的栽培时间制作好菌种。草菇菌丝在PDA培养基上培养6d可满管，棉籽壳和石灰培养料中15d左右满瓶，棉籽壳培养料中15d左右满袋。

母种的质量标准是：斜面菌丝健壮生长，菌丝分枝多，培养初期菌丝洁白、透明、细长，有丝状光泽，培养后期菌丝产生红褐色厚垣孢子，无杂菌，无害虫。草菇的纯菌种培养基必须偏碱性，菌丝才能正常生长。

在栽培前要制备好原种和栽培种。原种和栽培种的质量标准是：绒毛状菌丝洁白，透明，细长健壮，封口菌丝周围出现红褐色厚垣孢子，产生大量红褐色的厚垣孢子堆，为小粒种，若厚垣孢子较少，则为大粒种。如以稻草为主的培养料菌种，菌龄控制在15～18d；以棉籽壳为主的培养料菌种，菌龄控制在20～22d。如菌丝逐渐稀少，但是大量厚垣孢子充满料内，菌丝黄白色，浓密如菌被，上层菌丝萎缩，属老龄菌种，一般不宜作三级种使用。

（三）原料准备及培养料配方

草菇的栽培原料很多，一般以棉籽壳、稻草为好，因棉籽壳栽培草菇产量最高，稻草栽培的草菇品质好。而其他代料如玉米秸、麦秸、花生茎等都可以栽培草菇，但产量低。栽培时，要选用新鲜、无霉变、未雨淋的原料。如选择稻草时，要选择金黄色、无霉变的干稻草。

栽培草菇时除了主料棉籽壳、稻草外，还需要一定的辅料，如麸皮、米糠、牛粪、马粪、鸡粪、饼肥、石灰、肥土等。这些辅料增加培养料的营养成分，一般用量为稻草干重的5%～10%。常用的培养料配方为：

1. 用草堆法栽培草菇时的配方

① 干稻草100kg，米糠或麸皮3～5kg，过磷酸钙50kg，石灰1kg，肥土或火烧土适量。

② 干稻草100kg，腐熟的干牛粪或家禽粪（鸡粪）5～8kg，石灰1kg，草木灰或火烧土适量。

2. 用堆制发酵料栽培草菇时的配方

① 麦秸40kg，玉米芯30kg，棉花秆粉30kg，麸皮5kg，饼肥1～2kg，磷肥2kg，石灰5kg。

② 干稻草 100kg，麸皮 5kg，干牛粪 5～8kg，草木灰 2kg，石灰 3～5kg。

③ 稻草（切断）15kg，玉米秸粉 15kg，麦秆粉 15kg，玉米面 1.5kg，豆饼 1.5kg，磷肥 1.5kg，石灰 2.5kg。

四、栽培方法

根据栽培场地不同，草菇分为室内栽培和室外栽培两种。室内栽培可以利用闲置的蔬菜大棚或旧菇房，也可以选择在地势稍高、排水方便、土地肥沃、远离畜圈和垃圾堆的地方，专门搭建草棚、塑料大棚、遮阳网菇房或者日光温室。用于栽培草菇的棚室，要求保温、保湿、通风和光照调节较好。室内栽培草菇有利于保温保湿，减少害虫、杂菌的危害，产量较为稳定（唐玉琴，2008）。目前草菇丰产区，如广东，草菇栽培 90% 以上是在室内进行的，其中 80% 以上是可以进行周年栽培的菇房。室外栽培，如果园、稻田、菜地、林地以及房前房后的空闲地均可以作为栽培场地，场地应地势稍高，排水良好，土质以疏松、肥沃、富含腐殖质、没有病虫害的砂质壤土最好。室外栽培成本较低，但温度、湿度较难控制，产量波动较大。

（一）室内床架式栽培

草菇床架式栽培是目前最常用的栽培方式，现以废棉渣为主要原料对其进行介绍。

（1）配料与发酵　按选定的配方适量称取各种原材料，加入 0.1% 多菌灵，充分拌匀，加入适量水，再翻拌均匀（如果采用菌糠、秸秆段、稻草段为原料，则要求拌料前先加水预湿），堆成高 1m、宽 1.5m、长不限的堆。堆上覆盖塑料薄膜，四周用砖石压住，以起到保温保湿的作用。料较少时，应堆成圆形堆，才有利于升高温度。堆积 2～3d 后料温可上升到 60℃ 以上，此时翻堆 1 次，再继续堆积 3～4d 即可使用。若料堆中出现大量的螨虫时，在翻堆时喷炔螨特等农药，然后盖严塑料薄膜密闭 1～2d，就可杀灭螨虫等害虫。如果料中有大量的氨气味，可以喷甲醛液或过磷酸钙液来消除，因为氨会抑制草菇菌丝生长，诱发大量鬼伞的发生。如果堆内过干，加 2% 石灰水调节料的含水量为 70% 左右，pH 为 9～10。

（2）二次发酵　将堆制的培养料拌松、拌匀，搬进菇房，铺在床架上，采用废棉渣或棉籽壳培养料，一般铺料厚 7～10cm，切碎的稻草培养料铺料 12～15cm，长稻草铺料 20cm。夏天气温高时，培养料适当铺薄一些，冬季气温低时培养料适当铺厚一些。铺料后，关闭门窗，向菇房内通入蒸汽或点燃煤炉加温，使室内温度升到 65℃ 左右，维持 4～6h，然后自然降温。降至 45℃ 左右时打开门窗，将发酵好的培养料进行翻抖，排除料内有害气体，使料厚薄均匀，松紧一致，待料温降至 35～37℃ 时播种。后发酵的目的一方面是进一步杀灭培养料中的杂菌和害虫，另一方面是使培养料发酵一致，使草菇菌丝容易吸收。

（3）播种　播种时，可采用穴播和撒播相结合的方法，穴直径 2～2.5cm，穴距为 10cm×10cm，料面上撒播的菌种要分布均匀。播种后用手或木板轻压料面，使菌种和培养料结合紧密，然后在料面上盖塑料薄膜，以利于保温保湿。

（二）畦式栽培

室内和室外都可以进行草菇的畦床栽培。

（1）整地做畦　畦面宽 1m 左右，畦深 15～20cm，一般长 5～6m，畦与畦之间过道宽 50cm，畦底做成龟背形，或者畦的中间做成宽、高各 10cm 左右的土埂，以便多出菇。畦床做好后，先在畦底及畦床四周撒一薄层石灰粉灭菌杀虫。室外做畦，畦面整理好以后，因床面泥土较干，应在进料前 1～2d 在畦面上灌水或淋水使土壤湿透，待土壤稍干后在畦面上撒一层石灰粉，喷杀虫剂以消灭土壤中的害虫和杂菌。还要用竹或钢丝搭拱形塑料棚，用于防雨水，同时起到保温、保湿的作用。

（2）配料与发酵　按选定的配方适量称取各种原材料，加入0.1%多菌灵，充分拌匀，加入适量水，再翻拌均匀，堆成高1m、宽1.5m的堆，堆上覆盖塑料薄膜，以起到保温保湿的作用。堆积2~3d后，翻堆1次，再继续堆积3~4d即可使用。铺料前，用石灰和水将料的含水量调节为70%左右，pH为9~10。

（3）铺料播种　将发酵好的培养料摊开降温，温度降至35~37℃时即可铺料。先在畦底撒一层菌种，上面铺一层发酵料，如此下去，一层菌种一层料，总共铺3层料、播4层菌种，料厚为13~15cm。若为稻草或麦草原料，料厚为20~25cm，并且要踩紧培养料，因为如不踩紧，草料较疏松，菌丝生长不好，影响草菇产量。最上面的一层菌种，用量要大，约占整体用种量的1/3。也可在最后一层料面上打直径为2~2.5cm的穴，穴距10cm×10cm，穴播与层播结合进行播种，使料面有较强的菌丝优势，以利于防治杂菌，并尽量做到均匀一致。菌种播完后用木板轻拍，使菌种和培养料结合紧密，以利定植。

（4）覆土　覆土材料要求土质疏松，腐殖质含量丰富，砂壤质含水量适中，即手握成团，触之即散的程度，土粒直径0.5~2cm为宜。覆土材料加入2%的生石灰调pH至8左右，再加入0.1%多菌灵，经堆闷消毒、杀虫后使用。处理好的覆土材料应及时使用，不宜长时间存放。若一时用不完，应放在消过毒的房间内，存放时间不超过5d。覆土厚度1cm左右，覆土后喷水至土壤湿润，达到湿而不黏、干而不板的程度，盖上塑料薄膜保温保湿。室外栽培时，则用竹片、木棒或钢丝等搭成小拱棚，棚架高40~50cm，拱棚上覆盖塑料薄膜，膜上再盖上草帘或遮阳网，以便更好地控制温度、湿度、空气和光照（唐玉琴，2008）。

五、栽培管理

（一）发菌管理

接种后一般3d内不揭膜，以保温、保湿、少通风为原则。但每天要检查温度，气温宜保持在30~34℃，料温宜保持在33~38℃。当料内温度超过40℃时，要及时揭膜通风换气、散热降温，防止高温抑制菌丝生长；料温低于30℃时，要设法提高棚内和料内温度。接种后第4d左右，揭去薄膜，夏天高温季节也可以早一天揭去。播种后4~5d喷出菇水，使料面的气生菌丝贴生于料面，喷水后适当通风换气，避免喷水后即关闭门窗，导致菌丝徒长。以稻草为栽培原料时，培养料较厚，喷出菇水要比用废棉渣栽培推迟2d。

（二）出菇管理

喷出菇水后，棚室内需保持28~30℃的温度，最高不超过32℃，波动范围不要太大，空气相对湿度保持在85%~95%，增加散射光照，诱导草菇原基形成。

草菇子实体的发育过程分为以下六个时期：

（1）针头期　白色小粒状。

（2）小纽扣期　黄豆大，内有菌盖、菌褶的分化。

（3）纽扣期　雀蛋大，内有菌盖、菌褶、菌柄的分化（图14-1）。

（4）蛋形期　形似鸡蛋，顶部尖细，即将破裂，未生担孢子，是最适采收期（图14-1，图14-2）。

（5）伸长期　开伞，伸出菌盖、菌柄，产担孢子，菌褶变为粉红色，菌膜破裂成为菌托。

（6）成熟期　菌盖平展，菌褶深褐色，菇体发软、变轻、纤维化，弹射担孢子。

一般情况下，播种第7d左右可明显地看到白色小粒状草菇子实体原基，即针头期。当

图 14-1　草菇纽扣期和蛋形期前期（见彩图）

图 14-2　蛋形期后期已破包的草菇

开始形成原基后，以向空间、地面喷水增大湿度为主，尽量不要将水喷洒到料面的原基上，因为原基对水特别敏感，原基粘上水珠即容易死菇。加大通风量，降低棚室内 CO_2 浓度，以免出现畸形菇。为了保持菇房内的湿度，最好通风前向空间及四周喷水，再打开门窗通风，风的强弱以空气缓慢对流为好。草菇子实体发育很快，从纽扣期到蛋形期约需 24h，从蛋形期到伸长期需 3~4h。如果管理适当，草菇正常生长发育，一般播种后第 11d 左右，也就是蛋形期第 2d 即可采收。稻草栽培草菇的生产周期一般比废棉渣栽培长 3d 左右。

六、采收

采收的方法是采大留小，小心采摘，不要损伤周围幼小菇蕾。采摘期一般为 3d，每天需采菇 2~3 次，需及时把分量重、外形好、肉结实、品质高的卵形菇采收，随即进行加工或鲜售，以免丧失其商品价值。头潮菇采完后，应及时整理床面，清除菇脚和死菇，喷洒 1% 的石灰水，以调节培养料的酸碱度和湿度。适当通风后覆盖塑料薄膜，3~4d 后，可出第二潮菇，通常可收 2~3 潮菇。

第四节　草菇生产中常见问题

一、草菇栽培中菌丝萎缩的发生原因及防治

草菇播种后，一般 12h 内可见菌种萌发吃料，播种后 24h 仍不见菌种萌发，或栽培过程中出现菌丝萎缩或自溶，其主要原因有（玉春，2004；唐玉琴，2008）：

（一）使用劣质菌种

菌龄过长或过短，菌种转管次数过多，菌种退化或老化，菌丝生活力弱，抗逆性差，或菌种长时间在温度过低、过高的环境中存放，都会出现播种后不萌发、菌种块菌丝萎缩的现象。

防治措施：选用适龄、优质菌种，并确保培养过程中温度适宜。

（二）培养料水分控制不当

栽培草菇时，因培养料偏干而引起菌丝生长不正常的现象较少发生。但含水量过高，超过75%，或薄膜覆盖过严，培养料不透气，加上菇房通风条件不好，菌丝会因缺氧等萎缩或自溶。

防治措施：培养料处理按"宁干勿湿"的原则，喷"出菇水"时再适当增加喷水量。

（三）调水不当

水温过低、水流过猛、水量过大、菇蕾太小、通风不及时，引起菌丝萎缩、死亡。

防治措施：调水时，水温必须在25℃以上，若料温偏低，水温最好在30℃以上。

（四）培养料温度控制不当

当气温较高、培养料偏厚、菇房保温性能较好、播种后培养料内温度较长时间超过42℃，会导致菌丝萎缩、死亡，造成烧菌；当温度偏低或昼夜温差过大时，也会引起菌丝生长缓慢、萎缩。一般菌丝生长期料温不能长时间低于30℃，低于28℃虽然菌丝会生长，但产量不高，甚至不出菇。

防治措施：播种后，密切注意菇房内温度及料温。温度过高，要通风换气降温，亦可采用空间喷雾、地下倒水；温度低时要及时保温、加温。

（五）杂菌与害虫为害

竞争性杂菌与草菇菌丝争夺营养。害虫如线虫、螨、菇蝇幼虫会蚕食菌丝并引起杂菌、病毒感染，导致菌丝萎缩死亡。

防治措施：二次发酵要彻底，将菇房内的杂菌、害虫杀灭，选用优良菌种，保持菇房周围环境卫生。

（六）药害

播种后，有的菇农在防治病虫害过程中，因使用药物不当如使用浓度过高、使用量过大等不当操作，或喷水的容器装过农药未洗干净，或在料中添加了过量的尿素而产生重氮料，都会导致药害造成菌丝萎缩、死亡。

防治措施：在使用药物前，一定要"对症下药"，并仔细阅读使用说明；喷水的容器必须与喷农药的容器分开使用。

二、草菇栽培中死菇的发生原因及防治

（一）培养料含水量过大

因通风不良，引起料内氧气不足，幼菇难于正常生长而萎蔫死亡。因此，培养料的含水量不要超过70%。喷水后要增加通风，在气温低、湿度大时，喷出菇水的量要少或不喷。

（二）缺少水分

在建堆时料内水分不足、发菌过程不注意保湿、采菇后没及时补水、菇棚保湿性差等均可导致菇蕾萎蔫。喷出菇水是控制出菇期间培养料含水量的重要措施。在气温高、空气相对

湿度低的情况下，要喷重水，以防止培养料偏干。幼菇形成时，在注意通风换气的同时，要确保空气相对湿度90%左右，此时若培养料偏干，极易引起幼菇死亡，只能通过空间喷细雾或地面淋水来增加湿度。当幼菇长至指头大时，可直接向床面喷雾。每潮菇采收后，要补足水分。

（三）料温偏低或温差过大

草菇对温度敏感，一般料温低于28℃时，草菇生长会受到影响。气温骤降或持续高温，昼夜温差过大，特别是料温短时间内变化超过8℃以上时，会导致大量幼菇死亡，严重时大的菇亦会死亡。这种现象在低温反季节栽培、管理不善时经常发生。因此，要采取有效措施，做好预防。

（四）通风不良

在栽培过程中，为了保温保湿，覆盖薄膜时间过长，导致料中二氧化碳过多而缺氧，致使菇蕾萎蔫死亡。故在播种4d内，要定时小通风，随着菌丝量的增加，适当加大通风，出现针头菇时要加大通风量。

（五）培养料偏酸

草菇喜欢偏碱性环境，pH小于6时，虽可以结蕾，但难以长大。此外，偏酸性环境更适合绿霉、黄霉等杂菌的生长，杂菌争夺营养而引起幼菇死亡。配制培养料时，适当调高培养料的pH，采完头潮菇后，可喷pH为9~10的石灰水。喷出菇水时，若培养料已偏酸，亦可喷pH为9左右的石灰水。

（六）喷水水温不适

如喷22℃以下的井水或被阳光直射达40℃以上的地面水，第二天菇蕾就会全部萎蔫。因此，喷水时，特别是气温低时，水温以30℃左右为宜；菇很小时不能直接喷水（唐玉琴，2008）。

（七）培养料缺乏养分或过松

如利用废料等栽培，开始形成子实体原基数极多，往往会因养分不足造成大批死亡；或培养料上床后，没适当压实，基内空隙大，菌丝相对稀疏。

（八）机械损伤

草菇菌丝比较稀疏，极易损伤。采摘及管理过程中动作过大，触动周围的培养料，引起菌丝断裂，周围幼菇因菌丝断裂，水分、营养供应不上而死亡。因此，采菇时动作要尽可能轻。

（九）病虫害侵染

在草菇栽培中，鬼伞菌的发生会严重影响草菇子实体的生长，特别是培养料发酵不充分，或培养料含氮过高时，鬼伞会早于草菇子实体形成，严重影响草菇产量。草菇还极易受到绿霉、黄霉等杂菌的污染，严重时会导致绝收。发生的原因主要是培养料陈旧、菌种不良、发菌不好、料温偏低或温差大。螨类、线虫、菇蚊幼虫等会侵食菌丝，导致幼菇死亡。选好培养料、搞好二次发酵和周围环境卫生可大大降低杂菌、害虫的为害（陈文，2016）。

（十）药害

草菇对农药十分敏感，切忌对菇床尤其是子实体直接喷施农药，病虫害要以预防为主。

三、草菇菌核病的发生原因与防治

草菇菌核病的病原菌是草菇菌核病菌的无性世代，为无孢菌群，小核菌属。菌核球形、卵形、椭圆形或不规则形，黑色。分生孢子梗橄榄色。分生孢子纺锤形或新月形，有分隔，往往中间 2 个细胞较大，色较深，两端色较浅（黄胜雄和林长征，2002）。

（一）危害症状

草菇菌核病菌主要危害草菇。子实体被侵染后，表面潮湿，有黏性，继而腐烂。在患病子实体上，有小黑点或颗粒，这就是病原菌产生的小菌核。

（二）发病原因

草菇菌核病菌喜欢在低温、潮湿的环境生活，在有植物纤维的材料上利于其分生孢子萌发。病原菌侵入草菇后，很快引起组织坏死，造成菇体腐烂。高温、干燥、日光曝晒，均不利于此病原菌生存。

（三）防治方法

① 选择新鲜干燥的稻草、麦秸等作培养料。
② 培养料使用前要曝晒 2~3d，然后用 2‰~3‰的石灰水浸泡一昼夜，捞出沥干后备用。
③ 用 50 单位的井冈霉素喷洒发病菌床。

四、杂菌与害虫的综合防治

（一）选用优质菌种

选用纯净无杂菌、菌丝生长健壮、黄白色、有厚垣孢子的菌种。

（二）培养料新鲜无霉变

培养料最好在栽培前曝晒 1~2d，用石灰水浸透。

（三）搞好菇房及周围环境卫生

菇房要远离猪舍、垃圾堆，附近的野草、杂物亦要清除干净。菇房内外四周、床架要经常清扫、定期消毒。

（四）进行二次发酵

培养料搬入菇房后，最好进行二次发酵。

（五）创造适合草菇生长的环境

在适宜的条件下，草菇生长发育健壮、快速、正常，可大大减少病虫菌发生的机会。如菌丝生长期料温不低于 35℃；培养基湿度尽量不要超过 70%，以利于培养基透气；空气相对湿度在菌丝生长期以 75% 左右为宜，出菇时以 90% 左右为宜；培养料酸碱度在播种前达到 7.5 以上可减少杂菌的生长；在保证温度不会过低的情况下，适当加强通风有利于草菇菌丝体和子实体的旺盛生长。

思考题

1. 如何确定草菇的栽培季节？
2. 简述草菇发菌管理方法。
3. 草菇子实体发育分别经历哪几个时期？
4. 简述草菇栽培中菌丝萎缩的发生原因及防治方法。
5. 简述草菇栽培中死菇的发生原因及防治方法。

第十五章
蛹虫草栽培技术

第一节 虫草概述

虫草是虫草属真菌的统称，人们习惯上把所有冬虫夏草称为虫草，其分类学属于真菌门，子囊菌亚门，麦角菌科（Clavicipitaceae），虫草属（Cordyceps），是一大类重要的昆虫病原真菌。目前世界上已发现并确认的虫草属共有400多种，我国现已记载100种左右。大部分虫草由虫草菌寄生在昆虫体内发育而成，所寄生的昆虫形体包括幼虫、蛹、成虫等，所以虫草是"虫"与"草"（即真菌子实体）的复合体。蛹虫草 [Cordyceps militaris (L.) Link]，也叫北冬虫夏草、北虫草等，是虫草属的模式种，主要分布于我国的东北、陕西、广西、四川、云南等地。除我国外，广布于亚洲、欧洲和北美洲的许多地区，可大规模发生而引起鳞翅目昆虫的流行病。

按中医归经理论，蛹虫草归于肺、肾二经，有补肾益肺的作用（李育岳，2001）。最早见于《新华本草纲要》："味甘、性平、益肺、补精髓、止血化痰。"《全国中草药汇编》记载："蛹虫草（北虫草）的子实体及虫体也可作为冬虫夏草入药。"2009年3月16日，中华人民共和国卫生部公告2009年第3号，批准蛹虫草为新资源食品。

蛹虫草主要有效成分为虫草素（3′-脱氧腺苷）、虫草酸（D-甘露醇）、腺苷、虫草多糖、超氧化物歧化酶（SOD）、硒等。人工栽培的蛹虫草中除了含虫草素、虫草多糖等生物活性物质外，还富含蛋白质和人体必需的各种氨基酸，并含有锌、硒、锰、铜等多种微量元素。主要功效为滋肺补肾，提高免疫力，抗肿瘤，升高白细胞，止血化痰，平喘，扩张支气管，镇静，抗惊厥，抗衰老，抗疲劳，耐缺氧，抗心律失常，降血脂、血压等。此外，蛹虫草对化疗药物环磷酰胺具有增效和降低毒性的作用。

1930年，Shanor首次用昆虫蛹接种获得了具有成熟子囊壳的蛹虫草。接着，日本的乐师寺和小林义雄用米饭培养基培养出蛹虫草。我国是世界上第一个用蚕蛹人工批量培养蛹虫草子实体的国家，此外，在韩国和日本等国也有批量栽培。我国规模化栽培主要集中在吉林、辽宁、山东、江苏、浙江和上海等省市。目前，蛹虫草的栽培技术已基本成熟，可以进行大规模工业化生产，一般在室温下春秋两季都可栽培，若在室内有人为控制的环境下四季均可栽培。蛹虫草主要有采用蚕蛹和米饭培养基两种栽培方式。

蛹虫草的无性型为蛹虫草拟青霉（Paecilomyces militaris），无性型菌丝感染寄主后，发育形成菌核，进入有性世代，产生子座。子座是由拟薄壁组织和疏丝组织组成的并具一定形状的结构，呈垫状、柱状、头状或棍棒状等。蛹虫草专化性不强，能广泛侵染鳞翅目、鞘翅目等近200种昆虫的成虫、幼虫和蛹，以蛹较为常见。因此，蛹虫草的人工栽培，既可以用米饭培养基进行培养，其产品为蛹虫草子座，也可以用柞蚕、桑蚕等的蛹进行接种培养，能获得包括寄主虫体在内的蛹虫草。

第二节 生物学特性

一、形态特征

(一) 子座

蛹虫草子座单生至多生,淡黄色至橘红色,大多不分枝。其大小因寄主种类和虫体大小而异,一般长 2~10cm,头部棒状,顶端钝圆(图 15-1),无不孕顶部,长 1~2cm,粗 3~5mm,子囊孢子线形,无色透明。

图 15-1 蛹虫草子座形态(戴玉成供图)

(二) 菌丝体

蛹虫草的菌丝是一种子囊菌,其无性型为蛹虫草拟青霉。菌丝白色,粗壮浓密,生长快速。菌丝见光后,变为橘黄色至橘红色。

二、生长发育的条件

(1) 营养 蛹虫草为兼性腐生菌,人工培养时以葡萄糖、蔗糖、甘露醇等为碳源,蛋白胨等为氮源,菌丝生长良好。采用米饭培养基栽培时,添加动物性氮源(如蚕蛹粉),易形成子实体(陈士瑜,2003)。

(2) 温度 蛹虫草属变温结实性真菌,菌丝生长温度范围为 5~30℃,最适温度 20~25℃,子座生长温度范围 10~25℃,最适温度 18~22℃,原基分化时给予 5~10℃的温差刺激,原基分化多且快。

(3) 水分和湿度 菌丝生长阶段培养基含水量以 60% 左右为宜,空气相对湿度 70% 左右为宜,子实体发生和生长阶段要求空气相对湿度 85%~90%。

(4) 光照 菌丝生长阶段不需要光,因此,培养室需遮光。而原基分化和子实体生长阶段需要光,每天光照时间应不少于 10h,根据实际情况调节光源位置。蛹虫草有趋光性,光线不均匀会使子实体扭曲或倒向一边。

(5) 空气 菌丝生长和子实体生长发育均需良好的通气条件,二氧化碳浓度不宜超过 10%。

(6) 酸碱度 菌丝在 pH 5~8 范围内均能生长,以 pH 5.4~6.8 为宜。

三、生活史

蛹虫草菌侵入昆虫体内后，以其组织为营养，形成较短的菌丝段在体腔内蔓延，与昆虫争夺营养，穿透昆虫组织，并最终充满整个虫体。同时，还会分泌毒素毒害昆虫。昆虫停止取食，并出现麻痹现象，行动迟缓，虫体最终僵硬死亡，菌丝密集形成坚硬的内菌核，同虫体保持完好的外骨骼一起帮助虫草抵抗不良环境。待环境条件适宜时，昆虫体内的菌丝便会从虫体开孔和柔软的部分穿出至体表，长出棒状子实体（子座）。成熟的蛹虫草子座可孕部分的子囊壳半埋生，其中生有大量子囊，每个子囊中含有8个纤细的子囊孢子。成熟后的子囊孢子从其横隔处断裂成次生子囊孢子。新生的子囊孢子逸散在适宜的环境条件下常产生无性分生孢子，当遇到合适的寄主后，即可通过幼虫或蛹体比较薄弱的部位侵入其体内，进入新一轮生活史循环。

第三节　栽培技术

一、蚕蛹培养基栽培

（一）栽培季节

蚕蛹培养基栽培是指以柞蚕蛹等昆虫蛹体为寄主，人工感染蛹虫草无性型生产蛹虫草的栽培方法。柞蚕蛹进入滞育期后即可进行栽培，栽培季节一般为11月份至翌年4月份。

（二）栽培方法

1. 菌种制备

（1）菌种分离　菌种可采集野生蛹虫草，通过组织分离法获得。将采集到的野生蛹虫草外表清洗干净，用0.1%升汞水表面消毒1～3min，或者用70%～75%乙醇表面消毒3～5min。然后用无菌水冲洗3次，用解剖刀切取子实体内部组织块，放置于PDA培养基上，24℃恒温培养，并通过纯化获得菌种。通过出草试验挑选性状优良者作为生产用母种。优良蛹虫草菌种一般10d内可长满试管斜面，菌丝见光后，变为橘黄色至橘红色，颜色过深过淡都不好。

蛹虫草菌种分离和母种培养可用以下培养基配方：

① PDA培养基。

② 葡萄糖10g，蛋白胨10g，蚕蛹粉12g，全脂奶粉10g，磷酸氢二钾1g，磷酸二氢钾1.5g，琼脂粉17g，水1000mL，pH 6.5～6.8。

③ 马铃薯200g，玉米粉30g，葡萄糖20g，蛋白胨3g，磷酸二氢钾1.5g，硫酸镁0.5g，琼脂粉17g，水1000mL，pH 6.5～6.8。

此外，还可采用其他配方的蛹虫草培养基，按常规制作、灭菌。接种后，在22～24℃恒温培养箱中培养7～10d，菌丝可长满试管斜面。保藏在4℃菌种保藏柜中备用。蛹虫草菌种极易退化，生产中母种转接不宜超过3代。

（2）液体菌种制备　蚕蛹虫草栽培多采用液体菌种，常用培养液配方如下：

① 马铃薯200g，葡萄糖20g，磷酸二氢钾3g，硫酸镁1.5g，维生素B_1 10mL，水1000mL，pH 6.5～6.8。

② 马铃薯200g，玉米粉30g，葡萄糖20g，蛋白胨3g，磷酸二氢钾1g，硫酸镁0.5g，水1000mL，pH6.5～6.8。

③ 玉米粉20g，葡萄糖20g，蛋白胨10g，酵母粉5g，磷酸二氢钾1g，硫酸镁0.5g，

pH 6.5。

④ 葡萄糖10g，蛋白胨10g，蚕蛹粉10g，奶粉12g，硫酸氢二钠1g，磷酸二氢钾1.5g，pH 6.5。

⑤ 玉米粉30g，磷酸二氢钾1g，硝酸钠1g，pH 6.5。

500mL三角瓶装液量为150~200mL，121.3℃，灭菌30min。每支母种接种5~8瓶，置于恒温振荡培养箱内培养，130r/min，24℃，培养72h。生产中也可用人工手摇方式制备液体菌种，其方法是：每天上午手摇接入菌种后的三角瓶5min，下午手摇5min，其他时间将其放入24℃恒温培养箱中静置培养，培养72h即可。这种方式生产的液体菌种不产生菌丝球，只产生丝状菌丝，其优点是在注射接种时不堵针头，也不需要摇床。无论采用哪种方式制备液体菌种，培养结束后，在接种之前，都要注意检查菌种是否有污染。可采用肉眼观察、闻气味、显微镜检、预接种试验等方法进行菌种质量及纯度检测。

2. 蛹体选择及表面消毒

柞蚕蛹选用两天内脱壳、进入滞育期的活蛹为宜，雄蛹更佳。蛹体可用70%~75%酒精棉擦拭两遍进行表面消毒，也可采用70%~75%酒精棉擦拭一遍，然后用臭氧熏蒸进行表面消毒。臭氧熏蒸可使用臭氧机来进行，在接种的前1d晚上，将蛹装在塑料盘中，放置在培养架上单层摆放，臭氧机定时熏蒸1~2h，第2d即可进行接种。

3. 接种

以注射方式进行接种，接种工具可使用一次性医用注射器，5mL或10mL的注射器均可。针头选用0.7mm规格的为宜，针头太粗蛹体的伤口过大，易染杂菌并会使活蛹过早死亡，针头过细菌种易堵针头。每只蛹体接种菌液0.2~0.5mL，接种位置以靠近蛹体头部为宜。

4. 菌丝培养管理

培养容器采用500mL或750mL瓶、塑料箱、塑料盘等均可。用瓶或箱盛装蛹体的，可用塑料薄膜封口。培养期间注意把腐烂蛹体及时捡出，形成僵虫后，蛹体表面会有白色菌丝长出。用塑料盘盛装蛹体的，将蛹体在盘中单层摆放，盘上覆盖牛皮纸，塑料盘在培养架上也要单层排放。形成僵虫后，在进入子实体分化之前将塑料盘摞到一起，每摞5~10层，并用塑料薄膜覆盖包严，以增加小环境内空气相对湿度，促使菌丝从蛹体内长出，3d左右即可散盘。培养室要遮光，通风良好，空气相对湿度60%~70%，前3d控制在18℃低温培养，3d后可将温度提升至22~23℃，并及时将腐烂蛹捡出，培养20~30d可形成僵虫。

5. 子实体分化及生长管理

在有条件的情况下，菌丝培养室和出草培养室最好各自专用，可使栽培生产循环起来，提高生产效率。如果菌丝培养期间蛹体用瓶、箱盛装的，僵虫后可直接在瓶或箱中进行子实体分化和出草（图15-2）；如果菌丝培养阶段蛹体是用塑料盘盛装的，子实体分化和出草前要将僵虫移入瓶或箱中。若个别僵虫表面感染霉菌，要用无菌水清洗数次，再分装入瓶或箱中。对于僵虫表面没有菌丝长出的，可用无菌水清洗一次后分装，或用消毒后的刀片在僵虫体纵向均匀割三刀，刀口以割破蛹皮，长度为蛹体总长的2/3为宜，然后分装。

子实体分化期需给予光照，温度18~22℃，昼夜温差5~10℃，刺激子实体原基形成。原基形成后，每天光照不少于10h，根据培养室实际情况调整光源位置，使受光均匀，以免蛹虫草子实体转向光强一侧，影响蛹虫草品相。空气相对湿度85%~90%，培养温度20~22℃，适当通风。子实体生长后期，可在封口的塑料薄膜上用针刺些小孔，以免缺氧。从子实体分化到子实体成熟需25~30d。

6. 采收

从接种到子实体成熟需 45~60d，成熟子座高 2~10cm，呈橘黄色至橘红色。当子座顶部产生乳头状突起时，要及时采收（图 15-3）。

图 15-2 僵虫在瓶中出草

图 15-3 蚕蛹栽培的蛹虫草（见彩图）

7. 加工

采收后晒干或低温烘干，一般烘干温度不宜超过 65℃。品相好的蚕蛹虫草可用纸壳加白纸（A4 纸大小即可）做垫板，将半干燥的蛹虫草整齐摆放在上面，晾至含水量 13% 以下，装入塑料袋抽真空包装。品相差的蛹虫草干燥后，可直接装入大塑料袋保存，或粉碎成粉保存备用。保存环境要求干燥、遮光、无虫害鼠害等。

8. 蚕蛹虫草的商品性状和质量

柞蚕蛹虫草蛹体坚硬，黑色或褐色，表面有或无黄白色菌膜。子座多数丛生，多达 4~20 个，子实体棒状，少有分枝，顶端膨大或不膨大，膨大处或顶端 1/3 处着生众多乳头状突起，橘黄色至橘红色，无杂质，无霉变。子座长度≥2.5cm，具有蛹虫草特有的鲜香气味。

二、米饭培养基栽培

用米饭培养基也可培养蛹虫草，生产周期比利用蚕蛹栽培略短，从接种到采收需 35~40d。

（一）栽培季节

利用自然温度一年可春秋两季栽培，若室内可控条件下，四季均可栽培。

（二）栽培方法

1. 菌种制备

固体、液体菌种均可，一般以液体菌种使用较普遍。

（1）固体菌种　母种培养和蚕蛹栽培的基本一致，栽培种培养基常用配方如下：

① 大米 70%，玉米糁 15%，麸皮 15%，磷酸二氢钾 0.15%。

② 大米 1000g，磷酸二氢钾 1.5g，维生素 B_1 10mg。

大米、玉米糁用清水浸泡 5~6h，沥水蒸熟，拌入其他成分。然后分装入 500mL 玻璃瓶中，每瓶装干料 40~50g，料面稍压平，瓶口用聚丙烯塑料薄膜包扎，常规灭菌、冷却后，无菌操作接种。每支固体母种可接 4~6 瓶，置于 24℃ 条件下培养，菌丝长满料层后备用。

（2）液体菌种　用米饭培养基栽培蛹虫草，多采用液体菌种进行大规模生产。液体菌种制备方法与蚕蛹栽培蛹虫草基本相同，差异之处主要是三角瓶不能采用手摇方式，因为接种方式的改变，所以摇床转速可提高到180r/min。产生的菌丝球越多、菌丝越壮越好。

2. 培养料配方及处理

培养料以大米、玉米、麦芽等为主料，常用的配方如下：

① 大米68.5%，蚕蛹粉25%，蔗糖5%，蛋白胨1.5%，维生素B_1微量。

② 大米50%，麸皮25%，玉米粉10%，蔗糖2%，杂木屑6%，蚕蛹粉6%，尿素0.1%，磷酸二氢钾0.3%，硫酸镁0.15%，维生素B_1微量。

③ 大米100%，磷酸二氢钾0.3%，硫酸镁0.15%，维生素B_1微量。

大米用清水浸泡5～6h，沥去水，蒸成硬而不烂无白心状态，趁热捣散，加入辅料，调含水量为60%左右，pH 6左右，装瓶或箱等容器均可。料高3～5cm，瓶口或箱口用聚丙烯薄膜包扎封口，在0.103MPa压力下灭菌1～2h，或于100℃常压下灭菌4h。

3. 接种

喷雾接种或用灭菌后的毛刷往料面上直接刷菌接种。

4. 菌丝培养管理

接种后，瓶或箱子排放在培养室的层架上，温度20～23℃，空气相对湿度70%左右，遮光培养，15～20d菌丝可长满料层。

5. 子实体分化及生长管理

菌丝生理成熟后，见光，每天光照时间不少于10h。菌丝由白变橘黄色，给予5℃左右的温差处理，促进原基形成。原基形成后，室内温度应保持在20～23℃，空气相对湿度85%～90%。根据情况适当调整光源方向，使受光均匀，以保证子实体的正常生长，提高产量和质量。子实体生长期间要适当通风，整个培养期不可揭去封口薄膜，可在薄膜上刺小孔，以利瓶内外气体交换（图15-4）。

6. 采收加工

接种后20d左右，子实体长2～10cm，直径2～5mm，橘黄色或红棕色，子座上半部可见颗粒状子囊壳时，及时采收（图15-5）。米饭培养基栽培蛹虫草一次接种一般只培养一批子实体。将采收后的子实体根部清理干净，晒干或低温烘干，使其含水量降到13%以下，可用黄酒回软整理平直扎成小捆，装入塑料袋内包装。

图15-4 米饭培养基栽培的蛹虫草

图15-5 成熟的蛹虫草（戴玉成供图）

三、栽培中常见问题及病虫害防治

（一）蛹虫草栽培中注意事项

① 接种用液体菌种一定要无污染，若无把握时，可采用预接种试验的方法进行检测。

② 蚕蛹栽培时，菌丝培养阶段要及时捡出腐烂的蚕蛹，以免腐败菌污染其他蛹体以及散发的气味污染环境。

③ 要及时采收，以免子实体过熟，导致子座黑心变质（吕作舟，2008）。

(二) 常见病虫害及防治

① 蚕蛹栽培蛹虫草时，蛹体表面易感染青霉、绿色木霉等杂菌。防治办法是做好蛹体表面消毒以及培养环境消毒。

② 米饭培养基栽培蛹虫草时，后期要防止培养基上滋生果蝇。防治办法是培养基灭菌要彻底，并做好培养环境消毒。

思考题

1. 简述蛹虫草有哪些生物活性物质及药用价值。
2. 简述蛹虫草的生活史。
3. 试述蛹虫草的蚕蛹栽培和米饭培养基栽培的主要区别。
4. 蚕蛹栽培蛹虫草过程中，应注意哪些主要技术环节？
5. 简述米饭培养基栽培蛹虫草子实体分化及生长管理方法。

第十六章
羊肚菌栽培技术

第一节 羊肚菌概述

羊肚菌，俗称羊肚蘑、羊肚菜、阳鹊菌、阳雀菌、狼肚菌、包谷菌、草笠竹、编笠竹等，是一种珍贵的食用菌。与大多数食用菌不同的是，羊肚菌是子囊菌，不是担子菌。从1983年第一次报道算起（顾龙云，1983），我国羊肚菌驯化栽培相关技术研究迄今已有30多年的历史，经前人不懈的研究，羊肚菌在我国已经实现了商业化栽培，成为近年来可栽培食用菌中最热门的种类。

一、分类地位

目前，全球羊肚菌有效记录物种单元（包括亚种和变种）327个。在现代菌物分类系统上，羊肚菌属于真菌界（Fungi），子囊菌门（Ascomycota），盘菌亚门（Pezizomycotina），盘菌纲（Pezizomycetes），盘菌目（Pezizales），羊肚菌科（Morchellaceae），羊肚菌属（*Morchella*）（李玉等，2015）。羊肚菌包括了该属的若干种。

我国野生羊肚菌分布广泛，"从东到西，从南到北，从高海拔到低海拔"都有分布。目前，除海南省以外，各地均有羊肚菌分布的记载。其中，黄色种类均有分布，黑色种类主要分布在西南和西北地区。按照子实体颜色可将羊肚菌分为黑色类群、黄色类群、变红类群和半开类群（张金霞等，2016）。其中黑色类群和黄色类群的羊肚菌比较常见，已经实现了人工栽培，包括黑色类群的梯棱羊肚菌、六妹羊肚菌和七妹羊肚菌。此外，变红类群的红褐羊肚菌也实现了人工栽培。

二、经济价值

羊肚菌不但外观独特、香气浓郁（含有47种香气成分）、味道鲜美，而且营养丰富，同时还具有"四抗（抗氧化、抗菌、抗疲劳、抗肿瘤）""两降（降血脂、降血压）""一调节（调节机体免疫力）"的药用功效，是一种珍贵的食用菌。

（一）营养价值

羊肚菌具有较高的营养价值，其中碳水化合物含量丰富。在长白山、湖北、贵州和河南地区每100g羊肚菌干品中碳水化合物含量分别为38.6g、38.1g、39.7g、38.1g，羊肚菌干品中的蛋白质含量可达到20%以上，每100g干羊肚菌的脂类含量为3.82~6.16g，且脂肪酸种类十分丰富（孙巧弟等，2019）。羊肚菌中的维生素种类多且含量丰富，包含了B族维生素、维生素E、生物素、3种胡萝卜素（β-胡萝卜素、δ-胡萝卜素和ζ-胡萝卜素）和4种叶黄素（玉米黄质、虾青素、柠黄素和叶黄呋喃素）（Czeczuga，1979）。羊肚菌中的矿物质元素至少有20种，包括Ca、Mg、P等常量元素和Zn、Mn、Cu、Co、Cr、Fe、Ni、B、

Sr、V、Se 等人体必需微量元素（刘敏莉等，1994；刘达玉等，2016）。

（二）药用价值

羊肚菌的功能组分主要有多糖、多酚、甾醇、酶类和膳食纤维，还含有色素、皂苷类、吡喃酮抗生素和黑色素形成抑制剂等成分。其中多糖及活性提取物具有增强免疫力、保肝、抗肿瘤、抗氧化、抗疲劳、抗菌、降血脂、消食和健胃等作用，对高脂血症、冠心病及动脉粥样硬化具有一定的预防作用。Leduy 等（1974）的研究表明羊肚菌菌丝体中含有酮、醛和酯等活性物质。Tomita（2012）从羊肚菌子实体中提取并纯化出血小板凝集素抑制剂，该抑制剂能有效地防治心脑血管疾病。

三、栽培现状

羊肚菌规模化栽培始于 2008 年，程远辉等（2009）在丽江市、迪庆州等滇西北地区推广了 20hm^2 的羊肚菌，采用的是圆叶杨栽培法，基本实现稳产，最高每公顷产干品 135kg。但由于无法达到高产，该技术已被外源营养袋栽培技术所替代。2005 年，四川省林科院的谭方河开发出了大田直接播种加外源营养袋的羊肚菌种植技术，获得较高产量，多年鲜菇平均产量在 100～200kg/亩，真正实现了羊肚菌的人工商业化栽培。自此，羊肚菌人工栽培技术迅速由四川省向全国推广开来。2014～2015 年度，全国种植面积为 7000～8000 亩；2015～2016 年度，全国种植面积为 2.5 万～2.8 万亩；据不完全统计，到 2018 年秋季，全国羊肚菌栽培面积在 12 万～14 万亩之间，与 2015 年相比，栽培面积扩大了近 16 倍。羊肚菌菌种价格也被商业炒作到极高的价格，一支试管母种的售价在 100～1000 元不等，在羊肚菌种植成本中，菌种费用几乎占到了一半以上。

第二节　生物学特性

一、形态特征

（一）菌丝及菌丝体

羊肚菌的菌丝由一个圆柱状或膨大的圆柱状细胞串联交织而成，菌丝相互交织形成菌丝体（刘伟等，2018）。在显微镜下，菌丝由薄而透明的管状壁构成，其内充满原生质、内质网、细胞核、高尔基体、线粒体、液泡、隔膜、半孢晶体、沃鲁宁体等。正常的羊肚菌菌丝直径为 6～22.5μm，长度 20～150μm，生长初期呈无色或浅白色，后期呈棕黄色、浅棕色或浅黄色，有分隔。菌丝隔膜上有近圆形中央孔，直径为 0.4～0.6μm，细胞质和细胞核可自由通过隔膜。因此，大多数羊肚菌细胞为多核状态，且每个细胞的核数量不等，在 1～65 个之间，平均细胞核数量为 22 个（刘伟等，2018；贺新生，2017）。

菌丝分枝发达，无锁状联合。根据菌丝的形态和位置可将菌丝分为主菌丝、二级菌丝和三级菌丝。二级菌丝形成于主菌丝亚顶端细胞上，与主菌丝之间呈 30°～45°夹角；三级菌丝形成于二级菌丝上，与二级菌丝呈近 90°直角。各级菌丝间可以相互融合，形成菌丝桥。羊肚菌的多孢分离物也能出现菌丝的相互融合，这也是羊肚菌属真菌一个明显的特征。

羊肚菌的菌丝体由气生菌丝和基内菌丝组成。一般情况下，羊肚菌的菌丝长满培养皿后，色素会逐渐分泌到培养基中，菌落颜色由初期的白色、浅白色转变为浅棕色、棕褐色或棕黄色。色素最开始产生于接种块周围，随着菌丝的老化逐渐扩散至整个培养皿或试管斜面，使菌落呈现出特有的棕色或棕褐色特征。

（二）菌核

在纯培养条件下，PDA 培养基、原种培养料、栽培种培养料表面很容易形成肉眼可见的菌核。在大田栽培的土壤和外源营养袋中也能观察到菌核的形成。与其他丝状真菌的菌核相比，羊肚菌的菌核应属于"假菌核"，也具有储存营养物质（主要为脂类）（He et al., 2018）和抵御不良环境的基本作用，但不同的是，羊肚菌的菌核在富营养情况下也能产生。其菌核的形态和形成过程包括七个阶段：①菌丝生长；②初级菌丝生长和分枝；③次级菌丝缠绕；④大量菌丝聚集；⑤菌丝聚合生长；⑥菌核形成；⑦菌核生长与成熟，成熟伴随厚垣孢子和分生孢子形成（Alvarado-Castillo et al., 2011）。

早期认为菌核是羊肚菌生活史中最重要的一步，但调查研究发现，菌核并不是所有羊肚菌生命周期的必经阶段，不同种在生活史的进化上有区别。实验证明，菌核的有无与出菇与否、产量高低之间没有必然联系，有菌核的菌株未必能出菇，菌核少的菌株同样也可以出菇，如粗柄羊肚菌。

（三）分生孢子

羊肚菌栽培过程中会形成分生孢子。目前认为分生孢子是羊肚菌生活史中的重要阶段。羊肚菌分生孢子多数为单核（刘伟等，2016），且产生与否与出菇与否无直接关系（贺新生等，2016）。但也有研究认为分生孢子对出菇有重要的意义（谭昊等，2017）。分生孢子的多少与品种和栽培环境相关，赵永昌认为：①分生孢子形成与器皿无关，不同的器皿培养都能形成分生孢子；②分生孢子形成与接种量密切相关，当接种量大时不形成分生孢子；③分生孢子形成与温度相关，温度超过 24℃，形成的分生孢子较少，而 10~24℃间的差别不明显，但形成时间有差异；④在最优条件下，不同菌株分生孢子的产生量差别较大，同一物种分生孢子形成数量为多孢菌株＞单孢菌株＞组织分离菌株；⑤分生孢子形成与土壤基质的颗粒度密切相关，颗粒度小分生孢子数量少（赵永昌等，2018）。

（四）子囊果

羊肚菌属真菌子囊果的特征是：子囊果较小、中等或大型，子实体总长度为 1~25cm，单生、丛生或群生。子囊果由羊肚状的头状菌盖和菌柄组成，菌盖与菌柄相互连接，不分开，人工栽培条件下偶见肉质假根。

（1）菌盖　表面不规则，圆锥形、圆形，长 4~10cm，子囊果直径为 1~5cm，顶端无孔口；表面有脊和横脊隔组成许多凹坑，脊的数量为 10~20 条不等，脊间距 3~30mm。子实层分布在凹坑内，脊上无分布，子囊层由子囊、侧丝和子囊孢子组成，幼嫩和中等成熟度的子囊果不形成子囊和子囊孢子；幼菇菌盖灰白、浅黄、黄、棕黄、棕色、棕黑或黑褐色；成菇菌盖灰白、浅黄、黄、棕黄、棕色、棕黑或黑褐色。菌盖中空，内壁粗糙，有颗粒状突起。

（2）菌肉　白色，肉质，厚 1~3mm。

（3）菌柄　与菌盖边缘直接连接，粗大，中空，颜色为黄白色、米白色或白色，长 5~10.5cm，直径 1.5~4.5cm，外表有颗粒状突起，基部膨大或者不膨大，有不规则的小沟壑。菌柄内壁光滑至粗糙，可见颗粒物，部分羊肚菌的菌柄可明显分成内壁和外壁两层。

（4）子囊及子囊孢子　子囊和侧丝均匀排列于凹坑内部。侧丝长细棒状顶端稍有膨大，有隔，基部分支，大小（7.2~11.3）μm×（97~124）μm。老熟的子囊果才开始形成子囊，子囊大小（13.7~20.2）μm×（174~284）μm，单子囊壁鳃盖型，内含 8 个子囊孢子，成熟的子囊孢子（5.0~6.5）μm×（10.9~17.2）μm。子囊孢子椭圆形、卵圆形，无色，光滑，多核。羊肚菌子囊孢子的多核是单核孢子形成后有丝分裂导致的，多核子囊孢子是同核体。

(5) 孢子印　黄褐色或黄棕色。

二、生长发育的条件

(一) 营养条件

(1) 羊肚菌的营养方式　现在普遍认为羊肚菌有两种营养方式，即腐生型和菌根型，但更多学者认为羊肚菌同时具有腐生和菌根的特性。无论是腐生还是菌根目前都有研究和相关的证据，多数证据显示黑色类群菌根多，黄色类群腐生多。

① 腐生型　同位素标记、人工栽培及羊肚菌产生各种纤维素和木质素分解酶证明羊肚菌营腐生。目前，六妹羊肚菌、高羊肚菌、梯棱羊肚菌、粗柄羊肚菌、七妹羊肚菌等种类均实现了人工栽培。同位素标记研究表明盘菌目中的羊肚菌科（Morchellaceae）和平盘菌科（Discinaceae）种类是腐生菌，块菌科（Tuberaceae）和马鞍菌科（Helvellaceae）是菌根菌。不同种类羊肚菌均可产生高活性的漆酶、纤维素酶、蛋白酶、木质纤维素酶、淀粉酶、Mn 氧化酶和愈创木酚酶等（Dayi et al.，2018；Kamal et al.，2004；Papinutti & Lechner，2008；Thakur et al.，2017；陈国梁等，2010）。

② 菌根型　有文献报道羊肚菌存在菌根关系，在野外也观察到羊肚菌与多种植物形成菌根关系（Buscot & Roux，1987；Buscot & Kottke，1990；Fujimura et al.，2005），如宽圆羊肚菌（M. rotunda）。室内研究表明，羊肚菌菌丝体与挪威云杉可以形成菌根。羊肚菌除与木本植物形成菌根关系外，与禾本科植物也形成类似的关系（Yu et al.，2016）。

(2) 碳源　虽然羊肚菌的营养方式没有明确。但目前被广泛人工栽培的六妹羊肚菌和梯棱羊肚菌都属于腐生型，它们可以分解基质中的纤维素、半纤维素、木质素、淀粉来获得碳元素。羊肚菌可以直接吸收利用葡萄糖、蔗糖、乳糖、半乳糖等简单糖类。

在生产上，常使用麦粒、木屑、谷壳、废菌包、玉米芯、棉籽壳、腐殖土、作物秸秆等天然材料作为羊肚菌的碳源。但六妹羊肚菌和梯棱羊肚菌属于腐生型真菌，对这些结构复杂的复合碳源利用率不高，在实际生产上，通常将这些天然材料提前堆制发酵，利用发酵过程中的嗜热放线菌、细菌或其他真菌把大分子的木质素和纤维素降解成羊肚菌可以直接吸收利用的小分子碳源。注意发酵的堆心温度应维持在 59~75℃ 之间。

(3) 氮源　羊肚菌可以有效利用的氮源有牛肉膏、酵母粉、蛋白胨、尿素、硝酸铵、硝酸钾、氯化铵、硝酸钠、硫酸铵、亚硝酸盐等。在生产上常使用的复合氮源有麦麸、豆粕、菜籽饼、花生粕、鱼粉、玉米粉等。在人工合成培养基上，亚硝酸钠、硝酸铵和尿素是羊肚菌的最适氮源，但亚硝酸盐的使用量应不大于 0.125%，硝酸铵的使用量不大于 0.05%，尿素的使用量不大于 0.25%。就粗柄羊肚菌而言，氮素过量反而会抑制菌丝的生长。在生产上，氮源过剩的特征是气生菌丝浓密旺盛。

(4) 矿物质元素　矿物质元素影响羊肚菌的菌丝生长速度和菌核形成，栽培中施加微肥会对土壤中微生物群落产生影响，进而影响到栽培的产量和子实体中微量元素、氨基酸的含量。羊肚菌矿物质元素分析表明，土壤中各元素含量均在生物生长的临界值以上，土壤富含有效磷、钾、锌是羊肚菌发生的必要条件（Boddy et al.，2014）。在气候条件适宜的情况下，羊肚菌的产量似乎与锰、铜、锌、铅、镍这些微量元素的全量分布背景值成正相关。生产上，也常会在培养料中添加 KH_2PO_4、$MgSO_4$、石膏、石灰等辅料来补充矿物质元素。

(5) 土壤微生物　虽然目前的研究表明羊肚菌与微生物之间似乎没有特定的关系，但作为一种以土壤为主要栽培介质的真菌而言，土壤微生物必定会影响羊肚菌的生长。大田栽培试验表明，未栽培羊肚菌的土壤真菌多样性指数和丰度显著大于羊肚菌根际土壤，染病羊肚菌根际真菌丰度和多样性大于正常生长的羊肚菌（陈诚等，2017）。研究发现，羊肚菌和细菌之间存在着一些微妙的关系，如 Morchella crassipes 可作为细菌 Pseudomonas putida 的"农夫"，即羊肚菌通过菌丝生长协助细菌扩散，羊肚菌分泌物饲喂细菌，帮助细菌收获和转移碳源，同时羊肚菌也是相互作用的受益者，从中获取碳源，增加抗性（Pion et al.，2013）。

（二）环境条件

（1）温度　包括土壤温度和环境温度。

羊肚菌的不同种或种内不同菌株对温度的适应性有较大差别（表 16-1），室内培养表明，羊肚菌菌丝在 2~35℃都能生长，但形态特征和活力差别较大，菌丝的最适宜生长温度范围为 20~26℃。由于低温下杂菌活力较弱，所以生产上选择环境温度低于 20℃时播种。就出菇温度而言，羊肚菌属于低温型真菌。生产经验表明，4℃以下 1 周以上的低温刺激有利于出菇，10℃以上的温差刺激有助于原基发生。羊肚菌子囊果形成和发育的最佳温度范围是 6~16℃。持续 1 周以上的 25℃高温会抑制原基的形成。

在野生条件下，羊肚菌发生期极短（6~7d），如重庆黔江地区的野生羊肚菌出菇季节集中在每年的 3 月 30 日前后 1 周。野生羊肚菌出菇期长短与土壤温度关系密切，同一时期，野生羊肚菌的发生量随海拔增高呈下降趋势，表明羊肚菌的出菇土壤温度范围非常狭窄（Mihil et al.，2007）。

表 16-1　羊肚菌发育相关温度（赵永昌等，2018）

种类	原基形成条件		子实体	
	地温积温/℃	地温/℃	分化发育温度/℃	生长最适温度/℃
梯棱羊肚菌	320~600	7~15	6~21	15~18
六妹羊肚菌	400~600	8~17	8~20	16~18
七妹羊肚菌	400~600	8~17	8~20	16~18

（2）水分和湿度　包括基质（培养料、土壤）含水量和空气湿度。

① 培养料含水量　在菌种培养阶段，包括原种和栽培种，培养料的含水量要控制在 60%~65%。外源营养袋的最适含水量略高，为 65%~70%。

② 土壤含水量　羊肚菌的人工栽培主要以土壤作为介质，要求播种前土壤含水量为 18%~28%（用手捏可以成团，但手上无水印，不粘手即为最佳含水量；落地即散，捏不成团就是最低含水量）；播种后的菌丝生长期水分会逐渐降低，最好达到 15%~25%。在原基形成和子囊果发育阶段，土壤含水量要稍微高于播种期和菌丝生长期，为 20%~28%。

③ 空气湿度　在菌种生产阶段，为了控制杂菌的生长，要求空气湿度略低，为（60±5）%；播种后的菌丝生长阶段，不过分追求湿度，自然就好，土壤水分过高会导致分生孢子过多。在原基形成和子囊果发育阶段要求空气湿度在 85%~95% 之间。

（3）空气　无论菌丝生长阶段还是子囊果发育阶段都需充足的氧气。在人工合成培养基上，培养容器的通气量与菌核的多少呈正相关。生产上，低浓度的 CO_2（0.04%~0.06%）有助于子囊果的发育，而高浓度会造成子囊果畸形，表现为瘦弱、菌柄细长、菌盖短小等症。

（4）光照　羊肚菌菌丝生长阶段不需光线，强光会抑制菌丝的生长。生产中发现原种瓶或栽培种袋背光面的菌核数量明显多于向光面，说明菌核的形成与光照时间、光照强度呈反比。可通过遮盖"四针"或"六针"的遮阳网来减少强光直射，黑色地膜的使用也可减少光线对菌丝的影响。在子囊果发育阶段，光照主要影响菇体的生长速度和颜色，光照弱时子实体颜色浅、成熟期长。子囊果生长发育期应避免强光照射，否则会引起幼菇死亡和子囊果顶部灼伤。然而，羊肚菌子囊果的生长发育过程中会表现出趋光性，即子囊果会向着光线较强的方向生长。

（5）pH　羊肚菌菌丝可以在 pH 3.5~10 的范围内生长，最适 pH 为 5.5~8。大田栽培的结果表明，羊肚菌特别是黑色类群对土壤的 pH 无严格要求，pH 5.0~8.8 都能成功栽培出菇。

三、生活史

在 Volk 和 Leonard（1990）描述的羊肚菌生活史中，羊肚菌通过两个途径完成生命周期。一是子囊孢子萌发形成初生菌丝，在环境不适宜的时候，初生菌丝不经过质配，直接聚集形成菌核，待到环境适宜时，菌核重新萌发形成新的营养菌丝。二是子囊孢子萌发形成初生菌丝，初生菌丝和其他可亲和的初生菌丝结合质配，形成异核体菌丝，在环境不适宜（如寒冷的冬季）的时候，异核体菌丝聚集形成异核体菌核，环境适宜时（如早春气温回升），异核体菌核重新萌发形成子囊果或新的营养菌丝。Volk 认为，不论哪种途径，菌核和分生孢子是关键环节。储存营养的菌核在子囊果发育过程中作用较大，既可以萌发为生殖菌丝，又可以直接产生子囊果。但生产实际表明，有些不产菌核或者菌核形成量少的菌株也能形成子囊果。因为目前分离出的分生孢子不能萌发，而且羊肚菌产量与子囊果发生量没有直接的相关性，所以，分生孢子是否是羊肚菌生活史中的必经阶段还是未知。

第三节　栽培技术

一、栽培季节

羊肚菌属低温型真菌，其菌丝生长和子囊果的发育均需要较低的温度。在生产实际中，羊肚菌播种期通常安排在最高气温稳定在 10~20℃ 的季节。重庆、四川盆地及类似区域的低海拔地区（400~500m）播种期一般安排在 11 月上旬~12 月上旬，出菇期为次年 2 月中旬~3 月底。高海拔地区需根据当地温度情况提前至 10 月左右播种，出菇时间较平原、丘陵地区有所推迟，出菇周期较长。

二、栽培品种

目前，能进行人工栽培的羊肚菌种类有梯棱羊肚菌（*Morchella importuna*）、六妹羊肚菌（*M. sextelata*）、七妹羊肚菌（*M. septimelata*）、紫褐羊肚菌（*M. purpurascens*）、粗柄羊肚菌（*M. crassipes*）、高羊肚菌（*M. elata*）和尖顶羊肚菌（*M. conica*）。商业化栽培使用的品种以梯棱羊肚菌和六妹羊肚菌居多。

（一）梯棱羊肚菌

该类型的羊肚菌品种典型代表为梯棱羊肚菌（图 16-1）。该菌株是最早推广的羊肚菌栽培菌株。该品种的菌丝在 23℃ 下生长速度为 1.3~1.4cm/d，菌丝初期浅白色，后逐渐加深至黄白色、浅黄色；菌核分散成颗粒状，中等大小，直径 1~3cm，较少片状菌核。出菇地温为 10~12℃，子囊果发育温度 15~23℃，15~30d 发育成熟。子囊果中等大小，菌盖高 6.5~10cm，宽 3.5~5cm，圆锥形，灰黑色，略微泛黄；菌柄长 2.0~3.5cm，宽 2.0~3.5cm，基部稍膨大，白色；菇味香浓；菌肉厚实，折干率（7∶1）~（8∶1）；出菇密度大，多单生,部分有丛生现象,平均鲜菇重可达 $0.5\sim0.8kg/m^2$。在四川地区使用广泛,出菇早,整体表现好,商品菇比例为80%,稳定性高,但是抗杂能力稍差,不耐高温,抗极端天气能力差。

(二) 六妹羊肚菌

该类型的羊肚菌品种典型代表为六妹羊肚菌(图16-1)。该菌株由四川阿坝州野生菌株驯化而来。该品种的菌丝在23℃下生长速度为 $1.5\sim1.7cm/d$,菌丝初期浅白,后逐渐加深至黄白、浅黄色;菌核小,聚集成片状。出菇地温 $9\sim11℃$,子囊果发育温度 $15\sim23℃$,$15\sim20d$ 发育成熟。子囊果中等大小,菌盖高 $7.5\sim11cm$,宽 $3.5\sim4.5cm$,长圆锥形,成熟子囊果脊部黑色,凹坑处黄褐色;菌柄长 $1.5\sim2.5cm$,宽 $2.5\sim4cm$,基部稍膨大,白色;菇味香浓;菌肉厚实,折干率8:1;出菇密度适中,多单生,平均鲜菇重 $0.3\sim0.5kg/m^2$。该菌株出菇较梯棱羊肚菌晚,抗极端天气能力强,较梯棱羊肚菌商品菇比例略低,总产量稍低。

图 16-1 梯棱羊肚菌和六妹羊肚菌(彭卫红供图,见彩图)

三、菌种及外源营养袋的生产

(一) 菌种生产

菌种生产是羊肚菌生产中的第一步,也是关键步骤之一,包括母种制备、原种制作和栽培种制作。在实际生产中,种植者通常采用购买母种来逐级扩繁原种、栽培种的方式进行菌种生产。

(1) 原种 又称二级菌种,也称为瓶装种,制作原种的容器有玻璃瓶和塑料瓶。羊肚菌原种的制作同常规制种。一般1支 $18mm\times180mm$ 的试管可以接 $6\sim8$ 瓶原种。原种在 $20\sim25℃$ 下培养 $15\sim20d$ 就可以满瓶,$20\sim25d$ 后达到成熟(图16-2),就可以用于栽培种的制作。制作羊肚菌原种的主要原材料有小麦、麸皮、玉米芯、木屑、腐殖土,添加的辅料有石膏、石灰、磷酸二氢钾。750mL原种瓶的配方如下:30%干小麦(浸泡后使用)、55%杂木屑(发酵后使用)、1.5%~2%生石灰、2%石膏、12%腐殖土、0.3%~0.5%的磷酸二氢钾。

(2) 栽培种 又称三级菌种,制作栽培种的容器一般使用 $14cm\times28cm$ 的聚乙烯或聚丙烯菌种袋。制种步骤同常规。一般1瓶750mL的原种瓶可以接 $20\sim25$ 袋栽培种。栽培种在 $20\sim25℃$ 下培养 $20\sim25d$ 就可以满袋,$25\sim30d$ 后达到成熟(图16-2),就可以用于大田生产。制作羊肚菌栽培种的主要原材料和配方同原种。羊肚菌菌种质量标准:菌丝浓密,呈淡黄色或者黄褐色,生长迅速,有适量的菌核。

图 16-2　羊肚菌原种、栽培种（李波强供图）

（二）外源营养袋的制作

外源营养袋，又称营养袋、营养料袋、转化袋、外援营养袋等，是羊肚菌生产中必不可少的（图 16-3）。外源营养袋与菌种制作可以同步。制作外源营养袋最好的原材料是小麦，也可使用其他材料，如木屑、谷壳、玉米芯和废菌包，使用的辅料有米糠、麸皮、菜饼等。小麦、木屑、谷壳、玉米芯等材料均需要充分浸泡，晾干表面水分后再装袋。外源营养袋制作与栽培种略有不同，菌袋规格为 12cm×24cm、14cm×28cm 或 15cm×33cm，要求装料要松散，灭菌冷却后使用，不需要接种。

图 16-3　羊肚菌栽培外源营养袋

制作外源营养袋参考配方如下：

① 30% 干小麦、杂木屑 56%、1.5%~2% 生石灰、2% 石膏、10% 腐殖土。

② 小麦 100% 或小麦 85%~90%、谷壳 10%~15%、石灰 1%、石膏 1%。

四、栽培技术

（一）羊肚菌大田栽培技术

（1）选地　羊肚菌对土壤要求不高，河滩、沙土、生土、黄土、砂壤土、黏壤土、菜园土、稻田土都可以种植羊肚菌。但是尽量选择平地，有利于机械化操作。种植羊肚菌的土壤最好疏松透气，避免板结，否则透气性太差，引起菌丝和子囊果生长不良。如果前茬有作物，其使用的农药种类和使用量应在国家规定范围内。种植羊肚菌的地块尽量一年一换，避免重茬，重茬两年以上再栽培羊肚菌风险较大，畸形菇比例高，病虫害发生率高，通过"稻-菌"轮作可以减少重茬带来的负面影响。

（2）搭遮阳棚　目前，种植羊肚菌所用的遮阳棚多种多样，有南方尖顶棚、钢架大棚（图 16-4）、中型拱（平）棚（高度为 2m）或小拱棚（高 0.75m），但大部分采用 2m 高的中棚来生产。种植者应根据自己的经济能力、地域和地形来选择遮阳棚的类型。在高海拔地区，冬季会有霜冻和降雪，应选择结构更加结实的钢架大棚，避免积雪太重压垮大棚。在北方较为干旱的地区可以选择搭中型平棚，而在南方多雨的地区应选择搭建尖顶棚，有利于排走多余的雨水。无论是哪种遮阳棚，棚外均需覆盖遮阳网，避免阳光直射。遮阳网密度可根据当地光照强度进行选择，一般选择覆盖一层"四针"或者"六针"的遮阳网，以棚内"半阴半阳"为宜。

图 16-4　南方尖顶棚、钢架大棚（曾凡平供图）和中型平棚（彭卫红供图）

（3）整地　播种前要清理田间杂草和前茬农作物秸秆，做好田间的清洁卫生。土地整理后撒入生石灰，每亩地使用 55～75kg，既可以达到调节土壤酸碱度的目的，又可以进行土壤消毒杀菌，有利于羊肚菌菌丝的生长。撒完生石灰后要对土壤进行翻耕，疏松土壤的同时将生石灰混匀，可以使用旋耕机翻耕，深度 25～30cm。翻耕后开沟做厢，按 80～100cm 的厢面宽度开沟，沟宽 20～30cm，深 20～25cm，方便排水和作业，排水不良的地块应适当把沟加深。可以使用起垄机开沟做厢，更加节省人力。

（4）播种　开沟做厢后即可播种。通常的播种量为 150～200kg/亩，使用地膜技术可以使菌种使用量减少到 100kg。羊肚菌菌种一般装在玻璃菌种瓶、塑料菌种瓶或者塑料菌种袋中，因此在播种前需要将菌种掏出来，搓散备用。也可以使用菌袋粉碎机粉碎袋装菌种，菌袋粉碎机每小时可以粉碎 3000～6000 袋菌种。

播种方式有沟播和撒播两种。沟播，出菇会集中在播种沟内；撒播能让菌种更快占据整个厢面，减少杂菌污染（图 16-5）。播种后需进行覆土，覆土厚度在 1～2cm，目的是 保持一定的温度和湿度，避免菌种被吹干或晒伤。覆土后浇 1 次透水，但厢面不可有积水。

图 16-5　沟播、撒播菌种

(5) 覆膜技术　覆膜技术的应用是羊肚菌商业栽培史上的一个重要环节。覆盖地膜可以减少土壤水分的蒸发，同时防止过多的雨水聚集在厢面上，阳光充足的地方使用地膜可提高厢面的温度，使羊肚菌菌种能够在一个相对稳定的环境下实现快速发菌，甚至提早出菇。覆盖用的地膜一般选择农用黑色或白色地膜，厚度为 0.006～0.008mm，宽度和厢面一致。黑色地膜还能起到防草的作用。具体操作是覆土后将地膜覆盖在厢面上，膜两边每隔 50cm 压一个土块，保持一定的通风，地膜一直覆盖至出菇前期（图 16-6）。

图 16-6　羊肚菌覆膜、放置营养袋

(6) 放置外源营养袋　外源营养袋的放置是羊肚菌种植中的关键步骤之一，外源营养袋过早过晚放置都对后期出菇不利。外源营养袋放置的时间通常在播种 7～10d 后，当菌丝快长满厢面时就可以摆外源营养袋进行补料。每亩地使用 1600～2000 个外源营养袋，摆放外源营养袋时，应事先在袋壁上划口子，或者用排钉打孔，口子或孔朝下紧贴土壤表面横放（图 16-6）。在催蕾出菇前，营养袋都需要放置在厢面上。

(7) 出菇前管理　从播种后到催蕾前这一个时期是羊肚菌大田生产的发菌期，主要的管理是对气温、土壤水分和空气湿度的控制。气温尽量保持在 10～25℃；土壤水分保持在 15%～25%，保持土面润而不湿；空气湿度不宜过大，保持在 60%～70% 即可。

催蕾是羊肚菌种植中的另一关键步骤。当气温稳定在 8℃ 左右即可进行喷水催蕾，每日喷水量逐渐加大，直至厢面菌丝消失，其后浇 1 次透水，使土壤含水量达到饱和状态，但厢面不能有积水，同时移除外源营养袋，以促进子实体形成。生产上也有不移除外源营养袋出菇的情况，但最好移除，否则会成为污染源，加重后期的病虫害。

(8) 出菇管理　羊肚菌出菇前常有各种盘菌伴生，盘菌也算是羊肚菌出菇的一个标志物。出菇期的关键点是做好原基的保育工作，0℃ 以下会造成原基的严重冻伤，如果环境条件不利于原基发育，可加盖小拱棚提早出菇。出菇期间菇棚内的气温应控制在 8～20℃ 之间，保持空气相对湿度在 85%～90%，土面湿润状态，光照"半阴半阳"，通风良好，空气新鲜。

(9) 采收　当菌盖和凹坑棱分明，肉变厚实，香味浓郁时就可采收。气温高于 23℃ 时子囊果会迅速变老，肉质变薄，香气变淡，干制后变成"纸片菇"。因此，成熟的羊肚菌要及时采收，当菌盖表面的凹坑明显开裂时即可。

（二）羊肚菌林下栽培模式

羊肚菌林下栽培模式是利用现有林地下（桑林、果林、桂花林、经济林等）的空闲土地来种植羊肚菌。这种栽培模式可以降低设施的建造成本，且林下腐殖土含量丰富，疏松透气，隐蔽度好，空气湿度高，很适合羊肚菌的生长。

（三）羊肚菌轮作模式

目前，最常用的轮作模式为"水稻-羊肚菌"轮作模式和"蔬菜-羊肚菌"轮作模式。"水稻-羊肚菌"轮作模式是四川省使用面积较大的一种方式，该模式是在同一块稻田内，每年4上旬到10月下旬种植水稻，水稻收获后，在11月上旬到来年3月下旬种植羊肚菌。该模式的优势在于，羊肚菌种植后土壤中残留大量菌丝体和菇脚可作为种植水稻的有机肥，而水稻秸秆还田后又可作为羊肚菌的栽培基质。同时，通过"水旱轮作"可以减少病虫害的发生，解决了羊肚菌不能重茬的问题。

"蔬菜-羊肚菌"轮作模式指的是羊肚菌与番茄、苦瓜、辣椒等蔬菜作物轮作，不但能够提高单位面积土地的栽培效益，而且也解决了不能重茬的问题。

（四）羊肚菌基质栽培

羊肚菌基质栽培是指以土壤以外的物质作为主要栽培介质，不添加或少量添加土壤的一种羊肚菌种植模式。目前该模式在重庆已有小规模栽培成功的实例。羊肚菌基质栽培可参考的配方有：木屑74%、麦麸20%、KH_2PO_4 1%、$MgSO_4$ 1%、羊肚菌基土（即种植过羊肚菌的土壤）1%、石膏1%、石灰1%、$Ca(H_2PO_4)_2$ 1%。

五、保鲜与加工

羊肚菌含水量较高，组织脆嫩，采摘后，常温下1～2d内，子实体即大量失水、褐变，机械损伤后容易受微生物侵染而发霉、软烂甚至腐臭，导致羊肚菌商品价值下降甚至丧失。羊肚菌采收后需要及时进行保鲜和后续的加工。

（1）保鲜　如果鲜销，羊肚菌鲜品需经过一定采后预处理后直接冷藏来延长保鲜期，也可以在预处理后采用涂膜保鲜或电子束辐照保鲜。

① 采后预处理　采摘后的羊肚菌适当整理，剪去菇脚，流水轻轻冲洗，自然晾干或冷风机吹干后再用普通预冷、减压预冷和臭氧处理等方式对羊肚菌鲜品进行预处理，其中减压预冷的保鲜最好。

普通预冷是将羊肚菌放入普通冷库（1±0.5）℃中预冷8h，预冷结束后羊肚菌的中心温度为1℃。减压预冷是将羊肚菌放入减压仓进行减压预冷，压力为（800±50）Pa，温度为（1±0.5）℃，时间为2.5h，预冷结束后羊肚菌中心温度为1℃左右（张沙沙等，2016）。

臭氧处理的使用浓度为3g/h的臭氧发生器处理15min后装入聚乙烯（PE）袋中密封。预处理结束后的羊肚菌鲜品分装入聚丙烯（PP）材质容器，用0.03mm PE保鲜膜密封后置于冷库（2±0.5）℃中贮藏，贮藏期为7～9d。

② 涂膜保鲜　以涂膜或制成膜材料的方式在羊肚菌表面覆盖一层可食用薄膜，这层膜可以抑制羊肚菌的蒸腾作用和呼吸作用，从而提高羊肚菌产品的新鲜度、色泽和香气。采用壳聚糖和棘托竹荪菌丝体提取液等生物大分子涂膜保鲜方式对羊肚菌进行保鲜，可将羊肚菌保鲜6～7d。

涂膜保鲜的工艺是将预冷处理后的羊肚菌置于浓度为0.75%的壳聚糖保鲜溶液中浸泡1～2min，捞出，快速晾干后装入食品保鲜容器中，排出大部分空气后封口，于3℃下恒温贮藏，储藏期为6～7d（李翔等，2018）。

③ 电子束辐照保鲜　该技术是指应用γ射线、电子束及X射线对羊肚菌鲜品进行辐照，以达到延缓衰老进程、延长货架期的目的。

电子束辐照保鲜工艺是将预冷处理后的羊肚菌装入保鲜容器中，封口后进行电子束辐照，辐照剂量≤2kGy，于4℃下冷藏，贮藏期为11d（顾可飞等，2018）。

（2）干制　目前，羊肚菌的干制主要采用烘干的方式，少量采用冷冻干燥。

烘干就是利用热风烘干的原理，将采收的新鲜羊肚菌通过烘干设备实现羊肚菌干制的过程。烘干的原则是初始温度＜40℃并一直排湿，湿度降到50%以下后提高到45℃，最终温度不超过50℃，最终含水量＜13%。用于羊肚菌烘干的设备有柴火烘干机和热泵烘干机，热泵烘干机的能耗和干制速度均优于一般的烘干机。可以参考的热风烘干工艺为：新鲜羊肚菌→剪去菇脚→冲洗→分级→装盘→整形→烘烤→检查、分级、计量→包装。

冷冻干燥是将物料预先急速冷冻，使物质中的水分全部变为固态，然后在高真空下，使水分升华而干燥物质。与通常的干燥方法相比，其特点在于能有效地保持物料的色、香、味、形，营养成分损失少，复水性好，耐贮藏，等。羊肚菌冻干原料不需要进行杀青或护色处理，采用清水洗净、沥水冻结即可。羊肚菌的共晶点为－18.5℃，共熔点为－17.5～－17.2℃。冷冻干燥的工艺为：新鲜羊肚菌→剪去菇脚→冲洗→分级→装盘→整形→冻结→升华干燥→解析干燥→检查、分级、计量→包装（吴素蕊等，2012）。

（3）加工　目前，羊肚菌产品以鲜品和干制为主，羊肚菌的加工制品比较少。欧美市场上的羊肚菌产品类型比较丰富，包括鲜品、干品、速冻产品、罐头、调味品等。国内也有许多科研单位和企业在不断研发新的羊肚菌加工产品，如羊肚菌风味食品、酱油、糖渍品、风味发酵饮料、脆片（真空低温油炸产品）、面条、羊肚菌酒、羊肚菌多糖保健食（药）品等。

六、羊肚菌病虫害防治

羊肚菌的播种期和发菌期都处于冬季低温期，此时病原微生物和害虫都处在休眠期，病虫害不明显。因此，羊肚菌的病虫害在春季气温回升时会有一个明显的爆发期。羊肚菌的病虫害大体上可分为四种类型，即生理性病害、真菌性病害、细菌性病害和虫害。

（一）生理性病害

羊肚菌的生理性病害经常表现为畸形菇，出现菌柄异常变粗和变长、肉薄、菌盖短小、顶部凹陷、圆顶（菌盖为圆锥形的品种）、顶部灼伤、菌柄变红、菌盖颜色浅（黑色类型）等（图16-7）。

引起羊肚菌生理性病害的主要原因有：通风不良、氧气含量不足，造成菌柄变长，菌盖短小或者顶部凹陷；光照太强，造成顶部灼伤；土壤水分过多，高温高湿下造成红柄菇；光照太弱，造成黑色类型的羊肚菌菌盖颜色变成浅黄色；气温太高，子囊果生长过快，造成菌肉薄，烘干后变成"纸片菇"。

防治方法：随时关注天气，高温来临之前及时采摘；适当通风降温，提高遮阴度；及时采摘，避免过熟导致菌肉薄。

（二）真菌性病害

白霉病是羊肚菌生产中最常见的真菌性病害，在温度开始回升时爆发，幼菇和成熟的子实体均会受到侵害。症状为在菌盖或菌柄表面形成白色粉状的不规则病斑（图16-8），逐渐扩大，穿透菌盖和菌柄组织，严重影响羊肚菌产品的商品性。经鉴定，白霉病病原菌可能为两种，一种是拟青霉属（*Paecilomyces*）真菌（吴素蕊等，2012），另一种为镰刀菌属（*Fusarium*）真菌（刘伟等，2018）。

图 16-7 羊肚菌生理性病害照片
A.菌柄变粗、变长，菌盖短小；B.菌盖顶部凹陷；C.菌盖顶部灼伤；D.红柄菇

图 16-8 羊肚菌白霉病

防治方法：做好生产场地的环境卫生，发现污染源要及时烧毁；定期检查发菌情况，筛查有污染的菌种；拌料均匀，材料要发透水，特别是麦子和谷壳，酸碱度要合适；土地要提前翻耕、曝晒，撒石灰；使用后的营养袋要及时处理，不要乱堆乱放；土地轮换或轮作。

（三）细菌性病害

主要症状：子囊果或发病部位萎蔫、菌柄发红、停止发育、菇体变软、有腥臭味。

防治方法：接种工具和器具要充分消毒干净，尤其是高温季节；发现母种有细菌污染要坚决淘汰；菇棚经常通风换气，避免棚内高温高湿；防止虫害发生，避免害虫传播细菌。

（四）羊肚菌虫害

在菌丝和子实体生长阶段还可能发生虫害。其中白蚁、蛞蝓、蜗牛、鼠妇、菇蚊、跳虫、木蠹蛾幼虫、马陆等较为常见，以跳虫危害最为严重。这些害虫，要么取食菌丝，要么咬食原基和子囊果，同时还传播病菌，导致病虫害发生，栖息场所主要在外源营养袋下方。

（1）白蚁　主要取食菌种，危害营养袋和菌丝体。防治方法：及时清除虫源，挖巢灭蚁，可以采用灯光诱杀，或喷洒六伏隆、氯氰菊酯等杀虫剂。

（2）蛞蝓和蜗牛　主要取食子囊果。防治方法：做好环境卫生，及时捕杀、清除虫源，可以撒食盐或者四聚乙醛（商品名为灭蜗灵、蜗绝等）。

（3）鼠妇　取食菌丝。防治方法：做好环境卫生，及时清除虫源，在菇棚周围撒生石灰粉或者喷施 1000～1500 倍的氯氰菊酯。

（4）跳虫　取食菌丝和幼菇，传播病害（图 16-9）。防治方法：播种前对土壤进行翻耕曝晒，撒生石灰；做好环境清洁，及时清除田间农业废弃物；轮作水稻；放水盆进行诱杀，在水中加入少量蜂蜜和 1000 倍的敌百虫；用 1000～2000 倍的氯氰菊酯喷杀。

图 16-9　跳虫危害的羊肚菌（彭卫红供图）

思考题

1. 羊肚菌生产上应用的品种有哪些？
2. 简述羊肚菌栽培菌种生产技术。
3. 什么是外源营养袋？如何制作？
4. 叙述羊肚菌大田栽培技术。
5. 引起羊肚菌生理性病害的主要原因有哪些？如何防控？
6. 简述羊肚菌白霉病的为害症状及防治方法。

第十七章
灰树花栽培技术

第一节 灰树花概述

灰树花［*Grifola frondosa* (Dicks.) Gray］，又名贝叶多孔菌，属担子菌亚门，层菌纲，非褶菌目，多孔菌科，树花菌属，俗称云蕈、栗蘑、千佛菌、舞茸。灰树花主要分布在中国和日本，生长于热带至温带森林中。在我国主要分布于河北、云南、四川、浙江、广西、西藏、福建、山东等地。野生灰树花适合在海拔800~1400m温湿的条件下生长，主要生长在板栗、米槠、青冈栎等阔叶林的树桩周围（韩省华等，1994）。因此，人工栽培时，也常以上述壳斗科树种的木屑为主要原料。

灰树花子实体营养丰富，据中国预防医学科学院营养与食品卫生研究所等机构检测结果，干灰树花中含蛋白质25.2%，脂肪3.2%，膳食纤维33.7%，碳水化合物21.4%，灰分5.1%（唐玉琴，2008）。含人体所需氨基酸18种，其中必需氨基酸含量占45.5%，与鲜味相关的谷氨酸含量较高，且富含多种有益的矿物质和维生素，其中维生素B_1和维生素E的含量较高。此外，还含有叶酸、乳酸、琥珀酸等多种有机酸。

早在二十世纪五六十年代日本就已经对灰树花开始进行人工培育，70年代正式对灰树花栽培技术进行研究，直到80年代初灰树花工厂化栽培技术成熟。目前日本对灰树花的栽培已完全实现工厂化，产量大幅度提高。我国对灰树花人工驯化栽培始于20世纪80年代初，虽然起步较晚，但近年来发展非常迅速，且随着国内科研部门对灰树花栽培技术及产品开发研究力度的加大，提高了灰树花子实体的产量及产品的附加值，许多地区已经开始组织规模化生产，使灰树花逐步成为食用菌栽培新秀。规模化生产产区主要分布于河北、浙江、福建、山东等地。目前，我国灰树花栽培的方式主要有菌袋栽培、菌棒栽培和覆土栽培。相关研究表明，覆土栽培灰树花产量和生物转化率最高，但损耗较大。菌棒栽培灰树花形状较好，损耗最小。而矮棚覆土栽培比棚室菌袋栽培的灰树花性状明显优良。

近年来，为满足日益增长的市场需求，国内多地均加大了对灰树花的种植和研究，且国内外研究学者对其生理活性进行了深入的研究，发现灰树花具有抗肿瘤、降血压、调节免疫力、保肝等生理功效，而发挥作用的生物活性成分主要是多糖类物质，包括含有β-1,6-支链、β-1,3-葡聚糖、β-1,3-支链、β-1,6-葡聚糖结构的D-组分、MD-组分等（甘长飞，2014），这些多糖类物质可以通过增强机体免疫力来抑制肿瘤细胞，与其他物质发挥协同作用诱导肿瘤细胞死亡。其中D-组分能够有效抑制生成的肿瘤细胞发挥作用，对血运肿瘤细胞也有抑制作用。研究表明，灰树花多糖诱导肿瘤细胞凋亡是发挥抗肿瘤效应的分子机制，对正常细胞的毒副作用较小（赵霏等，2016）。此外，有日本研究学者首先发现了灰树花中的D-组分能够有效增加HIV病毒靶细胞-辅助T细胞的数量，揭示了灰树花多糖可以治疗艾滋病的可能性（于荣利等，2005）。而灰树花多糖中的X-组分可以明显提高机体对胰岛素的敏感性,起到降低血糖作用,且能够明显减轻四氯化碳诱导小鼠肝损伤的症状,对小鼠急性肝损伤有一定的保护作用(王玉卓等,2010;曹小红等,2010)。大量研究证明灰树花的多糖成分通过激活宿主免疫系统,如激活巨噬细胞和促进 Th1 型免疫反应,来达到免疫调节作用。除上述功能外,灰树花多糖还有抗病毒、抗氧化、抗辐射、调节血脂、降血压等作用,目前市面上已出现由灰树花多糖制成的药品制剂。

第二节 生物学特性

一、形态特征

(一) 子实体

灰树花子实体由多次分枝的菌柄和匙状、扇状或舌状的菌盖叠生而成(图 17-1)。菌盖呈灰色至淡褐色,表面有细毛,老熟后光滑,有反射性条纹,边缘薄,内卷。菌肉幼嫩时白色,成熟后变为灰至淡褐色,菌管延生,孔面白色至淡黄色,管口多角形。

图 17-1 灰树花子实体

(二) 菌丝体

在 PDA 培养基上菌丝呈白色绒毛状,有分枝和横隔,无锁状联合。孢子无色,光滑,卵圆形至椭圆形,大小 $(4.5\times 6.5)\mu m \sim (2.7\times 3.5)\mu m$。

二、生长发育的条件

(一) 营养条件

灰树花母种的营养碳源以葡萄糖最好,人工栽培时可广泛利用杂木屑、棉籽壳、蔗渣、稻草、豆秆、玉米芯等作为碳源。氮源以有机氮最适宜菌丝生长,硝态氮几乎不能利用,生产中添加麦麸、米糠、玉米粉、大豆粉等含氮有机物,有利于提高鲜菇的产量和质量。

(二) 环境条件

(1) 温度 灰树花属中温型食用菌,菌丝可在 5~34℃ 范围内生长,最适宜温度范围为 20~25℃,菌丝较耐高温,在 32℃ 时也可缓慢生长。原基形成温度为 18~22℃,原基形成过程中保持恒温,不需要温差刺激。子实体发育阶段的适宜温度为 15~20℃。

(2) 湿度 灰树花菌袋或菌棒式栽培,培养料水分含量应控制在 60%~65%,养菌房相对空气湿度60%～70%。子实体生长发育期间对水分需求较大，环境空间相对湿度调控在90%。

(3) pH　灰树花喜欢微酸性生态环境，故培养料pH调节在6～6.5。

(4) 光照　灰树花菌丝生长阶段同其他食用菌相似，能在黑暗处正常生长。菌丝长透底后，待原基出现时，把培养室由暗转亮。子实体发育时期必须有散射光，一般要求光照强度在200～600lx。

(5) 空气　灰树花是好气性食用菌，生长发育过程中需要新鲜的空气。在菌丝培养过程中CO_2浓度要求小于等于0.25%，出菇期CO_2浓度应控制在0.1%以下。

三、生活史

据傅江习、刘化民（1994）对野生灰树花的实地考察发现其生长发育过程中有菌核的发生，这与韩省华（1994）在长白山发现野生灰树花有菌核相一致。但是，傅江习、刘化民在进行人工栽培灰树花试验时，观察其整个发育过程，却始终未见其菌核发生。菌索是野生灰树花营养运输的通道，菌核是其渡过不良环境的营养贮存体。灰树花菌丝把其分解木质部得到的养分源源不断地通过菌索输往菌核，在菌核内贮存了大量的养分，当外界条件适宜时，子实体靠这些养分得以生长。子实体成熟后产生担孢子。担孢子从成熟的子实体菌管里弹射出来，遇到适宜的环境长出芽管，芽管不断分枝伸长，形成单核菌丝。性别不同的单核菌丝结合（质配）后，形成双核菌丝。在子实层中，双核菌丝顶端产生担子，其遗传物质进行重组和分离，形成四个担孢子。孢子成熟后，从菌管中弹射出来，完成一个生活周期。

第三节　栽培技术

一、栽培季节

灰树花属中温型食用菌，多为春秋两季栽培，子实体生长发育最适温度为15～20℃。因此，在季节选择上，应以当地自然日平均温度在20℃左右为出菇期，往前推50～60d为菌包制作时间。重庆地区春栽一般在1～3月制袋接种、4～6月出菇管理；秋栽一般8～9月制袋、10～12月出菇管理。由于灰树花抗杂菌能力弱，应采用塑料袋熟料栽培方法。

二、栽培技术

本章以仿野生覆土栽培也称拱棚小畦栽培技术为主。

（一）菌袋制作

(1) 培养料配方

① 木屑50%，玉米粉5%，麦麸30%，蔗糖0.5%，石膏0.5%，砂壤土（壤土）14%。

② 木屑80%，麦麸8%，蔗糖1%，石膏1%，砂壤土（壤土）10%。

③ 木屑80%，米糠7%，玉米粉3%，林地表土（干重）10%。

④ 棉籽壳80%，麦麸8%，蔗糖1%，石膏1%，砂壤土（壤土）10%。

各配方含水量60%～65%，pH 6.0～6.5。

(2) 装袋灭菌

栽培袋多用17cm×33cm或(15～18)cm×(55～65)cm，厚0.04～0.05mm的聚乙烯或聚丙烯塑料袋。将原材料按配方比例混合，加水并调节好含水量，搅拌均匀后装入塑料袋。装袋时必须注意不能压破或刺破塑料袋，压紧培养基且在料中央打洞，套上塑料套环，然后塞上棉花塞。栽培袋制作完毕后不宜久放，应当天灭菌，高压灭菌需保持 2h 以上，常压灭菌需保持 10～15h。为了防止棉花塞潮湿或塑料袋胀裂，使用高压灭菌锅时，进气前必须先预热锅体，进气要慢，以减少冷凝水。灭菌结束后，放气也要慢，避免因压力骤降，造成塑料袋胀裂或棉花塞脱落，必须等压力表降至零时，才可打开锅，开锅后菌袋应放置在洁净环境中冷却后方可接种。

(3) 接种发菌　菌种质量要严格把关，选经过试种的、丰产性能较好的菌株作为菌种。从菌种表面观察，优良菌种的菌丝生长旺盛，生长端菌丝白而粗壮，长势较强，菌丝边缘整齐、无杂菌、可疑的杂斑或抑制线等。

严格按无菌操作规程在接菌箱或接菌室中进行接菌，也可以使用超净工作台，可利用负离子发生器（臭氧发生器）对接种空间进行消毒。接菌时要求动作迅速、准确，尽量缩短菌种暴露和开袋的时间，减少杂菌污染的可能性。接种后轻轻摇动，使部分菌种落入培养料的洞中，袋口一定要用菌种封口，减少菌袋的污染率。

接种后的菌袋摆放在发菌室内培养，控制发菌室的温度在 22～25℃，菌种萌发期可将温度适当调高，在 24～25℃，菌丝生长中后期室内温度应控制在 22℃ 左右。室内湿度调控在 70% 以下，避光培养，每日通风 1～2 次。培养初期菌丝灰白色，后期变粗变白变浓密。菌包应每隔 10d 翻一次堆，以免烧包，50d 左右菌丝可长满袋底，表面形成菌皮（图 17-2），然后逐渐隆起。隆起部分逐渐变成灰白色至深灰色，即为原基，可以进入出菇管理。

图 17-2　发满菌的灰树花菌包

(二) 排菌

(1) 排菌时间　不同地区可根据当地气温选择适宜的排菌时间，在南方低海拔地区最好 4 月份之前排菌。因为此时空气和土壤中的杂菌、病虫不活跃，不会侵害菌丝，而灰树花菌丝耐低温，菌丝连接紧密，长势健壮，对吸收营养有利。低温期排菌下地尽管发育期较长，但出菇早、产量高。4 月底以后栽培的灰树花因为气温高，杂菌活跃，灰树花菌袋易感染，并会出现子实体生长快、单株小、总产量低、易受高温和暴雨危害等现象。

(2) 排菌方法　选择地势高、干燥、不积水、近水源、排灌方便、远离厕所或畜禽圈的洁净场地。提前一个星期，清理栽培场地，整平后对土壤进行消毒，一亩地大概撒 100～120 斤生石灰。挖宽 80cm、长 2.5m、深 20cm 的地坑，地坑之间留 1m 的过道距离，中间修排水沟，以便于行走、管理和排水。地沟挖好后，要先灌一次大水，目的是保湿。水渗干后，在沟底和沟帮撒一层石灰，目的是增加钙质和消毒，再在沟底和沟帮撒一薄层杀虫剂，最后在沟底铺少量表土。

场地整理好以后，把菌包外面塑料袋撕开，挨着排放在沟内，相邻菌棒要挨紧，摆菌包时要及时挑出污染的菌包。同时，要扒或垫沟底的回土，使排放在沟内的菌棒上表面齐平。这样在沟内可排放4～5行菌棒。将菌棒与菌棒之间和菌棒与沟帮之间的空隙填上土，至菌棒以上1cm为宜，有空隙或凹坑用湿润土垄平，保持表层土厚2cm以上。

用塑料薄膜或尼龙袋将坑四周包严，以防坑边土脱落。2月以前排菌下地的还需在畦内铺一层薄膜，在薄膜上覆盖5～7cm土层，到4月中旬将畦内薄膜和浮土铲净，准备出菇管理。在栽培畦上支小拱棚，在其上搭塑料布和草帘（图17-3）。4月份以前塑料布直铺到地面上，并用土压紧，东西两侧每隔2m留一排气孔。冬季下菌时盖浮土和薄膜的要在铲除浮土和薄膜后铺砾，畦内平铺一薄层1.5～2.5cm直径的光滑石砾。

图17-3 灰树花拱棚栽培技术（见彩图）

（三）出菇管理

在灰树花生长发育的不同阶段，形态上会出现明显不同的差异。具体分为以下几个时期：现蕾期、原基愈合期、脑状体期、蜂窝期、珊瑚期以及成熟期。灰树花生长发育的每个时期对外界环境的要求不同，因此在实际生产过程中应注意调控环境参数，确保灰树花的正常生长发育，形成良好的子实体。

(1) 现蕾期　成熟的灰树花菌丝经过扭结，逐渐形成一个直径3～5mm的小突起，然后菌丝体不断向上生长发育形成菇蕾，即灰树花原基，此过程称为现蕾期。原基形成是子实体发生的前期过程，也是关键时期。灰树花是恒温结实性食用菌。因此，必须保证温度恒定不剧变。此外，还需保持较高的空气相对湿度，少量散射光，以促进原基的形成，同时防止原基过早分化而影响产量。

(2) 原基愈合期　形成的很多小原基，不断发育变大后逐渐融合到一起，将此时期定义为原基愈合期。经过此过程，灰树花原基生长到直径3cm左右，此时开始分化出菇。

(3) 脑状体期　经过愈合期的原基，在菇棚环境因子（光照、温度、湿度）的刺激下，颜色由白色变成灰黑色。随着内部细胞的生长变化，原基迅速发育变大，在表面出现曲折的凹陷，呈现脑状体的形态，此时期称为脑状体时期。

(4) 蜂窝期　原基形成脑状后，随着进一步的发育，在原基表面出现大量的凹陷小窝。原基从小窝内部分泌淡黄色的液体，有黏性。经过观察发现，淡黄色液体渐渐消失，原基表面留下大量小窝，整体形态如同蜂窝，故将此时期定义为蜂窝期。栽培研究表明，务必保持窝内的淡黄色液体，若去除就会导致原基发育障碍，形成畸形菇。喷水时也应注意远离原基，避免将原基上的淡黄色液体冲掉。

(5) 珊瑚期　在灰树花原基表面的"蜂窝"边上渐渐生长出灰白色的突起，并迅速长大呈一个个的小梗，整个原基如同珊瑚。因此，将此时期定义为珊瑚期。珊瑚期原基表面的小梗是灰树花子实体叶片形成的基础，小梗的发育好坏直接影响灰树花子实体的质量。因此，珊瑚期是灰树花子实体发生的关键时期。其间，因原基的生长发育、细胞新陈代谢加快，空间的湿度不能满足原基的生长需要，小梗表面容易干燥。此时可使用工厂化栽培房内的微喷系统喷雾，农户栽培可使用农用喷雾器加湿，但注意不能使原基上大量存水，保持湿润即可。

（6）成熟期　随着原基的不断生长，表面的小梗不断伸长、变宽，逐渐分化成扇形的叶片，颜色变浅呈灰白色。原基分化充分的灰树花子实体如同一朵盛开的莲花，层层叠叠、婀娜多姿。待灰树花叶片背面出现微细的小孔时，说明已经成熟，应当及时采收。此时期称为成熟期，又称簇花期。

出菇期具体管理应遵循以下原则：

（1）水分管理　4月中下旬自然气温达到20℃以上，在畦内灌1次水，水量以淹没畦面2cm左右为宜，自动渗下后每天早、中、晚各喷1次水，水量以地面湿润为宜，并尽量向空间喷水。根据降雨情况，干旱时每隔5~7d浇水1次，以水能立即渗下为宜。高温季节还需要向草帘和坑外空地洒水，降温增湿。低温季节喷水和灌水时最好用日光晒过的温水，以利保温。在雨季降雨充足时，可以少喷水或不喷水，干旱燥热需在白天中午增喷1次大水。

（2）通风管理　4月中旬以后要将北侧塑料布卷起叠放在草帘上，使北侧长期保持通风，每天早晚要揭开草帘通风1~2h。注意低温和大风天气要少通风，高温和阴雨时要多通风，早晚喷大水前后，适当加大通风。通风要和保温、保湿、遮光协调进行，不可不通风，也不可通风过多。菇蕾分化期少通风多保湿，菇蕾生长期多通风促蒸发，但注意不能使菇蕾吹到强直风。

（3）控温管理　温度低时以保温为主，晚上要盖严草帘和塑料布，或者草帘在下，塑料布在上，并在日光充足时适当延长阳光直射畦面的时间。6月下旬~8月高温高热期应以降温为主，可以用喷水降温和增加草帘上的覆盖物增加遮阴程度。晚上揭开塑料布或草帘露天生长，白天气温高时再盖上草帘或塑料布等覆盖物。

（4）提供散射光照　要保持灰树花生长有稳定的散射光，每天早晚晾晒1~2h增加弱直射光。生产上不宜采用过厚的草帘，以保留稀疏的直射光，出菇期避免强直射光，不可为保温和操作方便而撤掉遮阴物，造成强光照菇。

（四）采收

灰树花从菇蕾到子实体长大成熟，一般需15~20d。当灰树花扇形菌盖外缘无白色生长点，外沿有一轮白色小白边，菌盖由深灰色变为黄褐色，作为生长点的白边颜色变暗，边缘稍向内卷曲时即可采收（图17-4）。采收时，将两手伸平，托住菇体的底面，用力向一侧抬起，用小刀将灰树花基部切下。不留残叶，不损伤周围的菌索、原基和幼菇。采收后，用小刀将菇体上沾有的泥沙或杂质去掉，以免污染其他菇体，捡净碎菇片及杂草等，确保子实体干净、无杂质，轻轻放入筐中，成丛排好。注意灰树花采收后3d，其基部不要喷水，以利菌丝复壮，再长下潮菇。照常保持出菇条件，经20~40d可出下潮菇。

图17-4　成熟的灰树花子实体

三、病虫害发生及防治

(一) 病害发生及防治

（1）黄黏菌　黄黏菌没有细胞壁，是一团原生质团，会移动，扩散很快，尤其在潮湿有水的地方。

① 危害症状　黄黏菌直接吞噬灰树花的菌丝和子实体，致使子实体腐烂分解；黄黏菌在土层表面蔓延，黏糊糊的一片，有时成黄色的粗线状向四周扩展。灰树花一旦遭到黄黏菌为害，子实体组织被吞噬，肉眼看到的情况是子实体烂掉，被害部位呈污黄色胶糊状。较大的子实体常被分解一部分，较小的子实体经常整朵烂掉。

② 发生原因　黄黏菌主要是空气湿度和土壤湿度过大造成的。

③ 防治方法　若用药剂防治，可用 0.05%～0.1% 的黄菌灵 1 号拌料提前预防或 0.20% 黄菌灵 1 号土壤浇施消毒；子实体感染之后可用 0.20% 黄菌灵 2 号直接喷施发病部位。加强栽培场（室）的通风换气，尤其在雨季，菌床上不能积水，覆盖薄膜上的积水要及时排掉，避免其流入土层或子实体上。室外阴棚雨季时应在步道上铺一层细砂和撒一些石灰，也可用 1% 漂白粉喷洒床面，阻止黄黏菌的传播（王爱武，2002；薛勇，2003）。

（2）真菌性病害　灰树花的菌丝抗菌能力较弱，开袋或覆土后，在菌床面上常出现青霉、木霉、链孢霉等霉菌侵害，其中最常见的为青霉菌，感病的菌袋不出菇，严重影响产量。且霉菌的孢子广泛存在于空气中，是栽培过程中一个重大的病原传染源。目前对霉菌危害尚无很有效的防治方法，一旦发现霉菌，可采用高效绿霉净、克霉灵等药剂喷施，有一定效果。

（3）细菌性病害　灰树花栽培过程中的细菌性病害主要包括细菌性斑点病和酸腐病等。其中酸腐病又称为湿斑病，病原菌为芽孢杆菌，革兰氏阳性。细菌性斑点病又称细菌性锈斑病、细菌性麻脸病，病原菌为假单胞菌，革兰氏阴性。

① 为害症状　酸腐病的侵染部位呈暗灰色、黏液样，有强烈的污秽气味。细菌性斑点病只侵染菇体表面，多在菌盖下凹处出现圆形或不规则的黄色病斑。初期针尖大小，后迅速扩大，颜色加深，变成褐色黏液，有臭味。感病菇体干巴扭缩，色泽差，菌盖易开裂。

② 发生原因　常因培养基和接种工具灭菌不彻底而感染病菌，还可通过土壤、堆肥、昆虫和人工操作等途径传播病菌。因此，做好各个环节的消毒灭菌和环境卫生工作可以很好预防。

此外，灰树花畸形菇多是环境不协调造成的，如原基黄化萎干不分化是通风大、湿度小造成的；小散菇是通风小、缺少光照造成的；菇盖形如小叶，分化迟缓的鹿角菇和高脚菇是通风不畅、湿度过大造成的；黄肿菇是水汽大、通风弱或高温造成的；白化菇多是光照弱造成的；焦化菇是光强、水分小造成的；原基不生长，多是覆土厚、浇水过勤、浇冷水造成温度低、生长缓慢所致；薄肉菇是由于高温、高湿、通风不畅。

(二) 虫害发生及防治

由于灰树花子实体有浓郁香味，容易吸引害虫。在栽培过程中危害较大的虫害包括蚊蝇类、蜱螨类、线虫、跳虫、蓟马等。

（1）为害症状　各类害虫直接取食灰树花培养中的菌丝和出菇阶段的子实体，造成播种后菌丝不萌发或前期发菌后期出现"退菌"的现象，菌丝萎缩，培养料变黑腐烂，子实体出现凹状的斑眼，枯萎。害虫取食子实体的同时传播病原菌，直接影响食用菌生产。蛆形幼虫在子实体上蛀食、钻洞（多在菇柄基部），造成子实体千疮百孔。在气温较高的条件下，危害尤为严重。受害的灰树花子实体停止生长，菌盖变成浅黄色，失去光泽，最后枯萎死亡。虫孔累累的灰树花子实体也失去商品价值（王爱武，2002；薛勇，2003）。

（2）防治方法　搞好栽培场所周围的环境卫生，消除邻近的垃圾杂物、牲畜粪便，定期在栽培场所附近喷洒杀虫剂。棉籽壳等原料的贮藏场地要远离培养室，以防螨迁入。要勤检查，如发现带螨菌袋应及时移出培养室烧毁。保证菌种质量，及时检查菌种，若发现有螨虫危害的菌种则不能再使用。栽培室的通风窗口要蒙上细纱网，防止害虫从外面飞进栽培室。成虫有趋光性，经常会爬在光亮的玻璃窗或墙壁上，一旦发现，则可用菊酯类杀虫剂，在空间、步道、墙壁、玻璃窗和通气窗的纱网上喷洒。连喷 3d，隔 7d 喷 1 次，连续半个月。如果当时覆土的床面上没有子实体，可以直接喷在覆土层上，但切不可直接喷在灰树花子实体上。若出现螨虫危害，如用药剂防治，可以参考其他食用菌的防治方法。

总之，灰树花病虫害的防治要贯彻"预防为主，综合防治"的原则。应主要采取物理防治和生态防治相结合的综合防治措施，若选用药剂防治，应采用低毒低残留且为国标允许范围内的药剂，以实现绿色生产。

思考题

1. 灰树花有哪些活性成分及药用功效？
2. 灰树花生长发育需经历哪几个阶段？
3. 灰树花原基形成的关键因素有哪些？
4. 灰树花出菇管理的原则有哪些？
5. 简述灰树花采收方法。
6. 灰树花黄黏菌病害的为害症状、发生原因及防治方法是什么？

第十八章 双孢蘑菇工厂化生产技术

第一节 生产概述

双孢蘑菇是全球栽培范围最广的食用菌品种，目前主产区主要有美国、荷兰、波兰、爱尔兰、加拿大等欧美地区及中国。据中国食用菌协会统计2018年我国双孢蘑菇总产量达到307.49万吨，位列各食用菌品种第四位，总产量远超世界其他国家总和。然而据不完全统计我国工厂化栽培双孢蘑菇仅占总产量10%左右，发展潜力巨大。发达国家的双孢蘑菇自20世纪80年代就已实现工厂化周年栽培，通过隧道式发酵技术集中生产稳定优质的培养料，采用机械化操作大大降低了人工劳动强度，利用电脑自动控制菇房中温度、湿度、光照、二氧化碳等环境因子，为双孢蘑菇生长创造良好条件（维德和洪有光，1984；皮特·欧，2011）。同时欧美地区的发达国家在双孢蘑菇工厂化生产的专业化分工十分成熟，不仅有专业化的工厂设计、设备制造商，还有专业的菌种制备企业，如Sylvan、Lambert、Amcel等公司，提供优质的菌种。专业的堆料公司如荷兰的CNC、WALUKO、HEVECO等每周三次培养料的产量可以达到17000多吨，不仅满足本国的原料需求，同时也提供出口，加之配套的覆土供应、添加剂供应构成完善的产业体系（黄建春等，2015）。

我国因经济基础较薄弱和综合科技水平较低，仍以自然气候条件下的季节栽培为主。双孢蘑菇在我国栽培已有90多年的历史，1924年胡昌炽先生从日本引进双孢蘑菇菌种进行试种，1930年潘志农在福州等地小面积的栽培均获得成功，开启了我国双孢蘑菇栽培的先河（贾身茂等，2018）。传统季节栽培生产周期长，单产偏低（一般不足20kg/m²），不能满足当前社会发展需求。在20世纪80年代中期，我国在宁夏、天津等地引进多套双孢蘑菇工厂化生产设备，但因缺乏相关运营管理经验，加之生产成本偏高均未能持续经营。到20世纪90年代中期山东九发食用菌有限公司通过引进国外隧道式发酵，周年化生产获得了成功，单产$20\sim25kg/m^2$，并成为最早一批食用菌上市企业，也为我国双孢蘑菇工厂化生产培养了大批专业技术人才（黄建春，2012）。随着欧美地区的发达国家双孢蘑菇工厂化设备和技术的引进和吸收转化，国内部分食用菌厂商也开始进行工厂化栽培的尝试，且发展势头强劲。近年来在江苏灌南县建成了全球单体最大的双孢蘑菇工厂——江苏裕灌现代农业科技有限公司，日产鲜菇超过100 t，单产$30\sim35kg/m^2$，接近欧美地区的发达国家单产水平。工厂化栽培是集现代生物技术、机械及自动化技术、电子信息技术和现代农业管理于一体的高科技产业，因此更需要专业化的人才进行管理运营。本节将从双孢蘑菇工厂化的培养料制备及栽培工艺出发，对栽培相关基础流程和生产技术进行介绍。

第二节 工厂化设施及栽培技术

双孢蘑菇工厂化栽培与传统季节栽培最大的不同在于通过工厂化设施与设备为其生长发

育提供良好的环境条件，解除因自然天气变化带来的制约。双孢蘑菇工厂化栽培是高投入高产出的产业，因此需要专业的设施与设备作为支撑，目前工厂化栽培使用最多的为床架式栽培模式。在厂区规划时需根据当地自然条件、常年平均温度及自然风向进行布局，此外还需充分考虑原材料来源是否方便、交通是否便于产品流通，同时还应考虑堆料过程臭气是否会对周边环境造成影响。按蘑菇工厂不同区块的功能，可以将整个厂区分为堆料制备区、栽培出菇房、仓库区以及附属办公区等。

一、厂区分区及功能

（一）培养料制备区

栽培双孢蘑菇的原材料需要通过发酵转化为生长所需的培养料，这一阶段也被称为堆料阶段，在工厂化栽培中这一阶段一般在培养料制备区进行制备。当前不同的蘑菇工厂，其堆料方法及工艺各有不同，但总体来说主要分为两个阶段：一次发酵和二次发酵（桥本一哉，1994；卢政辉，2009）。在规划培养料制备区时应注意卫生问题，因为培养料制备区作为潜在污染源会对后期出菇阶段产生影响。因此，在安排堆料线路时，不应该让堆料与上一阶段交叉，同时注意风向，防止将杂菌孢子吹向二次发酵区。

(1) 一次发酵　一次发酵常用的发酵设施主要有通风地坪和一次发酵隧道，国内蘑菇工厂多采用一次发酵隧道。一次发酵隧道需配备高压通风系统，通过变频器或定时开关进行风机的控制。高压风机利用预埋在地板下的风管通过加气嘴将空气通入培养料内部。一次发酵隧道还需要配套的填料设备，如摆头式抛料机。堆料通过摆头式抛料机在料斗内滚动提升及摆头摆动将原料打散，均匀地将混合好的原材料填入隧道内。此外投料还可以通过顶端投料系统进行，常见于一些大型蘑菇工厂，将混合好的培养料通过顶端投料进行隧道填料，可以达到更好的填料均匀度。在开始一次发酵阶段，需要将原料进行预湿，不同蘑菇厂，预湿的方式也大不相同，如采用泡料池加入鸡粪进行麦秆预湿，或采用混料线将麦秆与鸡粪混合预湿。整个培养料制备过程还需要装载机进行原材料的预湿、装载、短距离运输、建堆和翻堆等工作。除上述不可或缺的设施设备外，有条件厂家最好配置小型地磅，用于每次投料称重，可以保证制备的培养料更加稳定一致。

(2) 二次发酵　工厂化蘑菇生产培养料的二次发酵阶段，一般都是在发酵隧道中进行，这样有利于提高菇房的周转率和使用寿命。二次发酵隧道一般为密闭的通气发酵系统，分为高压加气嘴通风系统和低压格栅通风系统。在欧洲专业化的堆料制备企业，二次、三次发酵通常共用同一类型的发酵隧道（黄毅，2014）。同一次发酵隧道不同，二次发酵除需常规的高压通风系统，还需要配备回风、新风混合系统以及专业的发酵控制系统。小型菇厂一般选用高压加气嘴通风系统进行二次发酵，可以有效地降低建设成本；大型菇厂则可以考虑低压格栅通风系统，在隧道内进行三次发酵，提高菇房周转率。由于堆料的二次发酵十分重要，其中对所需的风量和温度的控制要求较高，建议有条件的企业可以配备专业公司生产的隧道发酵控制系统，如荷兰 AEM 公司、Fancom 公司等，通过控制系统自动化控制保证培养料生产的稳定性。

(3) 化验室　双孢蘑菇工厂化生产环节多，且各环节间互相影响，因此需要建立配套的化验室进行跟踪监测。通常化验室的主要职责有原材料检测、堆料过程监控、覆土检测、病虫害鉴定等方面。因此，需配备的常规设备主要有生物显微镜、凯氏定氮仪、快速水分测定仪、灰化炉、烘干箱、蒸馏水制备仪及 pH 计等。除了传统的化学分析方法以外，近红外光谱（NIR）也已经成功应用于堆料分析，计算机利用检测的数据与数据库比对可以快速获得样品的检测数据。通过化验室进行测定的项目主要有原材料的含水量、含氮量、灰分、堆过程的含氮量、含水量、灰分及酸碱度变化。同时还可以配合栽培菇房进行病虫害病原菌及病虫的鉴定，为菇房病虫害的防控提供参考。

（二）覆土制备区

目前双孢蘑菇栽培仍然离不开优质的覆土，由于购买的覆土原料其结构、含水量并不能满足生产的要求，需要有一个专门的覆土制备车间，进行覆土的搅拌消毒工作。覆土搅拌区所需设备，主要有覆土搅拌机、装载机、称量装置等。覆土搅拌机一般采用双轴绞龙结构，添加水以及其他辅料，通过搅拌覆土达到蘑菇栽培所需的团粒结构、含水量和pH，并通过添加甲醛对覆土进行消毒。

（三）出菇房

为克服自然环境对双孢蘑菇生长的影响，需要配套的空调出菇房，通过对菇房环境的控制以满足双孢蘑菇生长的需求，来达到工厂化周年生产的目的。菇房墙体和屋顶通常采用10cm厚的彩钢泡沫板铆接而成，或者在砖瓦房内部填充聚氨酯泡沫层而成。现代工厂化菇房通常高5m，长12～15m，宽5～10m，边高5m，中高6m。床架排列方向与菇房方向垂直，床架用不锈钢或防锈角钢制作，长10～12m，宽1.4m，2～4列床架。菇床分5～7层，底层离地0.4m，层间距离0.6m，顶层离房顶2m左右，栽培面积在200～350m^{2}之间。此外一些大型蘑菇工厂的单间菇房栽培面积超过1000m^2，能够更好地提高栽培效率。菇房配备空气循环系统，设有回风口、新风口，通过风管进行空气传送，床架间通道下端开设2～4个百叶扇进行排风。菇房配套设备主要有空气调节系统、环境控制系统、蒸汽锅炉、浇水设备、采菇车、拉网机及搔菌设备等。菇房环境控制系统主要通过控制空气调节设备及风机循环系统进行整个菇房的环境控制，目前国内成熟工厂多采用荷兰Fancom公司及Dalsem公司的产品。

二、工艺流程

工厂化双孢蘑菇栽培主要工艺流程如图18-1所示，与季节栽培工艺流程类似，都要经历堆料制备、播种、发菌、覆土、出菇管理及采收等流程。工厂化栽培为周年连续栽培，因此各个环节时间安排紧凑，需要更加专业合理地进行生产管理。

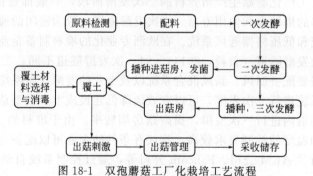

图18-1 双孢蘑菇工厂化栽培工艺流程

（一）培养料制备

双孢蘑菇培养料与其他食用菌特别是木生菌的培养料不同，它是通过微生物发酵作用进行制备的一种选择性培养料，通常双孢蘑菇培养料也被称作堆肥。因此，在培养料的制备过程，诸多因素作用其中，如何保障培养料的稳定是蘑菇生产成败的关键。早期的堆料制备方法多为室外长期发酵，堆制周期长达30d左右。为缩短发酵周期，提高堆料质量，当前工厂化双孢蘑菇栽培多采用隧道式发酵技术进行堆料制备。

(二) 原材料

双孢蘑菇的生长发育所需的营养物质主要为碳水化合物、含氮化合物、矿物质元素及相关微量元素。这些营养物质均要从培养料中获得。因此，合理的配方配制及堆料工艺有助于进行工厂化生产。不同的原料由于其物理结构、营养物质间的差异，在堆料过程中应加以分析和利用。以下简要介绍几种常用原辅材料，作为生产参考。

(1) 麦草　麦草作为当前栽培最主要的原材料，在全球双孢蘑菇工厂化栽培中被广泛使用。主要是因为麦草在二次发酵后，仍具有很好的结构，可以保证堆料的柔韧性及透气性。麦草在堆料过程随着表面蜡质层的分解，其持水能力增强，可以吸收大量的水分，满足双孢蘑菇菌丝生长需求。麦草富含木质纤维素，是双孢蘑菇菌丝生长主要的碳源物质。优质的麦草呈金黄色，质地坚挺，茎秆呈圆管状，长度20～25cm，含水量应在15%以下，含氮量在0.4%～0.7%之间，灰分低于10%。麦草收购后应注意避雨储藏，防止受潮导致霉变。新鲜麦草由于其表面蜡质层结构打开较慢，需要发酵的时间较旧草更长。

(2) 鸡粪　常规栽培多通过添加牛粪来提高培养料的含氮量，工厂化生产当中则以鸡粪为主。鸡粪中的氮素是双孢蘑菇生长的主要氮源，在堆料过程中添加鸡粪可以使堆温快速上升，加快麦草打开速度。湿鸡粪要求新鲜，无泥沙，未发酵含氮量在3.5%～5.5%之间，湿度在30%～50%，灰分18%～28%。不同堆料工艺对鸡粪要求也不同，如果采用混料线进行麦草和辅料混合预湿，需要采用干鸡粪，且需要将鸡粪粉碎，保证堆料混合均匀。鸡粪质量的稳定性关系到后续发酵及二次料的稳定性，因此应保持供应商稳定，并对每个批次的鸡粪进行检测。

(3) 氮源添加剂　用于堆料的氮源除了鸡粪以外，各种高氮农副产品如豆粕、花生粕、棉籽粕、白酒糟、血粉等也常用于堆料当中，以提高培养料的含氮量。其中豆粕因其获取简易，价格相对便宜使用最为普遍，其质量要求水分小于8%，黄色或棕黄色，气味正常，具有大豆粕特有的香味，无霉变，无异味，颗粒小，含氮量7.5%～8.0%。氮源添加剂的添加量应根据堆料配方的碳氮比进行添加，以求达到最佳性价比。

(4) 石膏　主要成分为硫酸钙（$CaSO_4$），根据其所含的结晶水分多少为生石膏（$CaSO_4 \cdot 2H_2O$）、熟石膏（$2CaSO_4 \cdot H_2O$）和硬石膏（$CaSO_4$）。在双孢蘑菇工厂化生产上欧美地区多以生石膏为主，国内则有部分厂家使用熟石膏。石膏添加量一般在5%～7%，其主要作用为改善堆料的油腻性状，增加堆料通气性，同时有助于稳定铵离子，更好地控制pH，其中的钙离子则可为双孢蘑菇菌丝生长提供钙离子。生产上使用的石膏一般呈白色或略灰色，纯度要求85%，水分3.5%以下，细度要求80～100目。一般使用石膏前需进行重金属检测，防止过量吸收其中的重金属。

(5) 水　水分是双孢蘑菇生长必不可少的成分，因为子实体90%左右均由水组成，同时水也是营养物质传输的媒介。收获1kg双孢蘑菇，一般需要吸收2～3L水，其中70%～90%的水分都是从蘑菇培养料中吸收。一般培养料制备都是从麦草预湿开始，通过麦草吸收水分，微生物开始大量进行繁殖活动，通过代谢产热逐步提高培养料温度，加速麦草腐熟。堆料制备过程的水都是可以重复利用的，因为废水中存在的大量微生物是堆料起始阶段微生物的一大来源。循环利用堆料过程中的废水时，可以建造相应的储水池，通过搅拌通气来防止厌氧。

(三) 常规配方

工厂化双孢蘑菇生产以各类秸秆为主要原料，同时通过添加鸡粪、牛粪、豆粕和花生粕等高氮物质进行配比。生产配方多根据当地资源特点进行调整（杨国良，2004）。微生物活动在碳氮比 30 左右最为活跃，因此，配制堆料配方时可以参考表 18-1 进行计算，按碳氮比 30 进行初始投料，起始含氮量一般配制在 1.5% 左右。

表 18-1　双孢蘑菇培养料主要成分的碳氮比（C/N）

物料	C/%	N/%	C/N	物料	C/%	N/%	C/N
稻草	45.59	0.63	72.37	羊粪	16.24	0.65	24.98
大麦秆	47.09	0.64	73.58	兔粪	13.70	2.10	6.52
玉米秆	43.30	1.67	26.00	鸡粪	4.10	1.30~4.00	3.15~1.03
小麦秆	47.03	0.48	98.00	花生饼	49.04	6.32	7.76
稻壳	41.64	0.64	65.00	大豆饼	47.46	7.00	6.78
马粪	11.60	0.55	21.09	菜籽饼	45.20	4.60	9.83
黄牛粪	38.60	1.78	21.70	尿素		46.00	
水牛粪	39.78	1.27	31.30	硫酸铵		21.00	
奶牛粪	31.79	1.33	24.00	碳酸氢铵		17.00	

下面以国外常用培养料配方举例进行碳氮比计算，堆料发酵前的含氮量及碳氮比计算应扣除原材料当中含有的水分。由表 18-2 可见该配方配制的碳氮比为 29.97 符合栽培要求。

表 18-2　双孢蘑菇堆料碳氮比计算

原料	质量/t	含水量/%	干重/t	含氮量/%	氮干重/t	含碳量/%	碳干重/t	碳氮比
秸秆	57.32	13.00	49.87	0.58	0.29	50.00	24.93	86.21
玉米芯	8.76	24.36	6.63	0.75	0.05	42.00	2.78	56.00
鸡粪	36.49	34.70	23.83	3.80	0.91	45.00	10.73	11.84
硫酸铵	0.20	9.00	0.18	21.00	0.04	0.00	0.00	0.00
石膏	4.20	10.00	3.78	0.00	0.00	0.00	0.00	0.00
总计	106.97		84.29	1.53	1.29	45.60	38.44	29.80

注：含氮量=氮干重/干重；含碳量=碳干重/干重；碳氮比=含碳量/含氮量。

三、培养料制备工艺

由于双孢蘑菇需要专门的选择性培养料，当前工厂化生产培养料多通过隧道发酵方式进行制备。尽管培养料堆制都是通过微生物活动发酵进行制备，但不同厂家间配套设备、原材料配方等方面的差异，造成了堆制工艺各有不同。总体而言，堆料过程一般要经过以下几个阶段：原辅材料预湿建堆、一次发酵、二次发酵等。以下将进行详细介绍。

（1）预湿建堆　培养料的制备一般是从麦草的预湿开始，一般采用泡料法或浸料法进行操作。泡料法一般将整捆麦草打开，用装载机推入泡料池当中，进行搅拌浸泡。浸料法则利用自动浸草机或浸料池将整捆麦草强制浸入水池中，直到没有气泡冒出，让麦草充分吸水，达到预湿的目的。相较而言，泡料法需要占用场地较大，且麦草吸水的均一性略差一些，但由于设备投入少，操作简便，仍是主要的麦草预湿方式。由于不同原料间理化性质差异较大，如何保证均匀混合的同时达到腐熟度的均一性，是保证发酵培养料优质的关键。因此预湿完的麦草需要进行建堆操作，以方便添加豆粕、石膏等辅料。通过搅拌或利用混料线进行混合建堆，以达到原辅材料间的均匀混合，提高堆料的一致性。

（2）隧道一次发酵　受集中式二次发酵原理和一次发酵烟囱效应的启发，欧美地区的双孢蘑菇研究者将二次发酵隧道技术应用于一次发酵过程中，目的是在一次发酵过程中创造出适宜的条件，从而制造出更均匀的一次发酵料条件。同常规露天堆料不同采用隧道发酵受天气影响较小，因为采用主动通风增氧方式避免了堆料中间厌氧区的形成，同时堆料各部位温度偏差较小有利于堆料的均匀发酵，可以提高培养料质量。一次发酵是一个原材料软化降解的过程，需要经过不同温型的微生物将原材料分解利用，同时还是有益微生物扩大生殖繁衍的过程，因此并不需要在封闭的隧道内进行。通常一次发酵隧道的进料门和屋顶是开放式的，因此也被称为槽式发酵。

最初的二次发酵隧道的通气方式并不能很好地适应于一次发酵。主要是因为早期的二次发酵地面都采用格栅状的大面积"川"形通风孔（通风孔面积占地面面积的25%），在二次发酵过程中的循环回风量为主要通风量，堆料下部和上部会形成较大的压力差，有助于空气的流通。但这种模式应用于敞开的一次发酵隧道中，同样功率风机的压力达不到让气流穿透堆料层的需求。随后通过技术改进，将隧道的通风方式改进为上小下大的小孔径锥形通风孔，上通风口总面积不超过地面面积的1%。改进后的隧道能够产生较高压的气流，有利于气流的穿透上行，这就使得隧道式一次发酵效果得以显著提高。

这两种隧道的预制板下部空间是全部通透的，立于下部的起支撑作用的水泥桩子会阻碍空气流通，使气流形成不同走向的乱流，结果降低了气流的压力，不利于空气的穿透上行。进一步的改进措施是将隧道底部按通气孔分割成独立的条状通气道，并引进了离心式高压风机。现在荷兰人已开发出专用的PVC通风管道系统，管道直径为16cm，要求风机压力达到4000～6000Pa（图18-2）。这种通风系统可以产生强大的压力气流，整个管道的压力基本一致，并能迅速向培养料内渗透，并不会因为隧道内某些部位的阻力小而使得气流更多地流向此处（图18-3）。好处是既解决了隧道内填料不均匀导致的通气不良的问题，又大幅度提高了一次发酵隧道的填料量，填料高度由原来的2m上升到5m（图18-4）。

图18-2　用于一次发酵隧道的PVC通风管道及高压风机

麦秆鸡粪配方一次发酵结束一般堆料技术指标如下：①草料呈暗褐色，可见放线菌白斑；②草料有弹性，拉断时有一定的阻力；③含水量73%左右，用手紧握料时指缝有少量水；④pH 7.8～8.2，含氨量0.15%～0.4%，有少量氨味；⑤含氮量1.5%～1.8%。传统发酵隧道的风压一般高于6000Pa，供风量在15～20m³/(h·t)，风机的频率取决于培养料的含氧量、温度及填料高度，一般温度控制在76～80℃，氧气浓度控制在8%～12%。间歇式通风供给的时间，通常根据不同原材料材质和料堆温度的上升不断调整。

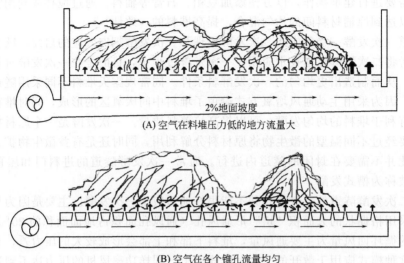

(A) 空气在料堆压力低的地方流量大

(B) 空气在各个锥孔流量均匀

图18-3　不同形状气孔的气流分布流向图

图18-4　利用装载机和摆头抛料机进行一次发酵隧道的均匀填料

（3）隧道二次发酵　把大容积的一次发酵料放在特制的隧道设施中进行自动控制的二次发酵方式是意大利学者发明的，到了20世纪70年代才在荷兰和法国的双孢蘑菇生产上成功应用。它的应用使得蘑菇栽培更容易进行机械化传输、装床、接种和出料等工作，节约了大量人力资源、能源，简化了环境控制操作，奠定了近代双孢蘑菇产业的基础。据说，荷兰仅引进集中发酵技术，就使本国的双孢蘑菇产业规模扩大了30%。常规床架式的二次发酵过程中，菇床料温和室温差距通常可以达到10～15℃，但在隧道式集中发酵中，二者温差仅1～2℃。这对维持高温有益微生物最适条件48～52℃是很有效的，甚至几乎不需要外源热量，依靠自然发酵产生的热量就可以完成"巴氏消毒"和"控温发酵"整个二次发酵周期。它的应用真正意味着蘑菇栽培方式由一区制进入双区制，既增加了菇房的年栽培周期，还延长了菇房设备的使用寿命。

集中发酵方式要求发酵隧道除了一个排气口和进气口外，其余地方完全密闭，并具备优良的保温性能、抗压能力和可控温、控湿、控制风量的空气内外循环混合系统。为保险起见，有时还需要安装输入干热和湿热的不同进气管道。在整个系统中，最重要的是要保证循环风机具有满足隧道内每吨培养料 200m³/h 循环风量、最大能产生 100mmHg（1mmHg＝133.322Pa）静压力的能力（图 18-5）。

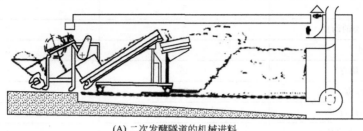

(A) 二次发酵隧道的机械进料

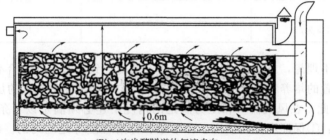

(B) 二次发酵隧道的气流走向

图 18-5　二次发酵隧道的机械进料和二次发酵隧道的循环通气

二次发酵主要作用有以下几点：①通过巴氏消毒杀灭残留在未能完全腐熟堆料中的有害生物体，不同致病生物体杀灭时间见表 18-3。②为堆料中有益微生物菌群［高温细菌（最适温度 50～60℃）、放线菌（最适温度 50～55℃）、丝状真菌（最适温度 45～53℃）］创造出适宜的活动与繁衍条件，继续发酵并积累只适合于蘑菇菌丝利用的选择性培养料。为了达到良好的发酵效果，整个二次发酵过程必须在发酵隧道或栽培室内严密地控制温度和空气的供给，整个过程分为温度平衡、升温、巴氏消毒、降温、控温发酵、降温冷却六个阶段。二次发酵结束一般堆料技术指标如下：含氮量 2.1%～2.3%，无氨味，含水量在 68%～70%，pH 7～7.5，堆料呈现放线菌生长后形成的灰白色，培养料质地柔韧，手感不黏不污手，浸出液为清澈透明。二次发酵过程的成功与否很大程度上取决于一次发酵控制的好坏。当一次发酵不足时，易分解碳水化合物没有充分分解转化，二次发酵过程中需要通新风来降低温度，也间接导致了氨气浓度的降低，正常二次发酵阶段氨气浓度应在 0.02%～0.03%。而氨气浓度不足通常会影响杀菌效率，进而导致后期播种发菌阶段出现霉菌污染。反之一次发酵过熟，导致料温不足，不能通入足够新风，氨气浓度过高，后期床面容易引起鬼伞问题。堆料碳氮比变化从建堆开始的 30:1 到一次发酵结束 20:1，二次发酵结束则为 16:1。二次发酵结束应及时出料，并对隧道进行清洗去除残留的堆料残渣，准备下一次进料作业。

表 18-3　不同温度下消灭双孢蘑菇不同致病生物体所需的时间

致病生物体	55℃/h	60℃/h
白色石膏霉	4	2
湿泡病菌(疣孢霉)	4	2
干泡病菌(寄生轮枝菌)	4	2
蛛网霉(轮枝指孢霉)	4	2
假单胞杆菌	2	1

续表

致病生物体	55℃/h	60℃/h
线虫	5	3
蝇类、瘿蚊类的幼虫	5	3
螨类	5	3
唇红霉（地霉）	16	6
橄榄绿霉	16	6
黄色金孢霉（黄霉）	10	2
褐色石膏霉（丝葚霉）	16	4
绿霉（木霉）	16	6
胡桃肉状菌（假块菌）	6	3

二次发酵效果不理想，主要是因为风机功率不匹配导致新鲜空气供给不足或太强，还有就是隧道内不同位置的培养料密度不同导致通风不均匀，通常新鲜空气的加入量仅相当于循环风量的10%。因此，在风机流量和压力满足的情况下还必须满足以下条件才能制造出均匀一致的优良堆肥：①保证堆肥的结构、含水量、分解程度等是均匀的。②堆肥充分混合，以相同厚度和密度进行装料，装料呈均匀状态。③装料作业一次完成，不能中断，堆肥层不会产生断层。④隧道下部的通风地面对着空气入口呈2%的坡度，目的是维持前后空间的压力均衡和有利于排除积水。但在实际生产过程中要保持绝对的均匀是不可能的，为了达到二次发酵过程中温度、需氧量的动态平衡需要管理者具有丰富的实践经验。

四、播种发菌与覆土

（一）菌种选择

（1）常用工厂化栽培品种简介　目前全世界使用的双孢蘑菇菌种有90%以上均为同核不育单孢杂交的菌株。从颜色上分，有白色杂交种（多为纯白种与米白色种杂交）和棕色杂交种（多为棕色种之间或棕色与白色种之间杂交）。从生产特性上分，又有适于工厂化生产的种（如U1系列）或适于自然气候条件下栽培的种（As2796系列）。从加工特点上分，又有适于鲜销的种（S130）、适于罐藏加工的种及二者都适用的种（As2796）。常用工厂化栽培的品种如表18-4所示。不同的双孢蘑菇品种对环境条件能力的适应也不太相同，因此，在选择菌种时需要综合考虑原材料、气候、采收方式等各种因素。为保持工厂化生产持续稳定，建议从正规菌种厂采购栽培种，或从有资质的单位进行母种引种。

表18-4　常用栽培的品种

品种名称	使用情况	选育单位
As2796	白色品种，在中国广泛使用，抗逆性强，鲜菇适用于罐藏或鲜销	福建省农业科学院食用菌研究所
W192	白色品种，在中国广泛使用，适于工厂化栽培，菇体紧实，货架期长，鲜菇适用于罐藏或鲜销	福建省农业科学院食用菌研究所
福蘑38	白色品种，在中国广泛使用，适于工厂化栽培，菇体紧实，货架期长，鲜菇适用于罐藏或鲜销	福建省农业科学院食用菌研究所
U1	白色品种，在欧洲、北美洲广泛使用，适于工厂化栽培，或罐藏或鲜销	荷兰Horst蘑菇试验站

续表

品种名称	使用情况	选育单位
A15	白色品种,适于工厂化栽培,菇体紧实,白色,适于鲜销	美国 Sylvan 公司
SB295	棕色品种,朵形大,厚实,可做牛排菇	美国 Sylvan 公司
XXX	白色品种,适于工厂化栽培,菇体紧实,白色,适于鲜销	美国 Amycel 公司
901	白色品种,适于工厂化栽培,菇体紧实,白色,适于鲜销	美国 Lambert 公司
F50	在欧洲广泛使用,罐藏与鲜销	法国传统品种

(2) 菌种类型简介　按制作菌种所使用的基质类型不同,菌种又可以分为麦粒菌种、小米菌种、合成基质菌种等。当前国内外公司使用较多的为麦粒菌种和小米菌种,非粮食基质的合成基质菌种目前也已成功开发并商用。小米菌种由于颗粒较小,相对于麦粒菌种而言,其萌发点更多,菌丝发菌速度更快,同时小米菌种碳水化合物含量较少,相对不容易感染杂菌。

(二) 播种与发菌管理

(1) 播种　由于采用隧道式发酵,二次培养料的接种多采用混合播种,在进行上料作业时通过播种机,将菌种与二次料混合,然后通过拉网机将培养料装入床架。一般二次料的装床量在 $85\sim100\text{kg/m}^2$,填料高度 20cm 左右,菌种播种量通常按 $0.5\sim1\text{kg/m}^2$ 进行播种。播种前应提前将菌种从冷藏室中取出,以促进菌丝活化,上料机器、设备以及播种人员的手和衣服需要清洁。当上料完毕后,将总量 20% 的菌种,散播在料面,有助于缩短双孢蘑菇菌丝在料面发菌的时间,加快菌丝封面降低杂菌感染。

(2) 发菌管理　播种完毕的菇床需要覆盖塑料薄膜,为菌种萌发提供一个合适的温湿度条件。当菌丝菌种开始吃料后,堆料的颜色开始变浅至棕黄色。菌丝开始吃料后应注意料温变化,一般料温控制在 25℃ 比较适宜,当料温高于 30℃ 容易对菌丝造成不可逆的伤害,即使菌丝正常吃料后期出菇产量也会造成较大的影响。保持菇房的湿度在 90%~95%,必要时在地板浇水,开启风机内循环,减小各个床架间的温差。一般在播种后第 7d、第 8d,随着菌丝代谢料温将达到最高,此时应注意检测料温情况,必要时可人工测温保证各部位菌丝正常生长。一般 9~10d 即可进行揭膜,然后控制菇房温湿度,待菌丝表面恢复为绒毛状则可以准备进行覆土操作。一般工厂化栽培发菌阶段控制在 15~18d,不同品种间略有差异,超过这一时间就需要分析可能存在的问题。由于菌丝生长阶段对二氧化碳的耐受能力较强,一般无须检测其浓度,但在菌丝生长活跃阶段则需要适当开启新风,一方面提供足够的氧气,另一方面可以利用新风进行降温。通常根据菇房条件,气温控制值的设置可以参考以下公式进行:$20.0+[25.0-(实际料温-1.0)]\times2.0=$气温设置值。在发菌阶段由于菌丝的生长和代谢,培养料的干物质和水分损耗会使质量减少 7%~10%。

(三) 覆土

双孢蘑菇工厂化栽培中也离不开覆土,通过覆土使菌丝从营养生长转为生殖生长。其主要作用体现在以下几个方面:

① 覆土可以为双孢蘑菇的生长提供一个稳定的温湿度小环境,并支撑子实体生长;

② 改变菌丝的营养结构,相对于堆料而言覆土中营养物质匮乏不利于菌丝营养生长,刺激菌丝转为生殖生长;

③ 覆土对菌丝的物理刺激,促进了菌丝的扭结以形成原基;

④ 覆土中的微生物及其代谢产物刺激双孢蘑菇菌丝扭结形成原基;

⑤ 覆土可以为双孢蘑菇生长补充水分，适用于覆土的材料需要具有高持水性、较好的团粒结构、低营养物质、不含有对双孢蘑菇有害的病虫等特点。

(1) 覆土材料　当前理想的覆土材料主要为泥炭土，其主要由植物残体、根系在地层内经漫长年份的沉积、埋压而成。泥炭土组织疏松，吸水性强，保水性好（含水量可达80%～90%），酸碱度适中，病虫杂菌少，双孢蘑菇菌丝在土层中生长势强，菌丝粗壮，有利于子实体原基扭结。完全的草炭土使用并不能达到最好的效果，而且使用的成本较高，不同来源的泥炭土其性能也有较大的区别。通常泥炭土用作覆土材料一般还添加部分黑色泥炭土、白垩土及已高温灭菌的双孢蘑菇废料。国外的双孢蘑菇工厂化栽培场都使用泥炭混合土进行覆土。我国的泥炭土分布较广泛，但开发利用较少，目前仅有少数几家周年生产的双孢蘑菇场使用，江浙和福建部分地区专供高品质鲜菇的双孢蘑菇场也在使用。

(2) 覆土制备　购买来的泥炭土其含水量、酸碱度及结构还不能满足双孢蘑菇对覆土材料的要求，且还含有一些病虫害，因此还需要进行覆土处理，以满足双孢蘑菇生长的需求。由于购买的覆土可能混有树木残枝及石块等，需先进行过筛处理，去除大块的杂质。一般覆土时要求覆土的含水量在68%～76%，pH在7～7.5之间，同时具有良好的团粒结构。因此，在覆土时通常采用覆土搅拌机进行搅拌，添加轻质碳酸钙、石灰等进行pH的调节，通过测定其含水量进行水分添加。覆土中时常带有对双孢蘑菇有害的病原微生物，因此适当的消毒处理，可以降低因覆土带来的病虫危害。通常采用甲醛对覆土进行消毒，$1m^3$覆土需要添加40%的甲醛溶液1L，应注意气温对消毒效果的影响，当室温低于15℃时消毒时间应适当延长。

(3) 菌丝爬土管理　制备好的覆土应及时进行覆土操作，以免使覆土受到污染。覆土过程要保持床面的平整，覆土高度一般4.5～6cm，采用拉网机进行覆土作业。覆土以后需要及时清理掉下的土，并用水清洗地面。覆土后管理要求培养料温度直到出菇期都要保持在菌丝生长温度。在覆土中菌丝一般需要生长4～7d，此时应该每天关注菌丝上土情况（图18-6），一般覆土到搔菌期间喷水量在$5～20L/m^2$，而喷水量则取决于多方面因素，例如覆土的持水力和吸水能力、培养料质量、培养料活性、上土时间、覆土厚度等。尽量在覆土中培养粗壮的菌丝为出菇阶段打好基础，如果菌丝活力不足则容易导致接触层培养料腐烂，从而大大降低最终产量。注意保持空间湿度及二氧化碳浓度，高湿和高浓度的二氧化碳有助于菌丝恢复和营养生长，结合覆土打水的过程，搭配合适的杀菌剂及杀虫剂进行病害和虫害的预防。

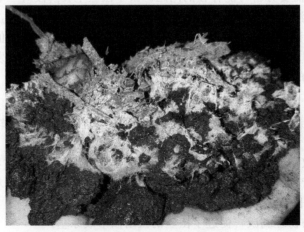

图18-6　覆土中生长的菌丝

五、出菇管理及采收

（1）搔菌及出菇管理　当覆土中的菌丝达到覆土层的70%左右，便可进行搔菌处理。使用搔菌机将覆土层中的菌丝体打散混匀，使整个覆土层中的菌丝分布更加均匀。通过搔菌处理利于菌丝恢复，互相联络可以促进出菇整齐，防止丛生菇的发生。同时通过搔菌处理可以打开覆土结构，让硬化的覆土恢复团粒结构。搔菌后菌丝恢复期室温应控制在25℃，但应注意料温变化，以及时调整室温。高湿和高浓度的二氧化碳有助于菌丝恢复，因此菌丝恢复期间湿度需保持在95%～100%，关闭新风提高二氧化碳浓度到0.5%左右。

双孢蘑菇空调房出菇管理与常规季节栽培不同，需要对各种环境影响因子进行细致调控，如温度、二氧化碳、湿度以及喷水管理等。现代工厂化栽培的食用菌如常见的杏鲍菇、金针菇等均可以在较高二氧化碳浓度下进行栽培管理，因此对通风要求不是太高。而双孢蘑菇对通风要求极高，因此传统的木生菌类工厂化栽培管理方式，不适用于双孢蘑菇的栽培管理。根据品种选择不同及菇房条件差异，需要因地制宜适时做出调整。一般双孢蘑菇生长菇房最适温度为16℃左右，而原基的形成则与降温的速度与幅度关系密切。

降温可以从恢复生长12h后开始进行，但是应该注意降温过程菌丝在土面上的生长状况。如果菌丝体恢复很快，降温也可以提前一点开始。降温过程的控制不单是气温的降低，同时二氧化碳以及湿度也是逐步降低，具体如何设置应该根据菌丝生长情况进行调整。覆土中的菌丝主要是受料温影响，因此料温较高的情况，菌丝在土中生长较快。控制出菇的层次性，需要料温、气温、二氧化碳以及湿度的协调控制。如果覆土表面菌丝没有按预期的收缩，可以更快地降低二氧化碳浓度以及湿度，必要时可以给予菌丝每平方米0.5L水，强制菌丝倒伏收缩。原基生长阶段注意观察原基的层次以及小菇的生长状态。从小菇到采收，由于前期原基阶段对环境较为敏感，需要减小波动才能达到更好的出菇效果。采菇的天数一般控制在3～5d之间，出菇层次（图18-7）控制较好可以分5天采收，以获得较高的商品菇得率（马克·欧登，2018）。

图18-7　层次生长的蘑菇

不同品种间出菇调控需要进行经验积累，如Sylvan公司A15品种的管理模式。当温度和二氧化碳浓度较低时，可以刺激原基形成，此时环境因子的变化幅度越大对菌丝的刺激越强，形成的原基数量也就越多；变化幅度越小，则形成的原基越少。同时原基多少与覆土中菌丝量也有关，菌丝量越大形成原基数量越多。栽培中，一般通过覆土中菌丝量和环境因子的变化幅度来控制原基的形成数量，以满足不同产品的需求。

（2）采收　栽培管理并非影响蘑菇质量的唯一因素，合理的采菇方法也会直接影响蘑菇的质量。当子实体长到标准规定的大小且未成薄菇时应及时采摘。柄粗盖厚的菇，菇盖长到3.5～4.5cm 未成薄菇时采摘。柄细盖薄的菇，菇盖在 2～3cm 未成薄菇时采摘。潮头菇稳采，中间菇少留，潮尾菇速采。菇房温度在 18℃ 以上要及早采摘，在 17℃ 以下可适当推迟采摘。出菇密度大，应及早采摘；出菇密度小，适当推迟采摘。在出菇较密或采收前期（1～3潮菇），采摘时先向下稍压，再轻轻旋转采下，避免带动周围小菇。采摘丛菇时，要用小刀分别切下，后期采菇时采取直拔。采摘时应随采随切柄，切口平整，不能带有泥根，切柄后的菇应随手放在内壁光滑洁净的硬质容器中。为保证质量，鲜菇不得泡水。采菇前3～4h 内不要喷水，以免菌盖或菌柄发红。工厂化栽培一般前两潮产量占到总产量 80% 左右，通常采收三潮，三潮产量 25kg/m² 左右，如果采用三次发酵料其产量可达 30kg/m² 以上。

根据国家双孢蘑菇鲜菇标准，一级品、二级品菇均要求色泽洁白，具有鲜蘑菇固有气味，无异味，蛆、螨不允许存在。脱水率为：鲜菇经离心减重不超过 6%，经漂洗后的菇不超过 13%。在形态方面，一级品要求整个带柄、形态完整、表面光滑无凹陷、呈圆形或近似圆形，直径 20～40mm，菇柄切削平整，长度不大于 6mm，无薄菇、无开伞、无鳞片、无空心、无泥根、无斑点、无病虫害、无机械伤、无污染、无杂质、无变色菇。二级品要求整个带柄、形态完整、表面无凹陷、呈圆形或近似圆形，直径 20～50mm，菇柄切削平整，长度不大于 8mm，菌褶不变红、不发黑，小畸形菇不多于 10%，无开伞、无脱柄、无烂柄、无泥根、无斑点、无污染、无杂质、无变色菇，允许小空心，轻度机械伤。

图 18-8　机械采菇

国内消费者更青睐致密的双孢蘑菇，然而国外一些消费者喜欢风味浓厚、更加成熟、开伞的双孢蘑菇。双孢蘑菇的成熟度由开伞破膜程度决定而不是由菇体大小决定。虽然成熟的双孢蘑菇既有大的也有小的，但农户和消费者都更喜欢中大个蘑菇。工厂化栽培一般只采收 3 潮，缩短的时间可以允许菇房多次种植，同时有助于防止虫害和病害。随着人工成本的不断提升，欧美地区的发达国家开发了机械采收装置，但采收下来的菇质量一般只能作为加工使用，很难进入鲜销市场（图 18-8）。采收下来的蘑菇除鲜销以外，还可以通过罐藏、盐渍、速冻、干制等加工手段进行储藏销售。

（3）转潮期管理　一潮菇采收完成后，便开始进入转潮期管理。一般一潮菇结束后，需要通过控制菇房温度来控制转潮后的原基数量，通过层次出菇，提高蘑菇质量。同时转潮阶段原基过多及死菇过多，都不利于转潮后的出菇管理，同时容易给霉菌、细菌及菇蚊等提供发育环境。转潮阶段需要注意杂菌的预防，在转潮浇水阶段可添加杀菌剂及杀虫剂进行预防。应结合菇房实际情况，参考表 18-5 及时调控菇房环境，以满足蘑菇生长需求。同理二潮转三潮期间，由于培养料的活性进一步降低，气温较二潮应逐步降低，同时防止料温倒挂，湿度较二潮也要适度降低。覆土的含水量过低，往往是三潮菇产量不佳的原因。在夏季斑点病发生率较高的情况下，要注意湿度不能过高，在雨天时更要注意湿度不能过大。

表 18-5　不同潮次出菇期环境控制

环境因子	一潮菇	二潮菇	三潮菇
空气温度/℃	17~19	16.5~18	16~17
堆肥温度/℃	19~25	18.5~20	17~18
温差/℃	2~5	1~2	0.5~1
湿度/%	88~90	86~89	85~88
CO_2/%	0.12~0.16	0.09~0.14	0.08~0.12

(4) 菇房清空　采收结束后，有条件的菇房应采取蒸汽熏蒸的方式进行消毒处理，以便于下一轮出菇栽培管理，一般通入高温蒸汽，使堆肥温度达到70℃并保持8h以上。如没有蒸汽熏蒸条件，亦可采用甲醛加高锰酸钾方式进行化学熏蒸，具体操作方式如下：将菇床上废料清理完毕后，将菇房及层架用含有0.1%漂白粉的水进行冲洗，然后用甲醛及高锰酸钾进行消毒，其用量为每立方米空间使用高锰酸钾4~5g，甲醛溶液10mL，熏蒸24h后进行通风处理即可。熏蒸后的双孢蘑菇废料可作为有机肥的优质原料，循环应用到农田当中。废料清理结束，要及时清洗菇房、床架、拖网，保持菇房干净卫生，为下次栽培做好准备。

六、常见病虫害防控

双孢蘑菇工厂化栽培过程中，菇房环境的不断恶化、培养料发酵过程出现偏差等原因，都会引起病虫害的发生。因此，认识和分析病虫害发生的成因，并选择合适的处置方法，有利于及时控制病虫害传播，降低生产损耗，减少相应损失。工厂化蘑菇栽培最早源于西方国家，目前采用最先进的标准菇房栽培模式，在采用三次发酵培养料时，每间菇房一年可周转栽培8~11次，如此高的周转率在带来可观效益的同时，潜在的病虫害风险带来的损失也十分巨大。

（一）病害

目前在工厂化双孢蘑菇栽培过程中，常见的病害主要有由真菌引起的干泡病（寄生轮枝菌）、湿泡病（疣孢霉）、蛛网病（轮枝指孢霉）、木霉病（生产上也常称作绿霉病），由细菌引起的斑点病或锈斑病（主要由托拉斯假单胞杆菌及姜黄假单胞杆菌等引起），此外还有一些真菌病毒引起的褐变及畸形等现象。

(1) 木霉侵染　木霉菌丝营养生长阶段与双孢蘑菇菌丝类似，均为白色，因此其营养生长过程中很难被发现，只有当环境变化刺激后，木霉菌丝形成绿色孢子，才会被观察到。木霉侵染是双孢蘑菇工厂化栽培中，最常见却危害巨大的一种病害。一般木霉侵染的堆料及覆土均不再形成蘑菇子实体（图18-9），同时木霉菌丝还会侵染正常的蘑菇原基，导致斑点及菇体腐烂直接造成蘑菇减产。一旦发生侵染性的木霉危害，特别容易借助于菇蚊、菇蝇及螨虫等快速传播，导致菇房栽培环境的迅速恶化。因此，发生木霉污染需要密切关注虫害的发展，及早地采用石灰或粗盐进行覆盖，可以起到一定的隔离作用。菇房木霉侵染的来源途径多样，传播迅速，在15~30℃环境下均能快速繁殖。一般木霉通过孢子进行传播，未经处理的新风、恶化的菇房环境、受污染的培养料以及各个栽培环节的人为因素等都有助于木霉孢子的传播。与木生菌熟料栽培不同，蘑菇培养料采用发酵方式进行制备，尽管经过巴氏消毒但仍有大量的微生物存在，因此培养料的选择性十分重要。优质的培养料，洁净的栽培环境，优质的覆土以及人员卫生的管控，都是避免木霉污染的关键。任何一个环节的疏漏，均会造成病害的出现。

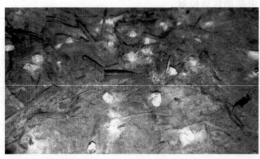 

图 18-9　木霉病和子实体斑点病

(2) 斑点病　又称锈斑病，双孢蘑菇斑点病的发生十分普遍，特别是在潮湿高温的夏季更容易发生。目前在全球工厂化栽培的双孢蘑菇工厂均有发生，已经成为困扰工厂化栽培的难题。尽管引起蘑菇子实体斑点病的病菌很多，但最主要的病菌是托拉斯假单胞杆菌。一般早期斑点病出现主要在三潮菇潮尾开始出现，对蘑菇产量及质量影响不会太大，但一旦呈爆发态势发展则难以控制。当一潮菇潮尾出现少量病菇时，就需要特别小心，因为在二潮转潮后很可能影响菇体质量及产量。带菌覆土很可能是病菌的主要来源，此外受污染的水和环境均会造成斑点病的传播。菇蚊成虫及螨虫等病虫也会携带病菌快速侵染未感染的菇体。蘑菇表面长时间处于湿润状态，会加剧病害的发展，特别是浇水以后没有及时吹干，微小感染便会逐步发展为微小病斑，继而扩大形成菌斑（图 18-9）。控制菇体表面潮湿，在两个小时内吹干，可以抑制菌斑的继续发展，从而形成较小的黑点，不会造成过大的损失。

斑点病菌的发展与菇房湿度关系十分密切。因此，将湿度控制在既不能发生鳞片病，又不会引发斑点病的范围内十分重要（Fletcher & Gaze, 2007）。尽管更高的湿度可以带来更高的菇体质量，但在斑点病大量发生时期，更高的湿度意味着更大的染病风险。湿度的控制应依据不同菇房和栽培品种的具体情况而定。注意观察菇体的水分蒸发，保持菇体表面始终呈干爽状态。采用次氯酸钠或次氯酸钙对浇灌水进行处理，控制水的 pH 在 6.5 左右，充分利用其中的次氯酸根来对细菌进行防控，使用浓度一般不超 0.015%，同时使用次氯酸盐时应注意是否会导致菇体颜色变化。

(二) 虫害

蘑菇工厂化栽培中，尽管有菇房与外界环境进行隔离，但原料、覆土及栽培菇房中潜在的虫害感染仍然时有发生。在双孢蘑菇栽培中，最常见的虫害为菇蚊、菇蝇、线虫以及螨虫。这些病虫不仅直接以蘑菇菌丝及子实体为食，还能够直接或间接地进行致病菌的传播，许多菇房病虫害的发生通常是合并发生，因此控制虫害的发展也有助于病害的防控。由于食品安全的关系，尽管有许多杀虫剂或杀螨剂均能够有效控制病虫的发生，但蘑菇子实体生长速度快，生长周期短暂，能够选用的安全高效的杀虫剂十分有限。做好虫害防控的关键还是应以源头预防为主，后期控制为辅。

(1) 菇蚊　在食用菌栽培过程中菇蚊危害十分普遍，不论是木腐菌还是草腐菌皆有发现。其中尖眼蕈蚊为最主要危害种类。大部分菇蚊危害与二次料关系不大，但仍需要注意二次发酵过程中巴氏消毒工作，以利于彻底杀灭虫卵。二次发酵结束，到上料播种需要注意播种过程不受菇蚊成虫危害。如果上料过程中成虫产卵，那么一般 16～20d 就会在菇房内出现成虫。通常清晨在气温较低时进行上料操作比较合适，此时菇蚊的活动性较弱，可以减少成虫产卵对培养料的影响。菇蚊的成虫并不直接对蘑菇子实体进行危害，但它可以通过产卵及携带病菌影响干净的菇房。菇蚊幼虫常常通过取食菌丝和子实体危害蘑菇的正常生长，一旦幼虫钻蛀到菌柄当中便很难处理。由于菇蚊成虫的活动范围很广，对蘑菇及菌丝的气味十分敏感，要特别注意菇床上死菇的清理以及做好防虫措施。

（2）螨虫　螨虫也是菇房常见病虫之一，不仅可以取食菌丝，传播病原菌，也会引起人员过敏。螨虫个体较小，只有在大量发生时才会引起人们注意，因此螨虫的防控十分困难。危害双孢蘑菇的螨虫主要是附线螨、粉螨及蒲螨等，菇房中常见的危害以蒲螨类的红辣椒螨为主（图 18-10）。红辣椒螨并不直接危害蘑菇，多以杂菌孢子为食，特别是木霉的孢子。一旦菇房培养料或覆土出现木霉侵染，则容易并发螨虫为害，加快病菌孢子的传播。螨虫耐受高温能力较差，一般二次发酵阶段高温足以将螨虫杀灭，因此大部分螨虫危害都是从菇房环境中带来的。应特别注意木霉侵染后的螨虫控制，前期控制可以预防病害的扩大和爆发。

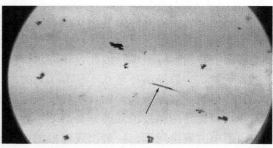

图 18-10　子实体表面聚集的螨虫（红辣椒螨）及显微镜下的线虫

（3）线虫　线虫是一种微小的蠕虫类害虫，长度通常不超过 1mm（图 18-10），只有在大量聚集时才容易观察到。不同种类的线虫，其取食特性差异较大，因此要先确定是哪一类线虫危害。一般双孢蘑菇危害的线虫主要是腐食性的小杆线虫以及危害菌丝的噬菌丝线虫。线虫的出现时常意味着覆土层处于厌氧状态，常常伴随着酸臭味，用强光手电照射的同时吹一口气可以看到线虫摇曳的身姿闪着银光。通常线虫来源主要为发酵不良的堆肥以及混有表层土的覆土，因此需要做好原材料的线虫检测。一般腐食性的线虫主要取食覆土上残留的菌丝片段、残留菇根等，及时处理可得到控制。噬菌丝线虫对菌丝危害很大，一旦发生尽快移除隔离，可以切断线虫的传播。发生线虫危害的栽培房，需要采用蒸汽加热，彻底清洁菇房后，才能进行下一轮次的栽培。在线虫发生时，要注意线虫随采菇工的手及鞋传播到干净菇房，合理安排采菇工序，或对有线虫污染的房间安排专人采收管理，有利于线虫为害的预防。

（三）生理性病害

双孢蘑菇与其他作物一样，其生长发育也需要合适的生长环境，不适的环境时常造成一些生理性病害的发生。多数生理性病害可以从蘑菇的表观形态进行大致的判断，但是有些问题出现的原因目前还不是十分清楚。与前面提到的病虫害容易直接引起大面积的减产损失不同，生理性病害相对而言不会造成大面积的传播，一般各个菇房间具有差异性。目前常见的生理性病害有环境不适引起的鳞片菇、红根菇，药害引起的畸形菇以及不明原因的丛生菇、菌被等。生理性病害尽管对产量没有太多的影响，但对品质上的影响十分大，一级菇可能变二级，二级菇则可能降为统菇。

（1）菌被　菌被多在覆土表层形成，侵占出菇生长位点，长菌被部位则很难形成原基。主要原因是菌丝过度生长，导致后期气生菌丝难以转化，惯性生长形成菌被（图 18-11）。此外还与菌种老化有关。因此，解决菌被一方面选用优质菌种，另一方面要防止菌丝过度生长。预防措施如：①减少上土前绒毛菌丝的数量，通过开新风降低 CO_2 浓度，加大风机吹干的方法进行控制；②增加覆土颗粒大小、增加含水量、降低 CO_2 浓度、提前搔菌等。

图 18-11　气生型菌被和小菌被

(2) 鳞片菇　菌盖表面形成鳞片，一般都是湿度偏低而风速较快导致的结果。通常这一类鳞片菇在第一潮菇时不容易出现，在二潮及三潮则比较常见。特别是在风管送风侧，最低两层的菇床上特别容易出现。因此，在浇水时应注意菇床侧边需要额外补充水分，防止表面覆土过于干燥，一般提前补充 $0.5\sim1L/m^2$ 的水。

(3) 红根菇　双孢蘑菇切根后，红根问题也时有发生，尽管红根并不会导致蘑菇减产或其他问题，但商品性相较正常蘑菇要略差一些。出现红根则说明菇体的蒸腾能力不足，需要从环境因子中去解决问题。一般出现红根的菇表面容易粘手，也容易出现褐变，货架期比较短。因此，需要注意菇体的蒸腾，必要时降低湿度，提高菇房风机转速。

思考题

1. 麦秆鸡粪配方一次发酵结束的堆料技术指标有哪些？
2. 二次发酵主要作用有哪几点？
3. 在风机流量和压力满足的情况下还必须满足哪些条件才能制造出均匀一致的优良培养料？
4. 双孢蘑菇菌丝爬土后如何进行管理？
5. 搔菌处理有哪些优势？
6. 工厂化双孢蘑菇采摘应遵循哪些原则？
7. 简述双孢蘑菇工厂化栽培中木霉侵染病的发生及防治方法。

第十九章 真姬菇工厂化生产技术

第一节 真姬菇概述

真姬菇 [*Hypsizygus marmoreus* (Peck) H. E. Bigelow] 又名玉蕈、斑玉蕈、假松茸等，属担子菌亚门，层菌纲，伞菌目，白蘑科，玉蕈属。野生真姬菇分布在日本、北美洲和欧洲等北温带地区，是春秋季木腐生菌，主要生长在山毛榉及其他阔叶树的枯木、风倒木和树桩上。真姬菇包括市场上常见的"蟹味菇"、"白玉菇"和"海鲜菇"三个品系。不同菌株子实体外观不同，褐色或浅褐色品系具有深色大理石状斑纹，被称为"蟹味菇"；白色品系是由褐色品系变异而来，因栽培条件不同生产出的成品菇形态也有较大差异，菌盖圆整、菇柄较短的被称为"白玉菇""玉龙菇"，菌柄较粗、较长的称为"海鲜菇"（黄毅，2014）（图19-1）。

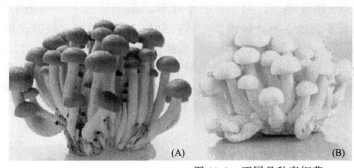

图 19-1　不同品种真姬菇
A. 蟹味菇；B. 白玉菇；C. 海鲜菇

真姬菇菌肉肥厚，口感细腻，气味芬芳，菇体脆嫩鲜滑，清甜可口，味道鲜美，含多种氨基酸，其中包括8种人体必需氨基酸，还有数种多糖体，是一种低热量、低脂肪的保健食品。真姬菇中赖氨酸、精氨酸的含量高于一般食用菌，有助于青少年益智增高。特别是子实体的提取物具有多种生理活性成分。其中真菌多糖、嘌呤、腺苷能增强免疫力，促进机体形成抗氧化成分而延缓衰老、美容等。

真姬菇子实体中提取的 β-1,3-D-葡聚糖具有很高的抗肿瘤活性，而且从真姬菇中分离得到的聚合糖酶的活性也比其他食用菌高许多。其子实体热水提取物和有机溶剂提取物有清除体内自由基的作用，因此，有防治便秘、抗癌、防癌、提高免疫力、预防衰老、延长寿命的独特功效（黄年来和林志彬，2010）。

1972年，日本宝酒造株式会社首次人工栽培真姬菇，并获得专利权，目前真姬菇在日本主要栽培区有长野、新鸿和福冈县。真姬菇是仅次于金针菇的第二大食用菌种类，产量约占日本食用菌总产量的1/4（卯晓岚，2000）。

我国从20世纪80年代起对真姬菇开展了生物学特性和栽培条件研究，在山西、河北、河南、山东等地进行小规模栽培，主要以盐渍菇出口日本。真姬菇形态美观、肉质鲜美，并具有独特的香味，因此，备受消费者青睐。2001年我国首个真姬菇工厂化栽培企业上海丰科生物科技股份有限公司成立后，其他企业也纷纷上马，使得真姬菇的栽培产量逐年攀升。目前已实现工厂化栽培，遍及全国，是仅次于金针菇、杏鲍菇的第三大工厂化食用菌栽培品种。据中国食用菌协会统计，2017年我国真姬菇栽培总量达39.13万吨。

第二节 生物学特性

一、形态特征

（一）菌丝体

真姬菇菌丝具有锁状联合，属于四极性异宗配合食用菌。菌丝生长旺盛，发菌较快，抗杂菌能力强。老菌丝不分泌黄色液滴，不形成菌皮，不良条件下易产生节孢子及厚垣孢子。在斜面培养基上，菌丝浓白色，气生菌丝旺盛，爬壁能力强，老熟后呈浅土灰色。培养条件适宜，菌丝7~10d可长满试管斜面；条件不适时，易产生分生孢子，在远离菌落的地方出现许多星芒状小菌落，培养时不易形成子实体。用木屑或棉籽壳等培养料培养时，菌丝浓白健壮，抗逆性强，不易衰老。

（二）子实体

真姬菇子实体丛生，每丛30~50个不等。菌盖幼时半球形，直径1~7cm，后渐平展，盖面平滑，有2~3圈斑纹，盖缘平或微下弯，稍波状，菌肉白色，质韧而脆，致密。菌褶白色至浅黄色，弯生，有时略直生，密，不等长，离生。菌柄中生，圆柱形，长3~12cm，幼时下部明显膨大，白色至灰白色，粗0.5~3.5cm，上细下粗，充分生长时上下粗细几乎相同，多数稍弯曲，有黄褐色条纹，中实，老熟时内部松软。担孢子无色，平滑，球形至卵球形，直径2~5μm，孢子印白色。分生孢子白色，培养条件不适时出现在气生菌丝末端。

二、生长发育的条件

（一）营养条件

瓶栽真姬菇主要原辅料有木屑、玉米芯、棉籽壳、麸皮、米糠、玉米粉、大豆皮、甘蔗渣、熟石灰、轻质碳酸钙等。

（1）木屑　木屑为真姬菇栽培的主要原材料之一，最好使用山毛榉、抱栎、天师栗等阔叶树的木屑，由于这类木屑较少，且随着栽培规模的增加，此类木屑远远满足不了生产的需要。目前杨树木屑和果树木屑已成为真姬菇栽培最常用的原料，柳杉、松树等的木屑也可以栽培真姬菇，但单独使用时应注意木屑堆积发酵的程度。

（2）玉米芯　即已脱粒的玉米穗轴。玉米芯组织疏松为海绵状，通气性较好，吸水率高达75%。传统食用菌种植过程中要求玉米芯预湿，但是随着种植规模的扩大，大部分瓶栽食用菌工厂玉米芯不再提前预湿。主要是因为玉米芯使用量大，操作极为不便，且在较高气温条件下，玉米芯易于酸败，反而影响产量。

（3）棉籽壳　棉籽榨油之前，用剥壳机处理去掉棉籽后的壳。棉籽壳是粮油加工厂的下脚料，质地松软，吸水性强，营养高于玉米芯，透气性也好于玉米芯，非常适合食用菌菌丝的生长，是各种食药用菌袋料栽培使用最广的一种原材料。按壳的大小分为大壳、中壳、小壳，按绒的长短分为长绒、中绒、短绒种类。在真姬菇种植过程中最常用的是中壳中绒或者中壳长绒,要求抓在手里无明显刺感的棉籽壳,并要求新鲜、干燥、颗粒松散、无霉烂、无结团、无异味、无螨虫。

(4) 麸皮　小麦最外层的表皮,小麦被磨面机加工后,变成面粉和麸皮两部分,麸皮就是小麦的外皮,多数当作饲料使用。麸皮营养丰富,富含淀粉、蛋白质、维生素 E 和 B 族维生素。在食药用菌生产上,它既是优质氮源,又是碳源和维生素源。

(5) 米糠　水稻去壳精制大米时留下的种皮和糊层等混合物。米糠含有丰富的维生素和矿物质,可溶性碳水化合物含量较高,能满足真姬菇菌丝体对氮源的需求。但米糠的持水性差,在使用时需要添加一些其他辅料如麸皮、玉米粉之类。

(6) 玉米粉　玉米籽粒的粉碎物。玉米粉营养十分丰富,维生素 B_1 含量高于其他谷类作物。添加适量的玉米粉,可以增强菌种活力,显著提高产量。

(7) 甘蔗渣　甘蔗榨取糖后的下脚料。甘蔗茎由大量薄皮细胞组成,压榨过程细胞液泡破裂,流出糖液。不同设备榨糖的下脚料质量不一,有粗渣和细渣之分,粗渣需要经过粉碎才能够使用。甘蔗渣富含纤维素,木质素含量较少,具有高孔隙度和高持水率的优点。甘蔗渣残留糖分,能诱导菌丝产生纤维素酶。甘蔗渣在室外堆制过程中易产生链孢霉,存放过程中应格外注意防控链孢霉。

(8) 无机盐　真姬菇在生长发育过程中需要一定量的无机盐,如钾、磷、硫、镁、钙、钠、铜、铬等矿物质元素。矿物质元素广泛存在于畜禽粪便、麦秸、稻草、木屑、棉籽壳等有机物中,除非有特殊要求,一般无须另外补充。各元素被吸收利用的量不同,彼此间不可替代。这些矿物质元素的生理作用,一是参与细胞组成,二是参与酶的活动,三是调节渗透压,维持离子浓度的平衡。在生产中常用石膏、轻质碳酸钙或生石灰作为无机盐。

(二) 环境条件

(1) 温度　温度是影响真姬菇生长发育的重要因子。菌丝生长温度 5~30℃,最适生长温度 22~25℃,超过 35℃ 或低于 4℃ 时菌丝不再生长,在 40℃ 以上无法存活。原基形成温度范围为 13~17℃。子实体生长温度 5~25℃,最适生长温度 13~18℃,在此温度范围内,子实体肉质肥厚,产量高,不宜开伞;温度高于 18℃ 后,生长速度加快,易开伞,菇柄易空心,产量低,品质差;温度低于 13℃ 后,子实体生长缓慢,肉质肥厚,但产量低。

(2) 水分和空气湿度　培养料的含水量以 65% 为宜,含水量过高会降低菌丝生长速度,过低会影响产量。由于培养周期较长,菌丝定植后,培养室空气湿度需要保持 75% 左右,防止培养过程中失水过多,最终影响产量。菇蕾分化时期,需要保持 95% 左右的高湿度,可以通过覆盖无纺布等方法增加料面的局部湿度。子实体生长期间空气湿度处于 80%~95%,但相对湿度长时间高于 95%,子实体易产生黄色斑点且质地松软。

(3) 光照　菌丝生长阶段不需要光照,强光会抑制菌丝的生长,而且会使菌丝发黄。菇蕾形成时需要光线的刺激,完全黑暗会抑制菌盖的分化进而形成畸形菇。子实体生长阶段需要阶段性的光线照射,光线过暗会导致子实体表面白化,影响品质。真姬菇子实体具有明显的趋光性,如果光源(光照)不均匀,会导致菇柄长短不一、菌盖厚薄不均。蓝紫色光源较白色光源效果更好,但对员工眼睛有伤害,因此,一般使用白色光源。

(4) 空气　真姬菇是一种好气性菌类。菌丝和子实体的生长都需要氧气,培养基需要保持较好的孔隙度,为菌丝生长提供良好的通气环境。通气性差的情况下,随着菌丝的生长,二氧化碳浓度越来越高,菌丝生长速度也越来越慢。子实体对二氧化碳浓度非常敏感,菇蕾分化时二氧化碳浓度一般要求低于 1000mg/kg,子实体生长阶段保持 2000~4000mg/kg,其间通过间歇性提高二氧化碳浓度拉长菇柄,提高产量。但长时间处于高二氧化碳浓度下,易发生畸形。

(5) 酸碱度　真姬菇菌丝生长的 pH 范围为 4.0～8.5，最适 pH 6.0～7.0。由于菌丝生长过程中会产生有机酸，培养基的酸碱度会逐步下降，出菇时 pH 降低至 5.0～5.5 为宜。

三、生活史

真姬菇属四极性异宗配合担子菌，每个担子上产生 4 个担孢子。担孢子萌发成单核的初生菌丝，由可亲和的单核菌丝配对形成含有两个遗传性质不同的细胞核的次生菌丝，次生菌丝具有锁状联合。菌丝培养时会产生许多节孢子和厚垣孢子，节孢子大部分是双核，极小部分为单核，节孢子比担孢子萌发率高。菌丝生长需要较长的生理成熟期，达到生理成熟期的菌丝在适宜环境条件下，菌丝扭结，分化形成白色粒状原基，最后子实体继续生长发育，子实层逐渐成熟，释放担孢子，从而形成新的生活周期。

第三节　品种

优良品种是真姬菇高产的物质基础，瓶栽和袋栽使用的是同样的品种。日本育种企业走在前列，培育出一批优良品种。我国的上海丰科生物科技股份有限公司坚持育种工作，育出了具有自主知识产权的优良白玉菇品种"Finc-W-247"。真姬菇主要栽培品种如表 19-1 所示。

表 19-1　真姬菇主要品种信息

种类	常用品种	来源	品种特性
蟹味菇	Oh-494	株式会社大木町食用菌菌种研究所	菌丝洁白，呈绒毛状，爬壁能力较强；培养期间菌丝白且强壮，后期有菌索出现，菌丝转黄；菌盖半球形，1/2 球体状态，黄褐色，有大理石浮雕状花纹，菇帽颜色整体接近。菇帽半开伞时，菇帽边沿白色、较薄，菌盖直径 1.2～2.5cm；菇柄颜色白色带灰，实心，靠近菌盖部分密度大，下部密度小，中心呈海绵状；菇蕾较多，密集型；着生方式为丛生，下部分集结成簇，连接部分长 1.5～2.0cm，柄长 12～14cm
	NN-12	日本农协	菌丝洁白，呈绒毛状，发菌较整齐，爬壁能力较强；发菌后期有菌索出现且很浓；菌盖半球形，1/2 球体状态。黄褐色，有大理石浮雕状花纹，中央深、外围浅。最外缘白色，边缘白带上有竖直方向条纹，菌盖直径 1.2～3cm；菌柄颜色上灰下白，实心，靠近菌盖部分密度大，下部密度小，中心呈海绵状；菇蕾较多，密集型；丛生，下部集结成簇，连接部分长 3～4cm，柄长 7.5～8.5cm
白玉菇/海鲜菇	W-155	株式会社大木町食用菌菌种研究所	菌丝白，呈绒毛状，爬壁能力一般；培养萌发强，发菌后期有菌索出现且很浓；菌盖半球形，1/2 球体状态。菌盖白色，略带黄，有少量鱼鳞状斑纹。菌盖直径 1.2～2.3cm；菌柄白色，实心，靠近菌盖部分密度大，下部密度小，中心呈海绵状；菇蕾较多，密集型；丛生，下部集结成簇，连接部分长 1.5～2.0cm，柄长 13～15cm
	Finc-W-247	上海丰科生物科技股份有限公司	气生菌丝发达，密度一般；菌盖直径为 (1.8±0.44)cm，断面呈圆山型，通体雪白，肉厚，斑纹清晰，中央分布，无龟裂，菌褶雪白、笔直排列；孢子印白色；菌柄长度为 (6.8±0.93)cm，中粗、雪白、无毛，与菌盖连接略偏正；单株之间以及单株内单根子实体之间的外观均高度一致，瘤盖菇出现率低，对培养基适性强
	白 1 号菌	日本北斗株式会社	菌丝较浓密，生长顶端扩展整齐，绒毛状；基内菌丝生长速度快于气生菌丝，爬壁能力较强；发菌过程无菌索出现；菌盖半球形，1/2 球体状态。颜色洁白有光泽，有大理石浮雕状花纹，菌盖直径 1.2～3cm；菌柄白色，实心，中心呈海绵状；蕾多，丛生，下部集结成簇，连接部分长 2～3cm，柄长 5.5～7.5cm

注：具体栽培性状会随着栽培条件的调整而变化。

第四节　白玉菇栽培技术

一、菌瓶生产

（一）原材料搅拌

搅拌是指按生产配方进行备料，将不同原材料分先后顺序依次倒入搅拌锅中（图19-2），并通过机械搅拌使之混合均匀的过程。搅拌有两个作用：一个是使物料充分混匀；另一个是实现被搅拌原材料在最短的时间内吸取大量的水分，尤其是提高培养料自身的持水能力。

图 19-2　搅拌锅

干原料优先倒入搅拌锅，搅拌15min，使干的物料优先混匀，然后再倒入预湿的原料，最后用定量加水器进行加水，一边加水一边搅拌，加水完成后继续搅拌45min左右。因受木屑等原材料含水量不稳定影响，加水量要在搅拌过程中适当调整，使原料含水量达到指定要求。衡量搅拌效果成败的关键点主要有两个：一个是搅拌均一性，不能存在死角；另一个是确保在搅拌的过程中不会使原材料酸败。搅拌均一性的实现主要靠搅拌机本身的性能和搅拌时间，引起酸败的主要原因是在高温季节微生物快速繁殖。现在个别大型工厂，将干原料预先混拌，以减少现场干搅拌时间，提升搅拌效率，同时也可对生产配方起到保密作用。

（二）装瓶

装瓶是指经过一系列的传输、振动，将新鲜的培养料装入栽培瓶中，并盖上瓶盖的过程（图19-3）。这一过程看似简单，但对技术要求非常多。

图 19-3　装瓶机上筐和装料、压盖段

(1) 装瓶质量及松紧度 850mL 的塑料瓶装填内容物的质量一般在 520~550g，1100mL 的塑料瓶内容物质量一般在 660~700g。瓶与瓶之间的质量偏差不能太大，一般日本机器能够控制在 30g 范围之内，而韩国设备能够控制在 50g 范围之内。装料质量不是一个绝对的标准，培养基原辅材料性状不同，配好的培养料密度会有较大的变化，因此应按培养料容重的变化进行装瓶，更为科学。装瓶之后，培养料的松紧率（硬度）和孔隙度也极为关键，一般应上紧下松，便于同时发菌。装好的培养基在瓶肩处没有空隙且稍微松软一些为好。

(2) 装瓶料面高度及平整度 料面与瓶盖的距离为 10~15mm。如果距离太近，易造成菌丝缺氧导致生长速度变慢；如果距离太远，在培养房湿度不够的情况下，菌丝容易干燥，导致出菇困难。培养房湿度大时容易导致气生菌丝生长过旺，并在培养后期提早现蕾，在搔菌时这些芽将会全部搔掉，浪费营养，影响单产。

(3) 打孔数量及粗度 采用固体菌种一般打 1 个孔，采用液体菌种通常打 3~5 个孔，操作时打孔棒要求旋转打孔，否则易造成气缸芳损且增加能耗。从生长速度来看，5 孔生长速度明显快于 1 孔，主要原因一为接种时，菌种可以更多地流入到培养基的内部，菌种萌发点更多，因此生长得更快；另一个原因为更多的孔，有利于培养基中菌丝的呼吸。

生长速度不是越快越好，快意味着单位时间内发热量更大，呼出的 CO_2 浓度更高，对制冷、通风的要求也更高。如果制冷通风不能满足要求，往往会造成"烧菌"现象，影响培养效果，进而影响栽培产量，因此在制冷通风条件差的情况下让其长速慢一点反而不易出问题。

如果采用单孔打孔，则打孔轴的粗度应该在 22~25mm 之间。孔径变细之后，孔壁、孔底部上留存的菌种量变少，甚至菌种不能达到底部，不能形成从底部向上发菌的情形。打孔完成后，要求料面光滑，瓶底见光，不塌料。

(4) 含水量的控制 不同企业配方中添加的木屑树种、颗粒度、比例不同，所以前处理的时间也不能相同，相同含水量的控制方法也不同。一方面，必须有足够的含水量，能满足真姬菇栽培周期内对水分的要求，另一方面，栽培瓶底部不能够出现水渍状。

必须说明的是：食用菌最佳的栽培料含水量是指灭菌后栽培容器内栽培料的含水量。灭菌前后栽培料的含水量会有所差别，这与使用灭菌锅的锅形有关。通常，高压灭菌后栽培料含水量会比灭菌前低 1%~1.5%；常压灭菌锅则相反，会比灭菌前高 0.2%~0.5%。栽培者在生产上应仔细测试灭菌过程中的含水量变化。

(5) pH 的控制 栽培料在干燥状态时，其表面的微生物呈休眠状态，一旦进入搅拌工序，加入水分，微生物即快速增殖。搅拌过程也是栽培料颗粒摩擦的过程，摩擦产生热量，提升搅拌料的温度，促进微生物增殖，并产生有机酸，引起栽培料酸败，pH 下降。夏季气温高，更会加剧栽培料酸败。

为控制灭菌前微生物自繁量，可增加石灰或轻质碳酸钙用量，要尽量缩短搅拌加水到灭菌的时间，尽可能保证从开始搅拌到栽培瓶（包）进入灭菌锅的时间在 150min 内。企业每日生产量是固定的，灭菌时间也是固定的，对于规模栽培企业必须计划好装瓶量和装瓶时间，轮流使用灭菌锅，相互间要衔接，避免装瓶后长时间堆放。在夏季，为避免栽培料酸败，部分企业在装瓶车间内安装有大功率制冷机，对灭菌小车上的栽培包进行临时性强行制冷。

(三) 灭菌

装料后的栽培瓶推入高压灭菌锅中，培养料经过高温高压蒸煮，杀死所有生物，培养料充分腐熟。培养基灭菌主要有三个目的：一是利用高温、高压将培养料中的微生物（含孢子）全部杀死，使培养料处于无菌的状态；二是培养料经过高温高压后，一些大分子物质如纤维素、半纤维素等降解，有利于菌丝的分解与吸收；三是排出培养基在拌料至灭菌过程中产生的有害气体。灭菌过程中主要应注意以下几点：

① 灭菌锅内的摆放数量和密度按规定放置，如果放置数量过大、密度过高，蒸汽穿透力受到影响，灭菌时间要相对延长。

② 在消毒灭菌前期，尤其是高温季节，应用大蒸汽或猛火升温，尽快使料温达到100℃。如长时间消毒锅内温度达不到100℃，培养料仍然在酸败，消毒后培养料会变黑，pH下降，影响发菌和出菇。

③ 高压灭菌在保温灭菌前必须放尽冷气，使消毒锅内温度均匀一致，不留死角，培养料在121℃保持1.5～2h。

④ 如果培养料的配方变化，基质之间的空隙可能会变小或变大，消毒程序也要作相应的修改，否则可能会导致污染或浪费蒸汽。

⑤ 采用全自动灭菌锅在灭菌结束后，应及时将栽培瓶放入冷却室，在灭菌锅内冷却会导致负压，吸入脏空气，导致污染。

（四）冷却

灭菌结束后，栽培瓶快速移入冷却室中进行冷却，经过8～10h后，栽培瓶内温度下降至20℃以下。整个室内需要万级净化处理，生产期间长期保持正压状态。一般情况下当日灭菌，次日接种。在冷却的过程中栽培瓶内需要吸入大量冷却室的冷空气，因此冷却室要求十分严格：

① 冷却室必须每天进行清洁消毒，最好安装空气净化机，至少保持万级的净化度。

② 冷却室中的制冷机应设置为内循环，要求功率大，降温快，在最短的时间内将栽培瓶降至合适的温度，可减少空气的交换率，降低污染的风险。

（五）接种

接种是最容易引起污染的环节，因此接种环节是食用菌工厂化生产中控制污染、确保成品率的关键环节。接种环节应注意以下几方面的问题：

① 接种室（图19-4）必须有空调设备，使室内温度保持18～20℃。

② 接种室的地面必须易于清理、不起尘。

③ 接种室必须保持一定的正压状态，且新风必须经过高效过滤，室内净化级别为万级，接种机区域净化级别为百级。正压级别为接种室大于或等于冷却室。

④ 接种室必须安装紫外灯或臭氧发生器，对室内定期进行消毒、杀菌。紫外灯安装时注意角度和安装位置，能够对接种室进行全面消毒。

⑤ 接种操作前后相关器皿、工具必须用75%的酒精擦洗、浸泡或火焰灼烧。

⑥ 接种操作人员必须按无菌操作要求进行操作。

图19-4 接种前区、接种室和培养室

二、培养管理

培养必须置于清洁干净、恒温、恒湿，并且能定时通风的环境中。培养一般为三区制，分别对应定植期、生长期和后熟期。

（一）定植期

刚接种的栽培瓶易污染，对环境要求很高，一般在安装有高效新风过滤系统的培养房完成菌丝的定植，要求环境菌落数量少，无螨虫。定植期一般需培养 10~12d，温度 22~23℃，湿度 70%~80%，CO_2 浓度 2500~3500mg/kg 之间。这段时间菌丝生长速度很快，最快 15d 便能全部发满，速度比固体种（35~40d）发满要快很多，但是菌丝很淡，呈灰白色。

（二）生长期

生长期是菌丝快速生长的阶段，呼出的 CO_2 量和发热量陡然上升，要特别关注制冷通风设备，确保瓶间温度控制在 25℃ 以下，以免造成烧菌。这段时间菌丝日渐浓密，瓶身颜色也由灰白色转至纯白色。

（三）后熟期

真姬菇与金针菇、杏鲍菇等种类不同，菌丝发满后，不能立即出菇，而是需在 20~25℃ 下继续培养 50d 左右，当达到生理成熟和贮存足够的营养物质时才能出菇。随着培养时间的延长，培养基的含水量会上升，培养初期含水量 65%，培养结束会超过 70%。尽管如此，培养室的湿度也非常重要，如果培养基表面失水过多，会严重影响产量、质量。随着培养时间延长，pH 会逐渐降低至 5~5.5，酸碱度不达标，菌丝生理成熟不够。

大多数木腐菌培养阶段污染的主要杂菌有青霉、绿色木霉、根霉、链孢霉、曲霉等，危害很大。杂菌污染的症状与原因如下：

① 同一灭菌批次的栽培瓶（袋）全部污染杂菌，原因是灭菌不彻底或高温烧菌。

② 同一灭菌批次的栽培瓶（袋）部分集中发生杂菌污染，原因是灭菌锅内有死角，温度分布不均匀，部分灭菌不彻底。

③ 以每瓶原种为单位，所接瓶子发生连续污染，原因是原种带杂菌。

④ 随机零星污染杂菌，原因是栽培瓶在冷却过程中吸入了冷空气或接种、培养时感染杂菌。

三、出菇管理

培养结束后，栽培瓶移出至搔菌室，进行搔菌。搔菌之前需要将感染瓶挑除干净，搔菌后的栽培瓶转入生育室进行出菇管理。

（一）搔菌

搔菌有两个作用：一是进行机械刺激，有利出菇；二是搔平培养料表面，使出菇整齐。搔菌的程序依次为：去除瓶盖，将培养料边缘或者表面的老菌种去除（固体种采用环搔方式、液体菌种采用平搔方式），同时进行补水，根据瓶子大小，一般补水 20~30mL（图 19-5）。

环搔方式要求中央馒头面要平整，料面无受损现象。边缘搔菌深度比馒头面低 5~10mm，边缘不得留有未搔净的老菌种残渣，搔菌后瓶口必须冲洗干净，不留培养料，以免后期采菇时沾上菇柄而影响品质。平搔表面为水平状，深度为 15~20mm（图 19-6），搔菌后的瓶盖直接进入装瓶流水线重复使用。搔菌必须均匀一致，搔菌机出现故障无法搔彻底的区域必须手工搔平。因为这些区域在催蕾时最易出菇，导致出菇不整齐，给后期管理带来不便。

图 19-5 补水

图 19-6 环形搔菌和平搔

（二）恢复期

恢复期是指搔菌后，菌丝在瓶口逐步恢复的过程，需要 3~5d。此时空气相对湿度控制在 85%~95%，温度在 14~16℃，二氧化碳浓度在 2000~2500mg/kg。

注意事项：固体菌种接种的菌瓶搔菌为馒头形，表面老菌种并未伤害，菌丝恢复较快；液体菌种因为是平搔，表面老菌皮全部去除，所以菌丝恢复要慢 1~2d。此阶段对湿度要求较高，注意保湿，有条件可覆盖无纺布等设施；此阶段对风速要求不高，可适当降低风速；菌丝恢复期对光照要求不严格，可不给光，也可给间歇式弱光。

（三）催蕾期

催蕾期是指菌丝恢复后，逐步扭结形成原基的过程，需要 3~5d。此时空气相对湿度控制在 85%~92%，温度在 14~16℃，二氧化碳浓度在 2000~2500mg/kg。

注意事项：催蕾期湿度比菌丝恢复期稍低，拉大栽培瓶料表面湿度差，以促进其现蕾；催蕾期需间歇式给光，否则可能会导致现蕾不整齐或者现蕾困难等现象。

（四）现蕾期

现蕾期是指从原基可以观察到至原基长到瓶口的过程，需要 3~5d（图 19-7）。此时空气相对湿度控制在 85%~95%，温度在 14~16℃，二氧化碳浓度在 2000~2500mg/kg。

注意事项：仔细观察原基形成数量，当原基形成数量达到要求后，光照适度降低，适当提高空气相对湿度，湿度逐步恢复至与菌丝恢复期基本一致；现蕾中后期光照可适当暗些，二氧化碳浓度适当提高，以拉长菇柄长度。

图 19-7　搔菌后第 11d、第 14d

（五）伸长期

现蕾期之后，迅速分化为幼菇，已具有子实体基本样子。此时菌柄迅速增长，菌盖分化速度稍慢，但逐渐增大增厚。此时空气相对湿度控制在 95%～100%，温度在 14～16℃，二氧化碳浓度在 2000～2500mg/kg。

注意事项：随着幼菇长大需氧量增加，应适当加大通风，但不能因为加强通风而使温度和湿度发生剧烈波动，否则容易产生瘤盖菇（俗称"盐巴菇"）。

（六）成熟期

子实体快速生长，此时空气相对湿度控制在 95%～100%，温度在 14～16℃，二氧化碳浓度在 2000～2500mg/kg，等待采收（图 19-8）。

图 19-8　搔菌后第 21d、第 23d

四、采后管理

采收后的栽培瓶使用自动挖瓶机挖出培养料，瓶筐经过输送带送回装瓶车间待用。损坏的栽培瓶要及时去除，瓶盖要定期更换过滤网。

五、包装储存运输

（一）采收

（1）采收标准　当子实体长至 13～15cm，菌盖未开伞时，要及时采收。

（2）采收方法　可以在生育室直接采收，也可以利用输送带将达到采收标准的菌包（菌瓶），整筐输送到包装车间。具体操作为手握紧菇筒晃动，待菇丛松动脱离料面后，再拔出，注意不要碰伤菌盖（图19-9）。采收后的菌包直接通过输送带送至废包脱袋机中脱袋粉碎，废料可做有机肥的原材料，现在也有用于草菇和蘑菇的二次利用及加工成牛、羊、猪的饲料。

图19-9 瓶栽白玉菇采收流水线（见彩图）

（二）包装、储存及运输

包装前要先将整丛菇放入冷库预冷，包装时去掉菌柄基部的杂质，拣出伤、残、病菇，并根据市场需求的规格，分拣后，称重或归类堆放。搬动时应小心轻放。包装后及时放入冷库（2~4℃）保存。要求冷链运输（2~4℃），保持鲜菇新鲜度。

第五节 蟹味菇栽培技术

一、培养管理

瓶栽蟹味菇的菌瓶生产及培养管理方式与白玉菇类似，采用固体菌种，培养期一般为85~100d，采用液体菌种为75~80d。因此，短周期品种的选育是蟹味菇育种的重要方向。随着新品种选育工作的推进，个别新品种培养期可以缩短至65d。

二、出菇管理

（一）恢复期

搔菌后第1~4d是菌丝恢复期，料面菌丝逐渐恢复，由纯白色转为浅灰色。此时空气相对湿度控制在95%~100%，温度在15~16℃，二氧化碳浓度在2000~2500mg/kg。

注意事项：此阶段对湿度要求较高，注意保湿，有条件可覆盖无纺布等设施；此阶段对风速要求不高，可适当降低风速；菌丝恢复期对光照无要求。

（二）催蕾期

搔菌后第5~8d为催蕾期，浅灰色菌丝逐步扭结突起，形成针头状原基。此时空气相对湿度控制在90%~95%，温度在15~16℃，CO_2浓度18000~2000mg/kg，开启弱光刺激。

注意事项：催蕾期湿度比菌丝恢复期稍低，拉大栽培瓶料表面湿度差，以促进其现蕾；催蕾期需间歇式给光或者开启房间顶灯，否则可能会导致现蕾不整齐或者现蕾困难等现象。

（三）现蕾期

搔菌后第9~10d为现蕾期，原基逐渐长大，形成菌盖。此时空气相对湿度控制在90%~95%，温度在15~16℃，CO_2浓度在1800~2000mg/kg，开强光刺激（一般开5min，关2h）。

注意事项：当原基形成数量达到要求后，关闭光照，适当提高湿度，逐步恢复至与菌丝恢复期基本一致；现蕾中后期光照可适当暗些，CO_2浓度适当提高，以拉长菇柄长度。

（四）伸长期

搔菌后第11~20d为伸长期，菌盖颜色开始变深，并开始出现网状斑纹，菌柄逐渐伸长、变粗。此时菌柄迅速增长，菌盖分化速度稍慢，但逐渐增大增厚（图19-10）。此时空气相对湿度控制在98%～100%，温度在14～15℃，二氧化碳浓度在2500～3000mg/kg，开启强光刺激（一般开30min，关30min）。

注意事项：随着幼菇长大需氧量增加，应适当加大通风，但不能因为加强通风而使温度和湿度发生剧烈波动，房间湿度处于饱和状态，否则容易产生瘤盖菇（俗称"盐巴菇"）。

图19-10　搔菌后第11d、第12d

（五）成熟期

搔菌后第21～24d为成熟期，子实体快速生长，菌盖迅速平展、加厚，盖色变浅，菌柄迅速伸长、加粗。此时空气相对湿度控制在98%～100%，温度在14～15℃，二氧化碳浓度在2500～3000mg/kg，开启强光刺激（一般开15min，关30min），等待采收（图19-11）。

 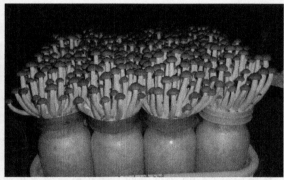

图19-11　搔菌后第21d及成熟的蟹味菇子实体

第六节　海鲜菇栽培技术

一、菌袋生产

（一）原材料搅拌

铲车上料搅拌使其在最短的时间内吸收大量的水分，提高培养料自身的蓄水能力，并使物料混合均匀。同时快速完成装袋和灭菌，避免微生物大量繁殖，致使培养料发酵酸败，改变其理化性质，影响发菌速度和产品质量。

（二）装袋

目前，全自动装袋机已经比较稳定，越来越多的企业开始使用。装袋使用对折径 18cm×32cm 长度的低压聚乙烯塑料袋或者是对折径 18.5cm×35cm 长度的高压聚丙烯塑料袋为容器。常规转盘式打包机完成套袋、填料、冲压工序后，需要一位员工取袋。目前，漳州兴宝、黑宝机械在传统打包机顺时针方向，接上一弧形挡板，将栽培包拨到传送带上。操作员工分别坐在两侧，自行完成套圈、插菌棒、塑料塞封口，倒置塑料筐内（图 19-12）。该模式节省一位劳力，扩展了工作台面，便于各员工操作。打包结束后，低压聚乙烯袋栽培包高度约 15cm，湿重 1.1kg 左右；高压聚丙烯袋高度 18cm，湿重 1.3kg。

图 19-12　自动生产线
A.自动取袋；B.自动套袋；C.自动盖盖；D.自动放入周转筐

（三）灭菌、冷却及接种

具体操作规程见高压灭菌容器厂家的说明书。但在灭菌过程中忌灭菌时间过长，忌放气、放压过快，否则将会造成袋中压力过大，而产生胀包现象。灭菌结束后拉入冷却室对菌包进行冷却。根据地域和季节的不同，可以先使用过滤新风自然冷却，再使用制冷机强制冷却。当菌包冷却至 25℃时，移入接种室内进行接种，接种室温度控制在 20℃以下，接种位置处于百级层流罩下方，确保无杂菌进入菌包。

二、培养管理

菌包培养需在洁净的培养室内进行。海鲜菇培养期分为：定植期、生长期和后熟期。

（一）定植期

接种后 10d 内，无须补新风，尽量减少库房内空气流动。培养室温度控制在 22~24℃，湿度为 60%~70%，CO_2 浓度低于 3000mg/kg。控制通风，否则可能会造成大批量的污染。

（二）生长期

定植后菌丝开始迅速蔓延，降解栽培料，新陈代谢逐渐旺盛，释放出 CO_2、水及大量的菌丝呼吸热，导致料温急速上升。应加强库房内的空气内循环，通风换气。早晚观察、记录。栽培袋内温度不能超过25℃，并检查是否有污染包并及时处理。注意此期料温若经常高于26℃，可能会在培养后期出现假后熟状态。菌袋会提前出现略黄、偏软，但在出菇时又会呈现出与后熟出菇完全相反的出菇状态，会出现徒生芽较多、菇柄较软等诸多不正常现象。

（三）后熟期

海鲜菇菌丝蔓延速度比较慢，大致需要35d才能够长满栽培包。长满后栽培包还需要50～60d后熟培养，才能够达到生理成熟。后熟培养期间，需提高培养室温度至23～25℃，还需要补充大量新鲜空气，满足栽培包进行新陈代谢、呼吸时对氧气的需求。菌丝对栽培料降解，使能量积累，菌包含氮量上升，含水量上升至70%～72%（降解代谢过程产生水），干物质减少，前期pH降低，后期pH上升。栽培包内的空间湿度较高，二氧化碳浓度偏高，刺激海鲜菇菌丝向上冒，故气生菌丝生长旺盛。栽培包变软，用手按之形成凹陷，培养料的颜色由土黄色转为黄白色，标志后熟结束，进入开袋搔菌期。

三、出菇管理

（一）开袋、翻袋、注水

开袋时不要过分破坏洞口，或再次给栽培料打孔，否则菌包内部菌丝会在短时间内疯狂生长，从而堵塞洞口，造成菌包缺氧。在开袋当天，通过注水或搔菌，一定程度上可决定现蕾是否整齐。当外界空气温度比较低时建议选择注水（对折径18cm的菌包一般注水100mL）。

（二）恢复期

开袋后第1～4d为恢复期，搔菌后，表面菌丝逐步恢复，变得浓白。此时空气相对湿度控制在95%～100%，温度在15～17℃，CO_2浓度在3000～4000mg/kg，黑暗管理，环境条件可由生育室自动控制箱加以调控。关注菌包表面是否有积水（若有及时处理掉）。

（三）催蕾期

开袋后第5～8d为催蕾期，菌丝逐渐"返灰"后，逐步扭结，表面轻微吐水。生理成熟的菌包通过温差刺激（出菇库内温度控制在12～16℃）、增加光照（光照8～10h/d的光刺激）、增加通风量（CO_2浓度在2500～3000mg/kg）促使菌包由营养生长转入生殖生长。

注意事项：第6d菌丝开始出现扭结现象，第8d菌丝扭结的菌丝团上出现原基，此时应注意适当减少雾化量，原基会不断增加。

（四）现蕾期

开袋后第9～12d为现蕾期，原基数量越来越多。在恢复期后将温度控制在13～15℃，光照6～8h/d，CO_2浓度在2500～3000mg/kg，减少光照（光照1～2h/d的光刺激）促进菌丝扭结形成芽原基。一般在第10d左右，能看到三角形芽原基，第12d左右出现牙签状芽原基，此时适当加湿。

（五）伸长期

开袋后第13～26d为伸长期（图19-13），菇蕾迅速生长，此期应减少通风，将CO_2浓度提升至5000～6000mg/kg，湿度98%～100%，促使菇柄快速被拉长。逐渐减少光照时间或黑暗处理，抑制菌盖发育。注意如果出现柄短、盖大则需要减少光照或不开灯，反之，则继续保持光照（一般开1min，关2h）。

（六）成熟期

开袋后第27～28d为成熟期，当菇柄长13～15cm，菌盖微微张开，即可采收（图19-13）。

图 19-13　搔菌后第 23d 及成熟的袋栽蟹味菇

思考题

1. 白玉菇装瓶料面高度及平整度有哪些要求？
2. 食用菌最佳的栽培料含水量是指什么，应注意哪些含水量变化？
3. 工厂化接种环节中应注意哪些方面的问题？
4. 菌丝体培养阶段杂菌污染症状与原因是什么？
5. 白玉菇出菇阶段分几个时期管理，各时期应注意哪些事项。
6. 简述蟹味菇工厂化栽培出菇管理要点。
7. 海鲜菇菌丝体培养管理中分几个时期？各时期有哪些注意事项？

第二十章
杏鲍菇工厂化生产技术

第一节 杏鲍菇概述

杏鲍菇（*Pleurotus eryngii*）又名刺芹侧耳，菌肉肥厚，质地脆嫩，具有杏仁的香味以及如鲍鱼的口感，由此得名。杏鲍菇是欧洲南部、非洲北部以及中亚地区高山、草原、沙漠地带的一种品质优良的大型肉质伞菌。在分类学上隶属于伞菌目，侧耳科，侧耳属。野生杏鲍菇于春末至夏初腐生、兼性寄生于大型伞形花科植物如阿魏、刺芹、拉瑟草的根上和四周土中。主要分布在西班牙、欧洲南部、法国、意大利、德国、捷克、斯洛伐克、匈牙利、非洲北部等，印度、巴基斯坦以及我国的青海、新疆和四川北部也有分布。

杏鲍菇是集食用、药用、食疗于一体的珍稀食用菌新品种，苏联的瓦西尔柯夫（1955）称它为"草原的美味牛肝菌"，可见味道鲜美之极。杏鲍菇的营养十分丰富，干菇植物蛋白含量高达25%，含18种氨基酸，灰分含量较高，子实体和菌丝体的维生素C含量丰富，甘露醇、游离氨基酸含量也丰富，而脂肪含量和总糖含量较低，特别适合老年人食用。同时，其含有的大量寡糖与肠胃中的双歧杆菌一起作用，具有很好的促进消化、吸收功能。此外，子实体中含有多种活性成分，包括活性多糖、抗菌多肽和甾醇类等，具有提高人体免疫力和防癌抗癌的作用。杏鲍菇提取物处理可以提高骨细胞中碱性磷酸酶活性和骨钙蛋白mRNA的表达（姚自奇和兰进，2004）。

杏鲍菇菌肉肥厚，质地脆嫩，特别是菌柄组织致密、结实、乳白，可全部食用，且菌柄比菌盖更脆滑、爽口，被称为"平菇王""干贝菇"，适合保鲜、加工。

第二节 生物学特性

一、形态特征

（一）菌丝体

在PDA培养基上菌丝白色，平贴于斜面培养基生长，基内菌丝无色。菌丝生长速度快慢视不同菌株而异，生长速度快的菌株10d左右可长满斜面，且菌丝强壮，生长旺盛，后期爬壁能力较强。而菌丝生长速度慢的菌株需12~15d才能长满斜面。

（二）子实体

杏鲍菇子实体一般中等大，单生或群生，菌盖直径4~5cm，生长初期淡灰色，菌盖内卷呈半球形，成熟后变为浅黄白色，菌盖变平展。菌褶向下延生，密集、略宽、乳白色，边缘及两侧平滑，具小菌褶，孢子近纺锤形，平滑，孢子印白色。杏鲍菇菌柄粗大，上面长有放射状细条纹，菌柄长5~12cm，偏心生至侧生，也有中生，棍棒状至球茎状，光滑、无毛、近白色，中实（图 20-1）。

图 20-1　杏鲍菇子实体（见彩图）

二、生长发育的条件

（一）营养条件

杏鲍菇分解纤维素和木质素的能力较强，栽培时，培养基需要较丰富的碳源和氮源。杏鲍菇可利用的碳源物质有葡萄糖、蔗糖、木屑、棉籽壳、甘蔗渣、玉米芯、作物秸秆等，可利用的氮源物质有蛋白胨、酵母膏、黄豆粉、麦麸等。生产中，栽培主料以棉籽壳、玉米芯为好，辅料除麦麸、石膏、石灰外，添加少量的黄豆粉可使子实体的个头增大，菌柄更粗壮，产量提高。

（二）环境条件

（1）温度　温度是决定杏鲍菇菌丝生长和子实体发育的最重要的因素，也是产量能否稳定的关键。不同温度对菌丝生长快慢有着明显的影响。杏鲍菇菌丝生长的温度范围是 5～30℃，最适合生长温度为 23～25℃；子实体生长温度 10～21℃，最适温度 13～16℃。

（2）水分和湿度　不同的含水量对菌丝的生长有着明显的影响，杏鲍菇培养料的含水量以 60%～65% 为宜。子实体发育阶段，要求空气相对湿度在 80%～95% 之间，但不同阶段对相对湿度的要求有所不同。子实体形成阶段，以 85%～95% 较为适宜，出菇速度快，菇蕾数也多；子实体生长阶段，相对湿度要求在 80%～90% 为宜（林群英等，2013）。

（3）空气　杏鲍菇菌丝生长和子实体发育都需要新鲜的空气。菌丝生长阶段，二氧化碳浓度不能超过 0.4%，出菇阶段，不超过 0.3%。若通气不良，子实体生长极其缓慢，遇上高温高湿天气，还会引起腐烂，发生异味。

（4）光照　杏鲍菇在菌丝生长阶段不需要任何光照条件，但在子实体生长阶段则需要适量的光照，适宜的光照强度是 500～1000lx。

（5）酸碱度（pH）　杏鲍菇生长发育所需要的基质 pH 应在 4～8 之间，最适合的基质 pH 为 6.5～7.5。

三、生活史

杏鲍菇是四极性异宗配合真菌，其生活史与平菇相似。

第三节 工厂化栽培技术

一、生产概述

杏鲍菇是现阶段实现工厂化栽培的食用菌品种之一,在工厂化栽培品种中,总产量仅次于金针菇,位居第二位。工厂化栽培是当今杏鲍菇发展的方向,它可以周年化、规模化生产,产品均衡上市,产量高,质量好。目前在我国南北方地区都有杏鲍菇工厂化生产企业。那么什么是工厂化栽培杏鲍菇呢?它有什么优势呢?

杏鲍菇工厂化栽培是指在洁净的厂房,根据杏鲍菇生长的特性,通过设施设备创造出适合杏鲍菇生长的环境条件,利用机械设备自动化或半自动化操作的一种生产模式。工厂化栽培通常拥有专用的培养室和出菇房,通过对环境温度、湿度、通风、光照等条件的控制,为杏鲍菇生长发育提供合适的条件。

工厂化栽培杏鲍菇不存在栽培季节选择的问题,可实现周年生产,使人们在一年四季都可吃到新鲜的杏鲍菇。杏鲍菇工厂化栽培根据容器不同,可分为袋栽和瓶栽两种方式。袋栽方式是利用聚丙烯塑料菌袋作为培养料的容器进行生产的,瓶栽方式是利用塑料菌瓶进行生产的。两者相比,瓶栽生产具有一定优势。首先是因为机械化程度大幅度提高,与袋栽杏鲍菇相比,瓶栽杏鲍菇在生产过程中,从装瓶、接种到出库管理整个过程更适合机械化操作。第二个方面,劳动生产效率大幅提高,劳动生产成本大幅下降,瓶栽生产与袋栽生产相比,减少了人为因素的影响,对温度、湿度、通风条件等的控制更加精准。因此,瓶栽生长周期比袋栽的周期缩短 5~10d,同时产品质量也有所提高。所以本章主要介绍杏鲍菇的工厂化瓶栽技术。

杏鲍菇进行工厂化栽培,首先应做好前期准备工作。杏鲍菇的栽培场地是有一定要求的。首先场地周围 5000m 范围内不能有污染源。其次场地内应具备充足的空间,以便进行材料的储藏以及生产。最后应为杏鲍菇的各个生产环节,设置专用的房间。如接种室、培养室和出菇房等,每个房间应安装所必需的机械设备,如接种室应有接种机,培养室和出菇房安装制冷、自动通风和光照等系统。

二、菌种生产

不同地方市场对杏鲍菇商品的外观要求不太统一,如色泽、长度、菌盖大小等。生产时应选择符合企业销售市场的品种进行栽培,同时要选择丰产性好、品质优、抗病性强的品种。根据子实体形态特征,国内外的杏鲍菇菌株大致可分为五种类型:保龄球形、棍棒形、鼓槌形、短柄形和菌盖灰黑色形。

杏鲍菇的工厂化栽培,首先要进行菌种培养,制种的成功与否决定着后期生产的成败。

(一) 一级菌种(母种)的制作

杏鲍菇的菌种可以按照母种、原种和栽培种三级进行扩大繁殖。母种也称一级种,也可称为试管种。最初的母种可在菌种选育单位、科研院所或具有母种销售资质的菌种公司购买。但是为了获得足够数量的母种,首先要进行扩繁工作。培养基的配制与接种操作同常规制种。接种时工作人员应换上消过毒的工作服,经过风淋室再进入接种室,接种室要求处于相对洁净的状态,环境温度控制在 15~18℃。接种后置于 23~25℃培养室中进行黑暗培养,一般需要 10~12d,菌丝长满试管。

（二）二级菌种（原种）的制作

首先准备好原种的培养基，原种培养基配方为：杂木屑50%，棉籽壳30%，麦麸15%，玉米粉3%，蔗糖1%，石灰1%。将原料注水搅拌充分混合，相对含水量控制在60%～65%。其装瓶、灭菌、接种和培养方法同常规制种。

（三）三级菌种（栽培种）的制作

杏鲍菇栽培种为三级种，栽培种又称之为生产种，即进行规模化生产用的菌种。栽培种的培养基与原种相同，将玻璃瓶里的原种转接到生产用的塑料瓶中，接种时首先应将瓶子里的菌种挖碎并搅拌均匀，使菌丝分布更加均匀，然后将它们倒入到塑料瓶中（图20-2）。通常1瓶原种可接种10瓶栽培种，接种后再移到菌种培养室培养25～30d，即可得到杏鲍菇栽培种，进而进行杏鲍菇的瓶栽生产。

在杏鲍菇工厂化瓶栽模式中，常采用液体菌种生产，可显著缩短生产周期。目前在韩国已经普遍使用。我国杏鲍菇生产中仅有少数企业采用液体菌种进行生产。

图20-2　杏鲍菇栽培种的接种操作

三、菌瓶生产

（一）备料

杏鲍菇栽培原料有多种，可以因地制宜选择较好的原料及配方。培养料的参考配方一般有以下两种：

① 杂木屑23%，甘蔗渣23%，玉米芯20%，棉籽壳6%，玉米粉6%，麦麸20%，蔗糖1%，石灰1%；

② 杂木屑24%，玉米芯20%，棉籽壳30%，麦麸25%，石灰1%。

选好配方后，要对原材料进行预处理，使各种原料混合均匀。可以先使用铲车进行一定程度的预混，然后给原料喷一次透水，再堆制发酵1～2d即可拌料了。

（二）拌料、装瓶

杏鲍菇工厂化生产采用拌料机进行拌料，在拌料时使用微电子时间控制器和电磁阀联动，根据需要控制加水量，相对含水量控制在64%～66%。为了使每次培养基的湿度都能够达到基本一致，培养料要充分搅拌均匀，搅拌至少需要30min以上，否则会影响后期杏鲍菇生长的一致性。搅拌结束马上装料，否则会导致杂菌大量增殖，造成培养料的发酸腐败。杏鲍菇进行瓶栽的菌瓶采用硬塑料制作而成，瓶体应为半透明，便于观察瓶内菌丝的生长情况，同时应达到高温灭菌不变形的要求。这样的栽培瓶经过消毒清洗后，可反复使用。菌瓶容量多选择为1100～1400mL的，采用装瓶机装瓶，使每个菌瓶的装料量为0.7～0.9kg。通常培养料基面距瓶口15mm左右，打孔机的孔针可达到距瓶底2～3mm处，为后期接种做好准备。菌瓶装料之后，由自动加盖机加盖完成装瓶工作。

（三）灭菌、冷却

料瓶装好后，接下来就是对杏鲍菇的培养料进行灭菌工作。杏鲍菇的培养料采用专用的灭菌器进行灭菌。菌瓶装料完成以后，将菌瓶摆放于灭菌小车上，再将灭菌小车推放到高压灭菌器内。灭菌工作至关重要，直接关乎着后期生产的成败，应该加以重视。将高压灭菌器内温度升至121～126℃，压力设置为0.15MPa，保持恒温恒压2～3h。灭菌完成后，将装有菌瓶的塑料筐移到冷却室内冷却（图20-3）。

图20-3 食用菌灭菌器及自动接种机

通过灭菌工作，培养料中的有害微生物大多会被高温高压杀死，基本达到了无菌状态。另外高温高压使培养料在后期的生长过程中变得更易分解、更易吸收了。冷却室是消毒过的，非常洁净。如果料温度过高时进行接种，菌丝不易成活，还会引起菌丝老化和杂菌侵入。杏鲍菇的培养料通常要在冷却室放18～24h以上，料瓶温度达到25℃以下时，可转入到接种室进行接种。

（四）接种、培养

要接种的培养瓶通过传送带运送到接种室，工厂化瓶栽杏鲍菇生产，接种是通过自动接种机完成的。人工将栽培种的菌瓶口朝下放置到投料器上，接下来进行自动接种，自动盖盖。每瓶栽培种能接种24～32个菌瓶，接种后菌瓶要放在培养室进行菌丝培养。

培养室应选择干燥、通风、干净的房间，安装有控温和加湿设备。培养阶段主要控制四个方面：灯光、温度、湿度和二氧化碳浓度。杏鲍菇菌丝培养时，尽可能保持培养室内温湿度稳定，通常将室内的温度调到22～24℃，空气相对湿度60%～70%，同时在培养过程要尽可能避光，保持培养室处于相对黑暗的状态。虽然菌丝可耐受一定浓度的二氧化碳，但是新鲜空气对菌丝发育更加有利，二氧化碳浓度控制在0.3%左右。在此条件下，培养25～28d，菌丝即可长满菌瓶，这时还不能进行出菇，还要经过5～7d的后熟期。当瓶口的菌丝表面有少量黄色生理吐水出现时，后熟期完成，杏鲍菇的营养生长基本结束，为出菇打下了良好的物质基础。

四、搔菌

出菇前要进行一次搔菌工作。杏鲍菇菌丝的搔菌就是使用专用搔菌机，除去瓶口5～6mm厚老化的菌丝，此过程是机械一次完成。搔菌有两个作用：一是进行机械刺激，有利于出菇；二是将来出菇会更加整齐。搔菌结束后的菌瓶瓶口应朝下放置在周转筐中，可通过输送带运送至出菇房进行出菇管理（林群英等，2013）。

五、出菇管理

（一）菇房准备

菇房一般高4.0～4.8m，每间栽培室的面积50～60m²，安装有层架式菇床，底层菇床距地面 25cm 以上，宽 70~80cm，长度根据菇房而定。菇床通常 5~7 层，层距 45cm，每层菇床上方安装 LED 灯管，光照强度 50~350lx。

出菇房配置有具有控温、控制光照、控制通风和加湿功能的四种主要设备，依靠这些设备与外界四季变化的气候环境相抗衡，满足杏鲍菇生长发育的环境条件。菌瓶进菇房前，应提前 3~5d 对菇房消毒，使用漂白粉 500 倍液对室内菇床消毒，完成后在菇床间撒施适量的漂白粉。

（二）原基诱导

将杏鲍菇菌瓶移入菇房时，应整齐地摆放在菇床上，以利菌丝的恢复生长。杏鲍菇根据子实体不同发育阶段的形态特征，出菇期可分为菇蕾发生期、幼菇期和成熟期。从杏鲍菇进入出菇房后，到开始出菇前，称为菇蕾发生期。杏鲍菇属于中低温结实性的菌类。在菇蕾发生期需要低温刺激，促进原基的发生，提高出芽整齐度。因此，将生理成熟的菌瓶搬入出菇房后，出菇房温度应设置在 14~16℃，与菌丝培养阶段的 24℃ 形成一个较大的温差，就能够满足菌丝从营养阶段进入生殖阶段需要有温差刺激的先决条件。杏鲍菇进入出菇房的前两天，出菇房内无需开灯，菇房空气湿度应保持在 90%~95%。如果湿度太低，原基干裂不能分化，应向地上洒水，通过加湿器雾化加湿，栽培空间达到所需要的湿度。第 3d 菌丝可恢复生长，此时要有少量的光线，光照强度为 50~100lx，24h 持续照明。随着时间延长，菇房内二氧化碳会不断增多，若浓度过高，还会导致气生菌丝生长过旺。应利用室内的通风设备进行换气，每天通风 2 次，每次 10min，二氧化碳浓度控制在 0.3%~0.5% 的范围，持续到进入出菇房的第 7~8d，瓶口表面就会有杏鲍菇原基形成（林群英等，2013）。

（三）菇蕾期管理

进入菇房后第 10d 菇蕾已经形成（图 20-4），要进行翻筐，用另一个空筐扣在瓶筐上，然后翻转周转筐使瓶口朝上。此时菇房湿度调整为 85%~90%，温度提高至 15~17℃，以促使菇蕾快速生长。光照对杏鲍菇菇蕾发育影响比较大，因为无光线条件下，菇蕾的菌盖发育会比较慢，因此将光照控制在 150~200lx 时可促进菌盖形成。

图 20-4 杏鲍菇菇蕾期和幼菇期

（四）幼菇期管理

进入菇房的第 12~13d，杏鲍菇便进入了幼菇期，幼菇期 4~6d（图 20-4）。此时空气相对湿度要求保持在 90%~92%，温度 15~17℃，每天光照时间调整为 4~6h，以促进菇体直立向上生长。如果光照时间过长，又会导致菌盖变大菌柄变短粗，幼菇期应适当加强通风次数，每天 3~4 次，每次 15min，增加空气流通。在幼菇期当子实体高度长到 5cm 左右时，进行一次疏菇工作。原则上留下个体健壮直立向上的子实体，通常每个菌瓶留子实体 2~3

个（图20-5），以确保杏鲍菇长得更好，同时也具有较高的商品价值。

（五）成熟期管理

当进入菇房的第15~16d，菌柄高度达到10cm以上，上下粗细比较一致，菌盖下可清楚地看到菌褶时，开始转入成熟期管理工作（图20-5）。杏鲍菇进入成熟期时不再进行光照管理，降低温度至12~14℃，空气相对湿度降至80%~85%，以促进菇体肉质紧实，提高产品质量。进入成熟期2~3d后就可以采收了。

图20-5　杏鲍菇疏蕾工作及成熟期的子实体

六、采收包装

杏鲍菇工厂化栽培讲究的是提高栽培库房的利用率，增加生产茬次，所以要一次性采收完毕。通常每个菌瓶能产220~270g的杏鲍菇，采收后的杏鲍菇要进行真空包装。首先将采收的杏鲍菇运送至包装车间，将底部的培养料用刀削除，再按照大小进行分类，最后按照需要进行真空包装上市销售。采收后的杏鲍菇常温下可保存7~10d不变质，在4℃冷库中可保存30~45d。

七、废料处理

生产用的菌瓶在消毒后可以重复使用。杏鲍菇生产大多是利用农业的一些废弃物进行生产，而生产之后的培养料不要丢弃，还可用来栽培其他食用菌、生产有机肥或还田疏松土壤、肥沃土地，达到再次利用。因此，杏鲍菇栽培是典型的循环经济。

八、病虫害防治

在杏鲍菇工厂化生产中常见病虫害有黄腐病、枯萎病、菇蚊、菇蝇和螨类等，现简要叙述如下：

（一）常见病害

（1）黄腐病　这种病主要表现为初期子实体出现黄褐斑，进而布满整个菇体，菇体停止生长，最后变黄、变软、腐烂。

防治措施：采用2%浓度四环素药水对病株进行喷施，菇房湿度控制在85%。

（2）枯萎病　枯萎病主要发生在幼菇期，致使幼菇生长停止，萎缩死亡，最后变黄、腐烂。枯萎病一般在温度22℃以上时发生。

防治措施：及时降低培养室温度，控制在15~17℃，用漂白粉兑水或50%多菌灵500倍液喷雾。

(二) 常见虫害

(1) 菇蚊、菇蝇 在温度升高时易发生，幼虫以蛆形幼虫啃食杏鲍菇菌丝和子实体，并传播病原菌。幼虫聚生于潮湿的地方，成虫常钻入菌袋中产卵，致使幼虫大量繁殖，危害严重时直接影响杏鲍菇的生产，甚至导致绝收。

防治措施：物理防治可利用灯光和黏板进行诱杀，在黑光灯或节能灯灯下放 0.1％敌敌畏溶液，或用 40％聚丙烯黏胶涂于板上挂于灯光下；化学防治菌蛆可用 2.5％溴氰菊酯 1500～2500 倍液喷雾（李宗宝，2007）。

(2) 螨类 螨类主要取食菌丝，在发菌和出菇阶段危害最大，栖息于菌褶中，影响鲜菇品质。

防治措施：少量发生可采用物理防治，用油香食品粉末进行诱杀，在菌螨为害的料面或床面上铺上湿布，湿布上再铺上纱布，纱布上撒放油香食品粉末，待菌螨聚集纱布后，取下纱布处理，连续诱杀几次，效果很好；化学防治使用杀螨剂，克螨宝（2000～4000 倍液）或 80％敌敌畏（500～800 倍液）喷杀防治很有效。

思考题

1. 杏鲍菇工厂化瓶栽比袋栽具有哪些优势？
2. 什么是搔菌？搔菌有哪些作用？
3. 杏鲍菇工厂化生产菇房如何准备？
4. 如何诱导杏鲍菇子实体原基分化？
5. 杏鲍菇幼菇期如何进行管理？
6. 简述工厂化栽培杏鲍菇常见病虫害及防治方法。

第二十一章 金针菇工厂化生产技术

第一节 金针菇概述

金针菇 [*Flammulina filiformis* (Z. W. Ge, X. B. Liu & Zhu L. Yang) P. M. Wang, Y. C. Dai, E. Horak & Zhu L. Yang] 学名毛柄金钱菌（戴玉成和杨祝良，2018），又称毛柄小火菇、构菌、朴菇、冬菇、朴菰、冻菌、金菇、智力菇等。因其菌柄细长，似金针菜，故称金针菇，分类上隶属于伞菌纲（Agaricomycetes），伞菌目（Agaricales），口蘑科（Tricholomataceae），小火焰菌属（*Flammulina*）。金针菇在自然界广为分布，中国、俄罗斯、日本、欧洲、北美洲、澳大利亚等地均有分布。在中国北起黑龙江，南至云南，东起江苏，西至新疆均适合金针菇的生长。

金针菇是一种木材腐生菌，易生长在柳、榆、白杨树等阔叶树的枯树干及树桩上（图21-1）。金针菇不含叶绿素，不具有光合作用，不能制造碳水化合物，但完全可在黑暗环境中生长，必须从培养基中吸收现成的有机物质，如碳水化合物、蛋白质和脂肪的降解物，为腐生营养型，是一种异养生物，属担子菌类。

图 21-1 野生金针菇（杜萍供图）

金针菇是世界上著名的食用菌之一，菌柄脆嫩、菌盖爽滑、口味鲜美。据测定，金针菇氨基酸的含量非常丰富，高于一般菇类，尤其是赖氨酸的含量特别高，赖氨酸具有促进儿童智力发育的功能。金针菇干品中含蛋白质8.87%，碳水化合物60.2%，粗纤维达7.4%，经常食用可防治溃疡病。研究表明，金针菇中含有朴菇素，是一种分子量为24000的碱性蛋白，对小鼠瘤S180有明显的抑制作用，是抗癌有效成分。经常食用金针菇还可预防高血压，对肝脏疾病及肠胃溃疡病均有一定的辅助治疗作用。因此，金针菇既是一种美味食品，又是较好的保健食品，金针菇的国内外市场日益广阔。

金针菇是我国人工栽培最早的食用菌之一，我国早在唐代就开始了它的半人工栽培，但真正商品化生产却起步于20世纪80年代。金针菇早期栽培多以家庭作坊式手工操作为主，依靠自然气候季节性袋栽生产。到了90年代末，上海浦东天厨菇业有限公司率先建成了日产6 t规模的金针菇工厂化生产线。据中国产业信息网统计，近年来，金针菇整体产量维持在250万吨左右水平。近两年，随着食用菌工厂化生产的推进，金针菇产量有所回升。截至2018年底，全国食用菌工厂化生产企业总有效产能接近9500 t/d，较2017年增加16%。其中金针菇工厂化生产企业投产数量较多，生产产能增加明显。到2018年，全国金针菇产量为257.56万吨，同比增长3.9%。

第二节　生物学特性

一、形态特征

金针菇由营养器官（菌丝体）和繁殖器官（子实体）两大部分组成。

（一）菌丝体

菌丝体由孢子萌发而成，在人工培养条件下，菌丝通常呈白色绒毛状（图21-2），有横隔和分枝，很多菌丝聚集在一起便成菌丝体。与其他食用菌不同的是，菌丝长到一定阶段会形成大量的单细胞粉孢子（也叫分生孢子），在适宜的条件下可萌发成单核菌丝或双核菌丝。据报道，金针菇菌丝阶段的粉孢子多少与金针菇的质量有关，粉孢子多的菌株质量都差，菌柄基部颜色较深。

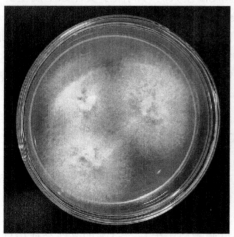

图21-2　金针菇菌丝体和栽培子实体（杜萍供图）

（二）子实体

子实体主要功能是产生孢子，繁殖后代。金针菇的子实体由菌盖、菌褶、菌柄三部分组成，多数成束生长（图21-2）。菌盖呈球形或呈扁半球形，直径1.5~7cm，幼时球形，逐渐平展，过分成熟时边缘皱折向上翻卷。菌盖表面有胶质薄层，湿时有黏性，色白、黄白至黄褐色；菌肉白色或黄白色，中央厚，边缘薄；菌褶白色或黄白色，较稀疏，长短不一，与菌柄离生或弯生；菌柄中生，中空圆柱状，白色、黄白到黄褐色，长3.5～15cm，直径0.3～1.5cm，基部相连，表面密生淡黄色至黑褐色短绒毛，基部颜色略深，因黄、白色品系不同颜色各有差异。担孢子生于菌褶子实层上，孢子圆柱形，无色。

二、生长发育的条件

（一）营养条件

金针菇是腐生真菌，只能通过菌丝从现成的培养料中吸收营养物质。在栽培中，培养料的选择对产量和质量有很大影响。金针菇菌丝生长和子实体发育所需的营养包括氮素营养、碳素营养、矿物质营养和少量的维生素类营养。

（1）氮素营养 氮素营养是金针菇合成蛋白质和核酸的原料，在栽培配料中麦麸、大豆粉等原料含有大量的氮素养料。

（2）碳素营养 主要指碳水化合物，它是金针菇生命活动的能源和构成细胞的主要成分。金针菇可利用培养料中的淀粉、纤维素、木质素。在菌丝生长阶段，培养料的碳氮比以20∶1为好，子实体生长阶段以（30～40）∶1为好。

（3）矿物质营养 金针菇需要的矿物质元素有磷、钾、钙、镁等，所以在培养料中应加入一定量的磷酸二氢钾、硫酸钙、硫酸镁等矿质营养。

（4）维生素类营养 金针菇也需要少量的维生素类物质，在培养料中如麦麸、豆粉中含有的维生素量基本可以满足金针菇的生活需要，因而在栽培中常不再添加维生素类物质。

（二）环境条件

（1）温度 金针菇属低温结实性真菌，菌丝体在5～32℃范围内均能生长，但最适宜温度为22～25℃。菌丝较耐低温，但对高温抵抗力较弱，在34℃以上即停止生长，甚至死亡。子实体在3～18℃的范围内进行分化，在昼夜温差大时可刺激子实体原基发生。金针菇发育的最适温度为5～7℃，低温下金针菇生长旺盛，温度偏高，柄细长，盖小。

（2）水分和湿度 菌丝生长阶段，培养料的含水量要求在64%～66%之间比较适宜，低于60%菌丝生长不良，高于70%培养料中氧气减少，影响菌丝正常生长。子实体原基形成阶段，要求环境中空气相对湿度在85%左右。子实体生长阶段，空气相对湿度保持在90%左右为宜。湿度低，子实体不能充分生长；湿度过高，容易发生病虫害。

（3）空气 金针菇为好气性真菌，在代谢过程中需不断吸收新鲜空气。菌丝生长阶段，微量通风即可满足菌丝生长需要。在子实体形成期则要消耗大量的氧气，特别是大量栽培时，当空气中二氧化碳浓度的积累量超过0.6%时，子实体的形成和菌盖的发育就会受到抑制，所以要注意通风，以保证菌丝生长对氧气的需要。一般每天通风3～4次，每次30min。

（4）光照 菌丝的发育不需要光照，所以在发菌期间要尽可能保持空间的暗环境，除了检查外不要开灯。菌丝体在完全黑暗的条件下生长，但子实体在完全黑暗的情况下，菌盖生长慢而小，多形成畸形菇，微弱的散射光可刺激菌盖生长，过强的光线会使菌柄生长受到抑制。以食菌柄为主的金针菇，在其培养过程中，可加纸筒遮光，促使菌柄伸长。

（5）酸碱度（pH） 金针菇要求偏酸性环境，菌丝在pH 3～8.4范围内均能生长，但最适pH为4～7，子实体形成期的最适pH为5～6。

三、生活史

金针菇是一种四极性异宗配合食用菌，其生活史分为有性阶段和无性阶段。有性阶段每个担子产生4个担孢子，有4种交配型（AB、Ab、aB、ab），担孢子萌发产生牙管，牙管不断分枝、伸长形成单核菌丝，性别不同的单核菌丝之间结合质配后，形成每一个细胞有2个细胞核的双核菌丝。双核菌丝发育后，菌丝扭结形成原基，并逐渐发育成子实体。子实体成熟后，又会从菌褶中散发出担孢子，继续完成新的一代。

金针菇无性世代表现为在培养过程中，一旦发育条件不适宜时，单、双核菌丝断裂形成粉孢子，当满足其发育条件时又能重新形成单、双核菌丝。

金针菇的生活史具有三个特点：

① 金针菇单核菌丝也会形成子实体，但子实体小而多，没有实用价值。

② 金针菇生活史中有无性生活阶段，是以粉孢子形式渡过不良环境，待条件好转后，重新萌发为菌丝，完成生活史。

③ 金针菇的菌丝还可能断裂成节孢子，节孢子也可重新长成菌丝，完成生活史。

第三节　工厂化栽培技术

一、生产概述

金针菇肉质脆嫩，味道鲜美，营养丰富，富含多种氨基酸，其中人体所必需的八种氨基酸含量都高于其他的菇类。近年来，随着人们生活水平的提高和饮食观念的转变，金针菇的消费量迅速增长，传统手工季节性栽培方式已经不能满足消费者周年的需求，因此迫切需要工厂化生产技术的推广。那么什么是工厂化生产呢？食用菌工厂化生产，就是采用工业化的技术和管理手段，在环境可控的设施条件下，通过对食用菌生长所需的温度、湿度、空气、光照等条件，进行人工智能控制，按照工业产品的标准进行全年生产，从而实现食用菌的规模化、集约化、标准化周年生产。金针菇工厂化生产始于20世纪60年代的日本，90年代后期，金针菇工厂化生产开始逐步进入我国沿海地区。

目前金针菇工厂化生产主要有两种生产模式。一种是以塑料袋为容器的袋栽模式，这种生产方式的自动化程度相对较低，环境控制以控温为主；另一种是以塑料瓶为容器的瓶栽模式，瓶栽模式的机械化、自动化程度比袋栽模式要高，瓶栽模式在栽培过程中的温度、湿度、空气和光照等条件完全可控。金针菇瓶栽模式的工厂化生产，完全实现了从育种、接菌、拌料、打包、育菇、采菇、包装、出库等生产环节的全程机械化生产。本章以瓶栽模式为例，介绍金针菇工厂化生产技术。

金针菇工厂化生产，独特的立体化栽培模式是传统大棚生产效率的20倍以上。食用菌工厂化生产，是最具现代农业特征的产业化生产方式，也是我国食用菌产业的发展方向。金针菇工厂化生产的工艺流程，要经过原料准备、配制培养料、装瓶、灭菌、接种、发菌管理、搔菌处理、出菇管理、采收包装、废料处理、菇房消毒等步骤。

根据金针菇工厂化生产的布局，一般生产场地分为五个区域。一区为无菌区，它包括了冷却室和接种室，是生产区域中洁净度要求最高的区域。二区为菌丝培养区，该区对洁净度也有着严格的要求。三区为搔菌、栽培、包装区，这些区域对环境的整体要求较高。四区为挖瓶区和配料区，这两个地方是灰尘和杂菌较多的区域。五区为操作区，它包括装瓶和灭菌区域，这两个区域对环境无特殊要求。下面介绍金针菇工厂化生产的具体操作流程。

二、菌种生产

菌种生产程序通常分为母种、原种和栽培种三个层次，也就是我们通常所说的一级菌种、二级菌种和三级菌种。一级菌种和二级菌种都是用来扩繁的。三级菌种是用于出菇的菌种,也就是下面接种要用到的菌种,它比一级菌种和二级菌种对培养环境的适应性都要强。其制作过程包括培养基配制、接种、发菌管理等。在制种过程中,培养基灭菌和接种等操作不规范都容易造成污染,掌握好菌种制作技术是控制污染的关键。

(一) 母种的制作

目前市场皆以纯白色品种为主,宜选用抗病性强、产量高、朵形好、基部绒毛少的品种,如8801、8909等。配制培养基,选用25mm×200mm的试管做培养容器。常用配方为:去皮马铃薯225g,葡萄糖20g,琼脂20g,硫酸镁0.5g,磷酸二氢钾1g,蛋白胨0.75g,维生素B_2 2片,水1000mL,自然pH。培养基配制、分装、灭菌及接种方法同常规制种。

(二) 原种的制作

首先配制培养基,选用750mL玻璃瓶作为培养容器。配方为:棉籽壳50%,麦麸24%,木屑、甘蔗渣共24%,轻质碳酸钙1%,玉米芯1%,含水量60%。棉籽壳在混合前拌水预湿,料全部混合搅拌好后装瓶。将料填入瓶子,使之达到瓶肩,料面压实、压平,然后将瓶壁上的培养料用清水洗净,竖直置于周转筐内。用圆形木棒插入瓶内,沿瓶口旋转,形成一个预留孔穴,旋出木棒,塞上棉花球,用卧式高压灭菌锅灭菌,由锅炉提供蒸汽。中途要排放两次冷空气,在0.15~0.18MPa压力下灭菌3h后,降压、出锅,冷却至25℃以下接种。将接种母种用来苏尔溶液擦洗后放置于接种箱内。第一箱用甲醛加高锰酸钾熏蒸消毒,从第二箱开始及接下来的几箱都可用气雾消毒盒(剂)8~12g消毒,消毒30min后方可接种。接种完毕后,摇下瓶,使小块的菌种掉入孔穴中,大块的在培养料上面。置于温度为20℃的培养室中,培养25~30d菌丝可走满整个菌瓶。

(三) 栽培种的制作

栽培种采用1100mL大口径带盖的塑料瓶配制培养基,参考配方为:棉籽壳45%,麦麸30%,木屑、甘蔗渣共21%,轻质碳酸钙1%,过磷酸钙1%,玉米芯2%,含水量65%。料搅拌好后进行装瓶,将料填入瓶肩以下,盖盖。竖直置于周转筐内,移入常压灭菌锅灶进行灭菌。温度升至100℃以上保持13h以上,出炉,冷却至25℃以下,接种培养。将已用来苏尔溶液擦洗的原种放置于接种箱内。接种铲消毒,原种瓶口火燎,挖掉表面的老菌块并搅碎瓶内的菌种,将菌种倒入塑料瓶内,盖好瓶盖,1个玻璃瓶可接种10个塑料瓶。接种完毕后,排放于培养室。培养室温度控制在20℃左右,相对湿度维持在65%~70%为宜。暗光培养,菌丝生长后期每天适当进行通风(赖腾强等,2009)。

三、菌瓶生产

(一) 备料

金针菇是典型的木腐菌,它可以很好地分解木质材料,同时也能分解以纤维素为主要成分的多种植物残体。因此,在工厂化生产中常以木屑、棉籽壳、玉米芯、甘蔗渣、豆秸等材料作为主料。工厂化生产金针菇与其他食用菌的栽培一样,在培养料中还需加入一定比例的富含有机氮的辅料。常用的辅料有麦麸、米糠、饼肥等。同时在培养料里还要有一些钙元素和碳元素。碳酸钙能为培养料提供钙元素,蔗糖可以提供碳元素,生产原料准备好后就可以配制培养料了。在培养料的配制车间里,工作人员首先要按照配方把各种原料准备好,生产金针菇的配方有很多,经过多年的筛选,有两种配方是比较经济实用的。

第一种是棉籽壳30%,玉米芯35%,麸皮30%,玉米粉3%,碳酸钙1%,蔗糖1%。

第二种是木屑33%,玉米芯30%,米糠22%,麸皮11%,玉米粉3%,碳酸钙1%。在这两种培养料配方中都用到了麸皮,是因为麸皮中几乎包含了金针菇生长所需要的全部营养,所以麸皮的品质十分关键。如果选择不好,就会对金针菇的生长造成很大的影响。因此,应选择色泽明亮,没有霉味的麸皮做原料。所有的原料按配方准备好后,就可以用升降机将原料举起倒进拌料机中。

(二) 拌料

工厂化生产金针菇的拌料是通过拌料机完成的。拌料机是将主料和辅料以及适量的水进行搅拌,而使原料均匀混合的设备。开启拌料机,同时向料中注水,加水量与原料质量的比例约为1∶1。搅拌可以使原料在最短的时间内吸收更多的水分,提高培养料自身的蓄水能力,并使原料充分混合,培养料搅拌的均匀程度会直接影响到金针菇的生长。

大约经过30min的搅拌培养料就可以混拌均匀了。培养料的含水量可以通过水分测试仪来测出,含水量应在64%~66%之间比较适宜。配制好的培养料不能久放,为了避免微生物大量繁殖,致使培养料发酵酸败,应立即进行下一道工序。

(三) 装瓶

配制好的培养料通过传送带输送到装瓶车间。工厂化生产金针菇大多选择瓶装,因为瓶子可避免被划破,减少杂菌污染的发生。目前国内生产金针菇大多采用1100mL大口径带盖的塑料瓶,瓶盖为双层,中间夹有一层海绵,内层开有四个孔洞,在瓶盖的边缘留有缺口。这样的结构设计既能在灭菌过程中使瓶中的水汽排出,不至于将瓶盖顶起,又能够在发菌过程中防止杂菌进入瓶中。在工厂化生产中,装瓶这道工序是由自动化生产线完成的。在装瓶生产线上,依次会完成装料、压实、扎孔、盖盖(图21-3)一系列操作。

图21-3 栽培料打孔及栽培瓶盖盖

在这个工序中压实和扎孔是比较关键的步骤,压实培养料可以避免从瓶壁处长出侧身菇,培养料装到比瓶口略低即可。如果装得太满,不但盖起盖来不方便,而且容易受杂菌污染。压实、扎孔后料瓶会留下五个孔,即接种的位置。装瓶完成后,进入灭菌工序。

(四) 灭菌、冷却

工作人员会将装有培养料的转运筐码放在推车上,推车装满培养料瓶后,即推入全自动高压灭菌器中进行灭菌处理。灭菌应使培养料在121℃和1.5kgf/cm²的压力下,保持2.5h。灭菌可将培养料中的微生物全部被杀死,使培养料处于无菌状态。同时培养料经过高温高压后,一些如纤维素等的大分子物质会被降解,更有利于菌丝的分解与吸收。灭菌结束后必须经过冷却才能进行接种,因为灭过菌的培养料已经处于无菌状态,所以应该在无菌的环境中进行冷却。工作人员在操作前必须经过更衣、消毒、风淋才能进入无菌车间,以减少外面的灰尘和杂菌随着人员进入而带入室内。

工作人员把灭菌车从高压灭菌器中推至预冷室。冷却室的工作原理就是用冷风机将净化后的空气吹向灭菌车，使栽培瓶强制冷却。大约经过2h的时间，瓶内的料温就能降至50℃以下，然后就可以推入接种室准备接种了。

（五）接种、培养

工厂化生产金针菇的接种大多数采用自动接种机进行，因为在菌种瓶的瓶口处会长出一层老菌皮，老菌皮的活力差对发菌不利，所以在接种前要使用机器自动将这层老菌皮去除。工作人员只需把菌瓶放在挖料机的瓶架上，机器就会自动完成挖出瓶口处老菌皮的工作。在完成挖瓶操作后，菌瓶还会随瓶架转动到酒精灯上，利用酒精灯的火焰对瓶口进行消毒，与此同时另一个酒精灯会对挖刀灼烧消毒，以避免杂菌的交叉传染（图21-4）。菌瓶挖瓶处理好后，工作人员需把菌瓶从挖料机上转移到接种机的瓶架上。这时培养料瓶通过传送带输送到接种机下面，接种机就会自动完成掀盖、挖料、接种、盖盖一系列操作。

图21-4　瓶口消毒、挖刀灼烧消毒

接种完成后，盛有料瓶的转运筐就会被传送带自动送到发菌车间。在发菌车间培养料要经过发菌管理，工作人员会将转运筐从传送带上卸下，然后整齐地码放在一起，并在上面插上记录标牌，注明入库的时间，以便更好地掌握发菌的进度。

发菌是指菌丝体在培养料内生长扩散的过程，要经过定植、封面、穿底几个过程。定植又称吃料，指菌丝重新长在新的培养料上。封面指接种后菌丝体长满培养料表面。穿底指菌丝体在培养料内从上至下长满栽培瓶。

（1）温度管理　金针菇发菌培养期间要创造适宜的条件，以促进菌丝健壮生长。金针菇菌丝生长的最适温度是21~23℃，高于或低于这个温度，菌丝蔓延速度都会减慢。因为菌丝呼吸作用会产生热量，料温往往要比室温高出2~4℃，所以发菌车间内温度应保持在17~21℃之间，为使上下里外温度保持一致，发菌均匀，每隔一周需将床架上下层级里外放置的料瓶调换一次位置。发菌期间，一旦温度超过23℃，要立即通风降温。

（2）水分和湿度管理　水是金针菇生长的最重要的环境因子之一，水作为各种生理代谢的媒介，与金针菇的生长发育密切相关。除了在配制培养料时达到足够的含水量外，菌丝培养阶段也必须保持一定的相对湿度，以使培养料的含水量维持在正常的范围内。在发菌期间，培养料的含水量需要定期补施，使发菌车间的空气相对湿度保持在60%。目前在工厂化生产条件下，发菌阶段的加湿方法主要是超声波加湿。超声波加湿器产生的物粒直径小于5μm，所以加湿效率很高，加湿后不会产生滴水现象（傅跃荣，2017）。

（3）光照和通风管理　因为菌丝的发育不需要光照，所以在发菌期间要尽可能保持车间的暗环境，除了检查外不要开灯，除此之外还要注意通风，以保证菌丝生长对氧气的需要。一般每天通风3~4次，每次30min。此外，在发菌后期还要定期检查菌丝的生长情况，如果发现有杂菌污染的栽培瓶，要立即将其移出车间销毁，以防止杂菌的扩散蔓延。一般入库5d的料瓶，菌丝可以从瓶口处的接种孔蔓延到了瓶口周围。入库12d的料瓶，菌丝继续向下蔓延。入库20d左右的料瓶，菌丝已基本长满培养料表面，但并没有长满培养料的内部，所以还需要再培育几天（图21-5）。入库30d左右的料瓶，菌丝已长满培养料，发菌管理就完成了。一般发菌期需28~32d。发菌结束后，马上就可以进入下一步搔菌操作管理了。

图21-5 入库12d、20d左右的料瓶

四、搔菌

工作人员将转运筐放到传送带上，传送带就会将料瓶运送到搔菌车间。搔菌就是用搔菌机去除瓶口处老菌种块的操作，这是促使菌丝出菇的重要措施。因为在发菌过程中，菌丝生长释放热量，会使水分蒸发，瓶口处的菌丝容易老化，甚至形成较硬的菌皮或菌膜（图21-6），阻碍了新鲜空气与内部菌丝的接触，这样便会延长出菇时间，出菇也不会整齐。而经过搔菌处理后，下部生命力旺盛的新生菌丝会接触到新鲜空气，从而达到出菇快出菇齐的目的。

工厂化生产中，搔菌是通过搔菌机完成的，栽培瓶被运到生产线上后，先是被挖料机挖去瓶口处2cm厚的表层料，这步操作叫挖搔。通过挖搔操作，瓶口处的老菌皮会被清理干净，为了清除培养料上面的碎屑，还要用清水进行冲洗。清洗工作完成后，搔菌操作就完成了。转运筐会被传送带运到下一个车间——出菇车间（傅跃荣，2017）。

 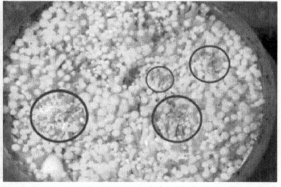

图21-6 瓶口处老化菌丝及针状金针菇

五、催蕾及出菇管理

转运筐被运送到出菇车间后，工作人员会把转运筐整齐地码放在菇床架上。金针菇出菇管理的第一阶段是催蕾，催蕾就是促进菇蕾的形成。所谓菇蕾是指从培养料上刚刚形成而尚未分化的幼小子实体，这时的子实体还不能分辨或难以分辨出菌柄、菌盖和菌托，需要经过分化期才能发育成完整成熟的子实体。催蕾阶段必须保持适宜的温度、光照、湿度和通风才能确保菇蕾的形成。温度应控制在12～15℃之间，湿度控制在85%～90%之间。金针菇是耗氧性菌类，需不断补充新鲜的空气，因此每天应打开换气扇2～3次，每次通风换气30min。在催蕾期间还要补给微弱散射光，光照强度控制在100～150lx，每天补光12h。经过5～6d，菇蕾就会长满料面。因为刚入出菇车间的培养料湿度大，车间内的二氧化碳浓度高，氧气不足，会在料面上长出一些针状菇（图21-6）。这时只需开启冷风机，随着温度的降低，先长出的针状菇就会立即死亡。而这些死亡的针状菇会影响后续正常的出菇，要用人工的方法将它们剔除掉。在剔除死菇时，操作人员可以用一根铁针小心地将死菇挑出，动作一定要轻，以避免损伤正常的菇蕾（夏传鸿等，2008）。

培养料在前期的操作中容易遭受杂菌的侵染，所以在催蕾期间工作人员要勤检查。当发现有被杂菌污染的栽培瓶时要立即带出菇房，并盖好瓶盖，以防杂菌孢子随空气传播。对于这些受污染的料瓶要抓紧运到厂区外销毁。当菇蕾长到高出瓶口2～3cm，形状如火柴棍时，就进入了抑制管理阶段。

抑制管理阶段就是在料瓶口处套上包菇片，使得瓶口上方的二氧化碳浓度比外面的稍高。这样的环境可以避免子实体菌盖过早开放，能够促进菌柄长粗长壮，使金针菇生长得整齐一致，所以这个阶段的管理也叫抑制（图21-7）。抑制阶段要经过7d左右，这个时期车间内的温度要控制在3～5℃，湿度控制在80%左右，每隔1h打开换气扇，通风5min，保持车间内二氧化碳浓度在0.2%～0.25%。

图21-7 抑制管理阶段和成熟阶段

为了达到最好的抑制效果，在抑制过程中除了控制温度、湿度和二氧化碳浓度外还要进行光抑制和风抑制。在抑制的中后期可进行光抑制，采用植物育种用的荧光灯做光源，光照强度控制在200lx，每天照2～3h，分5～6次进行。风抑制是在抑制开始3～4d后开启冷风机，每天吹2～3h，吹3d左右。通过降温、通风、光照和吹风的多重抑制，金针菇菌柄长度整齐一致，组织紧密。抑制过后，金针菇就进入了菇蕾发育阶段。金针菇属低温菌种，菇蕾发育的温度应控制在5～7℃之间。这个阶段的相对湿度要比催蕾期时略低，应控制在70%～80%之间，光照强度控制在300～400lx之间。再经过10～15d的发育，就可以采收了。

六、采收包装

因菌丝发育的快慢不同,出菇有先有后,所以采收时还要人工对金针菇进行挑选,将未达到采收标准的留下继续培养。金针菇的采收标准一般是子实体长到13~15cm高,菌盖直径在0.8~1cm(图21-7)。采收过早会降低产量,而过晚菇肉中的纤维会增加,影响口感和品质。挑选出达到采收标准的金针菇,通过传送带运送到包装车间。

包装车间的工作人员会在传送带上分别把包菇片和菇丛从栽培瓶上摘下,然后将金针菇整齐地放入成品筐中。采收后的转运筐会继续被传送带运到挖瓶车间,采下的金针菇应立即进行包装,以最大限度地保证产品的新鲜度。包装车间的温度应控制在8℃以下。为了保证商品的外观和品质,包装时要将子实体生长过短、菌盖过大或者菌盖已经开裂的个体去除,然后经过称重、装袋、塑封、装箱等操作,即完成金针菇的包装工作。包装后的金针菇要在2~4℃库房中临时贮存,或在相同的温度条件下运输上市。

七、废料处理

金针菇工厂化生产与常规的栽培不同,工厂化生产的规模大,生产中又只采收第一茬菇,所以采后会留下大量的废弃培养料,随意堆放将滋生大量杂菌,如果不进行合理的处理,很容易影响厂区的生产环境,造成下一茬生产的损失。采后首先用挖料机将废弃的培养料从栽培瓶中挖出,塑料瓶只要没有破损,消毒后就可以继续用于生产。挖出的废料经过传送带被运到废料厂,这些废料经过发酵,可以加工成饲料、肥料或沼气生产原料重新加以利用,也可以作为燃料代替燃煤使用。这种处理方法既节约了能源,又减少了污染。

出菇车间的金针菇全部采收完后,即可准备下一场的生产。在下一茬生产前,要先把车间的地面清扫干净,然后用高压水枪对床架墙壁和地面认真冲洗一遍,最后用50%多菌灵可湿性粉剂500倍液对墙壁和菇床喷洒进行消毒,消毒2d后才可以再次使用。工厂化生产金针菇从接种到采收需要65d左右的时间。也就是说如果安排得当的话,一年可生产5茬金针菇。

八、病虫害防治

在金针菇工厂化生产中病虫害防治至关重要,关系到整个生产的成败。首先在厂区的选址上就十分讲究,一定要选远离污染严重、易感染杂菌的区域,如堆肥舍、畜舍、酿造酒曲厂等。金针菇工厂化生产中常见病虫害有细菌性斑点病、根腐病、青霉、胡桃肉状杂菌、菇蝇(小苍蝇)、尖眼覃蚊(小黑蚊子)、螨类(菌蚤)等,现简要叙述如下:

(一) 常见病害

(1) 细菌性斑点病   一种由荧光假单胞杆菌引起的细菌病。病症局限于菌盖上,在菌盖上产生黑褐色的斑点,当凹陷的斑点干后,菌盖出现开裂,还会形成畸形子实体,菌柄上偶尔也会发生,但菌褶很少受到侵染。

细菌性斑点病是高温高湿条件下发生的一种病害。培养料潮湿不透气,菌丝纤弱,极易产生斑点,菌盖变黑而影响商品价值。菌盖表面的水分与发病有很重要的关系。在金针菇栽培过程中,要注意控制水分,相对湿度不能过大,出菇期间菇房温度应控制在15℃以下。天冷时,不能用冷水直接喷在菌盖上,这样也容易产生此病(方平,2008)。

防治措施:可在100kg水中加入150g漂白粉或土霉素(25万单位/粒,剂量0.25g/粒)120粒杀死病原菌。同时做好害虫的防治,特别是刺吸式口器的昆虫极易传播病害,切断病害的传播路径。发病初期可用漂白粉兑水喷雾,也可喷洒50%多菌灵可湿性粉剂500倍液。

及时进行菇房通风,降低空气湿度,防止病害蔓延,及时挖除病菇,并进行集中处理。

(2) 根腐病 根腐病是湿度比较高时最容易发生的细菌病。病原菌为肠杆菌,一般在温度18℃以上时发生。发病初期,在培养基表面、菇丛中产生白色混浊的液滴,这种液滴多时会积满整个栽培瓶,培养基水分过多或菇体受到带菌水的直接喷洒,是诱发此病的主要原因。根腐病的发病初期,金针菇呈麦芽糖色或呈半透明,后菌盖变成黑褐色,最后停止生长,且长成的金针菇也干枯而死(方平,2008;毛日洪等,1999;王宝殿和刘佳,2016)。

防治措施:若发生根腐病,应立即清除染病栽培瓶,以免感染其他瓶;同时,降低培养室室温,并通风换气使之干燥,用0.1%漂白粉、土霉素喷洒。

(3) 青霉 青霉在自然环境中分布很广,是最易发生的丝状菌,发育适温30~35℃。青霉开始蔓延时和金针菇菌丝相似,难以分辨,只有当其成熟长出青色孢子时,才能被发现,一旦发生,蔓延极快。青霉一般在搔菌以后侵入,大多长在菌盖的表面,偶尔菌柄上有发现。

防治措施:发现发生霉菌污染的栽培瓶,应立刻拿出栽培室销毁处理,同时加强菇床通风,并用2%的硫酸铜溶液进行室内消毒;出菇期间不能将水直接喷到菇体上,以防菇丛感染细菌性病害和因床温提高而诱发霉菌繁殖。

(4) 胡桃肉状杂菌 属竞争性杂菌,发生在栽培瓶内,在23℃左右的高温、高湿、菇房通风差的情况下容易发生并迅速蔓延。发病初期,出现短而浓密的白色菌丝体,一方面产生大量的分生孢子,另一方面形成类似胡桃肉状的子囊果。严重时在栽培瓶中形成大量肉眼可见的类似胡桃肉状的子囊果,不能出菇,造成绝收。

防治措施:发现栽培瓶内有胡桃肉状杂菌时,停止喷水,待料面干燥后,挖去胡桃肉状子囊体,将室温降到16℃以下,再按常规管理,轻者仍可正常出菇;发生过此病的菇房,应使用1:800倍多菌灵溶液进行环境消毒,拌料时加入0.1%的多菌灵,可防治胡桃肉状杂菌的危害(方平,2008;毛日洪等,1999)。

金针菇杂菌的生态防治:掌握金针菇与杂菌的生长规律,采取积极的生态防治手段。首先采取低温栽培,几乎所有杂菌的孢子、芽孢都要在24℃以上才能萌发,而金针菇菌丝体在7~11℃的低温条件下生长良好,加之金针菇又是低温结实性菌类,需适应低温栽培。低温栽培是防治金针菇病虫害的最重要手段。其次采取低湿养菌,金针菇菌丝在料水比为1:1.5时,生长较快,不易污染其他杂菌;而料水比达到1:2.1时,金针菇菌丝停止生长,容易染菌。这是因为培养料水分过多,使金针菇菌丝体细胞原生质浓度降低,抵抗力下降,且培养料水分过多,造成料内空气不足,使菌丝的呼吸作用受到抑制,易导致菌丝早衰而感染杂菌。因此,拌料时掌握好料水比至关重要。菌丝生长期间,培养室空气湿度要适宜,出菇前期,菇床上不能喷水。低湿培菌措施可使菌丝生长旺盛,菇体生长健壮,杂菌得到抑制。再者,在低温栽培的前提下,增加培养料的营养成分(如麦麸、玉米粉、米糠等),加大菌种用量,使金针菇在丰富的营养物质条件下短期内占据培养料。如果环境温度超过15℃,就不要添加上述营养物质。加强通风管理,使用优质、新鲜的菌种也是防病的重要措施。

(二)常见虫害

(1) 菇蚊 在温度升高时。菇蚊发生尤其严重,影响金针菇子实体的形成和生长。

防治措施:首先做好培养料的后发酵处理,可以杀死料中的虫卵;其次,在菌丝生长蔓延期间及出菇前,只要有成虫飞出就要用杀虫剂来防治,可用敌敌畏、马拉硫磷熏蒸或喷洒溴氰菊酯。一旦有菇蕾发生时,就要停止使用(王宝殿和刘佳,2016)。

(2) 菇蝇 在温度升高时,也高发菇蝇危害,影响金针菇的正常生长。

防治措施：出菇前发生菇蝇，采用药剂喷洒效果较理想，亦可堆料时拌除虫菊酯，以及封严菇房周围的门，防止菇蝇成虫飞入。

（3）螨类　螨类的体形小，白色或黄白色，透明、光滑，表面有很多刚毛。在金针菇原种瓶里偶有发现，啃食金针菇的菌丝。气温高时，栽培瓶里经常发现，气温低时，发生较少。

防治措施：首先要做好菇房卫生，特别是要清除、烧毁废弃物；每星期使用杀螨剂，克螨宝（2000～4000倍液）或80%敌敌畏（500～800倍液）喷杀防治很有效（方平，2008）。

综合防治：首先做好前期清洁处理工作，培养料和菇房彻底消毒，从根源上杜绝害虫，菌种在使用前要认真检查有无霉菌和螨类污染，保持培养室、出菇房环境清洁，切记不能把栽培废料丢在菇房附近，容易招致霉菌和螨类危害。出菇房在使用前要冲洗干净，用1000倍的敌敌畏溶液消毒，然后用"菇保一号""甲醛、硫黄"熏蒸。培养期间每隔一星期用0.5%敌敌畏药液喷洒地面。视不同病虫害，采用针对性农药进行防治。菇蕾出现慎用农药。加强菇房管理，使温湿度稳定，空气畅通，为金针菇生长发育创造良好环境。

思考题

1. 简述金针菇的生活史及特点。
2. 发菌、定植、封面、穿底的概念是什么？
3. 什么是抑制或抑制管理阶段？
4. 金针菇工厂化栽培发菌期如何管理？
5. 简述金针菇工厂化栽培中催蕾及出菇管理方法。
6. 金针菇工厂化栽培后废料如何处理？
7. 金针菇病害的生态防治措施有哪些？

第二十二章
食用菌栽培学基础实验

实验一 食用菌形态结构的观察

一、实验目的
观察并掌握常见食用菌子实体的形态特征,包括宏观和微观特征。

二、仪器设备和实验材料

(一) 主要仪器设备
光学显微镜(目镜10×,物镜10×、40×)。

(二) 实验材料与用品
新鲜食用菌子实体(平菇、香菇、草菇和金针菇等)、5%氢氧化钾(KOH)溶液、1%刚果红或棉蓝试剂。载玻片、盖玻片、无菌水、吸水纸、刀片(用于切薄片)、小镊子、记号笔等。

三、实验方法与操作步骤

(一) 子实体宏观形态特征观察
① 仔细观察各种类型的食用菌子实体的外部形态特征,并比较各种子实体的主要区别。
② 观察菌盖(表面、菌盖中央、边缘、菌肉、菌褶等)、菌柄(质地、颜色、着生位置、中实或中空等)、菌环、菌托的特征,并对之进行比较、分类。
③ 用解剖刀纵切子实体观察其菌盖组成,菌肉的颜色、质地,菌褶形状和着生情况(离生、延生、直生、弯生)。

(二) 子实体微观形态特征观察
① 选取新鲜子实体,从菌盖内侧取一小块菌褶组织。
② 切片,并放入有蒸馏水的培养皿中,切片要求薄而均匀。
③ 制片。取载玻片于中央加半滴蒸馏水,再用小镊子小心而轻快地将切下的薄片挑起,放入载玻片水滴中,加盖玻片。加盖时注意不要产生气泡。
④ 镜检。将制好的切片标本置显微镜下,先用低倍镜,再用高倍镜观察菌丝形态,是否有锁状联合,菌褶两侧子实层以及担子和担孢子着生情况和结构(图力古尔,2012;张金霞,2016)。

四、实验注意事项

① 用手拿取子实体时要轻拿轻放，不能碰掉子实体的任何部分，特别是子实体固有的部分，如菌环和菌托，这些都是种类之间区别的重要依据。

② 观察子实体时不能在菌盖和菌柄的表面留下指纹印，否则会损坏子实体固有的特征。

五、思考题

1. 绘香菇或平菇子实体形态及纵剖面简图，并注明各部位名称。
2. 仔细观察各类食用菌形态特征，并填写表 22-1。

表 22-1　食用菌形态特征

菌类	菌盖特征	菌柄特征	菌肉质地	菌褶（管）特征及着生位置	菌柄着生位置	菌环与菌托有无及特征
香菇						
平菇						
榆黄蘑						
杏鲍菇						
黑木耳						
金针菇						
草菇						
海鲜菇						
灵芝						
猴头菇						
滑子菇						

实验二　野生食用菌种质资源的采集与鉴定

一、实验目的

掌握野生食用菌种质资源的采集方法和采集记录过程。根据采集标本的形态、结构、生物学特征、生境、孢子印颜色、孢子形态、大小等，确定每个标本的名称及拉丁学名。

二、仪器设备和实验材料

（一）主要仪器设备

望远镜、GPS 和海拔仪、照相机、放大镜等。

（二）实验材料和试剂

铅笔、刻度尺、直尺、白板纸、大型真菌标本采集记录表、采集刀、平底背筐、平底手提筐、采集袋、记号笔、号牌、解剖刀、小镊子等。

三、实验方法与操作步骤

（一）采集前的准备

① 了解采集地的地形，根据采集的地形确定地点和方向，最好提前与当地熟悉地形的向导请教沟通。

② 准备好望远镜，用于观察远处和高处的食用菌。

③ GPS 和海拔仪用于确定方位和海拔。

④ 记录和照相工具的准备，如铅笔、刻度尺、直尺、白板纸、大型真菌标本采集记录表、采集刀、记号笔、标签、解剖刀、小镊子等。

⑤ 放大镜用于观察食用菌的细小结构。

⑥ 图鉴和参考书用于鉴定和校对食用菌的种类。

⑦ 食用菌子实体采集用具，如平底背筐、平底手提筐、采集袋、纸盒、布袋等。

（二）采集方法

① 肉质、胶质、蜡质和软骨质的标本需要光滑而洁白的纸质做成漏斗形的纸袋包装（根据子实体的大小，现用现做），把菌柄向下，菌盖在上放置，同时放入标签，包好后放入采集袋（筐）中。

② 木质、木栓质、革质和膜质的子实体标本，采集后贴好标签，用旧报纸包好或直接装入塑料袋中即可（图力古尔，2018；戴玉成和图力古尔，2007）。

（三）采集记录

① 标本采集的同时要拍生境照片并及时填写大型真菌标本采集记录表，必要时需绘制草图。

② 孢子印制作，将成熟完整的子实体菌盖和菌柄分离，菌褶或菌管向下，扣在与孢子印颜色不同的纸上，再用玻璃罩罩上，避免风吹，经 6~8h，担孢子散落纸上，这样会得到与菌褶或菌管排列方式相同的孢子印（图力古尔，2018；戴玉成和图力古尔，2007）。

四、注意事项

① 每种标本采集数量要适当，以便满足鉴定、保存和交换。

② 采集要具有完整性和代表性，同时注意采集不同发育阶段的个体，利于比较研究。

③ 注意观察记录子实体生境，采集相应的子实体生长的基物，并且要拍照记录。

④ 大型真菌标本采集记录表（表 22-2）要及时填写并完整保存。

表 22-2 大型真菌标本采集记录表

编号：		年 月 日		图 照片	
菌名	地方名：_____，中文名：_____，学名：_____				
产地	地点：_____，海拔：_____ m				
生境	针叶林、阔叶林、混交林、灌丛、草地、草原			基物：地上、腐木、立木、粪土	
生态	单生　散生　群生　丛生　簇生　叠生				
菌盖	直径：_____ cm		颜色： 边缘　　中间		黏　不黏
	形状：钟形、斗笠形、半球形、漏斗形、平展			边缘：有条纹、无条纹	
	块鳞、角鳞、丛毛鳞片、纤毛、疣、粉末、丝光、蜡质、龟裂				

续表

菌肉	颜色:_____,味道:_____,气味:_____,伤变色:_____		
菌褶	宽度:_____ mm	颜色:_____	密度:中、稀、密	离生 弯生 直生 延生
	等长　不等长　分叉			
菌管	管口大小:_____ mm,管口:圆形、角形			
	管面颜色:_____,管里颜色:_____,易分离、不易分离、放射、非放射			
菌环	膜状、丝膜状　颜色:_____,条纹:_____,脱落、不脱落、上下活动			
菌柄	长:_____ cm,粗:_____ cm,颜色:_____		基部:假根状、圆头状、杵状	
	圆柱形、棒状、纺锤形			
	鳞片、腺点、丝光、肉质、纤维质、脆骨质、实心、空心			
菌托	颜色:_____,苞状　杯状　浅根状			
	数圈颗粒组成　　环带组成　　消失　　不易消失			
孢子印	白色　　粉红色　　锈色　　褐色　　青褐色　　紫褐色　　黑色			
附记	食、毒、药用,产量情况			
备注				

实验三　母种培养基制作

一、实验目的

掌握食用菌母种培养基的配方及制作方法、步骤和要求。

二、仪器设备和实验材料

(一) 主要仪器设备

高压灭菌锅、电磁炉、铝锅等。

(二) 实验材料和试剂

马铃薯、琼脂粉、葡萄糖、蔗糖、纱布、试管、漏斗、漏斗架、医用手术刀片、记号笔、量筒、棉花、牛皮纸、橡皮筋、玻璃棒等。

三、实验方法与操作步骤

(一) 母种培养基的配方

(1) PDA 培养基配方　马铃薯(去皮)200g,葡萄糖 20g,琼脂 20g,水 1000mL,自然 pH。

(2) PSA 培养基配方　马铃薯（去皮）200g，蔗糖 20g，琼脂 20g，水 1000mL，自然 pH。

（二）操作步骤

(1) 马铃薯削皮熬煮　将 200g 马铃薯去皮，去芽眼，切成小块放入铝锅中，加入 1000mL 水，在电磁炉上煮沸 20~30min，以马铃薯软而不烂为宜。用 6~8 层纱布过滤，取过滤液弃去马铃薯滤渣，过滤液中补水至 1000mL。

(2) 葡萄糖、蔗糖溶解和琼脂熔化　将过滤液加入琼脂 20g，小火加热同时用玻璃棒持续搅动，待琼脂完全熔化后，加入葡萄糖 20g 或蔗糖 20g，适度搅拌使其溶解，然后再补水至 1000mL。

(3) 培养基分装与捆扎　将配制的培养基通过漏斗分装到试管内，装量至试管的 1/4 处。分装后，将试管口塞上棉塞（硅胶塞）。棉塞的大小和松紧要适度，棉塞的 1/3 留在试管口外，其余部分在试管内。将 7 根或 10 根试管用橡皮筋捆好，在棉塞外包一层牛皮纸，用记号笔标注培养基名称、配制日期和种类等（黄毅，2008；边银丙，2017）。

(4) 灭菌　将扎捆的试管放入铁筐中，再放入高压锅中 121℃条件下灭菌 30min。其过程包括装试管、排冷气、升压保温。

(5) 试管的斜面摆放　程序运转后当灭菌锅的压力小于 0.05MPa 时，打开排气阀使压力表的指针降为"0"后方可开启灭菌锅，取出试管，摆放成斜面。在桌上放置做好的长条形木块，将试管上端靠在木块上，要求斜面培养基不超过试管长度的 2/3，并在试管上盖上纱布。

四、注意事项

① 注意分装培养基时不要黏附在试管壁上，否则容易造成污染。
② 灭菌操作时一定要等到压力小于 0.05MPa 时再开启排气阀。

五、思考题

1. 高压灭菌锅灭菌时为什么要将冷空气排出？
2. 为什么摆放斜面时试管上面盖纱布？其主要作用是什么？

实验四　母种扩繁技术

一、实验目的

掌握食用菌母种扩繁的方法，为生产提供优良的母种。

二、仪器设备和实验材料

平菇母种（一级菌种）、试管斜面培养基。

（一）主要仪器设备

超净工作台。

（二）实验材料和试剂

接种铲、接种钩、镊子、75%乙醇、75%酒精棉球、酒精灯、火柴或打火机。

三、实验方法

① 无菌室及超净工作台用紫外灯照射 30min。

② 母种扩繁。超净工作台台面及接种人员的手臂用75％酒精棉球消毒，菌管口用酒精火焰消毒。用无菌接种钩在母种斜面菌丝上划线，用接种铲取0.3cm×0.2cm的小菌丝块移入新的斜面培养基上，用火焰灼烧棉塞迅速塞入管口。

③ 注明菌种名称、编号、来源（有性繁殖或无性繁殖）、代数和转接日期。通常用一些明确、统一的符号表示。习惯上将食用菌名称用该食用菌拉丁学名的第一或前两个字母表示。有性繁殖多指孢子分离用 S 表示。无性繁殖中利用子实体组织分离用 T 表示。转管移接用 F 表示，最后一次移接时间用数字来表示（边银丙，2017；黄年来等，2010；黄毅，2008）。

④ 将标记好的移接菌种放入25～27℃恒温培养室中进行培养。

四、注意事项

① 母种扩繁一定要严格遵循无菌操作，母种管壁要用酒精棉球擦拭。

② 注意仔细检查所用母种是否有染菌现象，尤其试管口部、菌种块周围，如有染菌不能用于接种。

③ 转接时动作要求迅速，接种工具要放凉后再用，以免菌种被烫死。菌块不得从火焰中心通过。

五、思考题

1. 母种为什么要扩繁？怎样扩繁？
2. 扩繁的母种长势如何？怎样注明菌种信息？

实验五　食用菌菌种分离技术

一、实验目的

了解孢子分离、组织分离和基内菌丝分离方法对菌种成熟度的不同要求，即采摘期的选择。重点掌握子实体组织分离方法、步骤和要求。

二、仪器设备和实验材料

（一）主要仪器设备

高压灭菌锅、铝锅、电磁炉、镊子、75％酒精棉球、酒精灯、火柴、超净工作台、恒温培养室等。

（二）实验材料和试剂

马铃薯、琼脂、葡萄糖、纱布、试管、漏斗、漏斗架、医用手术刀片、记号笔、量筒、棉花、牛皮纸、橡皮筋等。

三、实验方法与操作步骤

（一）分离前的准备

1. 培养基的选择

通常使用马铃薯葡萄糖琼脂培养基（PDA培养基）。孢子分离需要斜面有少量的水，保证孢子萌发。组织分离斜面上应无游离冷凝水，防止污染。基内菌丝分离可适当添加抑菌剂，确保分离的成功率。

2. 菌种的预处理

① 伞菌采摘后，若水分太大，可适度降低水分再提取菌种。
② 胶质耳应用水清洁干净，并吸干水分，待耳片重新产生成熟孢子后分离。
③ 基内菌丝分离时要先风干腐木，分离前用酒精灯火焰灼烧数秒，然后进行表面消毒后再提取菌种。

（二）组织分离法

1. 伞菌组织分离法

用75%棉球进行手部消毒，在靠近酒精灯火焰处掰开要分离的伞菌，用灭菌的解剖刀在菌盖和菌柄交接处刻"田"字，然后用灭菌过的接种针从"田"中心钩取一小块菌肉组织，立即移入 PDA 斜面培养基中间位置，移出接种针，迅速盖上棉塞。

2. 胶质菌组织分离法

将耳片用无菌水冲洗干净，切成 0.5cm^2 小块，移入培养基中，在 25℃ 条件下进行培养，也可撕开耳片取内部洁净组织接种培养。

3. 菌核组织分离法

在无菌条件下，将菌核切开，在菌核皮附近，切取一小块洁净菌核组织移入培养基中，在 25℃ 条件下培养。

4. 生长点分离法

适用于菇小、盖薄、柄中空的伞菌分离。在无菌条件下，用左手手指夹住菌柄，右手握住长柄镊子，沿着菌柄向菌盖方向迅速移动，击掉菌盖后露出菌柄顶端的白色生长点，然后用接种针钩取生长点的组织块，移入斜面培养基中（边银丙，2017；黄年来等，2010；黄毅，2008）。

四、注意事项

① 种菇或种耳过湿，不能马上进行组织分离，否则容易感染细菌。
② 菌核组织分离剖取组织块要适中，组织块偏小会造成菌丝量较少，不易萌发菌丝，分离失败。
③ 子实体分离一定要严格进行无菌操作。
④ 接种完成后注意标注菌种名称及接种日期。

五、思考题

1. 常用的菌种分离方法有哪些，各自有何特点？
2. 组织分离法的优缺点是什么？
3. 组织块萌发后，查看是否污染，并说明污染原因。

实验六　食用菌原种和栽培种的制作与培养

一、实验目的

掌握食用菌原种、栽培种的培养基配方及制作和培养方法。

二、仪器设备和实验材料

（一）主要仪器设备

高压灭菌锅、超净工作台。

（二）实验材料和试剂

香菇、平菇、黑木耳的母种、原种，菌种瓶（750mL 的广口瓶或 500mL 的罐头瓶），栽培袋，颈圈，无棉盖体，锥形木棒，接种钩，镊子，记号笔，酒精灯，木屑，玉米芯，麦麸，蔗糖或葡萄糖，石灰，石膏，等。

三、实验方法与操作步骤

（一）原种和栽培种培养基的配制

常用的原种和栽培种培养基配方如下：

（1）木屑培养基　木屑 78%，麦麸 20%，蔗糖 1%，石膏粉 1%，料水比为 1：（1.2～1.5）。

（2）玉米芯培养基　玉米芯 78%，麦麸 20%，蔗糖 1%，石膏粉 1%，料水比为 1：（1.2～1.5）。

（二）操作步骤

（1）选材　选用阔叶树木屑（忌用樟、松、柏等），木屑与麦麸应是新鲜、无霉变的，筛去木块和树皮。先将糖水化开，然后与木屑、石膏等拌匀，加水量视情况而定，以配制好的培养料用手握成团时指间有水溢出而不下滴为宜。此时培养料含水量为 60%～65%。

（2）装瓶（袋）　培养基配制好后即可装入菌种瓶（袋）中，用小木棒边装边压紧至瓶（袋）肩压平。培养基中间用锥形木棒压一洞直通瓶底，以利于菌丝蔓延，菌种瓶内外擦洗干净后用聚丙烯塑料薄膜包扎瓶口进行灭菌。栽培料袋直接套上颈圈，盖上无棉盖体即可。

（3）灭菌　由于原种和栽培种容量大，杂菌载量大，灭菌温度也应适当延长，1.2～1.4kgf/cm² 压力下需要 1.5～2h。

（4）接种　灭菌后的培养基转移到无菌室中用于接种，在无菌条件下挑选母种 1 小块放入培养基孔边，随后盖上薄膜培养后即为原种；在无菌条件下夹取原种 2 块放入培养基孔边，随后盖上无棉盖体培养后即为栽培种。

（5）培养管理　接种后的原种（栽培种）转移到 25℃左右的培养室（箱）中，培养 3～5d 后菌丝即可生长，5d 后菌丝开始深入培养基中吃料。此时要全面检查一次，如发现有污染或病虫害应立即淘汰，原种、栽培种菌丝长满瓶（袋）后一般仍需养菌一周左右，加大菌丝量后再用于播种，暂时不用的菌种要置于低温下保藏，以免菌种衰老退化（边银丙，2017；黄年来等，2010；黄毅，2008）。

四、注意事项

① 接种时一定要严格按照无菌操作，菌种管（瓶）壁要用酒精棉球擦拭。

② 注意仔细检查所用菌种是否有染菌现象，尤其试管口部、菌种块周围，如有染菌不能用于接种。

③ 转接时动作要求迅速，接种工具要放凉后再用，以免菌种被烫死；菌块不得从火焰中心通过。

五、思考题

1. 原种与栽培种区别在哪里，如何正确区分？
2. 原种与栽培种的制作过程有哪些？

实验七　平菇生料栽培技术

一、实验目的

学习平菇栽培培养料的配制、平菇播种及管理方法，掌握平菇的生料栽培技术。

二、实验材料及工具

平菇栽培种、栽培袋、栽培原料、盆、生石灰、高锰酸钾、75%酒精等。

三、实验方法与操作步骤

（一）培养料配方

木屑40%，稻草30%，玉米芯30%，水适量，菌种占总培养料的15%～20%。

（二）操作步骤

（1）培养料的选择与处理　选择新鲜无霉变的木屑，去除杂质，按常规配方、方法拌料。

（2）菌种选择　选择无杂菌污染、生长健壮、菌丝浓密的适龄（10～25d）栽培种作为播种材料。

（3）播种前的准备　为防止杂菌污染，播种前应将播种工具进行消毒处理，一般用75%酒精或0.1%高锰酸钾溶液擦拭或浸泡消毒，操作人员的手应用75%酒精棉球擦拭消毒。

（4）播种　采用层播法进行播种，即三层菌种两层料或四层菌种三层料。将菌种用消过毒的大镊子从菌种瓶（袋）中挖出后，用手掰成小块并均匀地铺在培养料中。播完后将培养料压实使菌种和培养料密切结合，以利菌丝吃料。

（5）发菌期管理　播种后在适宜的温度下（15～20℃）培养，1～2d后菌丝即可恢复生长，4～5d后菌丝开始大量繁殖，10～15d后菌丝可长满培养料，20～25d菌丝可达到生理成熟。为了满足平菇变温结实性的需要，需创造8～10℃的温差，以刺激原基的发生。

（6）出菇管理　原基出现后要逐渐加强通气，增加空气相对湿度，出菇的水分管理要根据气温、不同发育期灵活掌握，做到细喷，保持料面湿润，每日至少喷水2次，保持空气相对湿度85%～95%之间，创造一个高湿环境。

（7）采收　在适宜的环境下，原基出现后5～7d子实体即可成熟。当菌盖充分展开，菌盖边缘出现微波式上卷，尚未弹射孢子时为采收期。每次采收后应停止喷水，使菌丝恢复生长，积累养分，原基出现后再进行出菇处理。一般每潮菇相距10d左右，整个生长期可采收4潮菇，生育期60～70d（边银丙，2017；黄年来等，2010；黄毅，2008；吕作舟，2006）。

四、注意事项

① 要严格按照无菌操作规程进行接种。
② 采用层播法播种，菌种用量要大。

③ 平菇生料栽培要注意低温养菌。
④ 注意平菇栽培过程中易受到红色链孢霉的污染。

五、思考题

1. 用平菇栽培袋培养平菇应注意哪些问题？
2. 平菇栽培过程中，如何进行出菇管理？

实验八　食用菌主要病害症状及病原菌观察

一、实验目的

识别危害食用菌的主要杂菌形态和主要病害的症状。

二、仪器设备和实验材料

（一）主要仪器设备

显微镜。

（二）实验材料和试剂

链孢霉、木霉、青霉、曲霉、毛霉、根霉、甲醛醋酸液（甲醛 10mL＋冰醋酸 5mL＋蒸馏水 85mL）、放大镜、挑针、刀片、盖玻片、载玻片、镊子等。

三、实验方法与操作步骤

（一）杂菌症状形态观察

① 观察各种杂菌在菌种和培养料中的危害症状，如有无吐水、发黏现象，菌丝颜色、长势、拮抗线颜色、粗细等。

② 观察食用菌子实体病害的发病部位和主要症状特点，如子实体病斑形状、大小、颜色和症状表现，培养料的质地、色泽变化情况，子实体有无畸形、腐烂、流汁和散发的味道等。

（二）杂菌显微形态观察

① 在培养好的常见杂菌培养皿上，用接种针挑取少许杂菌的菌丝，放在载玻片上。
② 滴入一滴 50％～60％的酒精，将多余的酒精用滤纸吸除。
③ 滴入甲醛醋酸液 1 滴，盖上盖玻片。
④ 用镊子的末端轻轻敲打盖玻片，赶出盖玻片下的气泡。
⑤ 置于低倍镜下观察菌丝和分生孢子构造，然后换成高倍镜进行观察。
⑥ 采集病原体，在显微镜下，按照上述方法制片、镜检和观察病害病原体形态特征（边银丙，2013；边银丙，2016；孔祥辉等，2011；宋金娣等，2013）。

四、注意事项

① 注意杂菌的菌落特征、栽培的食用菌菌丝受抑制的情况。
② 观察链孢霉和木霉时，要注意孢子梗的长短及分枝状况，孢子串生还是集生以及孢子的形态。

③ 观察毛霉和根霉时，要注意菌丝的分枝情况，有无假根和匍匐枝，以及孢子囊的形态。

五、思考题

1. 总结链孢霉和木霉的主要症状和发生规律。
2. 总结毛霉和根霉的主要症状和发生规律。
3. 绘出 2~3 种杂菌的形态图，并注明其名称。

附　录

附录1　常用培养料的C含量、N含量及碳氮比

种类	C含量/%（质量分数）	N含量/%（质量分数）	C/N
木屑	49.18	0.10	491.80
栎落叶	49.00	2.00	24.50
稻草	45.39	0.63	72.05
大麦秆	47.09	0.64	73.58
玉米秆	43.30	1.67	25.93
小麦秆	47.03	0.48	97.98
稻壳	41.64	0.64	65.06
马粪	11.60	0.55	21.09
猪粪	25.00	0.56	44.64
黄牛粪	38.60	1.78	21.69
水牛粪	39.78	1.27	31.32
奶牛粪	31.79	1.33	23.90
羊粪	16.24	0.65	24.98
兔粪	13.70	2.10	6.52
鸡粪	4.10	1.30	3.15
纺织屑（废棉）	59.00	2.32	25.43
沼气肥	22.00	0.70	31.43
花生饼	49.04	6.32	7.76
大豆饼	47.46	7.00	6.78

附录2　常用药剂防治对象及用法

药剂名称	防治对象	用法和用量
石灰	霉菌	5%～20%溶液喷洒，直接撒粉或与硫酸铜配成波尔多液用
甲醛	细菌、真菌、线虫	5%喷洒，与高锰酸钾配合气化消毒
高锰酸钾	细菌、真菌、害虫	0.1%洗涤消毒或与甲醛配合气化熏蒸消毒
石炭酸	细菌、真菌、害虫、虫卵	3%～5%水溶液，喷洒接种室或菇房
氨水	害虫、螨类	17%溶液熏蒸菇房，或加50倍水拌料
敌敌畏	菇蝇、螨类	0.5%喷洒，或100m² 菇房用1kg原液开瓶熏蒸

续表

药剂名称	防治对象	用法和用量
氯化碳	细菌	3%水溶液喷雾
漂白粉	细菌、线虫、"死菌丝"	3%～5%水溶液浸泡材料,或0.5%～1%喷雾
硫酸铜	真菌	0.5%～1%水溶液喷洒
多菌灵	真菌、半知菌	1∶1000倍拌料,或1∶500倍喷洒
苯菌灵	真菌	1∶800倍拌料,或1∶500倍喷洒
甲基硫菌灵	真菌	1∶800倍拌料,或1∶500倍喷洒
百菌清	真菌、轮枝霉	0.15%水溶液喷洒
代森锌	真菌	0.01%水溶液喷洒
三唑酮	真菌、虫卵	5%水溶液喷雾(剧毒农药,慎用)
二嗪磷	菇蝇、瘿蚊	每吨培养料用20%乳剂,57mL喷洒
马拉硫磷	双翅目昆虫、螨类	0.15%水溶液喷洒
除虫菊	菇蝇、菇蚊、蛆	1∶3000倍水溶液喷洒
鱼藤酮	菇蝇、跳虫等	0.1%水溶液喷洒
食盐	蜗牛、蜂蝓	5%水溶液喷洒
对二氯苯	螨类	每$10m^3$用500g熏蒸
哒螨灵	螨类、小马陆、弹尾虫等	15%哒螨灵乳油2500倍喷洒
噻螨酮	螨类、小马陆、弹尾虫等	5%噻螨酮乳油3000倍喷洒
鱼藤酮+中性肥皂	壳子虫、米象等	鱼藤酮500g,中性肥皂250g加水100kg喷洒
亚砷酸+水杨酸+氧化铁	白蚁	80%亚砷酸,15%水杨酸,5%氧化铁配成水溶液施入蚁巢
煤焦油+防腐油	白蚁	配成1∶1混合剂涂于材料上
二氧化硫	一般害虫	视容器大小适量熏蒸
茶籽饼	蜗牛、蛞蝓等	1%水溶液喷洒
链霉素	革兰氏阴性菌	1∶500水溶液喷洒
金霉素	细菌性烂耳	1∶(500～600)倍水溶液喷洒

参考文献

包海鹰, 李志军, 杨树东, 等. 2019. 胶陀螺光敏毒性成分. 菌物学报, 38(1): 117-126.
薄海美, 田春雨, 李继安. 2011. 银耳多糖对实验性 2 型糖尿病大鼠胰岛素抵抗的影响. 时珍国医国药, 22(8): 1926-1927.
边银丙. 2013. 食用菌菌丝体侵染性病害与竞争性病害研究进展. 食用菌学报, 20(2): 1-7.
边银丙. 2016. 食用菌病害鉴别与防控. 郑州: 中原农民出版社.
边银丙. 2017. 食用菌栽培学（第三版）. 北京: 高等教育出版社.
蔡衍山, 等. 2003. 食用菌无公害生产技术手册. 北京: 中国农业出版社.
曹德宾. 2009. 猴头菇高产栽培技术. 农业知识, (6): 4-5.
曹小红, 朱慧, 王春玲, 等. 2010. 灰树花胞外多糖对四氯化碳致小鼠肝损伤的保护作用. 天然产物研究与开发, 22(005): 777-780.
常明昌. 2005. 食用菌栽培. 北京: 中国农业出版社.
陈诚, 李强, 黄文丽, 等. 2017. 羊肚菌白霉病的发生对土壤真菌群落结构的影响. 微生物学报, 44(11): 2652-2659.
陈国梁, 张向前, 贺晓龙, 等. 2010. 五种羊肚菌液体培养过程胞外酶活性变化研究. 北方园艺, (10): 210-213.
陈静, 辛树权. 2014. 液体黑木耳菌种污染的快速鉴别. 安徽农业科学, 42(17): 5448-5450, 5499.
陈士瑜. 2003. 珍稀菇菌栽培与加工. 北京: 金盾出版社.
陈文. 2016. 草菇栽培中死菇的原因及防治. 农业知识, (17): 44-45.
陈文杰, 张瑞青, 张晓芳. 2007. 灵芝的无公害病虫害防治技术探讨. 食用菌, (6): 59-61.
陈秀琴, 吴少风. 2007. 大球盖菇冬闲田高产栽培及加工技术. 福建农业科技, (04): 46-48.
陈宗泽, 唐玉芹. 2000. 食用菌栽培技术. 北京: 解放军出版社.
程远辉, 赵琪, 杨祝良, 等. 2009. 利用圆叶杨菌材栽培羊肚菌初报. 中国农学通报, 25(21): 170-172.
陈作红. 2014. 2000 年以来有毒蘑菇研究新进展. 菌物学报, 33(3): 493-516.
陈作红, 杨祝良, 图力古尔, 等. 2016. 毒蘑菇识别与中毒防治. 北京: 科学出版社.
楚晓真, 卢钦灿. 2009. 平菇玉米芯发酵料栽培技术. 天津农业科学, 15(05): 78-79.
崔颂英. 2007. 食用菌生产与加工. 北京: 中国农业大学出版社.
戴玉成, 曹云, 周丽伟, 等. 2013. 中国灵芝学名之管见. 菌物学报, 32(6): 947-952.
戴玉成, 图力古尔. 2007. 中国东北食药用真菌图志. 北京: 科技出版社.
戴玉成, 杨祝良. 2008. 中国药用真菌名录及部分名称的修订. 菌物学报, 27(6): 801-824.
戴玉成, 杨祝良. 2018. 中国五种重要食用菌学名新注. 菌物学报, 37(12): 1572-1577.
戴玉成, 周丽伟, 杨祝良, 等. 2010. 中国食用菌名录. 菌物学报, 29(1): 1-21.
丁湖广. 2006. 食用菌实用制种技术. 山东蔬菜, (4): 40-41.
丁湖广. 2013. 银耳生物学特性及栽培技术（七）—银耳生产主要病虫害防控及栽培失败原因分析. 食药用菌, (5): 277-281.
樊进举. 2001. 双孢蘑菇褐斑病的防治措施. 农业科技与信息, (01): 21.
方平. 2008. 金针菇的病虫害防治. 浙江食用菌, 16(4): 54-55.
傅江习, 刘化民. 1994. 灰树花的人工栽培技术初报. 食用菌, (S1): 15.
傅跃荣. 2017. 金针菇工厂化栽培技术. 农村新技术, (12): 18-19.
甘长飞. 2014. 灰树花及其药理作用研究进展. 食药用菌, 22(5): 264-267, 281.
耿铮, 李玉, 石钰琨, 等. 2016. 猴头菇棚室床架式立体高效栽培技术. 中国林副特产, (04): 52-53.
弓建国. 2011. 食用菌栽培技术. 北京: 化学工业出版社.
顾可飞, 刘海燕, 杨海峰, 等. 2018. 电子束辐照对羊肚菌营养成分影响分析. 食品工业科技, 39(12): 55-62.
顾龙云. 1983. 黑脉羊肚菌引种驯化初探. 中国食用菌, (2): 9-10.
韩省华, 吴克甸, 王星丽. 1994. 灰树花的菌核形成及分离纯培养. 食用菌, (S1): 14.
韩英, 沈秀, 徐文清, 等. 2012. 银耳多糖辐射防护作用的研究. 中国辐射卫生, 21(02): 132-133.
韩英, 徐文清, 杨福军, 等. 2011. 银耳多糖的抗肿瘤作用及其机制. 医药导报, (7): 849-852.
贺春玲. 2014. 夏季地栽香菇无公害栽培技术. 河北农业, (1): 16-18.
何建芬. 2012. 袋料黑木耳发生的主要病虫害及其防治对策. 食用菌, (4): 54-55, 72.
贺新生. 2009. 《菌物字典》第 10 版菌物分类新系统简介. 中国食用菌, 28(06): 59-61.

贺新生. 2017. 羊肚菌生物学基础、菌种分离制作与高产栽培技术. 北京：科学出版社.

贺新生, 张能, 赵苗, 等. 2016. 栽培羊肚菌的形态发育分析. 食药用菌, 24(4): 222-229, 238.

侯建明, 陈刚, 蓝进. 2008. 银耳多糖对脂类代谢影响的实验报告. 中国疗养医学, 17(4): 234-236.

胡永光, 李萍萍, 袁俊杰. 2007. 食用菌工厂化生产模式探讨. 安徽农业科学, (9): 2606-2607, 2669.

胡永辉, 赖红丽, 尹保营, 等. 2008. 平菇发菌阶段常遇到的问题及对策. 北京农业, (3): 16-17.

黄建春. 2012. 中国蘑菇工厂化生产现状与发展的思考. 食用菌, (2): 1-3.

黄建春, 孙占刚, 陈辉, 等. 2015. 荷兰先进双孢蘑菇培养料堆制发酵技术. 食用菌, (2): 1-3.

黄年来, 林志彬, 陈国良, 等. 2010. 中国食药用菌学. 上海：上海科学技术文献出版社.

黄胜雄, 林长征. 2002. 草菇菌孢小核菌病症状及病原菌研究. 福建农业科技, (01): 14-15.

黄毅. 2008. 食用菌栽培. 北京：高等教育出版社.

黄毅. 2014. 食用菌工厂化栽培实践. 福州：福建科学技术出版.

贾身茂, 程群柱, 刘桂娟. 2018. 近代西方蘑菇在我国栽培的史料回顾及补充. 食用菌, 40(5): 71-73.

姜建新, 徐代贵, 王登云, 等. 2016. 滑菇工厂化栽培技术. 食用菌, 38(06): 48-49.

姜宇, 杜适普, 郭杰, 等. 2013. 猴头菇生理性病害的病因诊断及防治技术. 中国园艺文摘, (6): 192-193.

靳春成. 2011. 黑木耳小孔出耳栽培技术. 吉林农业, (11): 102.

靳春成, 郑兰兰, 潘宪民. 2012. 滑子蘑玉米芯袋式栽培技术. 农民科技培训, (7): 31-32.

孔祥辉, 刘佳宁, 张丕奇, 等. 2011. 东北地区木耳"白毛菌病"的病原菌. 菌物学报, 30(4): 551-555.

赖腾强, 林兴生, 黄秋英, 等. 2009. 金针菇菌种制作技术. 吉林农业, (3): 79.

兰进. 2004. 食药用菌栽培技术图解. 北京：中国农业出版社.

雷伟华. 2009. 冬闲田栽培大球盖菇技术要点. 福建农业, (09): 11-12.

李春艳. 2009. 冬季塑料大棚高产栽培猴头菇. 农家科技, (01): 21.

李海蛟, 余成敏, 姚群梅, 等. 2016a. 亚稀褶红菇中毒的物种鉴定、地理分布、中毒特征及救治. 中华急诊医学杂志, 25(6): 733-738.

李海蛟, 孙承业, 乔莉, 等. 2016b. 青褶伞中毒的物种鉴定、中毒特征及救治. 中华急诊医学杂志, 25(6): 739-743.

李家全. 2010. 单片小孔木耳栽培技术. 中国农村小康科技, (7): 51-52.

李康, 娜锟, 王兴亚. 2017. 灵芝破壁孢子粉总三萜提取工艺优化及体外抗肿瘤作用的研究. 中国现代应用药学, 34(9): 1219-1224.

李士怡. 2005. 榆耳的药用价值研究. 实用中医内科杂志, (03): 216.

李喜范, 潘冰. 1991. 榆耳的培养技术. 中国食用菌, 10(2): 31-33.

李喜范, 潘冰. 1992. 榆耳病虫害的防治. 中国食用菌, 11(4): 28-29.

李翔, 肖星星, 邓杰, 等. 2018. 壳聚糖涂膜保鲜羊肚菌研究. 成都大学学报(自然科学版), (4): 366-369.

李小琴. 2016. 香菇病虫害防治技术. 农业科技与信息, (2): 88, 90.

李燕. 2004. 银耳多糖的抗衰老作用及其机制研究[D]. 上海：第二军医大学.

李玉. 2018. 中国食用菌产业发展现状、机遇和挑战. 菌物研究, 16(3): 125-131.

李玉, 李泰辉, 杨祝良, 等. 2015. 中国大型菌物资源图鉴. 郑州：中原农民出版社.

李育岳, 等. 2001. 食用菌栽培手册. 北京：金盾出版社.

李宗宝. 2007. 杏鲍菇工厂化栽培的病虫害控制技术要点. 内蒙古农业科技, (7): 164-165.

梁俊峰. 2007. 中国环柄菇属的分类学及该属的分子系统学研究-兼论冠状环柄菇的群体遗传学. 昆明：中国科学院昆明植物研究所.

梁俊峰. 2011. 中国环柄菇属分类检索表. 菌物研究, 9: 219-222.

林杰. 2002. 榆耳栽培技术. 福建农业, (11): 12.

林群英, 张锋伦, 刘晓明, 等. 2013. 杏鲍菇生物学特性及栽培技术研究进展. 中国野生植物资源, (1): 11-14.

刘达玉, 耿放, 李翔, 等. 2016. 五种野生食用菌在微冻贮藏下的营养素分析. 食品工业, 37(10): 182-185.

刘二冬. 2009. 花菇大棚高产栽培技术. 中国食用菌, 28(6): 66-67.

刘敏春, 霍金宝, 李艳华, 等. 2009. 绿色黑木耳小孔栽培技术. 中国林副特产, (2): 55-56.

刘敏莉, 富力, 董然, 等. 1994. 羊肚菌等四种野生食用菌无机元素的分析. 中国野生植物资源, 13(2): 42-44.

刘万珍. 2006. 平菇死菇的原因及对策. 科技致富向导, (6): 12-13.

刘伟, 蔡英丽, 何培新, 等. 2016. 棱羊肚菌无性孢子形态及显微结构观察. 菌物研究, 14(3): 157-161.

刘伟, 张亚, 何培新. 2018. 羊肚菌生物学与栽培技术. 长春：吉林科学技术出版社.

刘晓龙. 2016. 榆耳栽培管理技术[N]. 吉林农村服, 01-15(003).

刘志强. 2019. 平菇发酵料袋栽技术, (24): 58-59.
卢政辉. 2009. 双孢蘑菇培养料堆制技术的变革与最新进展. 中国食用菌, 28(1): 3-5.
吕作舟. 2006. 食用菌栽培学. 北京: 高等教育出版社.
吕作舟. 2008. 食用菌无害化栽培与加工. 北京: 化学工业出版社.
马克·欧登. 2018. 蘑菇的信号. 江舟生, 郭祖浩, 译. 荷兰: Roodbont Publishers.
马雪梅, 安玉森, 李艳华, 等. 2012. 小孔单片黑木耳栽培技术. 黑龙江农业科学, (2): 160-161.
毛日洪, 姜昌卫, 杨明华. 1999. 白色金针菇的病虫害防治. 中国食用菌, 18(3): 40-41.
卯晓岚, 蒋长坪, 欧珠次旺. 1993. 西藏大型经济真菌. 北京: 科学技术出版社.
卯晓岚. 2000. 中国大型真菌. 郑州: 河南科学技术出版社.
卯晓岚. 2006. 中国毒菌物种的多样性及其毒素. 菌物学报, 25(3): 345-363.
孟庆国, 周建树, 赵杰, 等. 2007. 猴头菇高产栽培技术. 山东蔬菜, (3): 40-42.
苗冠军, 付国, 张红艳, 等. 2015. 北方袋式全熟料滑子菇高产栽培技术. 吉林蔬菜, (6): 35-37.
皮特·欧. 2011. 国外菇菌栽培技术. 叶彩云, 苏州, 译. 南昌: 江西科学技术出版社.
齐振祥, 孙轩, 张丽, 等. 2008. 用木屑袋式反季节栽培滑子菇技术. 内蒙古农业科技, (2): 111-113.
桥本一哉. 1994. 蘑菇栽培法. 北京: 中国农业出版社.
秦旭. 2004. 双孢菇出菇期应注意的10种生理病害. 农村科技, (05): 39.
孙巧弟, 张江萍, 谢洋洋, 等. 2019. 羊肚菌营养素、功能成分和保健功能研究进展. 食品科学, 40(5): 323-328.
孙树晋. 2013. 北方袋式全熟料滑子菇高产栽培技术. 中国农业信息, (15): 90.
孙业全. 2013. 滑菇栽培管理技术. 新农村(黑龙江), (6): 23-23.
宋宏, 姚方杰, 唐峻. 2008. 榆耳研究概况. 中国食用菌, 27(1): 3-4, 13.
宋金. 2019. 稻草栽培大球盖菇技术(下). 农家致富, (20): 34-35.
宋金娣, 曲绍轩, 马林. 2013. 食用菌病虫识别与防治原色图谱. 北京: 中国农业出版社.
谭昊, 甘炳成, 彭卫红, 等. 2017. 羊肚菌单孢菌株采用"人工授粉"进行栽培: CN 201610852559, 6. 2017-02-22.
唐玉琴. 2008. 食用菌生产技术. 北京: 化学工业出版社.
田丰. 2016. 平菇常见虫害症状及防治方法. 乡村科技, (33): 78.
图力古尔. 2012. 多彩的蘑菇世界. 上海市: 上海科学普及出版社.
图力古尔. 2014. 中国真菌志. 第49卷, 球盖菇科（1）. 北京: 科学出版社.
图力古尔. 2018. 蕈菌分类学. 北京: 科技出版社.
图力古尔, 包海鹰, 李玉. 2014. 中国毒蘑菇名录. 菌物学报, 33(6): 517-548.
图力古尔, 王建瑞, 鲁铁, 等. 2014. 山东蕈菌生物多样性保育与利用. 北京: 科技出版社.
图力古尔, 张惠. 2014. 中国球盖菇科(六): 盔孢菌属. 菌物研究, 10(2): 72-96.
王爱武. 2002. 食用菌灰树花病虫害的发生与防治. 农业科技通讯, (1): 33.
王宝殿, 刘佳. 2016. 金针菇栽培过程中病虫害防治. 吉林蔬菜, (4): 30-31.
王德芝, 刘瑞芳, 马兰, 等. 2012. 现代食用菌生产技术. 武汉: 华中科技大学出版社.
王茜, 钟赣生, 刘佳, 等. 2010. 《中华人民共和国卫生部药品标准·中药成方制剂》中含十八反、十九畏药对成方制剂收载情况与分析[C]//全国第3届临床中药学学术研讨会论文集, 55-61.
王秋果, 凌云坤, 刘达玉, 等. 2018. 段木银耳与袋栽银耳营养素和安全性的对比分析. 食品工业, 39(11): 220-223.
王世东, 蔡德华. 2005. 双孢菇、草菇、滑子菇栽培与加工新技术. 北京: 中国农业出版社.
王树春. 2007. 谷壳露地栽培大球盖菇新技术. 现代农业, (12): 10-11.
王延锋. 2015. 黑木耳棚室立体吊袋栽培技术（上）. 农村百事通, (3): 35-36.
王延锋, 戴元平, 徐连堂. 2014. 黑木耳棚室立体吊袋栽培技术集成与示范. 中国食用菌, 33(1): 30-33.
王玉卓, 谢珊珊, 孙涛, 等. 2010. 灰树花多糖对四氯化碳肝L-02细胞损伤的保护作用. 山东大学学报(医学版), 48(8): 32.
维德, 洪有光. 1984. 现代蘑菇栽培学. 北京: 中国轻工业出版社.
吴芳, 戴玉成. 2015. 黑木耳复合群中种类学名说明. 菌物学报, 34(004): 604-611.
吴少风. 2008. 食用菌工厂化生产几个问题的探讨. 中国食用菌, (1): 52-54.
吴素蕊, 朱立, 马明, 等. 2012. 羊肚菌冷冻干燥加工技术研究. 中国食用菌, 31(5): 49-51.
吴英春. 2013. 大球盖菇高产栽培技术. 西北园艺(蔬菜), (1): 36-38.
夏传鸿, 杨毅, 郭书晋. 2008. 金针菇高效益生产关键技术百问百答. 北京: 中国林业出版社.
夏志兰. 2002. 珍稀食用菌栽培技术—大球盖菇(下). 湖南农业, (03): 10.
徐文清. 2006. 银耳孢子多糖结构表征、生活活性及抗肿瘤作用机制研究[D]. 天津: 天津大学.

许延敏. 2011. 猴头菌高产栽培技术. 现代农业科技, (3): 159-160.
薛建臣, 张立臣. 2010. 大球盖菇的室外栽培. 特种经济动植物, (02): 40-41.
薛兢兢. 2016. 花菇高产栽培技术. 蔬菜, (8): 53-54.
薛勇. 2003. 灰树花的病虫害防治. 天津农林科技, (4): 11.
闫宝松, 沈国勇, 黄文瓯. 2003. 黑木耳代用料全光高产栽培技术. 中国林副特产, (4): 18-19.
杨国良. 2004. 蘑菇生产全书. 北京: 中国农业出版社.
杨祝良. 2005. 中国真菌志(第二十七卷 鹅膏科). 北京: 科学出版社.
杨祝良. 2015. 中国鹅膏科真菌图志. 北京: 科学出版社.
杨祝良, 葛再伟, 梁俊峰. 2019. 中国真菌志. 第五十二卷: 环柄菇类（蘑菇科）. 北京: 科学出版社.
姚清华, 颜孙安, 陈美珍, 等. 2019. 古田银耳主栽品种基本营养分析与评价. 食品安全质量检测学报, 10(07): 1896-1902.
姚自奇, 兰进. 2004. 杏鲍菇研究进展. 食用菌学报, 11(1): 52-58.
应建浙. 1982. 食用蘑菇. 北京: 科学技术出版社.
余成敏, 李海蛟. 2020. 中国含鹅膏毒肽蘑菇中毒临床诊断治疗专家共识. 中华急诊医学杂志, 29(2): 171-179.
玉春. 2004. 草菇菌丝萎缩的原因及防治. 农村科学实验, (10): 29.
于荣利, 张桂玲, 秦旭升. 2005. 灰树花研究进展. 上海农业学报, (03): 101-105.
于娅, 姚方杰, 张龙民. 2016. 榆耳新品种'吉肉1号'. 园艺学报, 43(5): 1013-1014.
袁明生, 孙佩琼. 2007. 中国蕈菌原色图鉴蕈菌. 四川: 四川科学技术出版社.
张恩尧, 孙维宏, 翁立云, 等. 2010. 滑菇半熟料块栽培技术. 辽宁农业职业技术学院学报, 12(06): 9-10.
张惠, 范宇光, 图力古尔. 2012. 采自西藏的盔孢菌属中国新记录种. 东北林业大学学报, 40(5): 134-136.
张金霞, 崔俊杰. 1988. 榆蘑的驯化. 食用菌, (2): 8.
张金霞, 赵永昌, 等. 2016. 食用菌种质资源学. 北京: 科学出版社.
张沙沙, 朱立, 曹晶晶, 等. 2016. 采后预处理对羊肚菌保鲜效果的影响. 食品工业科技, 37(13): 319-322.
张时, 汪尚法, 张士罡. 2016. 黑木耳防污染多茬高产栽培. 新农村, (4): 23.
张士罡, 汪尚法. 2009. 花菇立体优质高产栽培技术. 四川农业科技, (10): 37.
张淑贤, 谢支锡, 王云, 等. 1989. 榆耳的生物学特性初步研究. 中国食用菌, (1): 5-8.
张泽生, 孙东, 徐梦莹, 等. 2014. 银耳多糖抗氧化作用的研究. 食品研究与开发, (18): 10-15.
张中昕. 2015. 猴头菇的栽培条件. 农业知识, (29): 9.
赵霏. 2016. 灰树花多糖联合维生素C诱导肝癌细胞SMMC-7721凋亡与自噬的研究[D]. 兰州: 兰州大学.
赵义涛. 2003. 榆耳高产栽培技术. 中国蔬菜, (4): 53-54.
赵永昌, 柴红梅, 陈卫民, 等. 2018. 羊肚菌子实体发育生物学(上)—生物学和非生物学因子对菌丝培养和子实体形成的影响. 食药用菌, 26(4): 7-12.
赵永昌, 柴红梅, 陈卫民, 等. 2018. 羊肚菌子实体发育生物学(下)—生物学和非生物学因子对菌丝培养和子实体形成的影响. 食药用菌, 26(5): 7-17.
周健夫. 2019a. 稻草栽培大球盖菇技术 (上). 湖南农业, (9): 15.
周健夫. 2019b. 稻草栽培大球盖菇技术 (下). 湖南农业, (10): 16.
周静, 袁媛, 郎楠, 等. 2016. 中国大陆地区蘑菇中毒事件及危害分析. 中华急诊医学杂志, 25(6): 724-728.
周希华, 姜国华, 张学玲. 2007. 双孢菇的品种类型及其菌种质量. 种子世界, (10): 52-53.
卓海生, 张华. 2010. 长白山区小孔木耳栽培技术. 中国食用菌, 29(2): 61-62.
邹治良, 于惠明. 2004. 双隐菇发菌期常见问题的原因及防止措施. 农村科技, (12): 42.
Alexopoulos C J, Mims C W, Blackwell M. 1996. Introductory Mycology. 4th edition. New York: John Wiley & Sons Inc.
Alvarado-Castillo G, Vázquez A P, Martínez-Carrera D, et al. 2011. Morchella sclerotia production through grain supplementation. Interciencia, 36(10): 768-773.
Ban S, Lee S L, Jeong H S, et al. 2018. Efficacy and safety of Tremella fuciformis in individuals with subjective cognitive impairment: a randomized controlled trial. Journal of medicinal food, 21(4): 400.
Boddy L, Büntgen U, Egli S, et al. 2014. Climate variation effects on fungal fruiting. Fungal Ecology, 10: 20-33.
Buscot F, Kottke I. 1990. The association of Morchella rotunda(Pers.) Boudier with roots of Picea abies(L.) Karst. New Phytologist, 116: 425-430.
Busocot F, Roux J. 1987. ssociation between living roots and ascocarps of Morchella rotunda. Transactions of the British Mycological Society, 89(2): 249-252.

Cai Q, Chen Z H, He Z M, et al. 2018. *Lepiota venenata*, a new species related to toxic mushroom in China. Journal of Fungal Research, 16(2): 63-69.

Cai Q, Cui Y Y, Yang Z L. 2016. Lethal *Amanita* species in China. Mycologia, 108(5): 993-1009.

Cai Q, Tulloss R E, Tang L P, et al. 2014. Multi-locus phylogeny of lethal amanitas: Implications for species diversity and historical biogeography. BMC Evolutionary Biology, 14: 143.

Cao Y, Wu S H, Dai Y C. 2012. Species clarification of the prize medicinal *Ganoderma* mushroom "Lingzhi". Fungal Diversity, 56(1): 49-62.

Chen Z H, Zhang P, Zhang Z G. 2014. Investigation and analysis of 102 mushroom poisoning cases in Southern China from 1994 to 2012. Fungal Diversity, 64: 123-131.

Cui Y Y, Cai Q, Tang L P, et al. 2018. The family Amanitaceae: molecular phylogeny, higher-rank taxonomy and the species in China. Fungal Diversity, 91(1): 5-230.

Czeczuga B. 1979. Investigations on carotenoids in fungi VI representatives of the Helvellaceae and Morchellaceae. Phyton, 19(3/4): 225-232.

Dahlstrom J L, Smith J E, Weber N S. 2000. Mycorrhiza-like interaction by *Morchella* with species of the Pinaceae in pure culture synthesis. Mycorrhiza, 9: 279-285.

Dayi B, Kyzy A D, Abduloglu Y, et al. 2018. Investigation of the ability of immobilized cells to different carriers in removal of selecteddye and characterization of environmentally friendly laccase of *Morchella esculenta*. Dyes and Pigments, 151: 15-21.

Diaz J H. 2005. Evolving global epidemiology, syndromic classification, general management, and prevention of unknown mushroom poisonings. Critical Care Medicine, 33: 419-426.

Fletcher J T. Gaze R H. 2007. Mushroom pest and disease control: A colour handbook. London: CRC Press.

Fu X y, Fu B, He Z M, et al. 2017. Acute renal failure caused by *Amanita oberwinklerana* poisoning. Mycoscience, 58: 121-127.

Fujimura K E, Smith J E, Horton T R, et al. 2005. Pezizalean mycorrhizas and sporocarps in ponderosa pine (Pinusponderosa) after prescribed fires in eastern Oregon, USA. Mycorrhiza, 15(2): 79-86.

Griffin D H. 1981. Fungal physiology[M]. John Wiley & Sons.

He P, Wang K, Cai Y, et al. 2018. Involvement of autophagy and apoptosis and lipid accumulation in sclerotial morphogenesis of *Morchella importuna*. Micron, 109: 34.

Imai S, gloeostereae S, Ito et Imai. 1993. A new tribe of Thelephoraceaae. Tras Sapporo Nat Hist Soc, (13): 9-11.

Jin Y, Hu X, Zhang Y, et al. 2016. Studies on the purification of polysaccharides separated from *Tremella fuciformis* and their neuroprotective effect. Molecular Medicine Reports, 13(5): 3985-3992.

Kamal S, Singh S K, Tiwari M. 2004. Role of enzymes in initiating sexual cycle in different species of *Morchella*. Indian Phytopathology, 57: 18-23.

Leduy A, Kosaric N, Zajic J E. 1974. Morel mushroom mycelium growth in waste sulfite liquors as a source of protein and flavoring. Canadian Institute of Food Science and Technology Journal, 7(1): 44-50.

Li H J, Xie J W, Zhang S, et al. 2015. *Amanita subpallidorosea*, a new lethal fungus from China. Mycological Progress, 12: 43.

Li H J, Zhang H S, Zhang Y Z, et al. 2020. Mushroom poisoning outbreaks-China, 2019. China CDC Weekly, 2(2): 19-24.

Liang J F, Yu F, Lu J K, et al. 2018. Morphological and molecular evidence for two new species in *Lepiota* from China. Mycologia, 110(3): 494-501.

Lingrong W, Qing G, Chung-wah M, et al. 2016. Effect of polysaccharides from *Tremella fuciformis* on UV-induced photoaging. Journal of Functional Foods. 20: 400-410.

Mihil J D, Bruhn J N, Bonello P. 2007. Spatial and temporal patterns of morel fruiting. Mycological research, 113(3): 339-346.

Papinutti L, Lechner B. 2008. Influence of the carbon source on the growth and lignocellulolytic enzyme production by *Morchella esculenta* strains. Journal of Industrial Microbiology and Biotechnology, 35: 1715-1721.

Poin M, Spangenberg J E, Simon A, et al. 2013. Bacterial Farming by the fungus *Morchella crassipes*. Proceeding of the Royal Socieys, B, 280: 20132242.

Singer R. 1986. The Agaricales in Modern Taxonomy, Taxon, 21(4): 810-828.

Shen t, Duan C, Chen B, et al. 2017. Tremella fuciformis polysaccharide suppresses hydrogen peroxide-triggered injury of human skin fibroblasts via upregulation of SIRTI. Molecular Medicine Reports, 16(2): 1340-1346.

Sun J, Zhang H S, Li H J, et al. 2019. A case study of Lepiota brunneoincarnata poisoning with endoscopic nasobiliary drainage in Shandong, China. Toxicon, 161: 12-16.

Thakur N, Tripathi A, Sagar S, et al. 2017. Estimation of extracellular ligniolytic enzymes from wild Auricularia polytricha, Hevella sp. and Morchella sp. Interaional Journal of Advanced Research, 5(10): 968-974.

Tomita J. 2012. Platelet aggregation inhibitors isolation from Morchella for foods: JP0646798[P]. 2012-09-23[2018-03-25].

Volk T J, Leonard T J. 1990. Cytology of the life-cycle of Morchella. Mycological Research, 94(3): 399-406.

Wang H, Wang Y, Shi F F, et al. 2020. A case report of acute renal failure caused by Amanita neoovoidea poisoning in Anhui Province, eastern China. Toxicon, 173: 62-67.

White J, Weinstein S A, Haro L D, et al. 2019. Mushroom poisoning: A proposed new clinical classification. toxicon, 157: 53-65.

Wu F, Yuan Y, Malysheva V F, et al. 2014. Species clarification of the most important and cultivated Auricularia mushroom "Heimuer": evidence from morphological and molecular data. Phytotaxa, 186(5): 241-253.

Wu F, Zhou L W, Yang Z L, et al. 2019. Resource diversity of Chinese macrofungi: edible, medicinal and poisonous species. Fungal Diversity, 98: 1-76.

Yu D, Bu F F, Hou J J, et al. 2016. A morel improved growth and suppressed Fusrium infection in sweet corn. World Journal of Microbiology and biotechnology, 32(12): 192.

Zhang P, Chen Z H, Xiao B, et al. 2010. Lethal amanitas of East Asia characterized by morphological and molecular data. Fungal Diversity, 42: 119-133.

Zhang Y Z, Zhang K P, Zhang H S, et al. 2019. Lepiota subvenenata (Agaricaceae, Basidiomycota), a new poisonous species from southwestern China. Phytotaxa, 400(5): 265-272.